# Flora der Mittelmark,

mit besonderer Berücksichtigung

der Umgegend

von

Berlin und Potsdam.

Von

**Dr. E. Baumgardt,**

Direktor der Realschule zu Potsdam.

---

Nebst einer Karte des Gebiets.

Berlin.

Druck und Verlag von Georg Reimer.

1856.

# Vorrede.

Der Aufschwung, den die Naturwissenschaften vornämlich seit dem Anfange dieses Jahrhunderts in rein wissenschaftlicher Beziehung wie in Rücksicht auf ihre Anwendung für das praktische Leben genommen haben, hat das Bedürfniß nach einer Jugendbildung erwachen lassen, wie sie die alten, fast nur auf den Unterricht in den klassischen Sprachen gegründeten Lehranstalten nicht zu geben vermochten. Diesem für einen Staat allseitigen, geistigen Fortschritts, wie es der preußische ist, unabweisbaren Bedürfnisse sind die Unterrichtsbehörden bemüht gewesen, durch entsprechende Abänderungen des Lehrplans der alten Gymnasien wie noch mehr durch Gründung neuer, jenen gleich stehender Anstalten, der Realschulen nachzukommen, bei denen gerade naturwissenschaftliche Disciplinen im weitesten Sinne einen Hauptgegenstand des ganzen Unterrichts durch alle Klassen bilden sollten. Wie weit jene weisen Maaßregeln einer sorgsamen und einsichtsvollen Regierung bisher im Stande gewesen sind, zu erreichen, was man beabsichtigte, ist hier nicht der Ort zu untersuchen, jedenfalls ist einer gedeihlichen, lebenskräftigen, Geist und Gemüth des Schülers in gleicher Weise fördernden, systematischen Behandlung der Naturwissenschaften an vielen Schulen vor allem der Umstand im hohen Grade hinderlich gewesen, daß es an einer tüchtig durchgebildeten Methode, an geeigneten Lehrern, an guten Schulbüchern und schließlich an einer richtigen Sichtung des Stoffes nach seinem pädagogischen Werthe und seiner späteren Brauchbarkeit mangelte. Bei dem ungeheuren und täglich wachsenden Umfange der naturhistorischen Disciplinen ist eine solche nach den erwähnten Gesichtspunkten zu treffende Auswahl ein dringendes Bedürfniß. Sind nun Zoologie und Mineralogie auch wichtige, nicht zu vernachläßigende Unterrichtszweige, so können sie es nie in dem Maaße sein als die Botanik. Der Unterricht in der Zoologie wird zum Zwecke haben, dem Schüler ein Verständniß derjenigen Hauptformen nach ihren inneren und äußeren Verschiedenheiten aufzuschließen, in welche die Natur das Thierreich gegossen hat, ohne ihn mit der Aufzählung und Beschreibung der meist nie gesehenen Thiergestalten zu ermüden, welche den speciellen Inhalt dieser Hauptgruppen ausmachen. Erhebt sich der zoologische Unterricht in den oberen Klassen, also bei gereifterem Geiste und mehr wissenschaftlichem Ernste der Schüler zu einer physischen Anthropologie, zu einer, der hohen Wichtigkeit der Sache entsprechenden, ernsten Behandlung des wunderbaren Baues des menschlichen Körpers und der Funktionen seiner einzelnen Theile, so gewinnt derselbe damit ein würdiges und um so zweckmäßigeres Ende, als es dann leicht ist, an dem Vollendetsten, was die Natur vom Thierkörper geschaffen, noch einmal von oben nach unten herunter alle die Hauptgedanken vorüber zu führen, welche die Vorsehung innerhalb der Idee des Thierreichs zur Erscheinung gebracht hat. Noch sorgsamer ist der Stoff zu sichten, den der mineralogische Unterricht behandeln soll. Ist schon in der Zoologie der Gegenstand der Beobachtung nur selten nahe, so ist das in der Mineralogie und zumal in gesteinarmen Gegenden noch weniger der Fall. Außerdem verlangt dieser Unterricht, wenn er wirklich bildend sein also wissenschaftlich betrieben werden soll, ein so großes Maaß mathematischer, chemischer und auch physikalischer Kenntnisse, daß er nur in den obersten Klassen eine geeignete Stelle finden kann. Und doch ist der Gegenstand, besonders in dem geognostischen Theile von so tiefem, so nahe liegendem Interesse, ist es so wichtig, dem Schüler durch eine Geschichte des wechselvollen Daseins, welches die Mutter Erde im Laufe der Zeiten durchlebt hat, eine klare Einsicht in das Wesen und Werden ihrer jetzigen Gestalt, also in die sonst todten, geographischen Thatsachen zu verschaffen, daß es mehr als wünschenswerth erscheint, diesem Unterrichtszweige eine größere Sorgfalt zuzuwenden, als bisher geschehen ist.

Die Botanik allein ist geeignet, einen Mittelpunkt des ganzen naturgeschichtlichen Unterrichts zu bilden, darüber ist auch unter Fachmännern kein Zweifel. Fast alle Hauptgruppen des Pflanzenreichs treten wenigstens in einigen Arten aus heimischem Boden dem Schüler faß- und sichtbar entgegen, er kann sie beobachten in ihrer mannigfachen Form, in ihren Uebergängen, in ihrem inneren Bau, er fühlt in der Mannigfaltigkeit den Drang nach Ordnung und erhebt sich in diesem geistigen Bedürfniß durch die beobachteten Aehnlichkeiten zu der Nothwendigkeit der Unterordnung unter höhere Begriffe, d. h. zum Suchen der Gattung, der Familie, der Ordnung u. s. w. Ueberall im Pflanzenreich tritt ihm die Natur in vollem, blühendem Leben vor die Sinne, schärft mit dem äußeren das innere Schauen, erhebt ihn mit dem Gewinn der ersten, ewigen Gesetze zum Gefühl und später zum Wissen des göttlichen Hauches, welcher sie durchweht. So wird die Botanik von der untersten bis zur obersten Stufe hin ein Gegenstand, an dem der Schüler Verstand und Gemüth in immer wachsendem Maaße bildet, ja nothwendig eine Quelle warmer und aufrichtiger Gottesverehrung. Um aber diese gedachte Fülle von Anschauungen der mannigfachsten Art zu gewinnen, um über die Schulstube hinaus das Interesse dafür wach zu erhalten, bedarf er der Flora seiner Heimath. Sie benutzt er als nothwendiges Schulbuch, bei Pflanzenbestimmung und Beschreibung als Anhalt für sich und den Lehrer, mit ihr tritt er in's Freie. Jede Pflanzenart, die er sieht, schließt sich ihm auf nach Namen und natürlicher Verwandtschaft, wenn er die Mühe sorgsamer Beobachtung nicht scheut, und er wird sie nicht scheuen, da er selbstthätig arbeiten kann und der Erfolg der Arbeit ihm so sicher ist. Aus diesem Grunde muß die Flora nur die Pflanzen der Heimath, d. h. nur diejenigen betrachten, welche der Schüler auch wirklich finden kann. Jedes umfänglichere Verzeichniß, wie die Floren größerer Länderabschnitte, sind abgesehen von äußeren Gründen dem Schulzwecke nicht entsprechend, indem jede dem Lernenden doch nicht erreichbare Pflanze für denselben unnütz, ja ihre Aufführung und Beschreibung im Buche entschieden schädlich ist, weil die Schwierigkeit, sein gefundenes Exemplar zu bestimmen, mit der Menge der für ihn unbrauchbaren Species wächst, unter denen er dasselbe heraus finden soll. So füllt er zugleich seine freie, der Erholung in der frischen Natur bestimmte Zeit, die er sonst leider oft zu ungehörigen Dingen verwendet, auf geistbildende und seiner würdige Weise aus, ein Moment, worauf kein geringes Gewicht zu legen ist. Höchst wichtig erscheint es, wenn mit dem Wachsen in der Erkenntniß der heimischen Pflanzenwelt dem Schüler zu gleicher Zeit eine Anschauung der Natur des Heimathbodens wird, auf dem er lebt. Seine Liebe zur Heimath kann damit nur befestigt, sein Interesse für ihr Pflanzenleben nur erhöht, seine Erkenntniß auch nach solchen Seiten hin nur geöffnet werden, die ihm sonst auf seiner Bildungsstufe verschlossen geblieben wären. Versteht er auch auf solcher Stufe noch nicht alles, so versteht er doch vieles, wenn er es sehen, auf der Karte finden und im Buche nachlesen kann. Dem gereifteren und der geognostischen Ausdrucks- wie Anschauungsweise nun nicht mehr fremden Schüler vermag ein derartiger kleiner Abriß der Natur des heimathlichen Bodens sehr wohl zum Anknüpfungspunkt für seinen späteren, umfänglicheren geognostischen Unterricht zu dienen.

Das sind die Gedanken gewesen, welche mich bei der Ausarbeitung dieses Büchleins geleitet haben. Ich habe es zum Schulbuch für alle Klassen einer höheren Unterrichtsanstalt, besonders der Real-Gymnasien, aber auch der Mittel-Bürgerschulen bestimmt, in denen der naturwissenschaftliche Unterricht von kundiger Hand geleitet, sowie mit Kraft und Umsicht zu einem einheitlichen Ziele geführt werden kann. Ebenso habe ich dabei diejenigen im Sinne gehabt, welche Neigung oder Nothwendigkeit treibt, früher Versäumtes nachzuholen und die das selbstständig und ohne Lehrer zu thun gezwungen sind.

Bei der Einleitung, welche von der natürlichen Beschaffenheit des Gebietes handelt, habe ich außer meinen eigenen Beobachtungen die verdienstvollen Arbeiten von Klöden: Beiträge zur geognostischen Kenntniß der Mark Brandenburg, von Plettner: Ueber das Braunkohlengebirge in der Mark, von Girard: Die norddeutsche Ebene, von Berghaus: Landbuch der Mark Brandenburg und endlich die von dem statistischen Büreau in Berlin veröffentlichten Resultate der meteorologischen Beobachtungen auf den verschiedenen Stationen des preußischen Staates benutzt. Auch zur Herstellung der dem Buche beigefügten kleinen Karte ist ein Theil der Girardschen verwendet, da es mir die Rücksicht auf den nothwendig mäßigen Preis des Ganzen nicht gestattete, eine meinen Absichten in allen Dingen vollkommen entsprechende Karte selber zu entwerfen und dem Buche beizugeben. Bei der Abfassung der eigentlichen Flora habe ich, wie jedem Sachkenner sogleich auffallen wird, alles nach Möglichkeit zu vermeiden gesucht, was dem Anfänger besondere Schwierigkeiten zu bereiten pflegt, ohne der wissenschaftlichen Anordnung des Ganzen dadurch Abbruch zu thun. Die Terminologie ist nur auf das Nothwendigste und auf die Ausdrücke beschränkt, welche in der späteren Beschreibung auch wirklich vorkommen. Bezeichnungen, deren Bedeutung sich von selbst versteht, sind weggelassen worden. Behufs der Auffindung der Gattungen habe ich, wie das gewöhnlich geschieht, das Linnésche, sonst aber das von Bartling und Bischof verbesserte Decandollische natürliche System gewählt, eine Abweichung von der gewöhnlichen Regel, welche in der größeren Naturgemäßheit der Verbesserung ihre Entschuldigung findet. Von großem Werthe ist mir bei der ganzen Arbeit die vortreffliche Flora von Nord- und Mittel-Deutschland von Garcke gewesen. Ich bin derselben in Bezug auf die Namen und die Merkmale der Arten größtentheils auch schon aus dem Grunde gefolgt, weil sie besonders geeignet ist, dem schon reiferen Botaniker nach der Schule als Führer zu dienen. Rücksichtlich der Standorte haben mir die Flora Marchica von Dietrich, so wie auch die Flora Berolinensis von Kunth die größten Dienste geleistet; ganz besonderen Dank aber schulde ich für ihre höchst brauchbaren Notizen den Herrn: Oberlehrer Dr. Spieker, Krumbholz und Holtorf in Potsdam, Dr. Müller, Dr. Kornicke und Oberlehrer Dr. Hanstein in Berlin. Letzterem bin ich außerdem noch für die höchst werthvollen Winke mancherlei Art, welche mir durch seine Güte zu Theil wurden, zu ganz besonders warmem und aufrichtigem Danke verpflichtet. So übergebe ich denn dies Büchlein dem fleißigen Schüler mit dem herzlichen Wunsche, daß es ihm werden möge, wozu es bestimmt ist, eine reiche Quelle reiner, geistiger Freude, innerlich und äußerlich fördernder Belehrung sowie nie wankender Liebe zum Heimathlande.

Potsdam im Frühling 1856.

Der Verfasser.

# Natürliche Beschaffenheit des Gebietes.

## 1. Geologisch-geognostische Uebersicht.

### A. Geologische.

Das in Betracht gezogene Gebiet liegt zwischen 52° 10′ und 52° 50′ nördl. Br., 30° 10′ und 31° 50′ östl. Länge, umfaßt somit in politischer Beziehung die Kreise Ober-Barnim, Nieder-Barnim, Teltow, die Hälfte des Zauch-Belziger, Beeskow-Storkower und West-Havelländischen, einen kleinen Theil des Lebuser Kreises und den Kreis Ost-Havelland, — in natürlicher einen Abschnitt jenes großen ostdeutschen Tieflandes, welches an seiner schmalen Seite von der Elbe begränzt sich mit divergirenden Rändern in die polnisch-lithauischen Sümpfe erstreckt. Die deutschen und skandinavischen Grenzgebirge, jene in der Richtung von SO nach NW, diese von dem Busen von Christiania bis Schonen in SSOestlicher, dann bis Bornholm südöstlicher und endlich nordöstlicher Richtung über Oeland, Gothland nach den russischen Ostseeküsten gehoben waren bereits Festland, während das dazwischen liegende Tiefland noch vom Meer bedeckt wurde. Denn die Meeresbildungen unserer Ebenen erstrecken sich nur bis zu jenen Gebirgen, mit deren allmäligem Ansteigen sich naturgemäß der Meeresgrund erhob, und schwache wellenförmige Landrücken am Rande seiner Fläche, demnach jenen Gebirgen parallel vermöge der Emportreibung der weichen verschiebbaren Masse bildete. So haben die nördlichen Höhenzüge der Ebene im Jütisch-schleswigschen Rücken eine Richtung von N nach S, im Holstein-meklenburgischen von NW nach SO, endlich im pommersch-preußischen von SW nach NO, während sich die südlichen Höhenzüge der Lüneburger Heide, des Flemming und der Trebnitzer Berge in der Richtung von NW nach SO, beide Grenzrücken also den frühern Meeresrändern parallel erstrecken. Zwar werden sie beziehungsweise von der Eider, Oder, Weichsel, wie Elbe und Oder durchbrochen, doch sind diese Trennungen keine ursprünglichen. Die zwischen diesen Rücken, im N dem sogenannten Uralisch-baltischen, im S dem von NW nach SO streichenden, welchem sich noch die Höhen von Tarnowitz, Sandomir und der Karpathenausläufer anschließen, gegen NW verschmälerte Fläche erhebt sich von diesem Punkt allmälig bis zu den weiten Rokitno Sümpfen im Quellgebiete und mittleren Laufe des Prypec, eines Nebenflusses des Dnjpr von 200′ zwischen Elbe und Oder, 300′ zwischen Oder und Weichsel bis zu einer Höhe von 400′, so daß der natürliche Abfluß der in dieses Becken zusammenströmenden Gewässer nach NW also nach dem Punkte gerichtet sein müßte, in welchem sich die anstehenden Küstengesteine des früheren Meeres, demnach also auch die ihnen parallelen Rücken am meisten nähern, d. h. unterhalb der Havelmündung. Ohne Zweifel ist das auch früher der Fall gewesen, ehe die zu Zeiten größeren Zuflusses stärker in dem Becken aufgestaute Wassermasse schwächere und niedrigere Punkte der Grenzwälle überfluthete, durchbrach, vertiefte und sich so nach und nach bei wiederholten Malen immer weitere und endlich bleibende Abflüsse schuf. So bahnte sich der Dnjpr einen Weg zuerst am Rande, sodann durch eine Spalte des süd-russischen Granitplateaus nach dem schwarzen Meere, der Niemen zwischen dem preußischen Landrücken und dem kurisch-lithauischen Uebergangsgebirge nach der Ostsee, die Weichsel zwischen dem pommerschen und preußischen, die Oder zwischen dem meklenburgischen und pommerschen Rücken nach demselben Meere, die Elbe endlich zwischen dem letztern und dem Lüneburger Höhenzuge nach der Nordsee. Die Weichsel ging somit ehemals nach Stettin, die Oder nach Hamburg, die Elbe vielleicht nach Bremen. Die Weichsel zieht sich von ihrem Eintritt ins Preußische an über Thorn hinaus in fast westlicher Richtung zwischen wohl eine Meile entfernten Gehängen bis Schulitz, wo sich ihr Thal in einen nördlichen von hohen Ufern eingeengten und einen westlichen weiten Zweig gabelt. Sein bisheriges südliches Gehänge folgt in gleicher westlicher Richtung dem letzteren und bezeichnet somit den naturgemäßen ferneren Lauf des Flusses in das jetzige Stromthal der Brahe und Netze. Die Ränder dieses Thales als gleichgerichtete Fortsetzungen der bisherigen Weichselthalränder, der mühsame und unnatürliche Durchbruch des neuen Flußbettes unterhalb Fordon, die geringe Höhe der Wasserscheide zwischen Weichsel und Odergebiet, welche man mit Leichtigkeit durchstochen hat, die große bei einem so kleinen Fluß wie die Netze unerklärliche Weite ihres Thales und die tiefe nach Westen gerichtete meilenweite Auswaschung des Plateaus von Ober-Barnim bei Neitwein, Selow, Wrietzen, die naturgemäß nicht von der Oder, auch nicht von einem verhältnißmäßig so unbedeutenden Flusse herrühren kann, als die Warthe ist, beseitigen jeden Zweifel an der Annahme, daß die Weichsel sich früher durch das Netze- und Warthethal gegen das erwähnte Plateau ergoß, sich dort aufstaute, das Oderbruch auswusch und schließlich einen Ausweg zwischen Freienwalde und Oderberg nach Liebenwalde, Cremmen in das Rhin- und Havelthal, einen andern nach Schwedt fand, wo sie sich wieder in einen westlichen, das Thal der Randow und einen nördlichen Arm, das jetzige Oderthal spaltete. Ganz ähnlich scheint es sich mit der Oder zu verhalten. Dieselbe hat nämlich von Sabor bis Fürstenberg einen fast westlichen, von da an einen mehr nördlichen Lauf. Von Fürstenberg folgte sie ohne Zweifel der Mühlroser Thalniederung, welche wie bekannt, durchstochen ist, sodann in gleicher Richtung dem jetzigen Spreethal bis Spandow, von Spandow dem des großen Havelländischen Luchs östlich von Nauen, Friesack, Rhinow nach Havelberg in die Elbe, wo sie auf dem jetzigen linken Elbufer die Wische bei Seehausen auswusch, ganz wie die Weichsel es mit dem Oderbruch that. Nach dem Durchbruch der Oder bei Frankfurt blieb nur die Spree in dem weiten alten Oderbett, bis sie sich in die nordwärts herabkommende Havel bei Spandow ergoß. Von dieser abgelenkt folgt sie der Kette natürlicher mit Seen erfüllter Einsenkungen, welche den jetzigen Havellauf bilden und läßt in dem breiten Thale des fernern Oberlaufs, dem jetzigen Havelluch nur das Flüßchen Rhin zurück. Die Wasserscheide zwischen ihm und der Havel bei Spandow ist von so ganz unbedeutender Höhe, daß ihre Durchstechung auch nicht die geringste Schwierigkeit machte. Ganz analog dem gedachten früheren Lauf der Oder und Weichsel trat ein Theil der Neiße-Gewässer einmal bei Forste in das Spreethal, folgte ihm in der Richtung von Peitz nach Lübbenau und Lübben, ergoß sich durch die jetzige Einsenkung der Berste über Golßen in die Dahme, über Baruth in die Nuthe, und floß einestheils in der Richtung dieser bei Potsdam, anderentheils durch die Niederung der Nieplitz über Brück sich mit der Pläne vereinigend bei Brandenburg in die Havel. Es ist wahrscheinlich, daß die Gewässer des Niemen und Dnjpr bevor sie ihren kürzeren Abfluß nach Norden und Süden fanden, dadurch daß sie die Fluthen der Weichsel und Oder vermehrten mit dazu beitrugen jene großen Auswaschungen hervorzubringen, die man vielleicht Anstand nehmen möchte, den gedachten beiden letzten Strömen allein zuzuschreiben, daß demnach erst nach dem Rücktritt der östlichen Ströme, die westlichen Raum und Zeit hatten, die kürzeren und darum mehr abfallenden, früher unzulänglichen, engen Durchgänge allein zu verfolgen. — Das Tiefland nun, welches sich zwischen den Rand-Wällen von West nach Ost allmälig erhebt, bietet, je mehr nach Osten den Anblick einförmiger oft weit und breit versumpfter Ebenen, nach Westen dagegen den eines wechselvollen Hügellandes voll tafelförmiger oft hochrändriger mit einzelnen Höhen besetzter Ausbreitungen, die gegen die umgebenden Sumpf- und Flußniederungen, obwohl sie nie die Höhe der

Gränzwälle erreichen, immer noch bemerkbar und oft malerisch genug hervortreten. Es scheint als wenn die emportreibende Kraft, welche das Aufsteigen dieser Grenzhöhen bewirkte, noch das näher zwischen ihnen liegende Terrain im umgekehrten Verhältniß ihrer Entfernung betroffen und jene unregelmäßigen Auftreibungen veranlaßt habe. Solcher Art und so entstanden sind die Mittelmark und im Besonderen die Plateaus, welche als natürliche Gebiete bei unserer Flora in Betracht genommen sind.

## B. Geognostische.

Das ganze norddeutsche Tiefland, somit auch unser Gebiet wird im Allgemeinen nur von losen Gesteinsbildungen, Thon, Sand, Mergel und Rollsteinen bedeckt; nur an den Rändern finden sich anstehende Gesteine von größerem Umfange, die als Ausläufer der südlichen deutschen wie nördlichen skandinavischen Gebirge und wahrscheinlich im Innern mit ihnen zusammenhängend sich zwischen die lockeren Massen hineindrängen, nie aber die Mittelmark erreichen. Dagegen erheben sich in ihr wie auch in andern Theilen des Tieflandes hie und da inmitten neuerer Schichten und von diesen bedeckt oder auch unmittelbar zu Tage gehend anstehende Gesteine inselartig aus diesen hervor, welche ohne sicht- oder erklärbaren Zusammenhang mit den älteren Gesteinen der früheren Meeresküsten schon aus dem Wasser hervorgetreten waren, als das Tiefland noch unabsehbar von demselben bedeckt wurde. Dazu gehört der Rüdersdorfer Muschelkalk und der Gyps von Speerenberg, beide an der Grenze unseres Pflanzengebiets und keiner älteren Periode als der des Trias angehörig. Bemerkenswerth ist es, daß keine der in unserm engeren aber auch der in dem weitern Bezirk des gedachten Tieflandes so inselartig hervortretenden Massen krystallinischen und sedimentären Gesteinen älterer Epochen angehören. Wo jene krystallinischmassigen oder krystallinischschiefrigen Gesteine, Granite, Gneuße, Glimmerschiefer, Thonschiefer, wo Glieder der Grauwackenformation als Grauwacke, Grauwackenthonschiefer u. s. w. auftreten, da erscheinen sie massenhaft erhoben frei aus den jüngeren Gebilden hervorgetreten und von diesen umlagert, indem sie große Gebirgsstöcke zusammensetzen. Selbst die jüngeren Gesteine der Steinkohlen- und Zechsteinformation lehnen sich immer in mehr oder minder breiten Bändern jenen älteren Gebilden an und werden nie inselartig oder zerstreut in der norddeutschen Ebene gefunden*).

*) Dem Anfänger diene zur leichteren Orientirung folgende Uebersicht der Reihenfolge der Gebirgsarten von den jüngsten bis zu den ältesten Bildungen:

A. Versteinerungen führende:

I. Aufgeschwemmtes Gebirge (quartäres):
1. Alluvium, jüngstes Schwemmland.

II. Tertiärgebirge:
2. Diluvium, älteres Schwemmland oder nordische Bildungen.
3. Molasse: obere, mittlere, untere } tertiäre Bildungen.

III. Sekundäres Gebirge (eigentliches Flötzgebirge):
4. Kreideformation: obere mit Quadersandstein.
mittlere, untere } Kreide.
5. Juraformation: Wälderthon.
weißer, brauner, schwarzer } Jura.
6. Triasformation (Salzgebirge):
Keuper.
Muschelkalk.
Bunter Sandstein.

IV. Uebergangsgebirge:
7. Zechsteinformation: Zechstein.
Kupferschiefer.
8. Steinkohlenformation: Rothliegendes.
Steinkohlengebilde.
Kohlenkalkstein.

Die Gesteinbildungen des Gebietes gehören folgenden Formationen an.

## 1. Triasformation.

### a. Rüdersdorfer Kalkgebirge.

Von Hennickendorf im Norden der Berlin-Frankfurter Straße im südöstlichen Theil des Barnim zieht sich bis zur Spree hinunter ein ziemlich tief eingeschnittenes vom Stienitz-, Holen-, Stolp-, Kalk-, Flacken- und Dämeritzsee und den zwischen ihnen liegenden canalisirten Fließen erfülltes Thal, welches im Allgemeinen die Richtung von N nach S verfolgend, zwischen Stienitz- und Kalksee bedeutend nach W ausbiegt und in der Hauptrichtung vom Kalksee eine Thalsenkung bis an den Fuß des Schulzenberges hinauffsendet, in welcher das Dorf Alte-Grund liegt. Der zwischen Stienitzsee und dem noch südlicher liegenden, auch mit dem Fließe verbundenen kleinen Kriensee, der westlichen Ausbiegung des Mühlenfließes, Kalksee und Alte-Grund-Thal eingeschlossene und nur nordöstlich mit dem großen Plateau verbundene Rücken heißt das Rüdersdorfer Kalkgebirge. Es erhebt sich nur wenig über das umgebende 200 bis 240′ hohe Plateau in seinem höchsten Punkte, dem Rüdersdorfer Windmühlenberge zu 280′, ist ungefähr ½ Meile lang, indem es schon an dem Rüdersdorf-Hennickendorfer Wege endet und enthält zwei weitbekannte, mächtige Lager von Triasgesteinen, unter denen der Muschelkalk am stärksten auftritt. Das

9. Grauwackenformation (eigentliches Uebergangsgebirge):
obere } Grauwacke.
untere }

B. Versteinerungsleere:

V. Metamorphes oder Schiefergebirge:
10. Krystallinische Schiefergesteine als Glimmerschiefer, Urthonschiefer u. s. w.

VI. Plutonisches Gebirge:
11. Krystallinische Massengesteine als Granit, Syenit u. s. w.

VII. Vulkanisches Gebirge:
12. Vulkanische Gesteine als Trachyt, Basalt, Lava u. s. w.

Lager streicht von NO nach SW, und fällt im Mittel 20 Grad gegen NW. Es besteht aus einer großen Menge deutlich gesonderter Bänke, welche vom Liegenden des Buntensandsteins bis zum Hangenden der Schutt- und Geröll-Auflagerung in folgender Weise auf einander liegen: Buntersandstein mit Gyps, blauer in Schichten von 1″ bis 9″ Mächtigkeit abgelagerter, von dünnen Thonschichten unterbrochener, in den Klüften Cölestin oder schwefelsaure Strontianerde führender Kalkstein als unterste Kalkschicht, mittlere Schicht, ein Bänke von 1′ bis 9′ Mächtigkeit enthaltender, gelber oder weißlicher Kalkstein, auf den in mehreren Steinbrüchen gebaut und der als Baustein oder zum Brennen weit und breit versandt wird, die oberste Schicht, ein System erbsgelber mit grünen Punkten untermischter Kalk- und bläulichgrauer oder braunrother Mergelbänke, welches ebenfalls bergmännisch ausgebeutet und was die Kalksteine betrifft, zum Bau verwendet wird, endlich als Hangendes des ganzen Lagers, denn nur an wenigen Punkten geht es zu Tage, unmittelbar ohne Auflagerung der jüngeren Jura-, Kreide- und Tertiärformationen der Diluvial-Lehm und Sand. Das Rüdersdorfer Kalkplateau war somit lange Zeit eine inselartige Erhöhung im weiten Meer, gleichzeitig vielleicht entstanden mit der Erhebung der nördlichen Grenzgesteine, mit deren Streichen auch das seinige im Wesentlichen übereinstimmt.

b. Sperenberger Gypsflötz.

Ungefähr 6 Meilen von Berlin zwischen Zossen und Luckenwalde im Teltower Kreise liegt das Dorf Sperenberg in der Nähe eines Sees, auf dessen Nordseite sich ein 245′ aufsteigender in der Richtung nach der Faulensee erstreckender Höhenzug befindet, welcher an seinem SW-Ende unmittelbar an dem Dorfsee ein durch einen bedeutenden Bruch erschlossenes Gypslager zeigt. Die ziemlich regelmäßig abgesonderten Bänke streichen ungefähr von NW nach SO und fallen unter einem Winkel von 10° gegen NO. Die Hauptlager des dunkelgrauen, grob krystallinischen Gypses haben 10—11′ Mächtigkeit, spalten sich aber wieder in viele dünnere Flötze und sind, was das Ganze sehr unregelmäßig erscheinen läßt, von vielen unter 80° gegen SO geneigten von oben mit dem Thon, Sand und den Geschieben des hangenden Diluviums erfüllten Gangklüften und Gangtrümmern durchsetzt. —

Es ist wahrscheinlich, daß sich Glieder der Triasformation als Gypse, Kalke und Steinsalzlager noch an vielen Orten der Mittelmark und innerhalb unseres Gebietes unter der Decke der jüngeren Gebilde lagern, denn Erdfälle und Löcher meist mit Wasser erfüllt, die gewöhnlichen Begleiter jener Gesteine finden sich an vielen Orten wie bei Prötzel im Ober-Barnimschen Kreise und anderswo. Meist knüpfen sich daran Sagen von versunkenen Dörfern und dergleichen.

Glieder der Jura- und Kreideformation sind in dem Gebiete nicht beobachtet worden, obwohl es an Geschieben von Kreide und Feuersteinen wie bei Nieder-Finow im Oderthale nicht fehlt.

## 2. Tertiärformation.

### a. Braunkohlengebirge.

Das Braunkohlengebirge der Mark Brandenburg ist wesentlich eine oft sehr mächtige Sandablagerung, in welche die Braunkohlenflötze eingebettet sind; selbst wenn diese fehlen, wird die Formation durch jene allein vertreten. Thonlager sind äußerst selten und als Ausnahme zu betrachten. Der Sand der Braunkohlenformation ist sehr von dem des überall deckenden Diluviums verschieden. Er ist ein reiner Quarzsand, der nur von Glimmer- und Kohlentheilchen verunreinigt, nie aber mit anderen Mineralien vermengt vorkommt. Der Quarz ist farblos, theils weiß und mehr oder minder durchsichtig, nie gelblich, sein Korn rundlich, von Mohnkorngröße bis zu unkenntlicher Kleinheit. Der untere Sand der Formation, der Kohlensand, besteht aus Körnern der ersteren Art, erscheint im Ganzen gesehen oft grau, durch beigemengte feine Kohlentheilchen oft in's Braune übergehend. Der obere Sand, wegen seines außerordentlich feinen staubartigen Korns besonders zum Formgießen geeignet und darum Formsand genannt, besteht gleichfalls aus weißlichem Quarz, ist oft mit Kohlentheilchen mehr oder minder gemischt und seine Farbe geht dann im Verhältniß der Kohlenbeimischung von Weiß in Schwarz über. Er ist das mächtigste und verbreitetste Glied der Formation und bildet wo er durch tief einschneidende Thalschluchten bloß gelegt zu Tage geht, steile felsartige, oft ungemein malerische Wände, wie in den steilen 150' eingesenkten oben mit Laubholz bedeckten Schluchten der sogenannten märkischen Schweiz zwischen Buckow und Pritzhagen am Rande des Barnim.

Immer ist der Formsand deutlich geschichtet, oft zeigt er vermöge der durch Kohlenstaub verschieden gefärbten parallelen, nicht selten sehr dünnen Schichten eine ungemein zierliche Bänderung. Thon ist gewöhnlich nicht darinnen; wenn er vorkommt, ist er immer sehr kohlenreich und dann schwarz, von Glimmerblättchen und Sand durchdrungen, Letten genannt, oft ist er mit Schwefelkies vermengt, heißt dann Alaunerz und ist ein häufiger Begleiter der Braunkohlen. Diese sind in der Mark unzweifelhaft Reste von Treibholzmassen, welche sich nach geschehener Erhebung der oft genannten Felsränder in dem eingeschlossenen Binnenmeere ablagerten, denn, wären die Pflanzen, von denen sie herrühren, an der Stelle ihres früheren Wohnortes geblieben, so wäre die fast gänzliche Abwesenheit erkennbarer anderswo so schön erhaltener Pflanzenreste in ihnen unerklärbar. Formsand, Braunkohlenflötze, Kohlensand sind also von oben nach unten gerechnet die Hauptglieder des märkischen Braunkohlengebirges; ihre nähere Gliederung ist dagegen äußerst veränderlich; im Allgemeinen wird sie in der Mittelmark vom Hangenden zum Liegenden folgende sein: Glimmersand, Formsand mit Lettenlagern, drei Braunkohlenflötze in Formsand eingebettet, Lettenlager, Kohlensand, meist vier in Kohlensand liegende

Braunkohlenflötze, Kohlensand als Liegendes, dessen Unterlage noch nicht aufgeschlossen ist, dessen Cohäsion aber manchmal, wie in der Grube Alt-Ranft in Ober-Barnim, so bedeutend wird, daß er ganz die Härte eines Quarzsandsteins erhält.

Die Lagerung der Braunkohlen ist in der Mittelmark ungemein verwickelt; nirgends trifft man ihre Schichten in wagerechter Lage übereinander, immer sind dieselben so stark gegen den Horizont geneigt, zeigen so oft Sättel und Mulden mit zahlreichen Verwerfungen, daß sie in solcher Lage nicht vom Wasser abgesetzt sein können, sondern durch Hebungen des Bodens in ihrer Nähe in dieselbe gebracht sein müssen. Nimmt man an, daß die weichen tertiären Schichten sich bei der Hebung der festen Nord- und Südränder von diesen lösten und nach der Mitte des Kessels zusammenrutschten, wie es im Jahr 1783 bei dem großen Erdbeben im Gebirgsbusen von Gioja in Calabrien geschah, so dürfte die erwähnte Erscheinung hierin ihre Erklärung finden. Basalte, welche in Hessen, Böhmen und der Lausitz die Braunkohlen durchbrachen, überlagerten und verwarfen, sind es in der Mark nicht gewesen, da sich nirgend eine Spur von ihnen findet. Am bedeutendsten treten die Braunkohlen an dem Ostrande unseres Gebietes hervor. So sind Braunkohlengruben im Betriebe im Ober-Barnimschen Kreise bei Falkenberg, Rathsdorf, Alt-Ranft, Sonnenburg, Biesdorf, Freienwalde, Bollersdorf, in dem benachbarten Lebuser Kreise bei Jahnsfelde, dem Storkow-Beeskowschen bei Rauen, Petersdorf, Neu-Golm, Herzberg, Saarow, Streganz. Außerdem sind Braunkohlen an vielen anderen Orten der gedachten Gegenden mit großer Wahrscheinlichkeit vorauszusetzen, öfter auch schon nachgewiesen aber noch nicht bauwürdig befunden worden. Dazu gehört im Ober-Barnim die Gegend von Köthen, Hohen-Finow, Harnekop, im Storkow-Beeskowschen Kreise die von Colberg, Wilmersdorf, Diensdorf, Reichenwalde, im Havelland die Umgegend von Brandenburg, vielleicht auch der Marienberg, im Teltow der Kreuzberg, in der Zauche die Feldmark von Glindow und Lehnin.

b. Septarienthon.

Auf den Feldmarken von Basdorf und Schönwalde im Nieder-Barnim entspringen ein Paar Gewässer, welche zuerst in westlicher dann südwestlicher Richtung durch die Mühlenbecksche Forst, bei Schildow, Lübars und Hermsdorf vorüber in den Tegelschen See fließen. Auf dem hügligen Westrande dieses Wassers liegt bei Hermsdorf unter dem überall verbreiteten Diluvialsand und Gerölle Lehm und dann scharf von diesem geschieden ein reiner blauer Thon, welcher horizontal gelagert von rundlichen oder nierenförmigen Ausscheidungen unterbrochen ist, die aus thonigem Kalkstein bestehen, einen ebenen Bruch haben, erst blaugrau sind, wie alle kohlensaures Eisenoxydul enthaltenden Kalksteine, dann durch lufthaltiges Wasser gelb werden und Septarien genannt worden sind. Die scharfe Grenze zwischen diesem Thon und dem Diluviallehm läßt schließen, daß ersterer vollständig abgesetzt war, als letzterer sich bildete, die horizontale Lagerung über tiefliegenden, nie stark erhobenen und darum geneigten und verworfenen Braunkohlengliedern oder gar älteren Gesteinen, macht es wahrscheinlich, daß er erst abgesetzt wurde, nachdem jene emporgehobenen Gesteine schon lange als Inseln bestanden hatten. Dieser im Tieflande sehr verbreitete Thon ist außerdem noch bei Freienwalde, Cremmen, Oranienburg, Buckow, Nieder-Schönhausen an der Panke (hier wie bei Freienwalde mit Thoneisenstein) beobachtet worden.

c. Diluvium oder nordische Bildungen.

Ueber den älteren Bildungen der Tertiär- wie der Triasformation liegt ganz allgemein eine Thon- und Sandbildung, welche man das aufgeschwemmte Gebirge oder die nordische Geschiebe-Formation genannt hat. Sie besteht von unten nach oben gerechnet aus einer Sandschicht, einem kalkigen mit Sand gemengten Lehm, und an der Oberfläche wiederum aus mächtigen Sandlagern. Der Sand dieser ungeheuer wohl über 40,000 Quadratmeilen des nordischen

Tieflandes verbreiteten Formation unterscheidet sich sehr kenntlich von dem Braunkohlensande älterer Schichten durch die abgerundeten gelblichen oder gelblichgrauen Körner seines Quarzes, durch die stete Mischung mit Körnern unzersetzten fleischrothen Feldspaths, durch den gänzlichen Mangel an Glimmerblättchen und durch die Größe seines Korns. Eine ähnliche nur etwas dunklere Farbe zeigt der Lehm, der zwar ursprünglich blaugrau gefärbt war, was man an manchen Stellen in seinen tiefsten Lagen auch noch erkennen kann, aber durch den Zutritt von lufthaltigem Wasser seinen bläulich färbenden Gehalt an kohlensaurem Eisenoxydul verloren und gelbbraunes Eisenoxydhydrat gebildet hat. Ueberall sind aber mehr oder minder häufig in den Schichten des Diluviums größere oder kleinere Gerölle, Rollsteine oder erratische Blöcke von Erbsengröße bis zur Schwere von mehreren hundert Centnern zerstreut. Sie sind als Bruchstücke der im Norden anstehenden Gesteine erkannt, sammt den ungeheuren eben erwähnten Lagern des aus Granit und Gneus ausgewaschenen Diluvialsandes durch Naturkräfte wie Wasserfluthen und Eismassen von ihrer ursprünglichen nördlichen Heimath über die Tausende von Quadratmeilen umfassende Tiefebene verbreitet und verdienen daher mit Recht den Namen nordischer Bildungen. Sie bedecken in gleichförmiger Lagerung den Boden des ganzen Gebietes mit Ausnahme der See- und Flußniederungen, welche durch Anschwemmungen von oben wie mechanische und chemische Niederschläge in ihrem Schooße andere Verhältnisse zeigen. Ihre oben schon angedeutete Gliederung läßt sich durch folgende Schichtenreihe geben.

*a*. Sand. Wesentlich Quarzkörner von gelber Farbe mit rothen Feldspath- häufig auch schwärzlichen Humustheilen vermischt, oft lehmig, mit den folgenden Schichten wechselnd, auf den Höhen meist wenig mächtig, so daß der darunter liegende Lehm durch den Pflug erreichbar ist. Gerade die Höhen der Plateaus sind es daher, welche im ganzen Gebiet wenigstens im Allgemeinen den ergiebigsten und ausgedehntesten Ackerboden liefern, während die Thäler oft unbebaubare

Flächen des allerunfruchtbarsten reinsten Sandes darbieten, eine Erscheinung, die durch den Umstand erklärt wird, daß Regengüsse den Sand der Berge in die Tiefe schwemmten, den grobkörnigen Sand nach dem Gesetz der Schwere am Fuße der Höhen ablagerten und die feinen Lehm- und Humustheile mit sich fort in die Flüsse und weiter stromabwärts führten. Stürme thaten und thun das Ihrige, den losen Sand von oben nach unten und von den Thalrändern ab oft als Flugsand über fruchtbare Flächen weiter zu tragen. Was wegen seiner Schwere vom Wind und Regen nicht fortzubewegen war, blieb an seiner Stelle liegen, daher die erratischen Blöcke immer auf den Bergen und an ihren Abhängen, nie oder doch selten im Thalgrunde zu finden sind. Waren sie auch dort, so sind sie nunmehr unsichtbar, hoch vom herabgeweheten Sande bedeckt. Ein Blick auf die Karte, ein einziger größerer Ausflug innerhalb unseres Gebiets überzeugt uns von der Wahrheit unserer Behauptung und der höchsten Wahrscheinlichkeit ihrer oben gegebenen Erklärung. Die unfruchtbarsten Aecker und meilenlange Kiefernwälder, wie im alten Oderbette zwischen Berlin und Frankfurt finden sich in den Thälern, während der Ackerbau beginnt, sobald man die Thalränder hinansteigt. Sandschollen, d. h. Flächen ganz unbebauten ohne alle oder doch sehr bemerkbare Vegetation daliegenden Sandes, der wenn von feinerem Korn und trocken als Flugsand große Verheerungen anrichten kann, sind oder werden doch immer seltener, da man durch den Sandhafer, Elymus arenarius, durch Weiden- und Kiefernpflanzungen mit Erfolg seiner Herr zu werden sucht und meist schon geworden ist.

*β*. Kies und Grus oder Grand. Kies ist ein grober Sand, dessen Körner über Hirsenkorngröße bis zum Durchmesser von 1″ wachsen und aus Feuerstein, Quarz und Kieselschiefer bestehen. Er findet sich schichtenweise an vielen Orten. Grus oder Grand ist zerbröckelter Granit und Gneus oder kleines Geröll, oft mit Sand vermischt und bildet dann den steinigen, mit vorherrschendem Sande den Heideboden, der im Gebiet sehr verbreitet ist.

γ. Geschiebe oder erratische Blöcke als Bruchstücke anstehender Gesteine bedecken, wie erwähnt, in verschiedener Größe die Diluvialschichten des großen nordischen Tieflandes. Sie sind mit unbedeutenden Ausnahmen vom Norden gekommen und zeigen daher die Merkmale der dort beobachteten Formationen. Man kennt sie unter dem Namen der Feldsteine, weil sie überall auf unseren Feldern zu finden und manchmal zu förmlichen Trümmerhaufen aufgethürmt sind. Sie verschwinden jedoch immer mehr von der Oberfläche, da man sie seit Jahrhunderten zum Bau der Fundamente, wie zum Straßenpflaster verbraucht. Die größten, wahre Riesen unter ihren Genossen liegen auf den Rauenschen Bergen, unter ihnen wieder die Markgrafensteine 450′ über dem Meere, von denen der größte 95′ im Umfange und in der sichtbaren Höhe 25′, der kleinere einige Fuß davon entfernte 69′ im Umfange, 16′ in der Höhe maß. Von ersterem ist nur noch etwa ein Drittel übrig, indem der mittlere 15,000 Centner schwere Block für die berühmte Berliner Schale, der untere Theil aber zu anderen Kunstwerken verwendet wurde.

Der geognostische Charakter der Findlingsblöcke ist äußerst verschieden, doch fehlen Basalte, Trachyte, Dolerite, Klingstein wie Gesteine der Zechstein- und Triasformation unter ihnen so gut wie ganz. Am häufigsten unter den plutonischen Gesteinen ist der Gneus und sehr viele als Granite angesprochene Stücke wie auch die gedachte Schale und die Säule am Schlosse gehören diesem Gestein an. Der mineralogische Unterschied der beiden Gesteine, welcher darin liegt, daß die Glimmerblättchen des Gneus in parallelen Lagen erscheinen, ist in kleineren Stücken nur sehr mühsam und auch in größeren oft schwer zu erkennen. Die Bestandtheile des aus Glimmer, Quarz und Feldspath bestehenden Gneus sind, was Farbe, zufällig eingesprengte Mineralien, Vorwiegen der einzelnen Gemengtheile betrifft, sehr verschieden. Noch mannigfacher ist der Granit, doch ist sein Quarz im

Allgemeinen gräulich. Häufig kommen in ihm vor Turmaline, Epidote, Granaten und Hornblende, seltener aber für seine Abstammung äußerst wichtig Zirkone, Apatite, Orthite, Gadolinite u. s. w. Außer den genannten Felsarten finden sich, wenn auch minder häufig, die gewöhnlich dunklen feinkörnigen Bruchstücke von Diorit und Hyperitgesteinen, die von den Steinklopfern wegen ihrer Zähigkeit gewöhnlich als Unterlage benutzt werden, ferner Feldspathporphyr, eine meist braunrothe Masse mit hellrothen Feldspathkrystallen, sodann Syenit, Hornblend= wie Glimmerschiefer, Quarzfels und körniger Kalk. Von allen krystallinischen als Geschiebe verbreiteten Gesteinen nimmt Gneus die Hälfte, Granit ein Viertel, die übrigen den Rest in Anspruch. Unter den Geschieben, welche Bruchstücke von Flötzgesteinen sind, sind am bemerkbarsten Kalksteinstücke der Uebergangsformation, deren Glieder auf Gothland und in Schonen anstehend gefunden werden. Sie bilden wegen der Gleichartigkeit ihrer Zusammensetzung ebene Flächen, sind entweder graublau und grau oder roth und führen beziehungsweise die merkwürdigen Versteinerungen des Gothländischen wie die Orthoceratiten und Trilobiten des Schoner Kalksteins. Mitunter und das besonders bei Werneuchen und Trebus unweit Fürstenwalde findet man rothe oder bunte Sandsteine, welche wahrscheinlich dem jüngeren Sandstein der Grauwackenformation zuzurechnen sind und welche in Westmannland in Schweden anstehende Lager bilden. Die Kreideformation hat überall ihre Feuersteine verbreitet. Es sind rundliche Knollen innen meist von rauchgrauer, außen oft von weißlicher Farbe, welche aber nicht von Kreide sondern von der verwitterten Kieselmasse herrührt. Aus der Tertiärformation finden sich braune und weiße ziemlich feste Sandsteine, deren zahlreiche Versteinerungen ihre Verwandtschaft mit dem Septarienthon bekunden. Auch Knochen und Zähne vorweltlicher großer Thiere, besonders vom Elephanten und Rhinoceros sind auf und in den Diluvialschichten zerstreut, ebenso Bernstein, der aber wie man bisher geglaubt hat, nicht der Braunkohlenformation angehört, da er ungeachtet der bedeutenden Braunkohlen-Gewinnung der Mark noch nie in diesen gefunden worden ist. Bei Brandenburg und Oranienburg wird der Bernstein in förmlichen Gruben ausgebeutet.

δ. Lehm. Dies oben erwähnte Glied des Diluvialgebirges ist ungemein verbreitet, fast immer, wie gesagt, auf und am Abhange der Höhen, seltener in Lagern der Tiefe und dann wohl später abgesetzt.* Als Töpferthon findet er sich und wird verwendet im Barnim bei Blumberg, Biesenthal und Cunersdorf, im Glin besonders bei Velten, im Havelländischen Luch unter den Wiesen, bei Lützow unweit Nauen, ebenso und in der größten Ausdehnung in den westlich den Glindow- und Schwielowsee begrenzenden oft recht malerischen Bergen der Feldmarken von Glindow und Petzow. Entweder ist er hier von dem Sande des Diluviums bedeckt oder er bildet auch Gebirgsgruppen im Kleinen, wie zwischen den genannten Dörfern. Die starkgeböschten Abhänge der von meist trockenen Wasserläufen zerrissenen und abgesonderten Berge geben dieser Gegend ein der Mark fremdes Ansehen, indem der überall verbreitete bewegliche Sand scharfe Conturen so leicht verwischt und Unebenheiten ausfüllt. Gleich umfangreich und mit den genannten wahrscheinlich in Verbindung sind die westlich davon liegenden Lager an den Seen südlich von Lehnin. Beide über 100′ mächtige Flötze sind Gegenstand eines ungemein großartigen Ziegeleibetriebes.

ε. Mergel. Der Mergel ist ein mit Thon und Sand in sehr wechselnden Mengen dieser Bestandtheile versetzter Kalk von sehr verschiedener Farbe, welcher sich vom Thon dadurch sogleich unterscheidet, daß er wegen seines kohlensauren Kalks mit Säuren aufbraust. Er kommt vor durch alle Schichten der märkischen Gebirgsglieder von der Oberfläche bis zum Buntensandstein der Triasformation, doch selten in größerer senkrechter und wagerechter Erstreckung und erleidet bereits eine sehr große Anwendung zur Verbesserung der Felder.

d. Mineralquellen.

Die Mineralquellen der Mark sind von zweierlei Art, sie sind Sool- oder Salz- und eisenhaltige Quellen oder Säuerlinge. Wahrscheinlich gehören sie dem Tertiärgebirge an, besonders die letzteren, die sich immer in der Nähe der Braunkohlenformation finden. Sehr zahlreich sind daher diese Quellen an dem steilen sich plötzlich nach dem Oder- und Finowthale senkenden braunkohlenreichen Rande des Ober-Barnim, vor allem bei Freienwalde, dessen Gesundbrunnen weit und breit bekannt ist und bei Neustadt-Eberswalde, wo an dem südlichen steil geböschten Rande des Finowthals zahlreiche eisenhaltige Quellen entspringen. Gleichen Ursprung und ähnliche malerische Umgebung haben die Quellen des Stubberowthales bei Buckow. Ferner finden sich Eisenwasser am nördlichen Abhange der Duberowberge südöstlich von Fürstenwalde, auf der Feldmark von Hennickendorf und Blumberg, im Louisenbad an der Panke bei Berlin, in einem Garten von Charlottenburg, und besonders an dem Fuße des Plateaus, welches sich von S nach N zwischen Havel und Nuthe bis zur Stadt Potsdam erstreckt. Hier sind mehrere Quellen beobachtet worden, die eine am südwestlichen Ende der Teltower Vorstadt, zwei in der Nähe des Templin und eine am Fuße und im Osten der Rawensberge am Rande eines früheren Torfmoores in einem Elsbruch 108′ über dem Meere. Außerdem ist auf der Berliner Vorstadt eine solche Quelle, die früher auch benutzt wurde. — Die Salzquellen sind im Gebiete seltener. Sie entspringen alle in moorigen Gründen oder besser am Rande derselben, füllen, wenn sich Gelegenheit dazu findet, nahe Vertiefungen, in denen bei trocknen Winden und warmer Witterung das Wasser theilweise verdampft. Der Rest hat dann einen schwach salzigen Geschmack. Auch überzieht sich das umgebende Erdreich zu Zeiten mit einem weißen Ueberzug von feinen Salzkrystallen und trägt dann die bekannten Salzpflanzen. Man gewann früher das Salz an solchen Orten dadurch, daß man Löcher grub, das Wasser darinnen sammelte und es über dem Feuer verdampfte; doch war die Ausbeute sehr gering, indem die Soole nie hinreichend zuströmte. Es ist unzweifelhaft, daß diese Salzquellen nicht aus der Tiefe kamen, sondern vielmehr durch Auslaugung des salzhaltigen Moorbodens entstanden, welcher sich beim Zurücktreten des Meeres zuerst in dem Braakwasser bildete und darum Salztheile enthielt und noch immer enthält, weil seine feine thonartige Beschaffenheit nur eine sehr langsame Auslaugung zuläßt. Salzquellen dieser Art finden sich bei Salzbrunn unweit Belitz und Uetz, 1½ Meilen nordöstlich von Potsdam, früher auch bei Trebbin, dann zwischen den Dörfern Schiaß und Tremsdorf auf der Trebbin-Potsdamer Straße, bei Brandenburg, und zwischen Selbelang und Pessin wie bei Pevesin im West-Havellande. Benutzt wird keine mehr.

### 3. Alluvium oder jüngstes Schwemmland.

Unter allen Naturkräften, welche die Diluvial-Oberfläche unseres Gebietes zerstörten und noch immer zerstören, spielt das Wasser die wichtigste Rolle. Wassermassen als Folge starker Regengüsse oder plötzlicher Schneeschmelze schwemmen die Diluvialschichten der Höhen in die Tiefe, setzen Geschiebe, Grus, Kies, Sand und Thonschlamm im Verhältniß ihrer größeren Schwere nach und nach als Alluvialniederschläge in den Thälern ab und verändern dadurch im Verein mit dem jedoch minder mächtigen Flugsande Beschaffenheit und Gestalt derselben unaufhörlich. Chemische Absätze von im Wasser aufgelösten Mineralstoffen und die nie rastende Thätigkeit vegetabilischen und animalischen Lebens erzeugen zumal wo die Massen stagniren in Mulden und Sohlen geringer Neigung eine Reihe neuer Bildungen, welche eine reiche Quelle von Belehrung und praktischen Vortheilen geworden sind. Die Glieder des Alluviums sind außer dem oft erwähnten Sande hauptsächlich folgende:

a. Süßwasserkalk.

Alle Quellen enthalten mineralische Bestandtheile, welche sie bei ihrem Durchgange durch die Gesteine unter denen sie entstehen bis zur Oberfläche auflösen. Besonders häufig unter diesen Mineralsubstanzen ist der doppelt kohlensaure Kalk, welcher bei Berührung mit der Luft die Hälfte seiner Kohlensäure verliert und dann unlöslich als einfach kohlensaurer Kalk zu Boden fällt, am Boden von Quellen, Flüssen und Seen festere oder krümliche Süßwasserkalke oder Kalktuffe absetzt und durch rauhere im Wasser befindliche meist organische Gegenstände wie Blätter und Wasserpflanzen in dieser Thätigkeit begünstigt solche mit Kalk überzieht und abdrückt. Im hohen Grade befördert werden diese Niederschläge durch die natürliche kryptogamische Familie der Characeen oder Armleuchter, welche im Grunde der Gewässer wachsend die merkwürdige Eigenschaft besitzen, den in diesen enthaltenen Kalk auf ihrer Oberfläche niederzuschlagen und in ihrem Innern abzusetzen. Besonders sind es bei uns die Arten Chara hispida und vulgaris, welche von 50 bis 70 Prozent Kalk enthalten. Verfaulen diese einjährigen Pflanzen, so bleibt der Kalk an der Stelle zurück und wird jedes Jahr in gleicher Weise vermehrt. Er ist rein, da die Chären alle anderen Pflanzen aus ihrer Nähe vertreiben und enthält nur die Conchylien eingeschlossen, welche an demselben Orte gelebt haben. Sehr fester Süßwasserkalk findet sich auf der Landzunge, welche bei Saarow in den Scharmützelsee tritt, ebenso auf dem in diesem liegenden kleinen Werder und wahrscheinlich auch im Grunde des See's. Kalktuff oder Wiesenkalk liegt meist in geringer Tiefe unter der Rasendecke, schließt kleine Süßwasserschnecken und Pflanzenreste ein und wird nicht selten zu Kalk gebrannt. Orte seines Vorkommens sind: Das Cremmensche Luch, bei Spandau, an der Panke bei Pankow und Buch, bei Freienwalde, Leuenberg und Möglin, überhaupt am ganzen Oderrande des Barnim-Plateaus, auch die Wünsdorfer und die benachbarten Seen bei Zossen im Teltower Kreise sind Standpunkte Kalk erzeugender Charen.

b. Raseneisenstein.

Wasserreiche mit Sumpfvegetation bedeckte Gegenden von gar keinem oder doch äußerst geringem Abfall und einem Untergrunde von eisenhaltigem Sande, erzeugen hie und da in der Mark und auch in unserem Gebiet ein eigenthümliches Mineral, den Raseneisenstein oder das Sumpferz. Es ist ein Gemenge von Eisenoxydhydrat und phosphorsaurem Eisenoxyd meist von geringer nicht selten aber auch von bedeutender Härte und brauner bis schwarzer Farbe. Der Niederschlag ist zuerst ein braunrother, gallertartiger, schlüpfriger Schlamm, wie wir ihn so häufig im Grunde langsam fließender Gräben beobachten, der allmählich größere Consistenz gewinnt. Es ist schwer zu erklären, woher die große oft 10 Prozent betragende Menge von Phosphorsäure kommt, welche er enthält, wenn ihm dieselbe nicht durch die Verwesung der Pflanzen und auch wohl der mikroskopischen Thierchen zugeführt wird, zwischen denen er sich absetzt. Raseneisenstein findet sich innerhalb unseres Gebiets in der Spandauer Forst bei Saugarten, bei Charlottenburg an der Spreebrücke, im Thal der Panke zwischen dem Louisenbade und Pankow, auch noch weiter hinauf, bei Liebenwalde und Neustadt-Eberswalde, wo er für das Hüttenwerk Torgelow in Pommern gewonnen wird und an mehreren Orten. Eisenwerke, die Raseneisenstein verarbeiteten sind in unserem Gebiete nicht mehr vorhanden, die früher bestandenen sind eingegangen. — Reines phosphorsaures Eisenoxydul oder Blaueisenerde ist in Torf- und Infusorienlagern hie und da gefunden worden, unter anderem in dem Infusorienlager, welches bei dem Fundamentalbau des neuen Museums in Berlin aufgedeckt wurde.

c. Infusorienlager.

Mikroskopische Thierchen der untersten Stufe bilden sich noch jetzt tagtäglich zu Milliarden in allen stehenden Gewässern. Ihre häufig kieseligen Schalen bleiben denen der Muscheln vergleichbar nach dem kurzen Leben zurück und erzeugen am Grunde des Wassers nach und nach ungeachtet ihrer ungemeinen Kleinheit bei der unglaublichen Menge der täglich entstehenden und sterbenden Individuen Schichten eines feinen, weißen, fast unfühlbaren Kieselsandes bis zu 10′ Mächtigkeit. Lager dieser Infusorienpanzer finden sich vornämlich unter der Stadt Berlin von der Schloßbrücke abwärts zu beiden Seiten der Spree, längs der Friedrichsstraße und unter dem Thiergarten, ferner mitten in Potsdam und bei der Stadt, an der Havel bei Spandau und bei Köpnick in der Nähe des Niederschlesischen Bahnhofs.

### d. Torf.

Der Torf besteht aus mehr oder minder kenntlichen Resten abgestorbener Pflanzen, welche in den meisten Fällen an dem Orte seines Vorkommens wuchsen. Wo sich in einem Sumpfe stehendes oder langsam fließendes Wasser von nicht zu geringer Tiefe befindet, entwickeln sich kryptogamische Pflanzen wie Byssus-, Conferva-, Ulva-, Rivula-, Chaetophora-Arten, auf der Oberfläche schwimmend oder wurzelnd am Rande; sie vermehren sich und vermodern sehr schnell und bilden mit ihrem Moder sowie den Ueberbleibseln der auf und zwischen ihnen lebenden Thierchen die erste Schlammschicht, welche jedes Jahr zunimmt und den Boden für die ersten, höher entwickelten phanerogamischen Gewächse liefert. Von ihnen erscheinen als die frühesten: Lemna- und Callitriche-Arten, Potamogeton natans, crispus u. s. w. Alisma Plantago, Hydrocharis Morsusranae, Hottonia palustris, Menyanthes trifoliata, Ranunculus aquatilis, Sparganium simplex u. s. w. Arten von Utricularia und Myriophyllum, Sagittaria sagittif., Hippuris vulg., Stratiotes aloides, Nymphaea alba und Nuphar luteum. Auch ihre Reste vergrößern alljährlich die Schlammlage. Unter günstigen Bedingungen beginnt sich nun auf der Oberfläche des Wassers eine kryptogamische Vegetation aus den Moosgattungen Sphagnum und Hypnum zu entwickeln, Sphagnum squarrosum, und latifolium wie Hypnum fluitans bilden bei ihrem üppigen Wachsthum bald eine schwimmende Decke, auf welcher Sphagnum palustre, Hypnum aduncum und cuspidatum wurzeln, alljährlich neue Triebe erzeugen, mit den abgestorbenen Theilen aber nach und nach die Decke verfilzen, obwohl sie immer noch vom Wasser gehoben wird. Sodann gesellen sich zu den erwähnten Moosen noch andere aus den Gattungen Mnium, Bryum, Polytrichum und späterhin die phanerogamischen Arten Drosera rotund., longif., intermedia, Vaccinium oxycoccos, Carex caespitosa, dioica u. s. w. Die Decke wird durch sie immer fester, beugt sich muldenförmig nieder, wenn man sie betritt, und senkt sich endlich auf den Boden. Ueberall, wo die Möglichkeit der Bildung und Wiederbildung von Torfmoosen gegeben ist, erzeugen sich Torfmoore dieses Moostorfes wieder; entstanden die Moore aber aus untergetauchten und verschütteten Schilfgründen oder sind sie soweit trocken gelegt, daß der Mangel an Wasser das Aufkommen der Moose verhindert, so wachsen sie natürlich nicht wieder. Torflager sind im Gebiete sehr verbreitet, am bedeutendsten im Rhinluch nördlich von Linum.

e. Humus und Dammerde.

Der Humus ist ein schwärzliches, krümliches, aus der Verwesung von Pflanzen- und Thierkörpern entstandenes und immer noch entstehendes Pulver, welches mit Mineral-Bestandtheilen in größerer oder geringerer Menge vermischt Diluvial- und Tertiärschichten überall in der Regel 6″ in Niederungen oft 1′ bis 2′ hoch bedeckt und dann Dammerde oder Ackerkrume genannt wird.

## 2. Oberflächengestalt.

Die Thalsenkungen und ihr Gewässer sind in der Mark, was in Mittel- und Süd-Deutschland die Gebirgszüge, Scheidelinien, welche in ihrer Richtung und Verzweigung dem Lande einen bestimmten Charakter geben. Zwischen diesen Senkungen erhebt sich, wie oben erwähnt, der Boden zu größeren oder kleineren Plateaus, welche sich innerhalb unseres näheren Gebiets mit bemerkenswerther Uebereinstimmung von SO nach NW also in der Erhebungslinie des Flemming und weiter nach Süden der das Tiefland begrenzenden anstehenden Gesteine erstrecken. Sie nahmen demnach im umgekehrten Verhältniß ihrer Entfernung Theil an der emportreibenden Kraft, welche die gedachten Gebirge, wie die Höhenlinie des Flemming über das Niveau des Meeres emporhob und sich in ihren Wirkungen bis zu der natürlichen Einsenkung fortpflanzte, welche von der Oder durch die Richtung des Finowkanals über Liebenwalde und Oranienburg, durch das Rhinluch, also über Cremmen, Fehrbellin, Rhinow nach Havelberg in unmittelbarem Zusammenhange so leicht zu erkennen ist. Die Diluvialhöhen im Norden dieser Scheidelinie folgen in ihrer Richtung entschieden der Erhebungslinie des Mecklenburgisch-Pommerschen Landrückens, demnach der Streichungslinie der nördlichen anstehenden Gesteinsgrenze und gehören somit in geologischem Sinne nicht mehr zu Deutschland. Jene Gruppe nun von mittelmärkischen Plateaus im Süden der Grenzmarke, an der sich die hebenden Kräfte des Süd- und Nordrandes unseres Tieflandes begegneten, sind es, nebst den trennenden Thälern, welche mit scharfen Zügen das natürliche Gebiet bezeichnen, dem die folgende Flora gewidmet ist. In geologischer Hinsicht könnte man sie die deutschen der Kurmark nennen.

## A. Die Thäler und Wasserläufe.

Die erwähnten Plateaus gehören zum Quellgebiet der Havel und Oder. Bei Liebenwalde tritt die Havel noch 124′ über der Ostsee in das weite Thal, welches sich bis zum Einfluß der Spree erstreckt, und westwärts mit den großen Bruchniederungen des Rhin- und Havelländischen Luchs unmittelbar zusammenhängt. Rechts von der Havel liegt bei Liebenwalde das 2 Meilen lange Neuholländer Bruch, das mit der Thalsenkung, die sich im Norden des Barnim bis in das Gebiet der Finow hinüberzieht, im Zusammenhange steht, und die Anlegung des Finowkanals ermöglicht hat. Diese Senkung ist, wo sie am höchsten liegt, nur 125′ über der Ostsee. In sehr gekrümmtem, durch Kanalbauten jedoch abgekürztem Laufe windet sich der Fluß über Oranienburg, hier noch 107′ hoch, durch nasse Bruchwiesen in einem ¾ Meilen breiten Thale bis Henningsdorf, wo er die erste seeartige Erweiterung bildet. Die flachgeböschten, später aber ziemlich steilen, bis 200′ hohen Abhänge des Barnim begleiten ihn links unmittelbar bis Heiligensee, während rechts Bruchniederungen liegen, welche von dem im Laufe der Zeit vielfach veränderten Grenzgraben und dahinter von dem Höhenrand des Glin-Plateaus abgeschlossen werden. Von Henningsdorf abwärts weitet sich der Fluß zu dem Spandauer See, welcher mit seinem nordöstlichen Arm, dem Tegelsee, ein dreieckiges bewaldetes Höhenland einschließt, bei Spandau 97′ hoch, die ostwärts kommende Spree aufnimmt und sich daselbst wieder verengt, um unterhalb in die schöne, wechselvolle Reihe der Landseen zu treten, welche seinen Lauf über Potsdam und Brandenburg hinaus bezeichnen. Bei Pichelsberg, 1 Meile südlich von Spandau beginnt dieselbe. Ostwärts ist der steile Abfall des Teltow, im Havelberge des Grunewalder Forstes 317′ über der Ostsee, 214′ über dem Wasser, westwärts zieht sich der minder hohe oft aber stark geböschte Rand des Havelländischen Plateaus bis an die Stromenge von Sacrow, hebt sich aber zwischen diesem Orte und Cladow in den jähen Höhen des großen Holl-, Louisen- und Fuchsberges zu 242′, 198′, 202′ über das Meer. Eine östliche Ausbuchtung der Havel, Wannsee genannt, steht durch zwei nordöstlich und südwestlich verlaufende Einsenkungen mit zwei Ketten von untereinander durch Fließe vereinten Seen in Verbindung. Die erste aus dem Schlachten-, krummen, Rhinmeister-, Grunewaldsee und Hundekehle bestehende Kette umschließt nebst Havel und Spree mit Ausnahme einer kleinen Strecke die schöne Spandauer Forst, auch Grunewald genannt, die zweite, südwestliche trennt vom Teltow durch den Pohle- und Stolpsee einer-, durch einen Wiesengrund, den Gribnitzsee und die Kleinglienicker Lanke andererseits den Stolper Werder, welcher sich in dem höchsten Punkt des prinzlichen Parks 251', in dem Schäferberge 328' über das Meer erhebt. Zwischen Wannsee und der Glienicker Brücke liegt auf dem Havelsee die Pfaueninsel. Die Ufer des Stolper Werders fallen hier steil, wohl 100' hoch ins Wasser. Rechts bei Sakrow senkt sich ein Thal in die Havel, welches das Havelländische Plateau durchfurchend vom kleinen, Groß-Glienicker und Sakrower See ausgefüllt wird. Unterhalb Sakrow verzweigt sich die Havel zu jener wundervollen Kette von Seen, welche von hohen bewaldeten, vielfach durch die Kunst verschönten Ufern umgeben die Glienicker Brücke zu einem der schönsten Aussichtspunkte des nördlichen Deutschlands machen. Nordwestlich zieht sich der Jungfernsee zwischen einerseits bebauten, andererseits bewaldeten Höhen bis zur Nedlitzer Enge, nimmt links den Abfluß des Heiligensees sowie der Niederungen auf, welche sich fast mit der Havel parallel bis in die Stadt Potsdam erstrecken, theilt sich bei Nedlitz in den schönen Spiegel des rundum fast bewaldeten Krampnitzsees, links den Fuß des 270' hohen Kirchbergs bespülend in den fast rechteckigen Fahrländischen See. Die Thalsenkung der Krampnitz setzt sich nordwestlich fort bis in das Havelländische Luch und umschließt mit diesem und der Havel das 2 Quadratmeilen große Döberitzer Plateau, welches sich in der höchsten der aufgesetzten Kuppen in dem schwarzen Berg südlich von Döberitz 305' erhebt. Südlich der Glienicker Brücke steigt der linke Havelrand im Babertsberg, einer Berginsel des Teltow 251', verflacht sich dann zur Thalweitung von Nowaweß und der südöstlich kommenden Nuthe, und erhebt sich im Westen derselben, im Potsdamer und Cunersdorfer Forstrevier, einem Waldplateau, welches links in prallem Absturz bis Ferch, Havel und Schwielowsee begleitet im kleinen Ravensberge zu 380', im Weitsichtsberg des Schmeerberger Forstreviers zu 416' Meereshöhe. Von

Ferch, noch 184′ hoch, zieht sich das Gelände immer flacher werdend westlich vom Schwielow über Petzow, dessen Kirche 159′ hoch liegt, zu den Lehmbergen dieses Dorfes und Glindow's, dann über Pleßow und Drewitz nach Großkreuz und Jeserig in einer Höhe von 100′ bis 200′. Westlich von Jeserig öffnet sich in das Havelthal jene Niederung, welche unter dem Namen der Lehniner eine Kette von Seen bergend tief in das Zauche-Plateau einschneidet. Die westliche Grenze derselben trifft über Lehnin, Nelzen und Prützke bei Brandenburg wieder auf die Havel. Zwischen dem Plateaurande und dem Flusse ist eine meilenbreite meist bruchige Niederung, nur hie und da von kleinen Hochebenen und Bergen unterbrochen. Dahin gehören die Höhen von Werder, im Kesselberge 295′ hoch, der Wachtelberg wie die kleinen Plateaus von Schmergow, Deetz und Götz. Von der Glienicker Brücke abwärts folgt auf dem rechten Ufer der bald seeartig erweiterten, bald wieder zum Fluß verengten Havel ein regelloses Durcheinander von Höhen und Tiefen, von kleinen Hochebenen und Bruchniederungen. Der im hohen Havellande entstehende Wublitzgraben, ein Abfluß des kleinen Wublitz, erweitert sich bei Klein-Paaren zu einem breiten Flusse, bei Marquardt zum Schlänitzsee, verengt sich wieder und geht bei den Vierhäusern und Einhaus vorbei in die Havel. Bei Marquardt geht aus dem Schlänitzsee östlich der Schiffsgraben in den Fahrländischen, westlich der Grenzgraben in den Göttinsee, wodurch zwei Berginseln, die von Potsdam und von Alt-Töplitz gebildet werden. Von Ost nach West zieht durch die Potsdamer Insel eine Bruchniederung, in welcher die Stadt Potsdam, die königlichen Gärten von Sanssouci und des Neuen Palais und das Golmbruch liegen. Die Meereshöhe der Havel ist bei 3′ 5″ Pegelstand bei Potsdam 96′ 4″, an der Eisenbahnbrücke bei Werder 95′ 9″. Nördlich von diesem Bruche liegt das Plateau von Sanssouci, in dem Pfingstberg 242′, der obersten Terrasse von Sanssouci 160′, dem Ruinenberg 239′, dem Kahlenberg 228′, dem Ehrenpfortenberg 238′, dem Golmberg 206′, dem großen

Herzberg bei Bornim 247′, dem Zachelsberg 222′, über dem Meere. Der südliche bergige Rand des Golmbruchs erhebt sich 282′ hoch und fällt im Heinberg bei Baumgartenbrück noch 238′ hoch unmittelbar in die Havel. Westwärts von der Thalsenkung der Wublitz zieht sich der Rand eines vielfach von Bruchniederungen und besonders von der Seenkette des Bähnitz-, Lünow- und Beetzsees durchfurchten Plateaus bis über Brandenburg hinaus, wendet sich von da über Ferchesar bis unterhalb Pritzerbe, wo er von einer mit dem großen Havelländischen Luch verbundenen Einsenkung durchschnitten wird. Diese Hochebene, welche man von den höchsten ihr aufgesetzten Bergen die Bähnitzer nennen könnte, senkt sich allseits besonders nördlich ganz allmählich in die begrenzenden Niederungen.

Von den Nebenflüssen der Havel ist innerhalb unseres Gebietes auf der rechten Seite nur der Rhin zu erwähnen. Derselbe tritt bei Alt-Friesack und Wustrau aus dem Ruppiner See in zwei Armen in die große von O nach W streichende Grenzsenkung, von denen der östlichere als alter Rhin den Bützsee durchfließt, mit dem Cremmenschen See in Verbindung steht und sich dann in vielfachen Krümmungen im N der Belliner Hochebene westwärts nach Fehrbellin wendet, wo er sich mit dem westlichen Arm, dem Wustrauer Rhin verbindet. Unterhalb Fehrbellin strömt der Rhin durch das weite Rhinluch, vielfach getheilt und von Kanälen durchschnitten bei Friesack und Rhinow vorbei in den Gülpsee und durch ihn in die Havel. Das Rhinluch ist die erste natürliche Verbindung der Havelniederung bei Oranienburg mit der unteren Havel. Es ist von $\frac{1}{2}$ bis 4 Meilen breit und verbindet sich westwärts von Fehrbellin mit dem großen Havelländischen Luche, der Fortsetzung des Spree- und früher Oderthals. Die Breite des letztern schwankt von $\frac{1}{4}$ bis 2 Meilen. Beide Niederungen zusammen mögen einen Flächenraum von 22 Quadratmeilen bedecken. Zahlreich sind die Nebenflüsse der Havel auf der linken Seite. Von der Einsenkung des Finow-Kanals südlich sind es folgende:

a. Der Bäckgraben entsteht auf den hochgelegenen ebenen Feldern von Zehlendorf und fließt bei Schmachtenhagen vorüber zwischen ganz flachen Ufern durch den Lenitzsee in die Havel.

b. Das Briesenfließ führt die Gewässer des Stolzenhagener, Wandlitz- und Lübow-See's über Zühlsdorf und von hier an in ziemlich tief eingesenktem Bette zur Havel.

c. Die Mühlenbäcke, das oben erwähnte an den Höhen von Hermsdorf vorbeiströmende in den Tegelsee fallende Gewässer.

d. Die Spree tritt bei Fürstenwalde noch 126′ über dem Meere in das Gebiet, fließt in einem oft meilenbreiten, bruchigen und sandigen, meist waldbedeckten Thal zwischen den Rändern des Beeskow-Storkower und Teltow-Plateaus einer-, denen des Barnims andererseits über Köpenick, (107′ 4″) und Berlin (Oberbaum 107′, Unterbaum 101′) in die Havel, wo sie noch eine Höhe von 98′ hat. Nebenfluß auf dem linken Ufer ist die Dahme. Sie entspringt auf dem Plateau von Dahme 330′ hoch, fließt bei Golßen vorbei durch jenes merkwürdige Querthal des alten Spreebettes nach Buchholz, von da nach Pieros, wo sie links die Abflüsse der Teupitzer Seen, rechts die der Storkowschen aufnimmt, in den Dolgensee, wendet sich unterhalb desselben westwärts durch den Kabelowschen See und bildet von dessen Ende an wieder nordwärts strömend eine Kette von Seen, das Niederlöhmische Wasser, den Zeuthener, Seddiner und Langen See, bis sie sich bei Köpnick in die Spree ergießt. Der wichtigste Zufluß der Dahme ist das Notteließ. Dasselbe entsteht unweit Baruth bei dem Dorfe Zesch, geht durch den Zescher-, Möggelin-, Wolziger, den Wühnsdorfer und Mellensee (hier 133′ hoch) sodann durch den Dergischowschen oberhalb, den Prierowschen unterhalb Zossen über Mittenwalde, wo sie den Abfluß des Motzener See's aufnimmt in einem fast ohne Ausnahme weiten, sumpfigen, flachrändrigen Thale nach Wusterhausen, und unterhalb dieser Stadt in die Dahme (107′ 5″). Die Nebenflüsse der Spree auf der rechten Seite sind: α) das Rüdersdorfer Kalkfließ entsteht auf dem Ober=Barnim östlich von Biesow in einem Grunde voll kleiner, langgestreckter, im Sommer unzusammenhängender Seen, (320' über der Ostsee) deren letzter der Straus bei Strausberg ist. Aus diesem tritt bei der Stadt ein Fließ, welches durch den Herrensee in den Stienitzsee fließt und von hier aus jene Kette von Seen durchströmt, deren bei Gelegenheit der Beschreibung des Rüdersdorfer Kalkgebirges Erwähnung geschehen ist. Bei Erkner mündet sich in die tiefe und enge Senkung des Kalkfließes auf der linken Seite das weitere Löknitzthal. Die Löknitz entspringt bei Hoppegarten an den Stallbergen, fließt durch den Maxsee (124') nimmt bald darauf die bei Heidekrug aus der tiefen Thalsenkung des Rothen Luchs (höchste Höhe 158') kommende Köppernitz oberhalb Stobberow genannt auf und verbindet sich endlich unweit ihrer Mündung in das Kalkfließ mit dem Garzauer Mühlenfließ, welches bei Rühlsdorf (251') entspringt und in einem allmählich immer breiteren Thale den Abfluß einer Kette von Seen bildet. — β) Das Fredersdorfer Fließ, der längste der Spreezuflüsse auf der rechten Seite, entsteht bei Köthen nur ½ Meile von dem Oderbruche entfernt in einem tiefen, mit vielen kleinen nur periodisch zusammenhängenden Seen ausgefüllten Grunde, dem Gamen Grunde (380' hoch), durchfurcht das Barnim=Plateau von NO nach SW, und ergießt sich nach einem fast 7 Meilen langen Laufe in den Müggelsee. — γ) Die Stienitz sammelt sich auf der Feldmark von Wesow (298') und fließt über Werneuchen und Alt=Landsberg oberhalb Köpnick in die Spree. — δ) Die Wuhle entsteht bei Ahrensfelde (195') und endet nach 2 Meilen unterhalb Köpnick. — ε) Die Panke nimmt ihren Ursprung bei Bernau (230') und fällt nach einem 3½ Meilen langen Laufe in einem flachrändigen Thale innerhalb Berlin in die Spree.

e. Das Teltowsche Fließ sammelt sich auf der Feldmark von Steglitz und Mariendorf (130') und fließt über

Teltow, Stansdorf und Kohlhasenbrück in einem ganz flachen Thal in den Grimnitzsee.

f. Die Nuthe entspringt auf den Flächen des hohen Flemmings südlich von Jüterbogk (267'), geht durch diese Stadt (242') nach Luckenwalde (145') und von hier aus in einem weiten, vornämlich im unteren Laufe sehr sumpfigen Thale über Trebbin (120') und Saarmund (104') zu ihrer Mündung bei Potsdam (97⅓'). Vielfache Abzugsgräben verkürzen ihren Lauf und durchschneiden ihre Ufer. Rechts fließen in die Nuthe das Baruther Hammerfließ und der Thyrowsche Graben, welcher in zwei Armen einestheils die Gewässer der Großbeerenschen, Löwenbruchschen und Jähnsdorfer Niederung durch den Hauptnuthegraben bei Wittstock vorbei, anderentheils die der großen Els- und Wiesenniederungen bei Lüdersdorf und Christinendorf in die Nuthe führt und an 3 Stellen mit dem Gebiet der Notte in Verbindung steht. Außerdem fällt noch der Jütergotzer Abzugsgraben bei Drewitz in die Nuthe. Auf der linken Seite derselben ist nur ein wichtiger Zufluß zu nennen, die Nieplitz. Sie entspringt südlich von Treuenbrietzen auf den Vorstufen des Flemming (230'), fließt durch die genannte Stadt und dann in eine weite Niederung, in welcher sie unter vielen Nebenbächen den von Westen her kommenden Neuendorfer Graben aufnimmt, der in unmittelbarer Verbindung mit der auf der Westseite der Zauche liegenden Pläne-Einsenkung steht. Ueber Belitz hinaus zieht sich die Nieplitz in sehr gekrümmtem und darum durch Gräben verkürztem Laufe durch den Blanken- und Grössin-See in die Nuthe, nachdem sie vorher noch die Gewässer des Seddiner See's aufgenommen hat.

g. Das Caputsche Seethal ist eine Einsenkung in dem Waldplateau der Ravensberge an der Ostseite des hohen Schwielowseerandes, ausgefüllt von vier kleinen Seen, von oben nach unten dem Charinchen (148'), dem großen und kleinen Linowitz- (133') und Caputschen See (100'), und umgeben von hohen, malerischen Waldbergen.

h. Die Lehniner Gewässer sind oben genannt worden. Sie ergießen sich durch die Emster, Klein-Kreuz gegenüber (94′) in die Havel.

i. Die Plane oder Pläne entspringt in den Schluchten des Flemming bei Raben (358′), fließt in ihrem Oberlaufe durch ein hochrändiges Querthal dieses Höhenzuges, tritt südwestlich von Brück in die große bei der Nieplitz erwähnte Niederung, welche das Zauche-Plateau im Westen begrenzt und endlich unterhalb Brandenburg in die Havel (90′).

Die Oder betritt das Gebiet bei Küstrin. (Nullpunkt des Pegels 38′ über der Ostsee.) Meilenbreite fruchtbare, gegen das Hochwasser eingedeichte Niederungen, das berühmte Oderbruch, liegen auf beiden Ufern, vornämlich auf dem linken, bis Hohensaaten hinunter (2′ 9″ Nullpunkt des Pegels). Mehr oder minder steile Ränder, die prallen Abfälle des Lebuser und Barnim-Plateaus fallen von Reitwein, jenem basteiartigen, schon erwähnten Vorgebirge an, über Selow, Wrietzen und Freienwalde in die Tiefe. Nur unbedeutende Bäche kommen von der Höhe herunter, weil der Wassertheiler zwischen Oder- und Spreegebiet ganz nahe dem Plateau-Rande liegt. Sehr merkwürdig ist die tiefe Furche des Stobberowfließes, weil sie als Bergspalt mit dem Löknitzthal und Rothen Luche Barnim und Lebuser Hochebene auf natürliche Weise scheidet. Die Quellen der Stobberow sind auf dem Rothen Luche (158′), also in gleicher Meereshöhe und an demselben Orte mit denen der Köppernitz. Alle Seen dieser wechselvollen von tiefen Schluchten des Braunkohlengebirges zerrissenen, waldbedeckten Gegend führen ihre Gewässer durch die Stobberow in die Oder. — Die Finow, der bedeutendste Nebenfluß der Oder entsteht bei Biesenthal (ungefähr 200′), tritt mit nördlichem Laufe in die große Thalsenkung, welche Barnim und Ukermark trennt, wendet sich oberhalb Steinfurth östlich, nimmt bei Neustadt-Eberswalde rechts die Schwärze, weiter unten links das Ragöser Fließ auf und ergießt sich endlich bei Nieder-Finow vorbei durch den Lieper und Oderberger See bei Oderberg in die

Oder. Der Mittel- und Unterlauf der Finow liegt mit den zwischen steilen Wänden des Ober-Barnim südlich herunterkommenden kleinen Nebengewässern in der wegen ihrer Schönheit mit Recht berühmten Gegend von Neustadt-Eberswalde.

## B. Die Höhen.

Zwischen den eben besprochenen Niederungen und durch sie in ihrer Richtung von SO nach NW bedingt liegen die Diluvial-Höhen des Gebietes in der Form flacher, horizontaler oder wenig geneigter durch aufgesetzte Kuppen oder Bergzüge an der Oberfläche unterbrochener Plateaus. Sie sind von O nach W gerechnet.

### a. Das Plateau des Barnim.

Es ist ungefähr 45 Quadratmeilen groß und wird von der Thalsenkung des Finowkanals, der Havel, der Spree, der Löknitz, dem Rothen Luch, der Stobberow und der Oder umschlossen. Die Wasserscheide zwischen Oder und Spree liegt in der Nähe des östlichen Randes, im Allgemeinen 1 Meile davon entfernt. Steil, von Schluchten unterbrochen, oft waldbedeckt senkt sich derselbe von Neustadt-Eberswalde an über Freienwalde, Wrietzen, Buckow bis Erker in die Tiefe, langsam und wenig bemerklich neigt sich dagegen das Land gegen Havel und Spree.

#### Höhen des Barnim.

| | |
|---|---|
| Waldhügel über dem Neustädter Brunnen . . . . | 283′ |
| Carlsburg bei Falkenberg . . . . . . . . . . | 240′ |
| Wilhelmshöhe bei Köthen . . . . . . . . . | 277′ |
| Belvedere bei Köthen . . . . . . . . . . . | 325′ |
| Finkenberg bei Dannenberg . . . . . . . . . | 397′ |
| Semmelberg 1 Meile von Freienwalde . . . . . | 506′ |
| Camminchenberg . . . . . . . . . . . . . | 485′ |
| Plateaurand am Absturz nach Freienwalde . . . . | 484′ |
| Apothekerberg bei Freienwalde . . . . . . . . . | 242′ |

| | |
|---|---|
| Schloßberg | 206′ |
| Göbelers Ruhe | 267′ |
| Martinsberg | 348′ |
| Herrenberger Spitze | 357′ |
| Steinbeck auf dem Wege nach Wrietzen | 400′ |
| Westende von Haselberg | 402′ |
| Haselberg | 350′ |
| Lüdersdorf | 250′ |
| Windmühlenberg bei Wrietzen | 110′ |
| Süd-Westende der Stadt Wrietzen | 31′ |
| Alte Oder | 12′ |
| Ostende von Prötzel | 294′ |
| Heideberg im Blumenthal | 445′ |
| Pritzhagener Weinberg | 304′ |
| Dachsberg bei Buckow | 325′ |
| Krugberg bei Buckow | 420′ |
| Höhe unmittelbar südlich von Buckow | 224′ |
| Buckower Stadtmühle | 84′ |
| Der lange Kranichsberg bei Erkner | 342′ |
| Der spitze Kranichsberg | 322′ |
| Berlin, Nullpunkt des Pegels an den Damm-Mühlen | 98′ |
| Neue Königsthor | 128′ |
| Weißensee, an der Kirche | 168′ |
| Ahrensfelde, an der Kirche | 200′ |
| Blumberg, an der Kirche | 243′ |
| Seefeld, an der Kirche | 248′ |
| Werneuchen | 254′ |
| Werftpfuhl | 301′ |
| Tiefensee | 358′ |
| Leuenberg, an der Kirche | 374′ |
| Plateauscheitel zwischen Leuenberg und Steinbeck | 409′ |
| Steinbeck, an der Kirche | 396′ |
| Scheitelpunkt der Berlin-Freienwalder Straße | 494′ |
| Freienwalde, an der Marienkirche | 50′ |

### b. Das Plateau des Teltow.

Der Teltow ist jener Theil des heutigen Teltowschen Kreises, welcher von Havel, Nuthe, der Notte mit ihren westlichen Verbindungsgräben, der Dahme und der Spree begrenzt wird. Er ist eine Hochebene von 150′ mittlerer Höhe, mit hohen Rändern im NW, im O und SO, und allmählichem Abfall der Nuthe zu. Das Innere ist baumarm, eine weite, meist einförmige, unmerklich geneigte Ebene, welche bei plötzlichen Schneeschmelzen oder starken Regengüssen oft und auf lange vom Wasser zu leiden hat.

Höhen des Teltow.

| | |
|---|---|
| Havelspiegel bei Pichelsberg | 97′ |
| Breite Berg im Grunewald | 234′ |
| Havelberg im Grunewald | 317′ |
| Scheitelpunkt der Chaussee zwischen Glienicke und Fr. Wilhelmsbrück | 296′ |
| Schäferberg | 327′ |
| Nikolskoje | 211′ |
| Hohe Uferrand bei der Moorlanke | 284′ |
| Gipfel des Babertsberg | 251′ |
| Gipfel der Rauen Berge bei Tempelhof | 200′ |
| Kreuzberg | 209′ |
| Buckow, an der Kirche | 219′ |
| Groß-Kienitzer Berg | 225′ |
| Windmühlenberg von Königs-Wusterhausen | 230′ |
| Belvedere im Schloßgarten von Steglitz | 226′ |

Höhen der kleineren Plateaus im SO und O des Teltow.

| | |
|---|---|
| Gypsberg bei Speerenberg | 245′ |
| Stadt Zossen | 130′ |
| Kuppe des Zossener Plateaus | 268′ |
| Colberg beim Dorf gleiches Namens | 301′ |
| Gipfel des Müggelsberges | 368′ |
| Dubberowberg bei Neu-Golm | 453′ |
| Spitze der Rauenberge | 487′ |

### c. Das Plateau der Zauche.

Zauche heißt von Alters her jene etwa 17 Quadratmeilen große Hochebene, welche von der Havel, der Pläne, dem Neuendorfer Graben, der Nieplitz und Nuthe begrenzt wird. Den östlichen Rand bildet von Potsdam bis Stücken die Ravensberger Hügelkette, eine malerische Wand, die gegen das tiefe an ihrem Fuße liegende Nuthethal sehr scharf hervortritt. Der südliche Abfall des Plateaus zieht als schwache Welle von der Nieplitz hinauf nach Belitz, von da nach Freienthal, wo das Plänethal beginnt. Von Freienthal bis Golzow wird sein Abfall steiler und zieht sich über Reckahn, wo der Krähenberg auf ihr steht bis zu der Nordwestecke des Plateaus, dem Eich- und Weinberge bei Gettin. Der nördliche Rand, welcher oben beschrieben worden ist, schließt sich mit der im Weitsichtsberg 410′ hohen Schmeerbergskette an die Ravensberge bei Potsdam.

#### Höhen der Zauche.

| | |
|---|---|
| Belvedere am Brauhausberge bei Potsdam . . . | 219′ |
| Telegraphenberg am Turnplatz . . . . . . . . . | 309′ |
| Kleine Ravensberg . . . . . . . . . . . . | 380′ |
| Große Ravensberg . . . . . . . . . . . . | 345′ |
| Plateau der Schönberge . . . . . . . . . . | 304′ |
| Eichberg bei Saarmund, südliche Kuppe . . . . | 337′ |
| Bakenberg bei Tremsdorf . . . . . . . . . | 300′ |
| Waldhöhe nördlich von Stücken . . . . . . . . | 197′ |
| Straßenscheitel der Potsdam-Belitzer Chaussee bei Michendorf . . . . . . . . . . . . . . | 207′ |
| Weitsichtsberg . . . . . . . . . . . . . . | 410′ |

#### Höhen der südlich von der Zauche gelegenen kleinen Plateaus.

| | |
|---|---|
| Kapellenberg, über Blankensee . . . . . . . . | 279′ |
| Glauer Berg . . . . . . . . . . . . . . | 300′ |
| Fuchsberg im N. von Glau . . . . . . . . . | 358′ |

Glienitzberg bei Mietchendorf . . . . . . . . . 341'
Löwendorfer Berg bei Trebbin . . . . . . . . . 365'

d. Die Plateaus im W. und N. der Havel.

Sie sind, soweit sie zu unserem Gebiet gehören der Glin, der Bellin, der Friesack, das Döberitzer, Bähnitzer, Potsdamer und Alt-Töplitzer Plateau. Sie liegen inselartig meist mit sanft geböschten Abhängen zwischen den Havelkrümmungen und den weiten Niederungen des Rhin- und Havelländischen Luchs und sind großentheils früher schon beschrieben worden.

Höhen dieser Plateaus.

Größte Höhe des Glin südwestlich von Eichstedt . . 220'
Größte Höhe des Bellin im Kiekeberg bei Tarmow . 150'
Größte Höhe des Plateaus von Friesack im Dachsberg 300'
Die Höhen der übrigen Plateaus (siehe oben).

## 3. Physikalische Uebersicht.

Vegetation wie demnach Bewohnbarkeit und äußerer Charakter eines Gebietes hängen außer von der Gestalt und der Beschaffenheit der Oberfläche wesentlich von der Wärme und Feuchtigkeit ab, die demselben zu Theil wird. Land und Wasser werden zwar von der Sonne gleichmäßig beschienen, aber verschieden erwärmt. Die lockere Erdrinde erhitzt sich schnell, um sich eben so bald wieder zu erkälten, während die Wärme des Wassers langsam, und nicht so hoch als die des Landes steigt, aber desto länger aushält. Meerumspülte Länder sind daher im Sommer nicht so warm und im Winter nicht so kalt, als continentale. Nicht minder bedingen herrschende Windrichtungen das Klima. In der nördlichen, gemäßigten Zone wehen nach mathematisch-geographischen Gesetzen besonders häufig die SW.Winde, welche aus den Aequatorial-Gegenden kommend, die Wärme der Tropen über die kälteren Zonen verbreiten und demzufolge die ihrer

Breite angemessene Temperatur der vorliegenden Länder im besonderen Grade erhöhen. Die SWKüsten sind es daher vor allen, an denen dieser günstige Einfluß bemerklich wird. Je weiter der Strom über das kalte Land dringt, desto mehr muß er von seiner Wärme verlieren, desto weniger also wird er im Stande sein, die natürlichen Klimaten der erreichten Gebiete zu verbessern. Die Mittelmark ist ein continentales Land, doch nicht zu entfernt von den Küsten, um der gedachten Vortheile des jenen eigenthümlichen Klima's in dem Maaße verlustig zu gehen, als es mit den russischen Ebenen der Fall ist, sie ist jedoch continental genug, um noch diejenigen Gewächse zu zeitigen, welche wie der Weinstock einer größeren Sommerwärme bedürfen; sodann liegt die Mittelmark zwar den europäischen Westküsten ferner, doch immer noch nicht zu ferne, als daß der gedachte warme SWWind nicht noch einen ungemein günstigen Einfluß auf ihr Klima hervorbringen sollte. Außerdem sind Gebirge, welche nach Maßgabe ihrer Höhe ein kälteres Klima haben und deshalb ihre tiefere Umgegend abkühlen, nicht in der Nähe. Alle diese Umstände bewirken, daß das Klima unseres Gebietes, was die ihm zu Theil werdende Wärme im Allgemeinen als auch was die seiner verschiedenen Jahreszeiten betrifft, in Betracht der hohen Breite, unter welcher es liegt, ein im Ganzen recht günstiges genannt werden kann. Berlin (Breite $52\frac{1}{2}^{\circ}$) hat eine mittlere Jahrestemperatur von 7,16 R. demnach dieselbe mit Edinburg ($56^{\circ}$) und dem nördlichen Ufer des Asowschen Meeres ($47^{\circ}$), woraus in Uebereinstimmung mit dem obigen hervorgeht, daß die mittlere Wärme von Oertern gleicher Breite in Europa von W. nach O. hin gerechnet abnimmt. Dem entsprechend haben Potsdam, Berlin, Frankfurt, Posen, Oerter von ungefähr gleicher Breite und nicht sehr verschiedener Meereshöhe beziehungsweise die jährlichen Wärmen von 7,19. 7,16. 6,82. 6,25. Die mittlere Wintertemperatur von Berlin ($52\frac{1}{2}^{\circ}$ Br.) ist — 0,40, so daß das südliche Island ($65^{\circ}$ Br.), die norwegische Küste südlich von Drontheim ($63^{\circ}$ Br.), bis zur Südspitze ($57^{\circ}$), die kleineren dänischen Inseln (55½°), Berlin und die Krimm (45°) gleich kalten Winter haben. Die Winterkälte nimmt also auf denselben Breiten mit der östlichen Länge zu. Die mittlere Sommerwärme von Berlin (52½° Br.) ist 14,68. Seine Isothere oder Linie gleicher Sommerwärme senkt sich nach W mit der Annäherung an die Westküsten stark in südlichere Breiten, ohne nach O, besonders in nördlichere zu steigen. Hieraus ergiebt sich, daß die Oerter, welche auf gleichem Breitegrade mit Berlin liegen nach W. hin ein gleichmäßigeres oder Meeresklima, nach O ein mehr continentales mit mehr hervortretenden Unterschieden von Sommer- und Winterwärme besitzen. Demgemäß sind die Unterschiede des kältesten und wärmsten Monats zu Potsdam 16,67°, zu Berlin 16,94, zu Frankfurt 17,17, zu Posen 18,43. Von großer Wichtigkeit für die Kenntniß der physikalischen und im Besonderen der Vegetations-Beschaffenheit eines Landes ist ferner die Masse und die Vertheilung des Wassers, welches sich in fester oder tropfbar flüssiger Gestalt auf ihm niederschlägt. Die warmen von den Tropen kommenden und über weite Meere streichenden SW und WWinde führen aus diesem Grunde eine große Menge Wasser in Dunstform und verlieren dasselbe je mehr sie auf ihrem Wege nach O und NO in Gegenden kommen, welche ihnen ihre Wärme entziehen. Demnach ist die Menge und die Masse der Niederschläge im Allgemeinen an den Westküsten Europa's, d. h. an den ersten Punkten, auf welche die gedachten Winde stoßen, am größten, und vermindert sich von W nach O. Während bei Coimbra in Portugal, freilich dem regenreichsten Punkte Europas jährlich noch 211 Zoll Regen, d. h. soviel fallen, daß wenn derselbe auf der Erdoberfläche stehen bliebe, er dieselbe 211″ hoch bedecken würde, ist die Masse der Niederschläge (die festen in tropfbar flüssige Gestalt verwandelt) in der Mittelmark wenig über 20″, die gleichwohl über 150 Regentage also fast eben so viel, als die regenreichsten Gegenden unseres Erdtheils besitzt. Das ist kein unwesentlicher Grund des verhältnißmäßig großen Vegetationsreichthums der niederdeutschen Ebene, welcher durch den Umstand noch mehr an Bedeutung gewinnt, daß diese Regenmenge größtentheils im Sommer fällt, also in einer Zeit, in welcher die lockere, sandige Oberfläche einer Erfrischung ganz besonders oft bedarf. — Der Luftdruck und demnach der Barometerstand ist wesentlich von der Höhe abhängig, in welcher ein Land über der Meeresfläche liegt; ebenso influirt dieselbe wie bekannt auf die Wärme. Diese Höhen sind oben besprochen worden und wenn auch vergleichsweise gering, doch immer noch der Art, daß sie einen nicht zu übersehenden Einfluß auf die Vegetation, in Sonderheit auf das frühere oder spätere Reifen der Früchte ausüben müssen.

---

# Pflanzenorgane.

## I. Elementarorgane.

Alle Elementarorgane lassen sich auf 2 Hauptformen zurückführen, auf Zellen und Gefäße.

1. Zellen sind kleine, häutige, durchsichtige, rundliche oder längliche rundum geschlossene Bläschen, welche von meist farblosem Saft erfüllt den Grundbestandtheil der Pflanzen bilden. Sie können als selbstständige kleine Organismen betrachtet werden, die durch stetige Einsaugung neuer Flüssigkeiten, innere Bildung neuer Stoffe, Verdickung der Zellenwand oder Erzeugung neuer Zellen bei schließlicher Auflösung der Mutterzelle das Wachsthum der Pflanze ausmachen, welche ja nichts weiter ist, als eine Summe von Zellen. Zwischen ihnen liegen im Zellengewebe winkelige Gänge,

Intercellulargänge, in denen der durch die Wurzel eingesogene Saft vermöge der Capillar-Anziehung und der Einsaugungskraft oder Endosmose in die Höhe steigt, Saftgänge mit schon mehr verarbeitetem Saft, der Milchsaft genannt wird, wenn er gefärbt ist, Saftbehälter oder hohle Gänge, welche mit schon abgeschiedenen Stoffen, wie Oel, Harz u. s. w. erfüllt sind und endlich Lufthöhlen, vorzüglich im Stengel der Gräser und Wasserpflanzen vorkommende Erweiterungen, die schon mit feinem Auge erkennbar nur Luftarten enthalten. Die Zellen machen den größten Theil aller Pflanzen aus, ja manche der letzteren bestehen nur aus solchen und werden deshalb (Pilze, Flechten, Moose) Zellenpflanzen genannt. Sie bilden die unterste Stufe des Pflanzenreichs.

2. Gefäße nennt man in die Länge gezogene, cylindrische, im Innern querwandlose Kanäle, welche aus reihenweise verbundenen Zellen durch Verschwinden der Zwischenwände entstanden, gleichmäßige, langgestreckte Röhren bilden, in denen sich der Nahrungssaft verdickt und mit spiral-, ring- oder netzförmigen Bändern die Innenwand bekleidet hat. Gefäße finden sich nur in den höher entwickelten Pflanzen gemeinsam mit den Zellen. Man nennt sie deshalb Gefäßpflanzen. Sie sind es, welche von uns beschrieben werden. Alle auf der Oberhaut der Pflanzen sitzenden Pflanzentheile, Poren, Rindenhöckerchen, Haare, Borsten, Stacheln, Drüsen, Warzen sind von rein zelligem Bau und nur als Theile oder Fortsätze der ersteren zu betrachten.

## II. Zusammengesetzte oder äußere Organe.

### A. Ernährungsorgane.

Das Wasser dringt mit den von ihm aufgelösten Substanzen, als kohlensaurem Kalk, Kieselerde, kohlensaurem Natron u. s. w. durch die Wurzelenden in das Innere der

Pflanze, steigt im Stamm bis zu den Blättern, tritt durch deren Poren mit der Luft in Verbindung, saugt daselbst bei Tage Kohlensäure ein, athmet Sauerstoff und Wasserdunst aus, thut bei Nacht das Entgegengesetzte und steigt alsdann, zur Bildung neuer Pflanzentheile nunmehr vollkommen geeignet in den Stamm und die Wurzel zurück, aus der es gekommen ist.

1. Wurzel ist der vom Licht abgewendete in den Boden dringende Pflanzentheil, welcher nie Blätter oder Blattschuppen trägt. Sie ist entweder Pfahlwurzel oder Faserwurzel oder Adventivwurzel d. h. aus Stammtheilen entspringende Klammer- und Saugwurzel, die zum Anklammern und Luftwurzel, welche frei in der Luft hängend zum Aufsaugen von Wasser aus derselben dient.

2. Stamm, der nach oben strebende, Wurzel und Blätter vermittelnde Pflanzentheil. Derselbe ist a) Oberirdischer Stamm als Holzstamm (Baum, Strauch oder Halbstrauch, letzterer nur 1—2' hoch), Krautstamm, der beblätterte Stamm weicher Pflanzen (ausdauernd ♃, zweijährig ⊙, einjährig ☉), Halm (Grasstengel), Schaft, ein aus der Mitte der Wurzel kommender Blüthenstiel ohne Blätter, Strunk, der Laubträger bei Farren, und die Stämme der Zellenpflanzen. — b) Mittelstock, der zwischen Wurzel und Stamm liegende, in der Bildung abweichende über oder unter dem Boden sich befindende Pflanzentheil. — c) Wurzelstock, der unter dem Boden versenkte, wurzelähnliche Stamm, durch Blattandeutungen und Wachsen nach dem Lichte aber von der Wurzel verschieden.

3. Blätter. Flach ausgebreitete, grüne, bei den Gefäßpflanzen mit Adern (netzartig verbreiteten Gefäßbündeln) durchzogene zum Athmen dienende Pflanzenorgane, die durch zahlreiche Poren oder Spaltöffnungen Stoffe aus der Luft aufnehmen und dadurch den rohen von der Wurzel eingesogenen Nahrungssaft in Bildungssaft umwandeln. Die Blätter sind:

a) Eigentliche Blätter. Sie sind: sitzend, ohne Blattstiel, — gestielt, — herablaufend, sich am Stengel fortsetzend, — pfriemlich, — linealisch, — nadelförmig, keilförmig, von der abgestutzten Spitze an allmählich nach dem Grunde verschmälert, — spatelig, wie vorher aber mit abgerundeter Spitze, — lanzettlich, über 3mal so lang als breit, in der Mitte am breitesten, an den Enden spitz, — länglich, 2—3mal so lang als breit, elliptisch, — eirund, eiförmig, — verkehrt-eirund, das breitere Ende der Spitze näher, — elliptisch, — kreisrund, — nierenförmig, breiter als lang mit breiter abgerundeter Spitze und zwei abgerundeten Lappen am Grunde, — rautenförmig, ein verschobenes Viereck, — schwertförmig, lang, zweischneidig, etwas gekrümmt; — herzförmig, mit 2 abgerundeten Lappen, — pfeilförmig, mit 2 senkrechten, spitzen Lappen, — spießförmig, mit 2 wagerechten, spitzen Lappen, — geöhrt, mit 2 wagerechten, gerundeten Lappen; — — ganz, ungetheilt, ohne tiefe Einschnitte, also nicht lappig, spaltig u. s. w., wenn auch gesägt, gezähnt, — ganzrandig, ohne kleine, wenn auch mit tiefen Einschnitten, — gesägt, Buchten und Zacken spitz, — gekerbt, Buchten spitz, Zacken stumpf, — gezähnt, Buchten stumpf, Zacken spitz, — ausgeschweift, Buchten und Zacken stumpf, — buchtig, Buchten und Zacken groß und abgerundet, — wellig, — kraus; — — lappig, Einschnitte nicht bis zur Mitte gehend, — spaltig, Einschnitte bis zur Mitte, — getheilt, Einschnitte bis über die Mitte, — geschnitten, Einschnitte bis zum Grunde gehend, — fiederspaltig, wenn die Zacken beiderseits an der Mittelrippe liegen, — leierförmig, wenn der Endlappen des fiederspaltigen Blatts bedeutend größer ist, — zerschlitzt, mit fast wagerechten, unregelmäßigen Einschnitten, — schrotsägig, fiederspaltig mit rückwärts und nach unten gerichteten Einschnitten; — — einfach, alle vorhergenannten, — zusammengesetzt, dessen Theile auf dem Blattstiel eingelenkt sind. Letzteres ist zwei- bis neunzählig, wenn an der Spitze des allgemeinen Blattstiels 2—9 Blättchen stehen, gefingert, wenn es deren 5 oder mehr sind, — gefiedert, wenn der gemeinsame Blattstiel an beiden Seiten mit freien Blättchen in einer Ebene besetzt ist und zwar unpaarig-, paarig-, leierförmig-, gegenüberstehend-, abwechselnd-, doppelt-gefiedert, — doppelt- und mehrfach zusammengesetzt, wenn der Blattstiel mehrere zusammengesetzte oder mehrere doppelt-zusammengesetzte Blätter trägt.

b) Blattartige Nebenorgane. Solche sind: Eigentliche Nebenblätter, immer zu 2 am Grunde des Blatts stehende, anders geformte, früher sich entfaltende und abfallende Organe (Tute, eine durch Verwachsung zweier Nebenblätter entstandene Röhre, Blattscheide, röhrige, um den Stengel sich legender Fortsatz am Blattgrunde), — Deckblätter, am Grunde einer Blüthe stehende, blattartige oder schuppenförmige in Form und Farbe von den eigentlichen Blättern meist verschiedene Organe, — Hüllblätter oder Hülle, im Kreise oder dachig um die Blüthen gestellte, oft verwachsene Deckblätter, entweder unter einer Blüthe oder einem ganzen Blüthenstande, wie bei den Doldenpflanzen und Kopfblüthigen, bei jenen heißt dieselbe allgemeine und besondere, wenn sie mehrere oder nur eine Blüthe einschließt, bei diesen allgemeiner Kelch oder Hüllkelch, welcher sehr verschieden gestaltet sein kann, — Schuppen, verkümmerte, häutige oder fleischige in Färbung von den Blättern verschiedene Blatttheile, — Spreublättchen, meist schmale, bleiche Deckblättchen, zwischen den gedrängten Blüthen der Kopfblüthler stehend, bei den Gräsern scheidig, Spelze genannt, — Blüthenscheide, eine scheidige bald nur eine Blüthe, bald einen ganzen Blüthenstand umgebende Hülle, — Becher, Fruchtdecke der Eichel, Haselnuß, — Oehrchen, kurze Seitenanhängsel von der Form eines Ohrläppchens.

## B. Vermehrungsorgane.

Es sind alle nicht zur Blüthe gehörende Organe mit der Anlage zu einer neuen Pflanze und heißen: Knospen

(Blatt-, Blüthenknospen, Jahrestriebe), — Zwiebeln, gipfelständige Knospen auf verkürztem unterirdischem Stamme mit der Anlage zu einer vollständigen oberirdischen Pflanze, — Knospenzwiebeln, Zwiebeln an Früchten, Stengeln, Blüthen, — Knollen, fleischige mit unausgebildeten Knospen an der Oberfläche versehene Anschwellungen an einem unterirdischen Stengel, wie bei der Kartoffel, dem Knabenkraut, — Rindenhöckerchen, Höckerchen mit der Anlage zu einer Adventivwurzel auf Stamm und Aesten, worauf die Möglichkeit beruht, Pflanzen z. B. Weiden durch Stecklinge fortzupflanzen, — Schößling, Stockknospe, eine aus dem Wurzelstock ausdauernder Pflanzen einen jährigen Trieb entwickelnde Knospe, ein aus ihr sich entwickelnder fadiger Seitenstengel heißt Ausläufer.

## C. Fortpflanzungsorgane

oder alle diejenigen Organe, welche durch Frucht- und Samenbildung die Erzeugung neuer Pflanzen vermitteln, sowie deren nächste Umgebung. Es sind 1) Blüthe, 2) Frucht mit ihrem Samen.

### a. Blüthe.

Sie wird durch die zur Erzeugung der Frucht nöthigen Pflanzentheile wie Befruchtungsorgane und deren Hüllen gebildet. Alle diese Theile sind ihrem Baue und größtentheils auch ihrer Gestalt nach Blätter. Man unterscheidet Blüthenstand und Blüthentheile.

#### 1. Blüthenstand

nennt man die Stellung der einzelnen Blüthen. Derselbe ist:

##### α. Aehrenförmiger Blüthenstand.

Aehre, wenn ungestielte oder kurzgestielte Blüthen der Länge nach dicht über einander an einer gemeinsamen Achse befestigt sind. Eine Achse, die wieder Aehren trägt, giebt die zusammengesetzte Aehre. Bei Gräsern heißt Aehrchen, was seinen besonderen Balg und seine besondere Achse hat; — Kätzchen, eine Aehre mit Deckschuppen statt der Blüthentheile; — Kolben, eine Aehre mit dicker, saftiger Spindel.

β. Traubenförmiger Blüthenstand.

Traube, ziemlich gleich lang gestielte Blüthen sitzen der Länge nach an einem gemeinschaftlichen Stiele; — Dolde, mehre gestielte Blüthen entspringen aus einem Punkte strahlenförmig und stehen in gleicher Höhe, oben eine Ebene bildend, einfache D., wenn jeder Blüthenstiel nur eine Blüthe, zusammengesetzte, wenn jeder wieder eine Dolde trägt; — Doldentraube oder Ebenstrauß, die Blüthenstiele entspringen wie bei der Traube übereinander und enden wie bei der Dolde in gleicher Höhe; Trugdolde, unregelmäßig sich verästelnde Blüthenstiele entspringen aus gleicher Höhe und enden oben in gleicher Höhe.

γ. Rispenförmiger Blüthenstand.

Rispe, mehre ungleich verzweigte Blüthenstiele entspringen in verschiedener Höhe an einer verlängerten Achse; — Strauß, eine Rispe oder Traube mit sehr gedrängten Blüthen und eiförmiger Gestalt.

δ. Kopfförmiger Blüthenstand.

Blüthenkopf, Köpfchen, kurz- oder ungestielte Blüthen stehen am Ende des Stengels sehr gedrängt neben oder übereinander; — Knäul, ein kleines, meist blattwinkelständiges Köpfchen; — Quirl, kurz- oder ungestielte Blüthen im Kreise um den Stengel; — Büschel, ein Körbchen mit gestielten Blüthen; — Blüthenkörbchen, zusammengesetzte Blüthe, der dicht geschlossene, unten von einem Hüllkelche umgebene Blüthenkopf der Kopf- oder Korbblüthler.

2. Blüthentheile.

Jede vollständige Blüthe besteht aus 4 concentrischen Blätterkreisen, welche von außen nach innen gerechnet, Kelch,

Blumenkrone, Staubgefäße und Stempel heißen und auf dem gemeinsamen Blüthenboden stehen. Die Blüthe ist einfach oder zusammengesetzt, je nachdem sie nur einzeln oder zu mehren auf dem Fruchtboden steht.

α. Unwesentliche Blüthentheile.

Sie schützen die inneren Theile gegen äußere Einflüsse und sind:

Kelch, der meist grüne, äußerste Blätterkreis, welcher einfach ist, wenn er nur eine, gemeinschaftlich, wenn er mehre Blüthen umschließt, — doppelt, — bleibend, sich dann oft vergrößernd und saftig werdend, wie bei den Aepfeln, — abfallend, — unterständig, unter, oberständig über dem Fruchtknoten stehend und dann mit ihm ganz verwachsen, — getrennt-blättrig, — verwachsenblättrig, und als solcher ungetheilt, getheilt, gespalten, gezähnt, einlippig und zweilippig.

Blumenkrone, der zweite Blattkreis einer doppelten Blüthendecke, zarter und meist anders gefärbt, als der Kelch. Sie ist oberständig, unterständig, verwachsen- und getrenntblättrig u. s. w. Der untere, schmale Theil des Blumenblatts heißt Nagel, der obere Platte. Die verwachsenblättrige Blumenkrone ist röhrig, — keulig, — glockig, — trichterig, — tellerförmig, flacher Saum mit langer Röhre, — radförmig, w. v. mit kurzer Röhre, — lippig und dann zungenförmig mit einer langen, vorgezogenen Lippe, rachig mit 2 gegen einander geneigten Lippen, von denen die obere dann oft gewölbt oder helmartig ist, verlarvt oder maskirt, wenn der Schlund geschlossen ist. Die vielblättrige Blumenkrone ist regelmäßig, mit gleichgestalteten, — unregelmäßig mit verschieden gestalteten und zugleich nicht symmetrischen Kronblättern, — ungleich, mit Kronblättern von verschiedener Größe, — kreuzständig, mit 4 lang benagelten, kreuzweis einander gegenüberstehenden Blättern, — schmetterlingsförmig, mit 5 unregelmäßigen Blättern, deren größtes, oberes die

Fahne, deren 2 seitliche die Flügel und deren 2 untere, zusammengeneigte oder verwachsene Schiffchen oder Kiel heißen.

Die einfache Blüthe ist vollständig, wenn alle 4 Blattkreise vorhanden sind, — unvollständig, wenn die Blumenkrone fehlt, dann heißt der übrigbleibende Kreis der Blüthendecke Blüthenhülle, — nackt, wenn Kelch und Blumenkrone fehlen, — zwittrig, mit Staubfäden und Stempeln, — eingeschlechtig und dann männlich oder weiblich, — einhäusig, männliche und weibliche Blüthen getrennt auf derselben, — zweihäusig auf verschiedenen Pflanzen, — vielehig, zwittrige neben zweihäusigen auf derselben Pflanze, — geschlechtslos, — kelchblüthig, wenn Blumenblätter und Staubfäden unten mit der Kelchröhre verwachsen sind und der Kelchschlund ihre freien Enden zu tragen scheint.

Die zusammengesetzte Blüthe ist scheibenförmig, wenn sie nur aus röhrigen, — geschweift, wenn sie nur aus zungenförmigen, — gestrahlt, wenn sie innen aus röhrigen, am Rande aus gezüngelten Blümchen besteht.

Die Grasblüthe oder das Grasährchen, deren mehre eine Aehre bilden, wird am Grunde von zwei scheidig zusammengelegten Deckblättern umgeben, die unmittelbar keine Befruchtungsorgane umschließen (Kelchklappen, Kelchbalg, Kelchspelzen). Ueber diesen stehen wieder 2 oder mehre Paare sich scheidig umschließender Deckblättchen (Kronspelzen, Blumenbalg), welche die Befruchtungsorgane unmittelbar umschließen und außerhalb der letzteren meist noch 2—3 kleine, die eigentliche Blumenkrone vorstellende Schüppchen haben. Die Spelzen sind oft begrannt.

Nebentheile der Blüthe heißen alle weder zu den beiden Blüthenhüllen noch zu den Befruchtungsorganen gehörenden Theile. Dazu gehören: die Nebenkrone, — Honiggefäße, als Honigdrüsen, Honigschuppen oder Honiggruben.

### β. Wesentliche Blüthentheile.

D. h. die inneren, zur Fortpflanzung nöthigen Theile der Blüthe. Sie sind:

Staubgefäße, die männlichen Befruchtungsorgane, sind meist fadenförmige Träger (Staubfäden) welche in kleinen, sackähnlichen Körpern (Staubbeuteln oder Staubkölbchen) den aus meist kleinen, runden, gelben Körnern bestehenden Blüthenstaub oder Pollen enthalten.

Stempel oder Pistill, das zur Aufnahme des Pollen bestimmte Organ, der mittelste Theil der Blüthe, welcher nach der Befruchtung zur Frucht auswächst. Der unterste, verdickte Theil des Stempels, der die Eierchen, aus denen sich der Same entwickelt, enthält, ist der Fruchtknoten, welcher frei (oberständig) oder angewachsen (Blüthen und Staubgefäße ihm aufgewachsen) sein kann und den Griffel, seine röhrige, meist fadenförmige Verlängerung nebst der oben auf diesem sitzenden meist mit Drüsen zur Aufnahme des Pollen versehenen Narbe trägt.

## b. Frucht.

Die Frucht ist das über die Lebensdauer der Pflanze hinausreichende Organ mit der Anlage zu einer oder mehren Pflanzen. Sie besteht aus Samengehäuse oder Fruchthülle und Samen.

Die Fruchthülle ist der Theil der Frucht, welcher den Samen einschließt und aus Fruchtblättern entstanden ist. Fruchtblatt aber ist jeder Theil des Stempels, welcher sich als ein umgewandeltes Blatt darstellt. Die Ränder des Fruchtblatts sind entweder geschlossen, bergen dann als einfaches Pistill in ihrer Höhle den Samen und bilden so die Theilfrüchtchen oder Karpellen, oder sie sind mit den benachbarten Fruchtblättern zu einer fächerigen Frucht verbunden, an der man die Zahl der Fruchtblätter durch die Zahl der Griffel und Narben, wie durch die der Klappen erkennen kann, in welche sich die Frucht durch die Trennung der

Wandnähte spaltet. Nur bei den Zapfenbäumen erscheint das Fruchtblatt als eine offene, den Samen nur von einer Seite bedeckende Schuppe. Bei jedem Fruchtblatt unterscheidet man die Bauchnaht, denjenigen Theil desselben, welcher immer der Achse zugekehrt durch das Verwachsen der eingeschlagenen Ränder des Blatts, die Rückennaht, welche durch den Rückennerv gebildet wird. Bei mehren zu einer Frucht verwachsenen Fruchtblättern heißt die zwischen zwei Blättern am Umfange liegende Naht Wandnaht, die in die Frucht hineinragenden und dieselbe in Fächer theilenden Ränder der Blätter Scheidewände. Bei der Reife theilt sich die Fruchthülle meist in den Wandnähten und springt entweder klappig auf, oder in die Quere oder gliedrig oder in Löcher. Man unterscheidet an ihr die Fruchtoberhaut, das Fruchtfleisch, den eßbaren Theil beim Steinobst und die Fächer- oder Wandhaut, welche bei Kirschen u. s. w. den knochigen Theil des Kerns bildet.

Der Same ist das nach der Befruchtung vollkommen entwickelte, mit einem Keim als Anlage zu einer neuen Pflanze versehene Pflanzenei, an welchem eine Samenhülle und ein Samenkern unterschieden wird. Letzterer besteht wie bei den Cruciferen entweder blos aus dem Keime oder aus Keim und Eiweiß. Das Eiweiß ist eine zwischen Samenhülle und Keim liegende, vorzüglich Stärkemehl enthaltende Masse, welche dem jungen Keime die erste Nahrung giebt, und das Getreide zu einem so vorzüglichen Nahrungsmittel macht. Am Keim unterscheidet man Samenwürzelchen, Samenknöspchen und Samenlappen (Cotyledonen), seinen blattartigen, fleischigen Theil, aus welchem sich die ersten Blattgebilde, die jungen Blätter entwickeln. Nach der Zahl dieser Samenlappen zerfällt das Pflanzenreich in 3 Hauptabtheilungen: Zweisamenlappige (Dicotyledonen), Einsamenlappige (Monocotyledonen) und Samenlappenlose Pflanzen (Acotyledonen).

Arten der Früchte. Die Früchte sind entweder ächte oder unächte Früchte, je nachdem sie aus blos gereiften

Fruchtknoten oder aus diesen und außerdem noch aus mit ihnen verwachsenen anderen Theilen bestehen. Aechte Früchte sind: 1) Samenhülle, eine nahtlose, nicht aufspringende, mit dem Samen innig verbundene, die Gestalt desselben tragende einfache Fruchthülle; sie heißt Balgfrucht oder Karyopse (bei den Gräsern) und ist entweder nackt, mit den Blüthenspelzen nicht bekleidet oder berindet, mit ihnen bekleidet, — oder Schließfrucht, Achene (bei den Synantheren), welche letztere entweder mit Spreublättchen oder mit einer Federkrone, dem haarförmig gewordenen Ende des mit der Frucht verwachsenen Kelches gekrönt ist, — oder Doppelachene (bei den Doldengewächsen), so genannt, weil sie aus zweien, der Länge nach zusammengewachsenen, bei der Reife von dem in der Mitte befindlichen Träger sich trennenden Theilfrüchtchen besteht. Man unterscheidet an ihnen die Fuge oder Berührungsfläche, die Fugenaht, d. h. die Linien, welche jene Berührungsstelle umgrenzen, die Rippen, d. h. erhabene Längsstreifen auf der äußeren Fläche jedes Samens. Sind 9 Rippen vorhanden, so heißen die 5 kleineren Hauptrippen, die 4 größeren, mehr hervortretenden Nebenrippen, die Thälchen, die zwischen jenen liegenden Vertiefungen, welche oft mit Striemen, d. h. mit dunkleren, ätherisches Oel enthaltenden Saftgängen durchzogen sind. — 2) Nuß, eine einfache Frucht, welche von einer nicht aufspringenden, steinharten oder lederartigen Fruchthülle umgeben ist. — 3) Schlauchfrucht, eine einfache, einsamige Fruchthülle, welche den Kern locker umschließt und sich bei der Reife leicht davon trennt. — 4) Flügelfrucht, eine Frucht mit einfacher, 1- oder mehrsamiger, flügel- oder blattartig erweiterter Fruchthülle. — 5) Balgkapsel oder Balgfrucht, eine einfache, trockene Frucht, welche meist nur eine einseitige Naht hat und mit einer Längsspalte aufspringt. — 6) Hülse, eine einfache, trockene Frucht, deren Fruchthülle 2 Nähte hat, zweiklappig ist und in beiden Nähten aufspringt. — 7) Gliedhülse, eine nicht aufspringende, durch Querwände in Fächer getheilte Hülse. — 8) Steinfrucht, eine einfache, einsamige, nicht aufspringende Frucht, deren Fruchthülle innen zu einer Steinschale erhärtet, in der Mitte zu einem fleischigen Körper geworden ist. — — 9) Schote, eine aus 2 Fruchtblättern gebildete, mit einer Scheidewand versehene und darum zweifächerige Frucht, welche meist an den beiden Nähten die Samen trägt und mit Zurücklassung dieser beiden Nähte und der Scheidewand in 2 Klappen aufspringt (Schote und Schötchen). — 10) Kapsel, eine aus mehren verwachsenen Fruchtblättern gebildete, trockene, 2- oder mehrfächerige, meist rundliche Frucht, die gewöhnlich in Klappen, oder auch Zähnen und Löchern aufspringt. — 11) Apfelfrucht, eine aus mehren Fruchtblättern gebildete, nicht aufspringende, fleischig gewordene Frucht, welche auf der Spitze die vertrockneten Zipfel des angewachsenen, fleischigen Kelches trägt und in der Mitte eine von pergamentartigen Samenhüllen eingeschlossene, die Samen enthaltende Höhle hat. — 12) Beere, eine aus mehren Fruchtblättern gebildete, vielfächerige, nicht aufspringende, saftige und fleischige Frucht ohne innere Höhle. — 13) Kürbisfrucht, eine zusammengesetzte, fleischige, meist 3fächerige, nicht aufspringende Beere, welche die zahlreichen Samen reihenweise in ihrem dicken Fleische trägt.

Falsche Früchte sind: 1) Zapfen, das weibliche, vergrößerte, holzig gewordene Blüthenkätzchen der Coniferen, hinter deren Schuppen die eigentlichen Früchtchen liegen. — 2) Zapfenbeere, ein Zapfen, dessen verwachsene Schuppen fleischig und beerenartig geworden sind, wie beim Wachholder. — 3) Erdbeerfrucht, wenn der fleischig gewordene Fruchtträger die eigentlichen Früchtchen eingestreut enthält. — 4) Feigenfrucht, der fleischige, mit den Rändern gegeneinander geneigte Fruchtboden, der auf seiner inneren Fläche die Früchtchen trägt.

## Erklärung der Abkürzungen

### von Autorennamen und der gebrauchten Zeichen.

| | |
|---|---|
| *Adans.* | *Adanson.* |
| *Ait.* | *Aiton.* |
| *All.* | *Allioni.* |
| *Andrzj.* | *Andrzejowsky.* |
| *Babingt.* | *Babington.* |
| *Bartl.* | *Bartling.* |
| *Bechst.* | *Bechstein.* |
| *Bernh.* | *Bernhardi.* |
| *Bess.* | *Besser.* |
| *Bisch.* | *Bischoff.* |
| *Bor.* | *Boreau.* |
| *M. B.* | *Marschall von Bieberstein.* |
| *Boenngh.* | *Boenninghausen.* |
| *R. Br.* | *Robert Brown.* |
| *P. Br.* | *Patrik Brown.* |
| *Cass.* | *Cassini.* |
| *Cham. u. Schldl.* | *Chamisso und Schlechtendahl.* |
| *Clairv.* | *Clairville.* |
| *Coult.* | *Coulter.* |
| *Crntz.* | *Crantz.* |
| *Curt.* | *Curtis.* |
| *DC.* | *De Candolle.* |
| *Desf.* | *Desfontaines.* |
| *Desv.* | *Desvaux.* |
| *Dill.* | *Dillenius.* |
| *Ehrh.* | *Ehrhart.* |
| *Fl. Wett.* | *Flora der Wetterau.* |
| *Fr.* | *Fries.* |
| *Gaert.* | *Gaertner.* |
| *Gaud.* | *Gaudin.* |
| *Grcke.* | *Garcke.* |
| *Gmel.* | *Gmelin.* |
| *Gochn.* | *Gochnat.* |
| *Good.* | *Goodenough.* |
| *Gron.* | *Gronovius.* |
| *Hall.* | *Haller.* |
| *Haw.* | *Haworth.* |
| *Hayn.* | *Hayne.* |
| *L'Herit.* | *L'Héritier.* |
| *St. Hil.* | *St. Hilaire.* |
| *Hoffm.* | *Hoffmann.* |
| *Huds.* | *Hudson.* |
| *Jacq.* | *Jacquin.* |
| *Juss.* | *Ant. Lor. de Jussieu.* |
| *Knth.* | *Kunth.* |
| *Kütz.* | *Kützing.* |
| *Lap.* | *Lapeyrouse.* |
| *Lmk.* | *Lamarck.* |
| *Lehm.* | *Lehmann.* |
| *Less.* | *Lessing.* |
| *Leyss.* | *Leysser.* |
| *Lghtf.* | *Lightfoot.* |

| | |
|---|---|
| *Lindl.* | *Lindley.* |
| *Lk.* | *Link.* |
| *L.* | *Linné.* |
| *Lob.* | *Lobel.* |
| *Loisl.* | *Loiseleur.* |
| *M. u. K.* | *Mertens u. Koch.* |
| *E. Mey.* | *Ernst Meyer.* |
| *Mchx.* | *Michaux.* |
| *Mich.* | *Micheli.* |
| *Mik.* | *Mikan.* |
| *Mill.* | *Miller.* |
| *Mirb.* | *Mirbel.* |
| *Mnch.* | *Moench.* |
| *Murr.* | *Murray.* |
| *Nutt.* | *Nuttal.* |
| *Perl.* | *Perleb.* |
| *Pers.* | *Persoon.* |
| *Peterm.* | *Petermann.* |
| *Poll.* | *Pollich.* |
| *P. M. E.* | *Patze, Meyer und Elkan.* |
| *Rchb.* | *Reichenbach.* |
| *Rebent.* | *Rebentisch.* |
| *Ren.* | *Renealm.* |
| *Retz.* | *Retzius.* |
| *Rich.* | *Richard.* |
| *Röhl.* | *Röhling.* |
| *Rth.* | *Roth.* |
| *Riv.* | *Rivinus.* |
| *Roz.* | *Rozier.* |
| *R. u. Pav.* | *Ruiz und Pavon.* |
| *Salisb.* | *Salisbury.* |
| *Schk.* | *Schkuhr.* |
| *Schrd.* | *Schrader.* |
| *Schreb.* | *Schreber.* |
| *Schult.* | *Schultes.* |
| *Scop.* | *Scopoli.* |
| *Sibth.* | *Sibthorp.* |
| *Sm.* | *Smith.* |
| *Spr.* | *Sprengel.* |
| *Spen.* | *Spenner.* |
| *Stev.* | *Steven.* |
| *Sutt.* | *Sutton.* |
| *Sw.* | *Swartz.* |
| *Tsch.* | *Tausch.* |
| *Ten.* | *Tenore.* |
| *Thuill.* | *Thuillier.* |
| *Tourn.* | *Tournefort.* |
| *Trin.* | *Trinius.* |
| *Vaill.* | *Vaillant.* |
| *Vent.* | *Ventenat.* |
| *Vill.* | *Villars.* |
| *Whlnbg.* | *Wahlenberg.* |
| *W. K.* | *Waldstein und Kitaibel.* |
| *W. u. N.* | *Weihe u. Nees.* |
| *Wallr.* | *Wallroth.* |
| *Web.* | *Weber.* |
| *Weig.* | *Weigel.* |
| *Wendl.* | *Wendland.* |
| *Wib.* | *Wibel.* |
| *Willd.* | *Willdemow.* |
| *W. u. Grab.* | *Wimmer u. Grabowsky.* |
| *With.* | *Withering.* |
| *Wulf.* | *Wulfen.* |

| | | |
|---|---|---|
| ⊙ = einjährig. | '' = Zoll. | Blkr. = Blumenkrone. |
| ⚇ = zweijährig. | ''' = Linie. | Blthn. = Blüthen. |
| ♃ = ausdauernd. | w. v. = wie vorige. | Bltr. = Blätter. |
| ' = Fuß. | H. = Höhe. | Offic. = Officinell. |

# Schlüssel

zu den Gattungen des Linné'schen Geschlechtssystems.

---

## I. Kl. Monandria. Einmännige.

Ein freies Staubgefäß in einer Zwitterblüthe.

### 1. Monogynia. Einweibige.

Ein Griffel, oder wenn dieser fehlt, eine Narbe.*)

37. Hippúris. *L.* Bltr. quirlig, lineal; Blkr. fehlend; Kelch ein undeutlicher Rand auf dem Fruchtknoten.
*Alchemilla arvensis* (IV. 1).

### 2. Digynia. Zweiweibige.

*Callitriche* (XXI. 1), *Blitum* (V. 2), *Festuca myuros* und *F. sciuroides* (III. 2), *Polycnemum* (III. 2), *Salicornia* (II. 1).

## II. Kl. Diandria. Zweimännige.

Zwei freie Staubgefäße in einer Zwitterblüthe.

### 1. Monogynia. Einweibige.

A. Blüthen unvollständig.

51. Salicórnia. *Tourn.* Stengel blattlos, gegliedert; Blthnhülle ganz; Salzbodenpfl.
184. Lemna. *L.* Stengellos. Linsenförmige Wasserpflanze.
88. Fráxinus. *Tourn.* Baum mit gefiederten Bltrn. und Flügelfrüchten.
Arten von *Scirpus*, *Cyperus fuscus*, *Rhynchospora*, *Cladium* (III. 1), *Lepidium ruderale* (XV. 1).

*) Die 13 ersten Klassen werden nach der Zahl der Griffel oder Narben in Ordnungen getheilt.

B. Blüthen vollständig.

a. Blkr. 1blättrig, regelm., 1früchtig.

88. Ligústrum. *Tourn.* Beerenfrucht; Blkr. trichterig. 4spaltig; Strauch.

88. Syringa. *L.* Kapselfrucht; Blkr. präsentirtellerförmig, 4spaltig; Strauch.

*Lythrum Hyssopifolia* (XI. 1).

b. Blkr. 1blättrig, unregelm., 1früchtig.

116. Utriculária. *L.* Kelch 2blättrig; Blkr. maskenförmig, gespornt; Wasserpfl.

116. Pinguícula. *Tourn.* Kelch 5spaltig; Blkr. 2lippig, gespornt; Sumpfpfl.

110. Gratíola. *L.* Kelch 5theilig; Blkr. 2lippig, ungespornt; Röhre 4kantig.

112. Verónica. *L.* Kelch 4—5theilig; Blkr. 4lappig, ungespornt, der obere Lappen größer.

c. Blkr. 1blättrig, unregelm., 4früchtig.

102. Lýcopus. *L.* Kelch 5zähnig; Blkr. trichtrig, 4spaltig. Staubkölbchen 2fächerig.

102. Sálvia. *L.* Kelch 2lippig; Blkr. 2lippig; Oberlippe helmförmig, 3lappig; Staubbeutel 1fächerig.

*Verbena* (XIV. 1).

d. Blkr. 2blättrig.

35. Circáea. *Tourn.* Früchte borstig.

### 2. Digynia. Zweiweibige.

*Salicornia* (II. 1), *Anthoxanthum* und *Bromus* (III. 2), *Salix* (XXII. 2).

## III. Kl. Triandria. Dreimännige.

Drei freie Staubgefäße in einer Zwitterblüthe.

### 1. Monogynia. Einweibige.

* Kräuter.

A. Blüthen vollständig; Blkr. oberständig.

144. Valerianélla. *Tourn.* Blthn. zwittrig; Kelchsaum gezähnt, später die Frucht krönend; Stengel gabelästig.

144. Valeriána. *L.* Blthn. zwittrig und 2häusig; Kelchsaum ganzrandig, später zu einem Federkelche (Pappus) entwickelt; Blthn. in 3theiligen, doldentraubigen Gabelrispen.

B. Blthn. vollständig; Blkr. unterständig.

49. Móntia. *Mich.* Kelch 2blättrig; Blkr. trichterförmig mit gespaltener Röhre und 5theiligem Saume.

*Lythrum Hyssopifolia* (XI. 1).

C. Blthn. unvollständig; Blthnhülle kronblattartig, 6theilig.

171. Iris. *L.* Blthnhülle mit abwechselnd zurückgebogenen Zipfeln; Narbe blattartig.

171. Gladíolus. *Tourn.* Blthnhülle unregelm., fast 2lippig; Aehre einseitswendig.

D. Blthn. unvollständig; Blthnhülle kelchartig.

51. Polycnémum. *L.* Blthnhülle 5blättrig, mit 2 Deckbltrn., in den Winkeln der 3seitigen, stachelspitzigen Bltr.

** Gräser.

E. Blthn. unvollständig, balgartig.

a. Aehrchen 1reihig.

*Nardus*, ein Gras (III. 2).

b. Aehrchen 2reihig.

188. Cypérus. *L.* Aehrchen zusammengedrückt in einer am Grunde umhüllten Dolde.

189. Schoenus. *L.* Aehre einfach, undeutlich 2reihig.

c. Aehrchen allseitig-dachig; untere Bälge gleich groß oder größer.

190. Scirpus. *L.* Aehrchen reichblüthig; Bälge 1klappig; Blüthenborsten eingeschlossen, meist 6 oder fehlend; Nuß durch den bleibenden, ungegliederten, nicht verbreiterten Griffelgrund bespitzt.

189. Heleócharis. *R. Br.* Griffelgrund verbreitert, gegliedert, sonst w. v.

191. Erióphorum. *L.* Blüthenborsten die Nuß zuletzt als sehr lange Wolle einhüllend, sonst wie Scirpus.

d. Aehrchen allseitig-dachig; untere Bälge kleiner.

189. Cladium. *P. Br.* Nuß durch den bleibenden, ungegliederten Griffelgrund bespitzt; Blüthenborsten fehlend.

189. Rhynchóspora. *Vahl.* Nuß durch den bleibenden, gegliederten Griffelgrund bespitzt; Blüthenborsten sehr kurz.

## 2. Digynia. Zweiweibige. Gräser.

A. Aehrchen ungestielt, alle auf den Zähnen einer Spindel, eine Endähre bildend.

215. Nardus. *L.* Aehrchen einzeln, 1blüthig, einseitswendig; Balg fehlend.

215. Lolium. *L.* Aehrchen einzeln, mit der schmalen Seite (dem Rücken) der Spindel zugekehrt, mehrblüthig, wechselständig; Balg bei den seitenständigen Aehrchen 1klappig, bei den endständigen 2klappig.

213. Tríticum. *L.* Aehrchen einzeln, mit der breiten Seite der Spindel zugekehrt, mehrblüthig; Balg 2klappig; Klappen eiförmig oder ei-lanzettlich.

214. Secále. *L.* Aehrchen einzeln; Klappen pfriemlich; sonst w. v.

214. Hórdeum. *L.* Aehrchen zu 3 beisammen, 1blüthig, mittlere zwittrig, ungestielt, die seitlichen meist männlich oder geschlechtslos, gestielt.

214. Élymus. *L.* Aehrchen zu 3 beisammen, 2—vielblüthig, zwittrig.

B. Aehrchen gestielt (manchmal sehr kurz), 1blüthig oder 1blüthig mit einem Ansatz zu einer zweiten oberen oder zu zweien unteren Blüthen.

a. Aehrchen vom Rücken her zusammengedrückt.

200. Pánicum. *L.* Balg 3klappig, die untere Klappe kürzer; Hülle fehlend.

201. Setária. *P. Br.* Balg 3klappig, die untere Klappe kürzer; borstenförmige Hüllen unter dem Aehrchen.

204. Mílium. *L.* Balg 2klappig, größer als die knorpelige, grannenlose Blüthe.

b. Aehrchen von der Seite her zusammengedrückt; Balg fehlend.

202. Leérsia. *Solander.* Spelzen grannenlos, fast gleich lang, die Karyopse einschließend.

c. Aehrchen von der Seite her zusammengedrückt; Balg 2klappig; Blüthe am Grunde mit 2 schuppenförmigen oder spelzigen Ansätzen zu unteren Blüthen.

201. Phálaris. *L.* Blüthe am Grunde mit 2 kleinen, grannen-

losen Schuppen; Spelzen grannenlos, glänzend, kleiner als die fast gleich langen Klappen; Staubgef. 3.

201. Anthoxanthum. *L.* Blüthe am Grunde mit 2 begrannten Spelzen, größer als die grannenlosen Spelzen der zwittrigen Blüthe; untere Klappe die Hälfte der oberen; Staubgef. 2.

d. Aehrchen von der Seite her zusammengedrückt oder stielrund; Balg 2klappig, 1blüthig oder 1blüthig mit dem Ansatz zu einer oberen Blüthe.

1. Narben fadenförmig, aus der Spitze des Aehrchens hervortretend.

201. Alopecúrus. *L.* Ohne Ansatz zur zweiten Blüthe; Balgklappen gekielt; Bälglein 1spelzig.

202. Phleum. *L.* Oft mit einem Ansatz zur zweiten Blüthe; Balgklappen gekielt; Bälglein 2spelzig.

2. Narben auf einem verlängerten Griffel aufsitzend, bogenförmig, unter der Spitze der Blüthe hervortretend.

202. Cýnodon. *Rich.* Klappen schmal, abstehend; obere Spelze linealisch, durch eine Furche ausgehöhlt, untere von der Seite her zusammengedrückt, eiförmig.

3. Narben federig, am Grunde des Aehrchens hervortretend; Griffel kurz.

203. Agróstis. *L.* Ohne Ansatz zur zweiten Blüthe; Balgklappen spitz, untere größer; Spelzen häutig, kahl oder am Grunde mit sehr kurzen, kaum erkennbaren Haaren.

203. Apéra. *Adans.* Mit einem Stielchen als Ansatz zur zweiten Blüthe; untere Balgklappe kleiner; sonst w. v.

203. Calamagróstis. *Adans.* Mit oder ohne behaartes Stielchen als Ansatz zur zweiten Blüthe; Balgklappen spitz, untere größer; Spelzen am Grunde mit verlängerten Haaren umgeben.

204. Ammóphila. *Host.* Untere Balgklappe kleiner; sonst w. v.

204. Stipa. *L.* Balgklappen spitz oder aus der Spitze begrannt; Spelzen knorpelig, die untere walzlich zusammengerollt; Granne stark, am Grunde gegliedert, bleibend, aus der Spitze der Spelze hervorgehend.

C. Aehrchen gestielt (manchmal sehr kurz), 2—vielblüthig, seltener die untere geschlechtslos oder männlich, die oberste oft verkümmert.

a. Narbe bogenförmig, unter der Spitze der Blüthe hervortretend.

204. Phragmítes. *Trin.* Aehrchen vielblüthig; untere Blüthe männlich oder geschlechtslos, unbehaart, die übrigen zwittrig mit langen von der Achse entspringenden Haaren umhüllt.

201. Hicróchloa. *Gm.* Aehrchen 3blüthig, die 2 unteren männlich, 3männig, die obere zwittrig, 2männig, kahl.

b. Narbe federig, am Grunde der Blüthe hervortretend.

205. Arrhenathérum. *P. B.* Aehrchen 2blüthig; untere Blüthe männlich mit langer, geknieter Granne, oben zwittrig, grannenlos oder nur kurz begrannt.

205. Holcus. *L.* Aehrchen 2blüthig, untere Blüthe zwittrig, grannenlos, obere männlich, begrannt.

205. Corynéphorus. *P. B.* Aehrchen 2blüthig; Blüthen zwittrig; untere Spelze an der Spitze ganzrandig, am Grunde begrannt; Granne oberwärts keulig, in der Mitte mit einem Ringe umgeben.

204. Aira. *L.* Aehrchen 2blüthig; Blüthen zwittrig; untere Spelze an der Spitze abgeschnitten, 4zähnig, am Grunde oder auf dem Rücken begrannt; Granne unten gedreht, gekniet oder fast gerade.

205. Avéna. *L.* Aehrchen 2—vielblüthig; Blüthen zwittrig; untere Spelze an der Spitze 2spaltig oder 2grannig, auf dem Rücken mit einer unten gedrehten Granne.

207. Triódia. *R. Br.* Aehrchen 2—vielblüthig; Blüthen zwittrig; untere Spelze an der Spitze 3zähnig, der mittlere Zahn stachelspitzig, etwas flach.

207. Mélica. *L.* Aehrchen 2—mehrblüthig; Blüthen grannenlos, die untere oder die 2 unteren zwittrig, vollkommen, den geschlechtslosen nicht ähnlich; Balgklappen die Blüthe umfassend.

204. Koeléria. *Pers.* Aehrchen 2—mehrblüthig; Blüthen zwittrig; Balg zusammengedrückt gekielt, die Blüthen einschließend; untere Spelze an der ungetheilten oder 2spaltigen Spitze stachelspitzig oder begrannt; Grannen borstlich, gerade.

209. Dáctylis. *L.* Aehrchen 3—vielblüthig, geknäuelt; Blüthen auf dem Rücken zusammengedrückt gekielt, mit einwärts gekrümmter Spitze; untere Spelze ungleichseitig, an der ungetheilten oder 2spaltigen Spitze stachelspitzig oder begrannt; Granne borstlich, gerade.

207. Poa. *L.* Aehrchen 2-, häufiger vielblüthig, ei- oder lanzettförmig; Blüthen auf dem Rücken zusammengedrückt gekielt, grannenlos, mit den Gelenken der Spindel abfällig.

209. Glycéria. *R. Br.* Aehrchen 2—vielblüthig; Blüthen

länglich, stumpf, auf dem Rücken halb walzlich, einwärts fast bauchig, grannenlos.

209. Molínia. *Mönch.* Aehrchen 2—vielblüthig; Blüthen aus einwärts bauchigem Grunde kegelförmig, auf dem Rücken halbwalzig, grannenlos oder an der Spitze begrannt; Granne gerade.

207. Briza. *L.* Aehrchen 2—vielblüthig; untere Spelze am Grunde geöhrelt-herzförmig.

210. Festúca. *L.* Aehrchen 2—vielblüthig; Blüthen lanzettlich oder lanzettlich-pfriemlich, auf dem Rücken stielrund, begrannt oder grannenlos; obere Spelze am Rande fein gewimpert; Griffel oder Narbe an der Spitze des Fruchtknotens.

210. Cynosúrus. *L.* Jedes Aehrchen am Grunde mit einer aus abwechselnd 2zeilig-gefiederten Klappen gebildeten Hülle gestützt; sonst w. v.

211. Brachypódium. *P. B.* Aehrchen vielblüthig; obere Spelze am Rande kammförmig gewimpert; sonst w. Festuca.

211. Bromus. *L.* Aehrchen vielblüthig; Blüthen lanzettlich oder ei-lanzettlich, begrannt oder grannenlos; Griffel oder Narben der vorderen Seite des Fruchtknotens oberhalb der Mitte eingefügt.

Arten von *Juncus* (VI. 1), *Corispermum* und *Blitum* (V. 2).

### 3. Trigynia. Dreiweibige.

*Holosteum* (X. 3), *Stellaria media* (X. 3), *Montia* (III. 1), *Elatine* (VIII. 3), *Amarantus* (XXI. 5).

## IV. Kl. Tetrandria. Viermännige.

Vier freie, nicht zweimächtige Staubgefäße in einer Zwitterblüthe.

### 1. Monogynia. Einweibige.

A. Blüthen vollständig.

a. Kelch doppelt, der innere zuletzt an die Frucht angewachsen; Blkr. verwachsenblättrig, oberständig; Blüthen in Köpfchen.

145. Scabiosa. *L.* Blüthenboden spreublättrig; äußerer Kelch 8furchig, mit glocken- oder radförmigem, trockenhäutigem Saume; innerer Kelch schüsselförmig, meist mit 5 borstlichen Zähnen; Hülle vielblättrig.

145. Succísa. *M.* u. *K.* Aeußerer Kelch mit 4spaltigem, krautigem Saume; sonst w. v.

145. Knautia. *L.* Blüthenboden rauhhaarig, ohne Spreublättchen; äußerer Kelch ungefurcht, 4- oder mehrzähnig; innerer Kelch mit 8—16 pfriemlich-borstigen Zähnen; Hülle vielblättrig.

145. Dípsacus. *Tourn.* Blüthenboden mit großen Spreublättern; äußerer Kelch mit einer gekerbten oder gezähnten, kurzen Krone endend, innerer beckenförmig, borstenförmig; Hülle steifstrahlenförmig; Strahlen länger als die Spreublätter.

b. Kelch einfach; Blkr. verwachsenblättrig, unterständig.

146. Plantágo. *L.* Blüthen in Aehren; Blkr. regelm., mit 4theiligem, zurückgeschlagenem Saume; Narbe fadenförmig.

118. Centúnculus. *L.* Blüthen blattwinkelständig; Blkr. fast kugelig mit 4theiligem, abstehendem Saume; Narbe kopfförmig.

c. Kelch einfach mit oft undeutlichem Saume; Blkr. verwachsenblättrig, oberständig; Bltr. quirlig.

91. Aspérula. *L.* Kelchsaum undeutlich, abfallend; Blkr. trichter- oder glockenförmig mit abstehenden Zipfeln; Frucht rundlich, 2knotig.

90. Sherardia. *Dill.* Kelchsaum 4—6zähnig; bleibend. Blkr. trichtrig, röthlich blau; sonst w. v.

91. Galium. *L.* Blkr. radförmig oder flach; Frucht trocken; sonst w. Asperula.

91. Rubia. *Tourn.* Frucht saftig; sonst w. Galium.

d. Blkr. getrenntblättrig, unterständig.

*Evonymus europ.* (V. 1), *Lythrum Hyssopifolia* (XI. 1), *Cardamine hirsuta* (XV. 2).

e. Blkr. getrenntblättrig, oberständig, 4blättrig; Kelch 4spaltig.

80. Cornus. *Tourn.* Steinfrucht 2fächerig.

37. Trapa. *L.* Nuß hart, durch die vergrößerten und verhärteten Kelchzipfel 4dornig, 1fächerig, 1samig; Wasserpfl.

B. Blüthen unvollständig.

a. Unterständig.

15. Alchemílla. *Tourn.* Blkr. fehlend; Kelch 8spaltig; Kelchzipfel abwechselnd kleiner; Staubgef. 1, 2 oder 4.

15. Sanguisórba. *L.* Blkr. fehlend; Kelch farbig, 4spaltig,

gedrängt in endständigen Köpfchen, von 2—3 Deckblättern umgeben.

153. Parietaria. *Tourn.* Blüthen vielehig; Blthnhülle glockig, meist 4spaltig, bei den zwittrigen Blüthen zuletzt verlängert, in achselständigen Rispen.

149. Elaeágnus. *L.* Blüthen vielehig; Blthnhülle glockig, am Grunde in eine Röhre zusammengezogen; Holzgewächs.

173. Majánthemum. *Rth.* Blthnhülle weiß, 4theilig, flach oder zurückgebogen.

b. oberständig.

*Thesium intermedium* (V. 1).

### 4. Tetragynia. Vierweibige.

24. Ilex. *L.* Kelch 4—5zähnig; Blkr. 4—5theilig; Narben 4—5, fast sitzend; Frucht 4—5steinig; Strauch mit immergrünen, flachen, stechenden Blättern.

29. Radíola. *Dill.* Kelch 4spaltig mit 2—3spaltigen Zipfeln; Blkr. 4blättrig; Kapsel 8fächerig, Fächer 1samig.

181. Potamogéton. *L.* Griffel fehlend; Staubbeutel 4, sitzend, die Mittelbänder in blattartige große Schuppen umgewandelt, scheinbar eine Blthnhülle darstellend; Steinfrüchte 4, sitzend; schwimmende Wasserpflanzen mit Aehrenblüthen.

*Sagina* (X. 5), *Cuscuta* (V. 2), einige 4spaltige *Gentianen* (V. 2).

## V. Kl. Pentandria. Fünfmännige.

Fünf freie Staubgefäße in einer Zwitterblüthe.

### 1. Monogynia. Einweibige.

I. Blüthen vollständig; Blkr. verwachsenblättrig, unterständig.

A. Nüsse 4, 1samig oder 2, jede 2samig; rauhblättrige oder borstige Pflanzen.

a. Nüsse 4, mit dem Rücken dem bleibenden Griffel angewachsen.

95. Asperúgo. *Tourn.* Kelch 5spaltig, nach dem Blühen sich vergrößernd, zusammengedrückt, mit buchtigen Zipfeln; Nüsse zusammengedrückt, mit der schmäleren Seite an den Griffel angewachsen.

96. Cynoglóssum. *L.* Kelch 5theilig; Blkr. mit 5 gewölbten Schuppen; Nüsse glatt, kurz weichstachelig, klettenartig.

95. Echinospérmum. *Sw.* Nüsse 3eckig, am Rande weichstachelig; sonst w. v.

b. Nüsse 4, einer unterständigen Scheibe eingefügt, am Grunde mit gebundenem, gerieftem, ausgehöhltem Ringe.

96. Borágo. *Tourn.* Blkr. radförmig, mit 5 kurzen, ausgerandeten behaarten Schuppen.

96. Anchúsa. *L.* Blkr. trichtrig, mit gerader oder gekrümmter Röhre; Schlund durch 5 stumpfe Schuppen geschlossen.

96. Sýmphytum. *L.* Blkr. walzig-glockig, mit pfriemlichen, kegelförmig-zusammengeneigten Schuppen.

c. Nüsse am Grunde nicht ausgehöhlt, sonst w. b.

96. Échium. *Tourn.* Blkr. glockig oder allmählich erweitert, schuppenlos; Staubgef. aufwärts gekrümmt.

96. Pulmonária. *Tourn.* Kelch 5spaltig; Blkr. trichtrig, innen behaart, schuppenlos.

96. Lithospérmum. *Tourn.* Kelch 5zähnig; Blkr. trichtrig, innen durch 5 behaarte Falten etwas verengt.

97. Myosótis. *L.* Kelch 5theilig; Blkr. durch 5 kahle Schuppen verengt; Nüsse unberandet.

B. Kapsel 1fächerig, mit 1 freien, mittelpunktständigen Samenträger.

118. Prímula. *L.* Blkr. teller- oder trichterförmig; Röhre walzlich oder keulig; nur Wurzelbltr. und Wurzelblthstiele.

117. Lysimáchia. *L.* Blkr. radförmig, 5theilig; Röhre fast fehlend; Kapsel 5klappig.

118. Anagállis. *L.* Blkr. radförmig, 5theilig; Röhre fast fehlend; Kapsel ringsum aufspringend.

118. Hottónia. *L.* Blkr. tellerförmig; Saum flach, 5theilig; Röhre walzlich; Kapsel 5klappig.

C. Kapsel 1fächerig; mit 2 randständigen Samenträgern.

93. Menyánthes. *L.* Blkr. trichterförmig, mit 5theiligem, innen bärtigem Saume; Narbe ungetheilt.

94. Limnánthemum. *Gm.* Blkr. radförmig, Saum 5theilig, Schlund bärtig; Narbe 2theilig.

D. Kapsel 2—5fächerig.

94. Erythráea. *Ren.* Blkr. trichtrig oder tellerförmig; Staubbeutel nach dem Verblühen schraubenförmig gedreht; Stengel 4kantig, gabelspaltig.

100. Convólvulus. *L.* Blkr. trichtrig, 5faltig; Staubbeutel nicht gedreht; Stengel windend.

99. Datúra. *L.* Blkr. trichtrig, 5faltig; Kelch abfallend; stachelige Kapsel 4fächerig, 4klappig.

99. Nicotiána. *L.* Blkr. trichtrig, 5faltig; Kelch glockig, bleibend; Kapsel an der Spelze 4klappig, 2—4fächerig, Fächer vielsamig.

90. Hyoscyamus. *Tourn.* Blkr. trichtrig; Kapsel bauchig, in einen Hals verschmälert, mit einem Deckelchen aufspringend, vom bleibenden, 5zähnigen Kelch umschlossen.

109. Verbáscum. *L.* Blkr. radförmig mit 5lappigem, ungleichem Saume; Staubgef. ungleich, behaart.

93. Vinca. *L.* Blkr. tellerförmig, mit schief abgestutzten Zipfeln; Fruchtknoten 2, mit gemeinschaftlichem Griffel; Kapsel 2fächerig; Bltr. immergrün.

E. Frucht eine Beere.

98. Lycium. *L.* Blkr. trichterig; Kelch klein, die 2fächerige Beere nur am Grunde umgebend.

99. Phýsalis. *L.* Blkr. radförmig; Beere 2fächerig, vom ausgewachsenen, blasenförmigen Kelche ganz umgeben.

98. Solánum. *L.* Blkr. radförmig; Kelch 5—10theilig; Beere 2fächerig.

II. Blüthen vollständig, Blkr. verwachsenblättrig, oberständig.

A. Kapselfrucht.

118. Sámolus. *Tourn.* Blkr. kurz-glockig; Saum abstehend; Staubgef. 10, die 5 fruchtbaren tiefer eingefügt; Salzbodenpfl.

122. Jasióne. *L.* Zipfel der Blkr. linealisch, zusammenklebend; Staubfäden pfriemlich; Staubbeutel am Grunde leicht zusammenhängend, oberhalb frei; Blüthen in Köpfchen.

122. Phyteúma. *L.* Staubfäden am Grunde breiter; Staubbeutel frei; sonst w. v.

122. Campánula. *L.* Blkr. glockig, 5lappig oder 5theilig; Kapsel kreiselförmig mit 3—5 Löchern aufspringend.

B. Beerenfrucht.

90. Lonicéra. *L.* Blkr. unregelm.; Beere 2—3fächerig.

III. Blüthen vollständig, Blkr. getrenntblättrig, unterständig.

a. Blüthen unregelm.; Kräuter.

31. Impátiens. *L.* Kelch 3blättrig, das unpaarige Blatt viel größer, gespornt; Blkr. 3blättrig.

56. Víola. *Tourn.* Kelch 5blättrig, am Grunde mit Anhängseln; Bltr. 5blättrig, unteres Kronblatt gespornt.

b. Blüthen regelm.; Sträucher.

28. Vitis. *L.* Blkr. 5blättrig, mützenförmig, an der Spitze zusammenhängend, am Grunde sich ablösend; Beere 2fächerig; kletternd.

28. Ampelópsis. *Mchx.* Blkr. 5blättrig, von der Spitze nach dem Grunde sich trennend, an der Spitze nicht zusammenhängend; Beere 2fächerig; kletternd.

24. Evónymus. *Tourn.* Blkr. 4—5blättrig, auf fleischigem Stempelpolster; Staubgef. 4—5, mit den Blbltrn. abwechselnd; Kapsel 3—5fächerig; Same mit breiartigem Mantel.

24. Rhamnus. *L.* Blkr. 4—5blättrig; Staubgef. 4—5, vor die Blbltr. gestellt; Steinfrucht mit mehreren knorpeligen Steinen.

IV. Blüthen vollständig, Blkr. getrenntblättrig, oberständig; Sträucher.

59. Ribes. *L.* Blüthen einzeln oder traubig in den Blattwinkeln; Blkrbltr. und Staubgef. auf dem Kelchsaume; Beere vielsamig.

80. Hédera. *L.* Blüthen in gipfelständigen Dolden; Blkrbltr. und Staubgef. am Rande einer oberweibigen Scheibe; Beere 5—10fächerig; kletternd.

V. Blüthen meist unvollständig; Krbltr. meist fehlend oder wenn vorhanden, sehr klein und unterständig.

a. Staubgef. 5.

119. Glaux. *Tourn.* Blkrbltr. fehlend; Kelch glockig, 5spaltig, innen gefärbt; Kapsel kugelig, 5klappig.

*Polygonum* (VIII. 1).

b. Staubgef. 10, von denen 5 ohne Staubbeutel sind.

50. Herniária. *Tourn.* Blkrbltr. sehr klein oder fehlend; Kelch 5theilig, mit flachen oder ein wenig gewölbten, innen etwas gefärbten Zipfeln, die 1samige, nicht aufspringende Frucht einschließend.

50. Illécebrum. *Tourn.* Blkrbltr. sehr klein, borstenförmig oder fehlend; Kelch 5theilig, mit knorpeligen, seitlich zusammengedrückten, stacheligen, weißen Zipfeln; Kapsel vom Kelch eingeschlossen, 1samig, am Grunde in 5—10 Lappen aufspringend.

VI. Blüthen unvollständig; Blthnhülle oberständig.

148. Thésium. *L.* Blthnhülle 4—5spaltig, trichterig; Staubgef. von einem Haarbüschel eingeschlossen; Steinfrucht 1samig, von der bleibenden Blüthenhülle umgeben.

## 2. Digynia. Zweiweibige.

I. Blüthen unvollständig.

159. Ulmus. *L.* Blthnhülle 4—5zähnig, glockig; Fruchtknoten 2fächerig; Nuß durch Fehlschlagen 1fächerig, geflügelt; Baum.

53. Beta. *Tourn.* Blthnhülle 5spaltig, am Grunde in ein, den Fruchtknoten umschließendes Röhrchen zusammengezogen.

51. Sálsola. *L.* Blthnhülle 5theilig, zuletzt auf dem Rücken mit einem quergestellten Anhängsel; Salzpfl. mit stechenden Bltrn.

51. Chenopódium. *Tourn.* Blthnhülle 5theilig, in geknäuelten Aehren, ohne Anhängsel; Schlauchfrucht niedergedrückt, von der geschlossenen Blthnhülle bedeckt; Same wagerecht.

52. Blitum. *Tourn.* Blthnhülle 3—5theilig, ohne Anhängsel, Schlauchfrucht zusammengedrückt, von der trocknen oder beerenartigen Blthnhülle bedeckt; Same aufrecht.

II. Blüthen vollständig; Blkr. verwachsenblättrig, unterständig.

a. Fruchtknoten 2; Narbe 1.

93. Cynánchum. *R. Br.* Blkr. radförmig, 5theilig; Same mit einem Haarschopfe; Staubgef. am Grunde in einen 5lappigen Körper verwachsen.

b. Fruchtknoten 1.

94. Gentiána. *L.* Blkr. glockig-trichtrig, Zipfel am Grunde mit ungefranzten Honiggruben; Griffel 2 oder 1, mit 2 Narben.

100. Cuscúta. *Tourn.* Blkr. 4—5spaltig; Narbe linealisch oder keulenförmig verdickt; Kapsel ringsum abspringend; Schmarotzerpflanze, blattlos, kletternd.

III. Blüthen vollständig; Blkr. 5blättrig, oberständig.

## Doldengewächse.

A. Blüthen kopfig zusammengestellt, einfach doldig.

81. Hydrocótyle. *Tourn.* Kelchrand undeutlich; Blbltr. ungetheilt, spitz; Frucht seitlich flach zusammengedrückt, beiderseits auf dem Mittelfelde mit 2 bogenförmigen Rippen; Hülle 3- bis 5blättrig.

81. Eryngium. *Tourn.* Kelchrand 5zähnig; Blbltr. aufrecht, zusammenneigend, von der Mitte an in ein Läppchen von der Länge des Kronblattes eingeknickt; Früchtchen rippenlos, schuppig oder höckerig; Hülle vieltheilig, dornig; Pflanze distelartig.

B. Dolde zusammengesetzt.

a. Eiweiß auf der Fugenseite flach oder gewölbt; Hauptrippen 5, Nebenrippen fehlend; Frucht von der Seite her deutlich zusammengedrückt.

1. Blkrbltr. ungetheilt; Kelchrand undeutlich.

83. Bupleurum. *Tourn.* Blbltr. an der Spitze abgestutzt, eingerollt, gelb; Bltr. ungetheilt; Hülle wenig-, Hüllchen vielblättrig.

81. Helosciádium. *Koch.* Blbltr. sternförmig ausgebreitet, eiförmig, mit einem kleinen, geraden oder einwärts gebogenen Spitzchen, weiß; Hülle und Hüllchen vielblättrig.

81. Apium. *L.* Blbltr. sternförmig ausgebreitet, rundlich, mit einem dicht eingerollten Spitzchen, weiß, stark riechend; Hülle und Hüllchen fehlend.

81. Petroselínum. *Hoffm.* Blbltr. rundlich, in ein einwärts gebogenes Läppchen verschmälert, grünlich gelb; Hülle wenig-, Hüllchen vielblättrig.

2. Blkrbltr. verkehrt-herzförmig, mit einem kleinen, einwärts gebogenen Läppchen; Kelchrand undeutlich.

82. Aegopódium. *L.* Blbltr. regelm., weiß oder röthlich; Frucht länglich zusammengedrückt; Thälchen striemenlos; Fruchtträger frei, an der Spitze getheilt; Hülle und Hüllchen fehlend.

82. Carum. *L.* Blbltr. regelm., weiß oder röthlich; Frucht

länglich zusammengedrückt; Thälchen 1striemig; Fruchtträger frei, an der Spitze getheilt; Griffel zurückgebogen; Hülle und Hüllchen fehlend.

82. Pimpinélla. *L.* Blbltr. regelm., weiß. Frucht eiförmig zusammengedrückt, 2knotig; Thälchen 3striemig; Fruchtträger frei, gespalten; Griffel haarfein, abstehend; Hülle und Hüllchen bei den wilden Arten fehlend.

3. Kelchrand 5zähnig, sonst wie 2.

* Thälchen 1striemig.

81. Cicúta. *L.* Blbltr. weiß; Frucht kugelig-zusammengedrückt, 2knotig; Hülle meist fehlend, Hüllchen vielblättrig.

82. Falcária. *Rivin.* Blbltr. mit hervortretenden Läppchen, klein, weiß; Frucht länglich zusammengedrückt; Hülle und Hüllchen vielblättrig.

** Thälchen 3striemig.

83. Bérula. *Koch.* Blbltr. weiß; Frucht 2knotig, gerippt; Seitenrippen neben dem Rande; Fruchtträger ungetheilt; Hülle und Hüllchen vielblättrig.

83. Sium. *L.* Seitenrippen randbildend; Fruchtträger getheilt; sonst w. v.

b. Hauptrippen fadenförmig oder geflügelt; Frucht im Querschnitte kreisrund oder vom Rücken her zusammengedrückt, aber nicht linsenförmig; sonst wie a.

aa. Same frei in der Höhle des Fruchtgehäuses.

85. Archangélica. *Hoffm.* Blbltr. grünlich, elliptisch, Spitzchen einwärts gebogen; seitenständige Rippen in einen Flügel von der doppelten Breite der Rückenrippen verbreitert; Hülle meist fehlend, Hüllchen vielblättrig.

bb. Same überall an das Fruchtgehäuse angewachsen.

1. Kronblätter ganz, zugespitzt.

84. Angélica. *L.* Blbltr. weiß, zugespitzt; Kelchrand undeutlich; die seitenständigen Rippen einen Flügel von der doppelten Breite der rückenständigen bildend; Hülle fehlend oder wenig-, Hüllchen vielblättrig.

2. Krbltr. aufrecht, von der Mitte an in ein Läppchen von der Länge des Kronblatts eingeknickt.

81. Sanícula. *Tourn.* Blbltr. klein, röthlich weiß, in kopfförmigen Dölbchen; Kelchzähne blattartig; Frucht fast kugelig, mit hakenförmigen Stacheln dicht besetzt; Blüthen vielehig; Bltr. hahnenfußartig; Hülle fehlend.

3. Krbltr. rundlich, ganz, eingerollt.

84. Foenículum. *Adans.* Blbltr. fast 4eckig, gestutzt, gelb; Kelchrand undeutlich; Hülle und Hüllchen fehlend.

4. Krbltr. rundlich, verkehrt-eiförmig oder verkehrt-herzförmig, mit einem einwärts gebogenen Läppchen.

* Thälchen 1striemig; Kelchrand unmerklich.

84. Levísticum. *Koch.* Blbltr. rundlich, einwärts gekrümmt, in ein Läppchen verschmälert, gelblich; Seitenflügel der Früchtchen doppelt so breit als die Rückenrippen; Hülle und Hüllchen vielblättrig.

84. Selínum. *L.* Blbltr. verkehrt-herzförmig, weiß; Hülle fehlend, Hüllchen vielblättrig, sonst w. v.

84. Aethúsa. *L.* Blbltr. verkehrt-eiförmig, weiß; Rückenrippen der Früchtchen erhaben, dick, scharf gekielt, Seitenrippen etwas breiter; Hülle fehlend, Hüllchen 3blättrig.

84. Cnídium. *Cuss.* Blbltr. weiß; Rippen etwas häutig geflügelt, gleich; Hülle meist fehlend, Hüllchen vielblättrig.

** Thälchen 1striemig, Kelchrand gezähnt.

83. Oenánthe. *L.* Blbltr. verkehrt-eiförmig, weiß; Seitenrippen etwas breiter als die Rückenrippen; Griffel aufrecht; Fruchtträger angewachsen, undeutlich; Hülle fehlend oder wenig-, Hüllchen vielblättrig.

84. Séseli. *L.* Kelchzähne 3eckig oder pfriemlich, verlängert; Griffel zurückgebogen; Fruchtträger frei, getheilt; Blbltr. weiß oder röthlich; Hülle fehlend, Hüllchen vielblättrig.

*** Thälchen 3striemig.

84. Sílaus. *Bess.* Blbltr. mit breitem Grunde sitzend, blaßgelb; Rippen fast gleich, etwas geflügelt; Griffel zurückgebogen; Hülle fehlend oder 1—2-, Hüllchen vielblättrig.

c. Eiweiß auf der Fugenseite flach oder gewölbt; Hauptrippen fadenförmig; Nebenrippen fehlend; Frucht vom Rücken her flach oder linsenförmig-zusammengedrückt, mit geflügeltem, spitzem oder verdicktem Rande; Striemen oberflächlich, 1—2 in jedem Thälchen.

1. Rippen sehr fein; die 3 Rückenrippen gleich weit abstehend, Seitenrippen entfernt, den verbreiterten Rand berührend oder von diesem bedeckt.

85. Heracléum. *Tourn.* Blbltr. verkehrt-herzförmig, die äußeren oft strahlend, weiß, grünlich, gelblich oder röthlich; Striemen keulenförmig; Fruchtrand abgeflacht; Hülle fehlend oder kurz-, Hüllchen vielblättrig.

85. Pastináca. *Tourn.* Blbltr. eingerollt, gelb; Striemen fadenförmig; Hülle und Hüllchen fehlend.

2. Rippen fadenförmig, gleich weit abstehend.

85. Anéthum. *L.* Blbltr. abgestutzt, dicht eingerollt, gelb; Rückenrippen scharf gekielt; Hülle und Hüllchen fehlend.

85. Peucédanum. *L.* Blbltr. verkehrt-herzförmig oder rund, weiß (bei unsern Arten), Kelchrand 5zähnig, zuweilen undeutlich; Hülle und Hüllchen vielblättrig.

85. Thysselínum. *Rivin.* Blbltr. weiß; Fugenstriemen vom Fruchtgehäuse bedeckt, sonst w. v.

d. Eiweiß auf der Fugenseite flach; Frucht vom Rücken her zusammengedrückt; Hauptrippen 5, Nebenrippen 4.

85. Laserpitium. *Tourn.* Blbltr. weiß; Früchtchen mit fadenförmigen Hauptrippen; Nebenrippen mit ungetheilten Flügeln; Hülle und Hüllchen vielblättrig.

86. Daucus. *Tourn.* Blbltr. weiß; Früchtchen mit fadenförmigen, borstigen Hauptrippen; Nebenrippen 1reihig-stachelig; fruchttragende Dolde vogelnestartig vertieft; Hüllen w. v.

e. Eiweiß eingerollt, oder auf der Fugenseite mit einer tiefen Furche eingeschnitten.

1. Früchtchen stachelig; Hauptrippen 5, Nebenrippen 4; die beiden Seitenrippen auf der Flügelfläche liegend.

86. Caúcalis. *L.* Blbltr. weiß; Früchtchen mit 4 stacheligen Rippen, Stacheln 1—3reihig; Hülle fehlend oder 1-, Hüllchen vielblättrig.

86. Tórilis. *Adans.* Blbltr. weiß; Früchtchen auf dem Rücken

dichtstachelig mit 3 dazwischen liegenden Reihen von Börstchen; Hülle und Hüllchen vielblättrig.

2. Früchtchen nicht stachelig, aber zuweilen mit Börstchen tragenden Knötchen bestreut; Rippen plattgedrückt, stumpf, nicht gekerbt, manchmal fehlend.

86. Anthríscus. *Hoffm.* Blbltr. weiß; Früchtchen fast stielrund, rippenlos, nur der Schnabel rippig; Hülle meist fehlend, Hüllchen vielblättrig.

86. Scandix. *L.* Blbltr. weiß; Frucht sehr lang geschnäbelt; Früchtchen mit 5 stumpfen, gleichen Rippen, Seitenrippen randbildend; Hülle fehlend, Hüllchen vielblättrig.

87. Chaerophýllum. *L.* Blbltr. weiß; Frucht schnabellos; Hülle meist fehlend, Hüllchen vielblättrig; sonst w. v.

3. Früchtchen nicht stachelig; Rippen erhaben, gekerbt.

87. Coníum. *L.* Blbltr. weiß; Rippen 5, hervortretend, wellig gekerbt; Hülle und Hüllchen vielblättrig.

f. Eiweiß auf dem Rücken kugelig-gewölbt, auf der Fugenseite vertieft.

87. Coriándrum. *L.* Blbltr. weiß; Frucht kugelig, mit 10 fadenförmigen Rippen und eben so vielen dazwischen liegenden schlängeligen.

*Herniaria* (V. 1), *Polycnemum* (III. 1).

## 3. Trigynia. Dreiweibige.

a. Blüthen vollständig; Blkr. unterständig.

23. Rhus. *Tourn.* Steinfrucht mit einer 1samigen Nuß; Baum.

49. Corrigíola. *L.* Blbltr. weiß, sehr klein, meist geschlossen, kugelig; Kapsel 1samig, nicht aufspringend; Kraut mit niedergestrecktem Stengel.

*Stellaria media* und *Holosteum* (X. 3), *Drosera* (V. 5).

b. Blüthen vollständig; Blkr. oberständig.

89. Vibúrnum. *L.* Blkr. radförmig oder röhrig; Beere 1fächerig, 1samig; Bltr. gegenständig; Baum.

89. Sambucus. *L.* Blkr. radförmig, zuletzt zurückgebogen; Beere 3fächerig, 3samig; Bltr. gefiedert; Baum.

## 4. Tetragynia. Vierweibige.

55. Parnássia. *Tourn.* Kelch 5blättrig; Blbltr. 5, vor denen

5 schmale, oberwärts geschlitzte, drüsentragende Nebenkrblttr. stehen; Kapsel 1fächerig.

*Sagina* (X. 5).

### 5. Pentagynia. Fünfweibige.

29. Linum. *L.* Fruchtknoten 1, 10fächerig.

56. Drósera. *L.* Fruchtknoten 1, 1fächerig, mehreiig; Blthn. in Aehren.

146. Státice. *L.* Fruchtknoten 1, 1eiig; Kelch mit trockenhäutigem Saume; Blthn. in Köpfchen.

Arten von *Cerastium* und *Spergula* (X. 5).

## VI. Kl. Hexandria. Sechsmännige.

Sechs freie, nicht vier mächtige Staubgefäße in einer Zwitterblüthe.

### 1. Monogynia. Einweibige.

I. Blüthen vollständig.

79. Bérberis. *L.* Blkr. 6blättrig, jedes Blatt am Grunde 2drüsig, unterständig; Kelch 6blättrig; Beere; Strauch.

36. Peplis. *L.* Blkr. klein, schnell abfallend, unterständig; Kelch 12zähnig; Kapsel; kleines Kraut.

*Lythrum Hyssopifolia* (XI. 1).

II. Blüthen unvollständig; Blthnhülle blumenkronartig, oberständig.

171. Leucójum. *L.* Blthnhülle 6theilig, glockig, alle Zipfel gleich.

171. Galánthus. *L.* Die 3 innern Zipfel kürzer, ausgerandet; sonst w. v.

III. Blüthen unvollständig; Blthnhülle blumenkronartig, 6zähnig oder 6spaltig, unterständig.

172. Convallária. *L.* Blthnhülle glockig oder röhrig, Zipfel gleich.

*Majanthemum* (IV. 1).

IV. Blüthen unvollständig; Blthnhülle blumenkronartig, 6blättrig, unterständig.

A. Griffel an der Spitze 3spaltig.

172. Aspáragus. *L.* Blthnhülle glockig, an einem gegliederten

Stielchen; Blthnhüllbltr. ungleich, die 3 inneren an der Spitze zurückgebogen.

B. Griffel an der Spitze ungetheilt oder fehlend; Narben stumpf oder 3lappig.

175. Gágea. *Salisb.* Blthnhüllbltr. oberwärts abstehend; Staubbeutel aufrecht, mit dem Grunde auf der Spitze des Staubfadens; Griffel fadenförmig.

174. Túlipa. *Tourn.* Blthnhüllbltr. glockig sich zusammenneigend, ohne Honigbehälter; Staubbeutel w. v.; Griffel fehlend; Narbe 3lappig.

174. Lílium. *L.* Blthnhüllbltr. glockig oder zurückgerollt, am Grunde mit einer honigtragenden Längsfurche; Griffel ungetheilt; Narbe 3eckig; Staubbeutel quer.

174. Anthéricum. *L.* Blthnhülle am Grunde in ein mit dem Blthnstiele gegliedertes Stielchen zusammengezogen; ohne Honigbehälter; Staubfäden pfriemlich, den Fruchtknoten nicht bedeckend; Staubbeutel quer; Griffel ungetheilt.

175. Allium. *L.* Blthnhülle ohne gegliedertes Stielchen, ohne Honigbehälter; Dolde vor der Blüthezeit von einer Blüthenscheide eingeschlossen; Staubgef. am Grunde mit der Blthnhülle verwachsen; Staubbeutel quer.

174. Ornithógalum. *L.* Blthnhülle ohne gegliedertes Stielchen, ohne Honigbehälter; Blüthenscheide fehlend; Staubbeutel quer; Griffel 3seitig.

V. Blüthen unvollständig; Blthnhülle kelchartig (durchsichtig oder trockenhäutig).

184. Juncus. *L.* Blthnhülle 6blättrig, in 2 dreigliedrigen Kreisen, spelzenartig; Griffel mit 3 fadenförmigen Narben; Kapsel 3klappig, vielsamig; Klappen in der Mitte die Scheidewand tragend.

187. Lúzula. *DC.* Kapsel 1fächerig, 3samig; Klappen ohne Scheidewand; sonst w. v.

178. Acorus. *L.* Blthnhülle 6blättrig, bleibend; Narbe stumpf, sitzend; Kapsel 3fächerig, nicht aufspringend; Blthn. in seitlichen Kolben.

### 3. Trigynia. Dreiweibige.

I. Blüthen unvollständig.

A. Blthnhülle verwachsenblättrig.

173. Cólchicum. *Tourn.* Blthnhülle trichterförmig mit verlängerter Röhre, zwiebelständig.

B. Blthnhülle 6blättrig.

173. Tofiéldia. *Huds.* Staubbeutel der Länge nach aufspringend; Fruchtknoten 3, in den Griffel verschmälert, bis zur Mitte verwachsen.

180. Scheuchzéria. *L.* Fruchtknoten 3, Griffel fehlend; Narbe auf der Spitze des Fruchtknotens auswärts schief aufgewachsen.

170. Triglóchin. *L.* Blthnhülle kelchartig; Fruchtknoten 3—6, zuletzt vom Grunde an sich ablösend; Narbe 3—6, sitzend, federig.

149. Rumex. *L.* Blthnhülle kelchartig; innere Blthnhüllbltr. größer, zusammenneigend, spätere die 3kantige Nuß umgebend; Narben federig; Blthn. zwittrig, vielehig oder 2häusig.

II. Blüthen vollständig; Blkr. getrenntblättrig.

*Elatine hexandra* (VIII. 1).

Zu VI. 3 gehören noch Arten von *Polygonum* (VIII. 1).

### 5. Polygynia. Vielweibige.

179. Alísma. *L.* Kelch und Blkr. 3blättrig; Frucht aus vielen, wenigstens 6 sitzenden, quirlständigen, 1samigen Früchtchen bestehend.

*Triglochin maritimum* (VI. 3).

## VII. Kl. Heptandria. Siebenmännige.

Sieben freie Staubgefäße in einer Zwitterblüthe.

### 1. Monogynia. Einweibige.

117. Trientális. *L.* Kelch tief 6—9-, meist 7spaltig; Blkr. mit flachem, 6—9-, meist 7theiligem Rande; die Zipfel unten in einen die Staubgef. tragenden Ring verwachsen; Kraut.

27. Aésculus. *L.* Kelch glockig, 5zähnig mit der 4—5blättrigen unregelm. Blkr. und den Staubgef. dem Rande einer unterständigen Scheibe eingefügt; Kapsel kugelig, stachelig; Baum.

*Calla* (XXI. 1).

## VIII. Kl. Octandria. Achtmännige.

Acht freie Staubgefäße in einer Zwitterblüthe.

### 1. Monogynia. Einweibige.

A. Blüthen vollständig; Blkr. 5blättrig.

27. Acer. *L.* Kelch 5theilig; Blüthen vielehig; Frucht 2flügelig; Baum.

*Monotropa* (X. 1).

B. Blüthen vollständig; Blkr. 4blättrig.

34. Epilóbium. *L.* Blkrn. alle roth; Kelchsaum 4theilig; Staubgef. demselben eingefügt; Same mit langem, seidenhaarigem Schopfe; Kapsel linealisch, 4kantig.

35. Oenothéra. *L.* Blkr. gelb; Kelchsaum 4theilig; Kelchröhre verlängert; Same ohne Haarschopf; Kapsel länglich, am Grunde etwas dicker.

*Monotropa* (X. 1).

C. Blüthen vollständig; Blkr. verwachsenblättrig, unterständig.

119. Callúna. *Salisb.* Kelch 4blättrig, gefärbt; Blkr. glockig, 4spaltig, vom Kelche überragt; Kapsel 4fächerig; Scheidewände an den mittelpunktständigen Samenträger angewachsen, den Nähten gegenständig.

119. Érica. *L.* Scheidewände in der Mitte der Klappen angewachsen; sonst w. v.

D. Blüthen vollständig; Blkr. verwachsenblättrig, oberständig.

121. Vaccínium. *L.* Blkr. glockig; Kelch mit dem Fruchtknoten verwachsen; Staubgef. 8—10; Beere kugelig, 4—5fächerig, vielsamig.

E. Blüthen unvollständig; Blthnhülle unterständig.

148. Daphne. *L.* Blthnhülle gefärbt, trichterförmig, 4spaltig, abfallend; Narbe 1, Steinfrucht 1samig; Sträucher.

151. Polýgonum. *L.* Blthnhülle oberwärts gefärbt, tief 4—5spaltig, bleibend; Narben 2—3; Nuß meist 3kantig; Kräuter.

F. Blüthen unvollständig; Blthnhülle fehlend.

*Calla* (XXI. 1).

### 2. Digynia. Zweiweibige.

38. Chrysosplénium. *Tourn.* Kelch halb oberständig, 4spaltig, innen gefärbt, 2 gegenständige Zipfel kleiner; Blkr. fehlend; Staubgef. 4, bis auf den Grund getheilt, einer drüsigen, den Fruchtknoten umgebenden Scheibe eingefügt; Kapsel 1fächerig, vielsamig.

*Moehringia* (X. 3), *Ulmus effusa* (V. 2), Arten von *Polygonum* (VIII. 1), *Scleranthus* (X. 2).

### 3. Trigynia. Dreiweibige.

*Polygonum* (VIII. 1).

### 4. Tetragynia. Vierweibige.

172. Paris. *L.* Blthnhülle bleibend, wagerecht-abstehend, die 4 äußeren Zipfel einen Kelch, die 4 schmäleren inneren eine Blkr. darstellend; Staubbeutel auf der Mitte der Staubfäden; Beere 4fächerig; Pflanze 1blumig.

89. Adóxa. *L.* Blüthen in einem Köpfchen; Kelch an der endständigen Blüthe 2spaltig, an den seitenständigen 3spaltig; Blkr. an den endständigen Blthn. 4-, an den seitenständigen 5spaltig; Staubgef. 8 oder 10; Beere 4—5fächerig, krautartig, saftig.

48. Elatíne. *L.* Blkr. 3—4blättrig; Kelch 3—4theilig; Staubgef. 3, 4, 6 oder 8; Griffel 3—4; Kapsel oberständig, 3—4fächerig.

*Myriophyllum* (XXI. 5).

## IX. Kl. Enneandria. Neunmännige.

Neun freie Staubgefäße in einer Zwitterblüthe.

### 3. Hexagynia. Sechsweibige.

179. Bútomus. *Tourn.* Blthnhülle 6blättrig, gefärbt; Kapseln 6, unterwärts zusammengewachsen, einwärts aufspringend.

## X. Kl. Decandria. Zehnmännige.

Zehn freie Staubgefäße in einer Zwitterblüthe.

### 1. Monogynia. Einweibige.

A. Blkr. 5blättrig.

121. Monótropa. *L.* Kelch 4—5blättrig, Blkrbltr. glockig-

zusammengestellt, unterständig, am Grunde höckerig; Schmarotzerpflanze ohne Bltr.; gelblich.

120. Ledum. *L.* Kelch klein, 5zähnig, bleibend; Staubgef. am Rande der unterständigen, gekerbten Scheibe eingefügt; Blthn. gehäuft am Ende der Zweige; Bltr. lederartig, immergrün; Strauch.

120. Pýrola. *L.* Kelch 5spaltig, bleibend; unterständige Drüsen fehlend; Blthn. an einem langen, schaftartigen Stiel, einzeln oder in Trauben; Bltr. lederartig, immergrün.

*Erodium* und *Geranium* (XVI. 1).

B. Blkr. verwachsenblättrig.

119. Andrómeda. *L.* Kelch 5spaltig; Blkr. glockig, eiförmig oder fast kugelig; Kapsel 5fächerig, 5klappig; immergrüne kleine Sträucher mit lederartigen Blättern.

119. Arctostáphylos. *Adans.* Steinfrucht 5steinig, Steine 1samig; sonst w. v.

*Samolus* (V. 1), *Vaccinium* (VIII. 1.)

C. Blkr. meist fehlend.

*Herniaria* und *Illecebrum* (V. 1), *Chrysosplenium* (VIII. 2).

## 2. Digynia. Zweiweibige.

38. Saxífraga. *L.* Kelch 5zähnig oder 5theilig; Blkr. 5blättrig; Kapsel 2fächerig, 2schnäbelig, mit einem Loche aufspringend.

41. Gypsóphila. *L.* Kelch 5zähnig, am Grunde ohne schuppenförmige Deckbltr.; Krbltr. aus dem Stengel allmählich verbreitert; Kapsel 4klappig; Same nierenförmig-kugelig.

40. Diánthus. *L.* Kelch 5zähnig, am Grunde mit Schuppen; Krbltr. plötzlich in den Nagel vorgezogen; Kapsel 4klappig; Same schildförmig.

41. Saponária. *L.* Kelch 5zähnig, am Grunde ohne Schuppen; Krbltr. plötzlich in den Nagel vorgezogen; Kapsel 4klappig; Same nierenförmig-kugelig.

50. Sclerânthus. *L.* Kelch 5zähnig; Krbltr. fehlend; Frucht 1samig; im Grunde des verhärteten Kelchs.

*Moehringia* (X. 3), *Chrysosplenium* (VIII. 2).

## 3. Trigynia. Dreiweibige.

A. Kelch verwachsenblättrig.

42. Cucúbalus. *Tourn.* Kelch mit 5 großen Zähnen, zuletzt

aufgeblasen; Krbltr. 5, allmählich in den Nagel übergehend, tief-ausgerandet; Beere 1fächerig.

42. Siléne. *L.* Kelch 5zähnig; Krbltr. 5, langbenagelt; Schlund bärtig oder kahl; Kapsel am Grunde 3—4fächerig, an der Spitze 6zähnig aufspringend.

B. Kelch 5-, selten 4blättrig; Krbltr. 5, selten 4; Kapsel tief gespalten oder auch nur an der Spitze gezähnt.

47. Alsíne. *Whlnbg.* Krbltr. ungetheilt oder schwach ausgerandet; äußere Staubgef. am Grunde mit 2 kleinen Drüsen gestützt; Kapsel 3klappig; Samen nierenförmig, flügellos.

45. Spergulária. *Presl.* Same 3eckig, flügellos; Nebenblätter dünn, häutig; sonst w. v.

45. Moehringia. *L.* Krbltr. ungetheilt oder schwach ausgerandet; Kapsel 4—6klappig; Samen mit einem Anhängsel.

45. Arenaria. *L.* Kapsel an der Spitze 6klappig; Same nierenförmig, ohne Anhängsel; sonst w. v.

45. Holósteum. *L.* Blkrbltr. gezähnt; Staubgef. meist 3—5; Kapsel an der Spitze 6klappig; Same schildförmig.

46. Stellária. *L.* Krbltr. tief ausgerandet oder 2theilig; Staubgef. 3, 5, 8 oder 10; Kapsel 6klappig; Same nierenförmig.

## 4. Tetragynia. Vierweibige.

47. Moenchia. *Ehrh.* Kelch 4blättrig; Krbltr. 4, ungetheilt; Staubgef. 4.

*Adoxa* (VIII. 4).

## 5. Pentagynia. Fünfweibige.

44. Sagína. *L.* Kelch 4—5blättrig; Krbltr. 4—5, ungetheilt; Staubgef. 4, 5, 10; Kapsel 4—5klappig; Same nierenförmig; flügellos.

44. Spérgula. *L.* Kelch 5blättrig; Krbltr. 5, ungetheilt; Staubgef. 5 oder 10; Kapsel 5klappig; Same kreisrund, mit einem Flügel umzogen; Nebenbltr. dünnhäutig.

47. Cerastium. *L.* Kelch 5blättrig; Krbltr. 5, ausgerandet oder gespalten; Staubgef. 10 oder 5; Kapsel an der Spitze 10-klappig; Same körnig.

47. Malachium. *Fr.* Kapsel 5klappig, Klappen gespalten; sonst w. v.

43. Viscaria. *Rivin.* Kelch röhrig-glockig, 5zähnig; Krbltr. 5,

ungetheilt, mit langen, schmalen Nägeln und Schuppen am Schlunde; Griffel vor den Kelchzähnen; Kapsel am Grunde 5fächerig, in 5 vor den Krbltrn. stehende Zähne (also durch Mitteltheilung) aufspringend.

43. Agrostémma. *L.* Kelch röhrig, 5zähnig; Krbltr. tief 4spaltig (bei unserer Art) mit langen schmalen Nägeln und Schuppen am Schlunde; Griffel vor den Kelchzähnen; Kapsel 1fächerig, in 5 vor den Kelchzähnen stehende Zähne (also durch Randtheilung) aufspringend.

43. Lychnis. *Tourn.* Kelch röhrig, 5zähnig; Krbltr. 5, zwei- oder mehrlappig, mit langen, schmalen Nägeln und Schuppen am Schlunde; Griffel vor den Kelchzähnen; Kapsel 1fächerig, mit 10 Zähnen aufspringend.

43. Githago. *Desf.* Kelch halb-fünfspaltig, mit langen Zipfeln; Krbltr. ungetheilt, 5, ohne Schuppen am Grunde; Kapsel 1fächerig, in 5 vor den Kelchbuchten stehende Zähne aufspringend.

28. Oxalis. *L.* Kelch 5theilig oder 5blättrig; Krbltr. 5; Staubgef. am Grunde verwachsen; Kapsel länglich, 5kantig, an den Kanten aufspringend.

39. Sedum. *L.* Kelch 5theilig, nebst den 5 Krbltrn. fleischig; Staubgef. mit 5 schuppenförmigen Drüsen; Fruchtknoten 5, am Grunde zusammengewachsen.

## XI. Kl. Dodecandria. Zwölfmännige.

Zwölf, sechszehn, achtzehn freie Staubgefäße in einer Zwitterblüthe.

### 1. Monogynia. Einweibige.

164. Ásarum. *Tourn.* Blüthen unvollständig; Blthnhülle 3spaltig, oberständig, bleibend; Narbe strahlig, 6theilig.

49. Portuláca. *Tourn.* Blüthen vollständig; Kelch 2spaltig; Krbltr. 4—5; Griffel 3—6theilig.

36. Lythrum. *L.* Blüthen vollständig; Kelch röhrig, 8—12-zähnig, mit abwechselnden aufrechten und abstehenden Zähnen; Krbltr. 4—6; Staubfäden 2, 3, 6 oder 12.

### 2. Digynia. Zweiweibige.

20. Agrimonia. *Tourn.* Kelch kreiselförmig, mit 5spaltigem, nach dem Verblühen aufwärts zusammenneigendem Saume, an

der Röhre mit vielen hakenförmigen Stacheln; Krbltr. 5; Staubgef. 6, 12 oder 15.

### 3. Trigynia. Dreiweibige.

71. Reséda. *L.* Kelch 4—6theilig; Krbltr. meist unregelm. zerschlitzt; Kapsel kantig, 1fächerig, an der Spitze offen.

### 4. Dodecagynia. Zwölfweibige.

39. Sempervívum. *L.* Kelch 6—12theilig; Krbltr. 6 oder 12, mit dem Grunde der Staubgef. in eine 1blättrige Blkr. verwachsen; Kapseln 6 oder 12.

## XII. Kl. Icosandria. Zwanzigmännige.

Zwanzig und mehr freie Staubgefäße auf einer am Kelche befindlichen Scheibe in einer Zwitterblüthe.

### 1. Monogynia. Einweibige.

A. Blthn. vollständig; Blkr. oberständig; Holzpflanzen.

34. Philadélphus. *L.* Krbltr. 4—5; Kapsel 4—5klappig; Griffel 4spaltig.

B. Blthn. vollständig; Blkr. unterständig; Holzpflanzen.

13. Amýgdalus. *L.* Steinfrucht saftlos, bei der Reife unregelm. zerreißend.

13. Pérsica. *Tourn.* Steinfrucht saftig, nicht aufspringend; Stein mit Furchen unregelm. durchzogen und mit Löchern durchbohrt.

13. Prunus. *Tourn.* Stein glatt oder unregelm. mit Furchen durchzogen, aber ohne Löcher, sonst w. v.

*Crataegus monogyna* (XII. 2).

### 2. Di-Pentagynia. Zwei- bis fünfweibige.

A. Blthn. vollständig, Blkr. oberständig; Kelch 5theilig; Fruchtknoten mit der Scheibe verwachsen; Holzpflanzen.

22. Crataégus. *L.* Scheibe krugförmig, zu einer falschen Frucht auswachsend; Griffelfuß schmäler, als der Querdurchmesser der Frucht; Steinfrucht 1—5steinig; Steine 2- oder durch Fehlschlagen 1samig.

22. Méspilus. *L.* Scheibe becherförmig; Griffelfuß fast so breit als der Querdurchmesser der Frucht; Steinfrucht 5steinig; sonst w. v.

Pyrus. *L.* Scheibe kreisel- oder eiförmig, auswachsend; Griffelfuß trichterförmig eingedrückt, schmal; Kernfrucht 2—5fächerig; Fächer mit einer knorpelig-papierartigen Haut bekleidet, 2samig.

22. Cydónia. *Tourn.* Fächer vielsamig; sonst w. v.

22. Sorbus. *Tourn.* Fruchtknoten 5fächerig; Fächer der 1—5-samigen Beere ungetheilt; Fächerhaut sehr dünn, weich, nicht knorpelig.

*Poterium* (XXI. 5).

B. Blthn. vollständig; Blkr. halb unterständig; Scheibe an der Spitze offen.

14. Spiráea. *L.* Kelch 5spaltig; Kapseln mehrere, 2—6samig.

### 3. Polygynia. Sechs- bis vielweibige.

A. Hüllkelch fehlend; Sträucher.

20. Rosa. *Tourn.* Fruchtknoten zahlreich, von der Kelchröhre, die zuletzt eine falsche Beere darstellt, eingeschlossen; Kelch bleibend, 5spaltig, am Schlunde zusammengezogen.

16. Rubus. *L.* Fruchtknoten zahlreich, einem kegelförmigen Fruchtboden eingefügt, saftig, in eine später abfallende falsche Beere verwachsen; Kelch bleibend, 5theilig, flach.

B. Hüllkelch 4—5spaltig; Zipfel kleiner als die mit ihnen abwechselnden Kelchlappen; Kräuter.

15. Geum. *L.* Krbltr. 5; Fruchtboden trocken, walzlich; Früchtchen zahlreich, mit bleibendem, kahlem oder behaartem Griffel begrannt.

18. Fragária. *L.* Krbltr. 5; Fruchtboden nach der Blüthe vergrößert, in eine falsche, fleischig-saftige Beere auswachsend; Früchtchen grannenlos.

18. Cómarum. *L.* Fruchtboden zuletzt vergrößert, fleischig schwammig; sonst w. v.

18. Potentílla. *L.* Krbltr. 5, seltener 4; Fruchtboden gewölbt oder kugelförmig, saftlos, nicht beerenartig; Früchtchen grannenlos.

## XIII. Kl. Polyandria. Vielmännige.

Zwanzig und mehr freie dem Fruchtboden eingefügte Staubgefäße in einer Zwitterblüthe.

## 1. Monogynia. Einweibige.

A. Blkr. 4blättrig.

70. Chelidonium. *Tourn.* Kelch 2blättrig; Kapsel schotenförmig, 2klappig; Samen an 2 zwischen den Klappen liegenden Samenträgern angeheftet.

69. Papáver. *Tourn.* Kelch 2blättrig; Narbe strahlenförmig, Strahlen 4—20; Kapsel durch unvollständige Scheidewände 4—20fächerig, unter der Narbe mit Löchern aufspringend.

79. Actáea. *L.* Kelch 3blättrig; Staubbeutel an die verbreiterte Spitze der Staubfäden angewachsen; Frucht beerenartig, einfächerig.

B. Blkr. 5blättrig.

33. Tilia. *L.* Kelch 5blättrig, in der Knospenlage klappig; Frucht nußförmig, durch Fehlschlagen 1fächerig, 1—2samig; Baum.

58. Heliánthemum. *Tourn.* Kelch 5blättrig, die 2 äußeren Blätter kleiner oder fehlend, die 3 inneren in der Knospenlage zusammengerollt; Kapsel 1fächerig, klappig.

C. Blkr. vielblättrig; Wasserpflanzen.

72. Nympháea. *L.* Kelch 4blättrig; Krbltr. ohne Honigbehälter, die äußeren länger als die Kelchblätter; Narbe vielstrahlig.

72. Nuphar. *Sm.* Kelch 5blättrig; Krbltr. auf dem Rücken mit einem Honigbehälter, kürzer als der Kelch.

## 2. Di-Pentagynia. Zwei- bis fünfweibige.

79. Delphínium. *Tourn.* Kelch 5blättrig, unregelm., blkr.-artig, das obere Kelchblatt gespornt; Blkr. 4blättrig oder verwachsenblättrig, unregelm., die oberen Blätter mit einem vom Kelchsporne eingeschlossenen, spornartigen Anhängsel; Kapseln 1—3.

78. Aquilégia. *Tourn.* Krbltr. 5, regelm., trichterig, abwärts in einen Sporn verlängert; Kelch blkrartig; Kapseln 5, getrennt.

78. Nigélla. *Tourn.* Krbltr. 5, regelm., klein, undeutlich 2lippig, am Grunde des Nagels mit einer beschuppten Honiggrube; Kapseln 5—10, verwachsen.

## 3. Polygynia. Vielweibige.

A. Fruchtknoten mehr—vieleiig; Kapsel einwärts aufspringend.

78. Tróllius. *L.* Kelch 5—15blättrig, blkrartig, abfallend;

Krbltr. 5—20, klein, linealisch, mit unbedeckter Honiggrube; Kapseln zahlreich, lederartig, vielsamig.

78. Caltha. *L.* Kelch 5blättrig, blkrartig; Krbltr. fehlend; Kapseln 5—10, häutig, vielsamig.

B. Fruchtknoten 1eiig; Früchtchen nußartig, nicht aufspringend.

a. Kelch in der Knospenlage dachziegelig; Kr. 5—mehrblättrig.

75. Adónis. *Dill.* Kelch 5blättrig; Krbltr. flach, ohne Nagel und Honiggrube.

76. Ranúnculus. *Hall.* Kelch 3—5blättrig; Blkr. 5—mehrblättrig; Nagel kürzer als die Platte, mit einer Honiggrube; Fruchtknoten 1fächerig.

76. Myosúrus. *Dill.* Kelch 5blättrig, am Grunde mit einem Anhängsel; Blkr. 5blättrig; Nagel fadenförmig, länger als die Platte; sonst w. v.

b. Kelch in der Knospenlage dachziegelig, blkrartig; Blkr. fehlend.

74. Anemóne. *Hall.* Früchtchen geschnäbelt oder geschwänzt, einem verdickten, halbkugeligen oder kegelförmigen Fruchtboden eingefügt.

73. Thalíctrum. *Tourn.* Früchtchen ungeschwänzt, einem kleinen, scheibenförmigen Fruchtboden eingefügt.

c. Kelch in der Knospenlage klappig oder am Rande einwärts gefaltet, blkrartig.

73. Clématis. *L.* Kelch 4—5blättrig; Blkr. fehlend; Früchtchen federartig-geschwänzt.

## XIV. Kl. Didynamia. Zweimächtige.

Vier freie, zweimächtige Staubgefäße, nämlich 2 längere und 2 kürzere in einer Zwitterblüthe; Lippenblumen oder Labiaten.

### 1. Gymnospermia. Nacktsamige.

Nüsse oder Steinfrüchte 4, im Grunde des Kelches; Griffel 1, aus der Mitte der 4 Fruchtknoten hervortretend.

I. Kelch deutlich 2lippig.

A. Staubgef. parallel in der Oberlippe aufsteigend; Blthn. quirlig.

106. Scutellária. *L.* Kelch kurzglockig, Lippen ungetheilt, die obere höckerig; Blthn. zu 1—2; Oberlippe der Blkr. deckelförmig; die Unterlippe später verschließend.

106. Prunélla. *L.* Kelch röhrig-glockig, zur Fruchtzeit zusammengedrückt-geschlossen; Oberlippe der Blkr. ausgehöhlt; Zipfel der Unterlippe stumpf; Staubfäden an der Spitze gezähnt.

B. Staubgef. auseinandertretend oder bogenförmig zusammengeneigt; Blthn. meist trugdoldig.

102. Thymus. *L.* Blthn. quirlig, oft kopfig; Oberlippe des Kelchs kurz 3zähnig, Unterlippe lang 2zähnig; Kelchschlund bärtig.

102. Clinopódium. *L.* Blthn. trugdoldig mit vielborstiger Hülle; Kelchschlund fast kahl.

II. Kelch fast regelm. 5zähnig oder 5spaltig.

A. Staubgef. parallel in der Oberlippe aufsteigend; Oberlippe nicht gespalten.

a. Oberlippe der Blkr. fehlend oder sehr klein.

106. Ajúga. *L.* Kelch 5spaltig, gleichförmig, kürzer als die Blkrröhre; Oberlippe der Blkr. sehr kurz, flach, 2lappig, untere 3spaltig, viel größer; Blkr. mit einer Haarleiste.

107. Teúcrium. *L.* Kelch 5zähnig, an der Basis höckerig; Oberlippe der Blkr. fehlend; Unterlippe 6spaltig; Kelch mit einer Haarleiste.

b. Oberlippe stark gewölbt, an der Mündung mit zahnförmigen Spitzen.

103. Lámium. *L.* Unterlippe der Blkr. mit sehr kleinen, zahnförmigen oder fehlenden Seitenzipfeln, Mittelzipfel verkehrtherzförmig; Blthn. röthlich, selten weiß.

103. Galeóbdolon. *Huds.* Unterlippe der Blkr. 3lappig, die Lappen zugespitzt; Blkrröhre innen mit einem Haarring; Blthn. gelb.

104. Galeópsis. *L.* Unterlippe 3lappig, die Lappen fast 4eckig, mit hohlen Zähnen.

c. Oberlippe convex, bisweilen zurückgeschlagen; Blthnstiele einfach.

106. Leonúrus. *L.* Kelch glockig; Blkrröhre innen mit einem Haarring; Zipfel der Unterlippe der Blkr. stumpf; obere Blätter getheilt.

106. Chaitúrus. *Willd.* Kelch eirund; Blkrröhre ohne Haarring; obere Bltr. nur 3zähnig.

105. Stachys. *L.* Kelchschlund fast kahl; Blkrröhre mit einem Haarring; Quirl 2—12blüthig; Zipfel der Unterlippe der Blkr.

stumpf; Staubgef. nach dem Verblühen zusammengedreht, auswärtsgebogen.

105. Betónica. *L.* Kelchschlund dicht behaart; Blkrröhre ohne Haarring; Quirl vielblüthig.

d. Blthnstiele ästig, trugdoldig.

103. Glechóma. *L.* Kelch walzlich; Blkr. ohne Haarring; Unterlippe flach, Mittellappen am größten; Trugdolde 2—5blüthig; Bltr. nierenförmig.

106. Ballóta. *L.* Kelch fast tellerförmig, 10nervig, mit gefiederten Stacheln; Blkrröhre mit einem Haarring; Trugdolde vielblüthig.

103. Népeta. *L.* Kelch röhrenförmig, gekrümmt, 15nervig, stachellos; Blkrröhren ohne Haarring.

B. Staubgef. auseinandertretend, bisweilen eingeschlossen; Griffel zwischen den gespaltenen Fruchtknoten; Oberlippe der Blkr. 2spaltig oder die Blkr. fast regelm.

a. Blkr. deutlich 2lippig; Oberlippe 2spaltig.

105. Marrúbium. *L.* Blthnquirle vielblüthig, fast sitzend; Kelch meist 10zähnig, Zähne zuletzt abstehend; Griffel und Staubgef. eingeschlossen.

102. Oríganum. *L.* Blthn. rispenförmig, durch Deckblättchen etwas zapfenförmig; Kelch 5zähnig oder schief gespalten, 10streifig.

b. Blkr. fast regelm., trichterig.

101. Mentha. *L.* Kelch regelm., 5zähnig; Blkr. 4spaltig, Zipfel aufrecht abstehend, der obere ungetheilt oder ausgerandet; Blthn. gestielt, quirlig.

C. Fruchtknoten steinbeerartig, mit dem Griffel auf der Spitze; blattlose Aehre.

107. Verbéna. *L.* Blkr. tellerförmig mit 5lappigem, fast 2lippigem Saume; Staubgef. 4, von denen 2 oft unfruchtbar sind; Frucht bald in 4 Nüsse zerfallend.

## 2. Angiospermia. Bedecktsamige.

Samen in einer Kapsel.

I. Fruchtknoten umwachsen, 3fächerig: Fächer 1eiig.

90. Linnáea. *Gronovius.* Blkr. glockig, oberständig; Blthn. einzeln; Pflanze gestreckt.

II. Fruchtknoten frei, mehrsamig; untere Bltr. quirlständig, obere wechselständig, bisweilen fehlend.

1. Stengel schaftartig oder liegend; Kapsel 1fächerig.

A. Stengel nur schuppig; auf Wurzeln schmarotzend.

108. Lathráea. *L.* Traube 1seitig, Kelch 4spaltig; Narbe fast kopfig.

108. Orobánche. *L.* Traube gleichförmig; Kelch 2blättrig oder 4spaltig; Narbe 2theilig.

B. Stengel am Grunde beblättert.

114. Limosélla. *L.* Kelch unregelm., 5spaltig; Blkr. kurz glockig; kriechend.

2. Stengel beblättert; Kapsel 2fächerig.

A. Deckbltr. kammförmig eingeschnitten; Staubbeutel stachelspitzig; Frucht mehr flach.

a. Blkr. sehr unregelm., Oberlippe zusammengedrückt; Fruchtknoten kahl.

114. Melampýrum. *Tourn.* Kelch röhrig, 2lippig; Oberlippe der Blkr. stumpf gekielt, am Rande zurückgeschlagen, kurz, Unterlippe 3furchig; Deckbltr. meist gefärbt.

115. Alectorólophus. *Hall.* Kelch bauchig, zusammengedrückt, 4spaltig; Oberlippe der Blkr. helmförmig, zusammengedrückt.

115. Pediculáris. *Tourn.* Kelch bauchig-kugelig, 5spaltig, später blattförmig; Oberlippe der Blkr. helmförmig, zusammengedrückt, Unterlippe 3lappig.

b. Blkr. unregelm., Oberlippe fast concav oder flach; Fruchtknoten haarig.

116. Euphrásia. *Tourn.* Kelch röhren- oder glockenförmig, 4zähnig; Unterlippe der Blkr. 3lappig; Same gerippt.

B. Deckbltr. klein, fast ganz oder fehlend; Staubbeutel gerundet; Frucht mehr gerundet.

a. Blkr. maskirt.

111. Lináría. *Tourn.* Blkr. 2lippig, am Grunde gespornt, Oberlippe 2spaltig, Unterlippe 3lappig mit höckerigem, den Schlund nicht ganz verschließendem Gaumen; Kapsel mit Klappen aufspringend.

111. Antirrhínum. *L.* Blkr. 5lippig, am Grunde sackartig, ungespornt, Oberlippe 2lappig, Unterlippe 3lappig, mit gewölbtem,

den behaarten Schlund verschließendem Saumen; Kapsel an der Spitze mit Löchern aufspringend.

b. Blumenschlund offen.

110. Scrophulária. *Tourn.* Blkr. fast kugelig oder krugförmig, 2lippig, in Rispen; Stengel 4—8kantig.

111. Digitális. *Tourn.* Blkr. fast glockenförmig mit schiefem, 4spaltigem Saume, in einseitigen Trauben; Stengel rundlich.

## XV. Kl. Tetradynamia. Viermächtige.

Sechs freie, viermächtige Staubgefäße, nämlich 2 kürzere und entferntere in einer Zwitterblüthe; Kreuzblüthige Blumen oder Cruciferen.

### 1. Siliculosa. Schötchenfrüchtige.

Längendurchmesser der Frucht dem Querdurchmesser gleich oder nicht viel größer.

A. Schötchen kugelförmig, hart, nicht aufspringend.

69. Néslea. *Desv.* Blkr. gelb, fast in Rispen; Griffel bleibend.

B. Schötchen von der Seite zusammengedrückt, mit hervorragender oder geflügelter Mittelrippe der Klappen.

a. Schötchen nicht aufspringend oder zuletzt in 2 die Samen jedoch nicht ausstreuende Klappen sich trennend.

69. Corónopus. Schötchen fast 2knotig, netzaderig, 2fächerig, Fächer 1samig.

b. Schötchen aufspringend und die Samen ausstreuend.

1. Staubgef. am Grunde mit blumenblattartigem Anhängsel.

68. Teesdálea. *R. Br.* Schötchen rundlich; Klappen kahnförmig, an der Mittelrippe etwas geflügelt; Fächer 2samig.

2. Staubgef. ohne Anhängsel.

68. Lepídium. *L.* Krbltr. gleich groß; Schötchen rundlich oder eiförmig; Klappen kahnförmig, an der Spitze meist etwas gekielt; Fächer 1samig.

68. Thlaspi. *Dill.* Krbltr. gleich groß; Schötchen zusammengedrückt, oval oder verkehrt-eiförmig; auf dem Rücken besonders an der Spitze sehr geflügelt; Fächer 2—mehrsamig.

68. Capsélla. *Vent.* Krbltr. gleich groß; Schötchen verkehrt-3eckig, an der Spitze schwach ausgerandet, auf dem Rücken gekielt; Fächer vielsamig.

C. Schötchen fast kugelig mit einer Scheidewand von der Breite des Schötchens selbst oder das Schötchen vom Rücken her zusammengedrückt, aufspringend.

a. Same eirund; Schote rundlich aufgedunsen.

67. Camelína. *Crntz.* Blkr. gelb; Kelch aufrecht; Schötchen birnförmig, vielsamig; untere Bltr. pfeilförmig.

b. Same zusammengedrückt; Schötchen mehr länglich, ziemlich flach.

1. Blkr. weiß; Same ungeflügelt.

67. Draba. *L.* Schötchen vom Rücken her zusammengedrückt; Fächer vielsamig; Bltr. rosettenartig.

67. Bertéroa. *DC.* Schötchen elliptisch; Blkrbltr. 2spaltig; Pflanze ganz rauhhaarig.

67. Cochleária. *L.* Schötchen eirund; Blkrbltr. ganz; Stengel mit langstieligen Grundblättern.

2. Blkr. gelb; Same geflügelt.

67. Alýssum. *L.* Schötchen gewölbt, kreisförmig oder elliptisch; Pflanze grauhaarig.

Arten von *Nasturtium* (XV. 2).

## 2. Siliquosa. Schotenfrüchtige.

Längendurchmesser der Frucht viel größer als der Querdurchmesser.

I. Gliederschotig, die Klappen nicht aufspringend.

69. Raphanístrum. *Tourn.* Schote länger als Griffel und Blüthenstiel; Same glatt; Blthn. gelb, selten weiß mit violetten Adern; Kelch gefärbt.

69. Ráphanus. *Tourn.* Schote kaum so lang als Griffel und Blüthenstiel, dickwandig; Same gerunzelt; Blthn. lila oder weiß, geadert; Kelch grün.

II. Schote mit aufspringenden Klappen; Same flach, bisweilen sehr klein.

A. Klappen ohne Mittelnerv, die Schote mehr rundlich, selten flach.

a. Kelch aufrecht, oft ungleich; Stengel einfach, bei üppigen etwas ästig.

62. Arabis. *L.* Zwei Kelchblättchen größer; Blkr. weißlich bis lila; Bltr. einfach.

C

b. Kelch offen und gleichblättrig; Stengel meist ästig.

61. Nastúrtium. *R. Br.* Schoten verschieden; Same in jedem Fache 2reihig; Blkrbltr. mit kurzen oder fehlenden Nägeln, bei den meisten Arten gelb.

63. Cardamine. *L.* Schote linealisch; Same in jedem Fache 1reihig; Blkrbltr. deutlich genagelt, immer weißlich.

B. Klappen mit auslaufendem Mittelnerv; Schote mehrkantig.

62. Turrítis. *Dill.* Schote etwas flach, sehr lang; Same in jedem Fache 2reihig; Blkr. weißlich.

62. Barbaraéa. *R. Br.* Schoten 4kantig, 2schneidig; Same in jedem Fache 1reihig; Blkr. gelb..

III. Schote aufspringend; Same länglich rundlich; Stengelbltr. ungetheilt, selten linealfiederförmig oder schrotsägeförmig.

a. Blkr. weißlich; Stengelbltr. herzförmig oder fehlend.

64. Conríngia. *Rchb.* Kelch aufrecht; Schote etwas zusammengedrückt; rosettenblättrig.

64. Alliária. *R. Br.* Kelch etwas offen; Schote scharf 4kantig; untere Bltr. langgestielt.

b. Blkr. gelb, selten violett bis bräunlich; Stengelbltr. nicht herzförmig.

64. Sisýmbrium. *L.* Kelch offen, meist gefärbt; Schote fast lineal; fiederblättrig; Blkr. gelb.

64. Erýsimum. *L.* Kelch geschlossen; Schote scharf 4kantig; Bltr. einfach; Blkr. gelb.

64. Hésperis. *L.* Kelchbasis sackförmig; Schote ziemlich stielrund, holperig; Narbe aus 2 aufrechten Plättchen gebildet; Blkr. lila oder weiß.

IV. Schote aufspringend; Same fast kugelförmig; Bltr. leierförmig, seltener fiederspaltig.

66. Sinápis. *L.* Kelch fast horizontal; Bltr. behaart, grasgrün, obere sitzend; Blkr. citrongelb; Schotenklappen 3 oder 5nervig; Same in jedem Fache 1reihig.

65. Bréssica. *L.* Kelch meist aufrecht oder offen; einige Bltr. meergrün, mehr umfassend oder alle gestielt; Blkr. bisweilen schwefelgelb, weiß oder röthlich; Schotenklappen 1nervig; Same in jedem Fache 2reihig.

## XVI. Kl. Monadelphia. Einbrüderige.

Staubfäden alle zu einem Bündel verwachsen in einer Zwitterblüthe.

### 1. Pentandria. Fünfmännige.

*Erodium* (XVI. 2), *Bryonia*, *Cucumis* und *Cucurbita* (XXI. 9), *Linum* (V. 5), *Radiola* (IV. 4), *Lysimachia* (V. 1), *Cynanchum* (V. 2).

### 2. Decandria. Zehnmännige.

29. Geránium. *L.* Kelch und Blkr. 5blättrig; Staubgef. 10, alle fruchtbar; 5 Honigdrüsen am Grunde der 5 größeren Staubfäden; Schnabel der 5 Früchtchen innen kahl, zuletzt elastisch abspringend und sich kreisförmig aufrollend.

31. Eródium. *L'Hérit.* 5 Staubfäden, 5 ohne Staubbeutel; Schnabel innen bärtig, zuletzt schraubenförmig gedreht; sonst w. v.

*Oxalis* (X. 5), *Sarothamnus*, *Genista*, *Cytisus*, *Ononis*, *Anthyllis*, *Galega* (XVII. 4).

### 5. Polyandria. Vielmännige.

33. Althaéa. *L.* Kelch doppelt, der äußere 6—9spaltig, der innere 5spaltig.

32. Malva. *L.* Kelch doppelt, der äußere 3blättrig, der innere 5spaltig.

Zu *Monadelphia* gehört noch: *Polygala* (XVII. 3).

## XVII. Kl. Diadelphia. Zweibrüderige.

Die Staubfäden in 2 gleiche Bündel zusammengewachsen, oder neun zusammengewachsen und ein zehnter freier in einer Zwitterblüthe.

### 2. Hexandria. Sechsmännige.

71. Fumária. *Tourn.* Kelch 2blättrig, gefärbt, abfallend; Blkr. 4blättrig, das obere gespornt; Schötchen rundlich, nußartig, 1samig, nicht aufspringend; Same ohne Anhängsel.

70. Corýdalis. *DC.* Schötchen 2klappig, zusammengedrückt, vielsamig; Same mit einem Anhängsel; sonst w. v.

## 3. Octandria. Achtmännige.

71. Polýgala. *L.* Kelch 5blättrig, bleibend, die 3 äußeren klein, grün, die 2 inneren, seitlichen groß, gefärbt, flügelförmig; Krbltr. 3—5, mit den Staubfäden verwachsen; Kapsel zusammengedrückt.

## 4. Decandria. Zehnmännige.

### Schmetterlingsblumen oder Papilionaceen.

I. Staubfäden einbrüderig.

A. Flügel der Blkr. am Grunde oberwärts runzelig gefaltet; Kelch deutlich 2lippig.

2. Sarothámnus. *Wimm.* Griffel kreisförmig zusammengerollt, oberwärts verbreitert, an der inneren Seite flach; Narbe klein, kopfförmig; Schiffchen stumpf.

2. Genísta. *L.* Griffel pfriemlich, aufsteigend; Narbe schief, einwärts abschüssig; Schiffchen stumpf.

2. Cýtisus. *L.* Narbe auswärts abschüssig; Bltr. 3zählig; sonst w. v.

2. Lupínus. *L.* Narbe kopfförmig; Schiffchen geschnäbelt zugespitzt; sonst w. Gen.

B. Flügel der Blkr. nicht gefaltet; Kelch 5zähnig oder undeutlich 2lippig.

3. Onónis. *L.* Kelch bleibend, zur Fruchtzeit offen; Schiffchen pfriemlich geschnäbelt; Hülse aufgeblasen.

3. Anthýllis. *L.* Kelch verwelkend, zur Fruchtzeit geschlossen; Schiffchen stumpf oder kurz zugespitzt; Staubfäden oberwärts verbreitert.

7. Galéga. *Tourn.* Kelch verwelkend, zur Fruchtzeit offen; Staubfäden pfriemlich.

II. Staubfäden 2brüderig, d. h. 9 verwachsen, der zehnte, obere frei; Hülse nicht in Glieder zerfallend; Griffel kahl.

A. Schiffchen geschnäbelt.

7. Lotus. *L.* Hülse stielrund, viel länger als der Kelch, mit zusammengedrehten Klappen aufspringend; Blthn. gelb, doldig; Griffel allmählich verschmälert.

7. Tetragonólobus. *Scop.* Griffel oberwärts verdickt; Hülse mit 4 geflügelten Kanten; sonst w. v.

B. Schiffchen ungeschnäbelt, einfach-spitz oder stumpf.

a. Staubfadenbündel mit der Blkr. verwachsen.

5. Trifolium. *Tourn.* Kelch 5spaltig oder 5zähnig; Blkr. verwelkend, bleibend, die eiförmige, 1—2samige Hülse einschließend; Blthn. in dichten Köpfchen oder kurzen Aehren.

b. Staubfadenbündel mit der Blkr. nicht verwachsen.

1. Hülse der Länge nach mehr oder weniger 2fächerig.

8. Astrágalus. *L.* Kelch 5zähnig; Schiffchen stumpf, ohne Stachelspitze.

8. Oxýtropis. *DC.* Schiffchen am stumpfen Ende in eine gerade grannenartige Spitze auslaufend.

2. Hülse 1fächerig.

4. Melilótus. *Tourn.* Schiffchen stumpf; Flügel gleichförmig gewölbt; Fruchtknoten gerade; Hülse kurz, 1—3samig.

4. Medicágo. *L.* Fruchtknoten aufwärts gekrümmt, der Fahne anliegend; Hülse sichel- oder schneckenförmig gewunden, 1—vielsamig; sonst w. v.

9. Onóbrychis. *Tourn.* Schiffchen schief abgestutzt; Hülse knochenhart, verkehrt-eiförmig, auf der unteren Naht flügelartig bekielt, glatt oder kammförmig-gezähnt, grubig-netzartig, 1samig.

III. Griffel behaart, sonst w. II.

A. Griffel an der Spitze ringsum gleichmäßig-behaart oder nur an der inneren Seite in einer Längslinie behaart.

10. Ervum. *Tourn.* Griffel fadenförmig; oben ringsum gleichmäßig-behaart; Hülse zusammengedrückt, 2—vielsamig; Samen kugelig oder eiförmig.

11. Láthyrus. *L.* Griffel an der Spitze flach von gleicher Breite oder verbreitert, innen in einer Längslinie von der Narbe abwärts behaart, außen kahl; Hülse zusammengedrückt, 2—vielsamig; Bltr. mit und ohne Wickelranken. (Hierher gehört auch Orobus. *L.*)

11. Pisum. *Tourn.* Griffel 3kantig, seitlich zusammengedrückt, am Grunde oberseits gekielt, unterseits rinnig, an der Spitze bärtig; Hülse 1fächerig, vielsamig.

B. Griffel vorne bärtig.

7. Robínia. *L.* Kelch 5spaltig; Fahne breit, abstehend-zurückgeschlagen; Hülse glatt, vielsamig; Baum.

C. Griffel vom Grunde an gewimpert.

7. Colútea. *L.* Kelch 5zähnig; Fahne ausgebreitet, 2schwielig; Griffel an der Spitze hakenförmig, in der Biegung die Narbe tragend; Hülse aufgeblasen, in einen Stiel verschmälert; Strauch.

D. Griffel unterhalb der Spitze auf der äußeren Seite bärtig, übrigens kahl oder weichhaarig.

9. Vicia. *L.* Kelch 5zähnig oder 5spaltig, obere Zähne kürzer; Griffel gerade aufstrebend; Hülse zusammengedrückt, 2—vielsamig.

12. Phaséolus. *L.* Kelch 2lippig, Oberlippe 2-, Unterlippe 3zähnig; Griffel, Staubfäden und Schiffchen schraubenförmig gedreht; Hülse durch zellige Hervorragungen der Klappen fast querfächerig.

IV. Hülse quer in Glieder zerfallend.

A. Schiffchen ungeschnäbelt.

9. Ornithopus. *L.* Kelch 5zähnig, die beiden oberen Zähne am Grunde verwachsen; Staubfäden oben breiter; Hülse meist sichelförmig gekrümmt, an den Gelenken zusammengezogen; Blthn. zu 1—6.

B. Schiffchen geschnäbelt.

8. Coronilla. *L.* Kelch 2lippig; Hülse ziemlich stielrund oder 4kantig, oft geflügelt, an den Gelenken zusammengezogen; Blthn. zu vielen, büschelig-doldig.

## XVIII. Kl. Polyadelphia. Vielbrüderige.

Die Staubfäden zu drei oder mehreren Bündeln zusammengewachsen in einer Zwitterblüthe.

### 1. Polyandria. Vielmännige.

Viele Staubfäden in 3, 5 oder 6 Bündeln.

54. Hypéricum. *L.* Kelch 5blättrig oder 5theilig; Blkr. 5blättrig; Griffel 3, Kapsel 3fächerig.

# XIX. Kl. Syngenesia. Röhrenbeutelige.

Staubbeutel in eine walzige Röhre verwachsen; Blüthen auf gemeinschaftlichem Blüthenboden und von einer gemeinschaftlichen Hülle umgeben; Compositen.

## 1. Polygamia aequalis. Gleichförmige Vielehe.

Alle Blüthen zwittrig.

### I. Zungenblüthige. Blüthen sämmtlich zungenförmig.

#### A. Federkelch aus federigen Strahlen gebildet.

##### a. Blüthenboden spreublättrig.

139. Hypochoeris. *L.* Hauptkelch dachziegelig; Blthnboden mit abfallenden Spreublättchen besetzt; mittlere oder alle Achenen lang geschnäbelt; Federkelch 2reihig, äußere Strahlen kürzer und nur rauh, innere federig.

139. Achyróphorus. *Scop.* Federkelch 1reihig, alle Strahlen federig; sonst w. v.

##### b. Blüthenboden ohne Spreublättchen; Hauptkelch 1fach, aus 8—12 gleich langen und gleich gestalteten Blättchen bestehend.

138. Tragopógon. *L.* Federchen der Federkelchstrahlen in einander verwebt; Achenen geschnäbelt.

##### c. Blüthenboden ohne Spreublättchen; Hauptkelch dachziegelig.

1. Federchen der Federkelchstrahlen in einander verwebt.

138. Scorzonéra. *L.* Bltr. fast sitzend, lineal.

138. Podospérmum. *DC.* Achenen unten hohl, gestielt; Bltr. fiederspaltig.

2. Federchen der Federkelchstrahlen frei.

137. Thríncia. *Rth.* Federkelch der randständigen Achenen kurz, der der mittelständigen weit länger, federig; Stengel 1köpfig.

138. Picris. *L.* Federkelch gleichförmig, abfällig, Strahlen am Grunde in einen Ring verwachsen, die inneren am Grunde breiter, deutlicher federig, als die äußeren, schmäleren; Stengel mehrköpfig.

137. Leóntodon. *L.* Federkelch gleichförmig, bleibend, 1- oder 2reihig; Strahlen sämmtlich federig oder die äußeren kürzer, haarförmig; Stengel meist 1köpfig.

B. Federkelch aus Spreublättchen oder aus haar- oder borstenförmigen Strahlen gebildet; Blthnboden ohne Spreublätter.

a. Federkelch aus Spreublättchen oder flachen Haaren gebildet.

137. Cichórium. *Tourn.* Hauptkelch doppelt, der äußere 5blättrig, abstehend, der innere 8blättrig, Blättchen am Grunde verwachsen; Blthn. blau bis weiß.

b. Federkelch aus haarförmigen oder borstlichen Strahlen gebildet.

1. Achenen gleichgestaltet, geschnäbelt; Schnabel am Grunde mit Schuppen oder mit einem Ringe umgeben.

139. Chondrílla. *Tourn.* Blüthen 2reihig zu 5—10; Hauptkelch meist 8blättrig, mit einem aus wenigen, kurzen Bltrn. bestehenden Außenkelch.

139. Taráxacum. *Juss.* Blüthen vielreihig zu 13 und mehr; Hauptkelch dachziegelig.

2. Achenen gleich gestaltet, geschnäbelt, aber ohne Schuppen oder Ring oder schnabellos.

139. Lactúca. *L.* Köpfchen klein, armblüthig, Blthn. 1—3reihig; Hauptkelch dachziegelig, meist 8blättrig; Achenen in einen fadenförmigen Schnabel zugespitzt, stark zusammengedrückt.

140. Sonchus. *L.* Blthn. vielreihig; Hauptkelch dachziegelig; Achenen schnabellos, stark zusammengedrückt.

140. Crépis. *L.* Hauptkelch mit einem Außenkelche, 1reihig; Köpfchen vielblüthig; Achenen schnabellos oder geschnäbelt, rund; Federkelch mehrreihig, nicht zerbrechlich, Strahlen haarförmig, meist schneeweiß.

141. Hierácium. *Tourn.* Hauptkelch dachziegelig; Köpfchen vielblüthig; Achenen schnabellos, rund; Federkelch 1reihig, steif, zerbrechlich, Strahlen haarförmig, schmutzig-weiß.

C. Achenen an der Spitze kronenförmig oder undeutlich berandet, ohne Federkelch; Blthnboden ohne Spreublätter.

137. Arnoséris. *Gaertn.* Hauptkelch vielblättrig mit kurzem Außenkelche, zur Fruchtzeit wulstig-kugelig-zusammenschließend; Achenen abfällig; Federkelch ein 5kantiges, sehr kurzes Krönchen.

137. Lámpsana. *Tourn.* Hauptkelch zur Fruchtzeit unverändert; Achenen mit undeutlichem Rande endigend; sonst w. v.

II. Röhrenblüthige. Blüthen sämmtlich röhrig.

A. Blüthenboden ohne Spreublätter.

124. Eupatórium. *Tourn.* Hauptkelch dachziegelig; Schenkel des Griffels fadenförmig, verlängert; Blthn. röthlich.

125. Linósyris. *Lobel.* Schenkel des Griffels lanzettlich-verschmälert-spitz; Blthn. goldgelb.

B. Blüthenboden tief-wabenförmig.

135. Onopórdon. *Vaill.* Hauptkelch dachziegelig, mit lanzettlichen, dornigen Bltrn.; Achenen zusammengedrückt, 4kantig; Federkelch abfällig, Strahlen am Grunde in einen Ring verwachsen.

C. Blüthenboden spreublättrig oder spreublättrig-borstig.

a. Strahlen des abfälligen Federkelches über dem Ringe auf eine kurze Strecke in mehrere Bündel verwachsen.

136. Carlína. *L.* Hauptkelch dachziegelig, äußere Blättchen fast blattartig, abstehend, gezähnt-dornig, innere verlängert, unbewehrt, strahlend, trockenhäutig; Achenen behaart.

b. Strahlen des abfälligen Federkelches federig oder haarförmig, bis auf den Ring getrennt.

135. Cárduus. *Tourn.* Hauptkelch dachziegelig, mit lanzettlichen oder linealen, zugespitzten oder dornigen Blättchen; Achenen länglich-zusammengedrückt, kahl; Federkelch haarförmig; Staubfäden frei.

133. Cirsium. *Tourn.* Hauptkelch dachziegelig, mit dornigen Blättchen; Achenen länglich-zusammengedrückt, kahl; Federkelch federig; Staubfäden frei.

134. Sílybum. *Vaill.* Hauptkelch dachziegelig; äußere Blättchen dicht angedrückt, blattartig, alle zugespitzt; Achenen zusammengedrückt, kahl; Federkelch federig; Staubfäden 1brüderig.

c. Strahlen des Federkelchs haarförmig, zuletzt besonders abfallend, ohne durch einen Ring verbunden zu sein.

136. Serrátula. *L.* Hauptkelch dachziegelig, äußere Blättchen kürzer, stachelspitzig, innere länger, etwas trockenhäutig; Achenen länglich, etwas zusammengedrückt; Federkelch mehrreihig, äußere Reihe der Haare kürzer.

d. Federkelch aus hinfälligen Vorstchen gebildet.

135. Lappa. *Tourn.* Blättchen des Hauptkelchs dachziegelig,

am Grunde anliegend, oberwärts pfriemlich, mit hakenförmiger Stachelspitze; Achenen länglich, zusammengedrückt, querrunzelig.

Arten von *Centaurea* (XIX. 3), *Bidens* ohne Strahlenblüthen (XIX. 3), *Helichrysum* (XIX. 2).

## 2. Polygamia superflua. Ueberflüssige Vielehe.

Randständige Blüthen weiblich, zungen- oder röhrenförmig, die des Mittelfeldes zwittrig, fruchtbar, immer röhrenförmig.

I. Federkelch haarförmig; Blüthenboden ohne Spreublättchen; randständige Blüthen nicht zungenförmig (nur bei Petasites ein wenig).

A. Hauptkelch einfach, mit schwachem Außenkelche.

125. Petasítes. *Tourn.* Randständige Blüthen weiblich, in dem männlichen Köpfchen 1reihig, in dem weiblichen mehrreihig.

B. Hauptkelch dachziegelig, äußere Blättchen allmählich kürzer.

128. Filágo. *Tourn.* Blättchen des Hauptkelchs krautartig oder nur am Rande trockenhäutig.

129. Helichrysum. *Gärtn.* Hauptkelch trockenhäutig; weibliche Blthn. 1reihig, wenige.

128. Gnaphálium. *Tourn.* Hauptkelch trockenhäutig; weibliche Blthn. mehrreihig; Köpfchen bei einigen 2häusig.

Arten von *Inula* und *Senecio*.

II. Federkelch haarförmig; Blüthenboden ohne Spreublättchen; Randblüthen zungenförmig.

A. Hauptkelch dachziegelig; Blättchen vielreihig.

a. Staubbeutel geschwänzt.

127. Pulicária. *Gärtn.* Federkelch haarförmig, die äußere Haarreihe kurz, in ein Krönchen verwachsen.

126. Inula. *L.* Federkelch haarförmig, gleichgestaltet.

b. Staubbeutel ungeschwänzt.

126. Erígeron. *L.* Weibliche Blüthen mehrreihig.

125. Aster. *L.* Weibliche Blthn. 1reihig; Randblthn. verschiedenfarbig.

126. Solidágo. *L.* Weibliche Blthn. 1reihig; Randblthn. gleichfarbig.

B. Hauptkelch gleich, aus 1—3reihigen und gleich langen Blättchen gebildet, oder die äußeren einen Außenkelch bildend.

126. Stenactis. *Cass.* Federkelch verschieden gestaltet, der der Randblthn. einfach, aus kurzen Borstchen bestehend, der des Mittelfeldes doppelt, der äußere kurz-borstig, der innere verlängert-haarig.

131. Senécio. *L.* Griffelschenkel kopfförmig, abgestutzt-stumpf; Weibliche Blthn. 1reihig; Federkelch gleichgestaltet, haarförmig.

133. Arnica. *L.* Griffelschenkel oberwärts verdickt, mit kegelförmiger Spitze endigend; sonst w. v.

124. Tussilágo. *Tourn.* Weibliche Blthn. mehrreihig; Federkelch w. v.

III. Federkelch nicht haarförmig; Blüthenboden ohne Spreublättchen.

A. Hauptkelch aus 2reihigen, gleich langen Blättchen gebildet.

125. Bellis. *L.* Randblthn. 1reihig, zungenförmig.

B. Hauptkelch dachziegelig, vielreihig.

a. Achenen schnabellos; randständige Blthn. fadenförmig oder fehlend.

129. Tanacétum. *L.* Blthnköpfe trugdoldig, gelb; Bltr. doppelt-fiederspaltig.

129. Artemísia. *L.* Blthnköpfe straußig-rispenförmig, meist röthlich, erbsengroß.

b. Achenen schnabellos; Randblthn. meist zungenförmig oder glockig-röhrig und dann den Blthn. des Mittelfeldes gleichgestaltet.

130. Matricária. *L.* Blthnboden kegel-walzenförmig, hohl.

131. Chrysánthemum. *L.* Blthnboden gewölbt oder halbkugelig, mit Mark ausgefüllt.

IV. Federkelch nicht haarförmig; Blüthenboden spreublättrig.

A. Hauptkelch 1reihig, einfach.

127. Galinsógea. *R.* und *Pav.* Federkelch spreuartig, Spreublättchen federig-fransig.

B. Hauptkelch vielreihig, dachziegelig; Griffel an der Spitze nicht verdickt, Schenkel fadenförmig-zurückgekrümmt.

130. Achilléa. *L.* Strahl 5—9blumig, Randblüthen zungenförmig, mit rundlich-eiförmigem Saume; doldentraubig oder trugdoldig.

130. Anthemis. *L.* Strahl vielblüthig, Randblüthen zungenförmig, mit länglichem Saume; Blthnköpfe mehr vereinzelt.

### 3. Polygamia frustranea. Fruchtlose Vielehe.

Randblüthen weiblich, aber durch Fehlschlagen des Griffels und der Narbe geschlechtslos, die Blüthen des Mittelfeldes zwittrig und fruchtbar.

136. Centauréa. *L.* Fruchtboden borstig; Randblthn. meist größer, trichterig.

127. Helianthus. *L.* Fruchtboden spreuig; Randblthn. zungenförmig, Scheibenblthn. röhrig; Federkelch aus 2 oder 4 abfälligen Schuppen bestehend.

127. Bidens. *L.* Fruchtboden spreuig; Randblthn. zungenförmig, oder wie die Scheibenblthn. röhrig; Federkelch aus 2 oder 4 bleibenden, rückwärts stacheligen, starren Borsten bestehend.

Arten von *Anthemis* (XIX. 2).

### 4. Polygamia necessaria. Nothwendige Vielehe.

Randblüthen weiblich und fruchtbar, Scheibenblüthen zwittrig aber unfruchtbar.

133. Caléndula. *L.* Hauptkelch 2reihig, Blättchen gleich lang; Achenen verschieden gestaltet.

### 5. Polygamia. segregata. Abgesonderte Vielehe.

Köpfchen 1—mehrblüthig, in einen gemeinschaftlichen Kopf zusammengestellt.

133. Echínops. *L.* Köpfchen 1blüthig, in einen gemeinschaftlichen, kugelförmigen Kopf zusammengestellt.

## XX. Kl. Gynandria. Weibermännige.

Die Staubgefäße an den Stempel angewachsen in einer Zwitterblüthe.

### 1. Monandria. Einmännige.

Ein Staubbeutel.

I. Staubbeutel ganz angewachsen.

A. Lippe gespornt, Fruchtknoten gewunden.

a. Fächer des Staubbeutels gleichlaufend, unterwärts aneinander liegend.

166. Orchis. *L.* Fächer des Staubbeutels am Grunde durch ein 2fächeriges Beutelchen verbunden; Stiele der Staubmassen auf 2 getrennten Haltern ruhend; die 3lappige, abstehende Lippe kurz gespornt.

168. Gymnadenia. *R. Br.* Fächer des Staubbeutels am Grunde ohne Beutelchen; die 3lappige abstehende Lippe langgespornt.

b. Fächer des Staubbeutels unterwärts durch eine Bucht des ausgeschnittenen Schnäbelchens getrennt.

168. Platanthéra. *Rich.* Lippe lineal, ungetheilt, hängend; Sporn lang, fadenförmig, absteigend.

B. Lippe spornlos, nicht 2gliederig.

168. Hermínium. *R. Br.* Blthnhülle glockig; Zipfel und Lippe aufrecht; Lippe am Grunde sackförmig-höckerig.

II. Staubbeutel frei.

A. Lippe spornlos, 2gliederig.

168. Cephalanthéra. *Rich.* Zipfel der Blthnhülle aufrecht, etwas zusammenneigend; Lippe 2gliederig, unteres Glied sackförmig-hohl.

169. Epipáctis. *Hall.* Blthnhülle glockenförmig, etwas abstehend; sonst w. v.

B. Lippe spornlos, nicht gegliedert.

170. Corallorrhíza. *Hall.* Lippe am Grunde mit den seitenständigen Zipfeln der Blthnhülle verbunden und daselbst einen kurzen, angewachsenen Sporn darstellend; korallenartiger Wurzelstock.

170. Líparis. *Rich.* Blthn. abstehend; Säule der Staubgef. verlängert, halb-walzenförmig; Staubbeutel endständig, abfällig.

170. Maláxis. *Sw.* Blthnhülle ganz abstehend; Säule der Staubgef. ganz kurz, Staubbeutel endständig, bleibend; Staubmassen 4, paarweise aufliegend; innere Zipfel der Blthnhülle eiförmig.

169. Neóttia. Blthnhülle glockig, fast helmartig; Staubbeutel endständig, sitzend, bleibend; Fruchtknoten nicht gedreht; Stengel blattlos; die ganze Pflanze gelblich, später bräunlich.

169. Listéra. *R. Br.* Blthnhülle helmartig; Befruchtungssäule hinten mit einem eiförmigen Fortsatze endigend, der den bleibenden Staubbeutel am Grunde oder an der Spitze trägt; Fruchtknoten nicht gedreht; Stengel mit 2 gegenständigen Bltrn.

170. Spiránthes. *Rich.* Blthnhülle rachenförmig; Lippe eingeschlossen; Staubbeutel sitzend; Fruchtknoten gedreht; Wurzelfasern knollig.

170. Goodyéra. *R. Br.* Staubbeutel gestielt; Wurzelfaser dickfaserig; sonst w. v.

### 2. Diandria. Zweimännige.

Zwei Staubbeutel.

170. Cyprepédium. *L.* Blthnhülle abstehend mit bauchig oder pantoffelförmig aufgeblasener Lippe.

### 5. Hexandria. Sechsmännige.

Sechs Staubbeutel rings um den Griffel.

164. Aristolóchia. *Tourn.* Blthnhülle kronblattartig, röhrig; Röhre am Grunde bauchig, an der Spitze in einen zungenförmigen Fortsatz verbreitert.

## XXI. Kl. Monoecia. Einhäusige.

Männliche und weibliche Blüthen auf einer Pflanze.

### 1. Monandria. Einmännige.

25. Euphórbia. *L.* Besondere Hülle glockenförmig, 9—10zähnig; 4—5 Zähne von einer fleischigen und honigtragenden Scheibe bedeckt; männliche Blthn. zu 10—20, innen am Grunde der besonderen Hülle nackt.

179. Calla. *L.* Kolben überall mit Blthn. bedeckt; Blthnscheide flach, innen weiß; Frucht eine Beere; Sumpfpflanze.

183. Najas. *L.* Blthnscheide 1blättrig, krugförmig, an der Spitze 2—3zähnig, den Staubbeutel eng einschließend; Fruchtknoten sitzend, 1fächerig, 1eiig; Steinfrucht saftlos, 1samig; Wasserpflanze.

37. Callítriche. *L.* Blthn. 1- oder 2geschlechtig, in den Blattwinkeln von 2 kleinen Deckblättern gestützt; Steinfrucht saftlos, in 4 Früchtchen sich trennend; Wasserpflanze.

183. Zannichéllia. *Mich.* Blthnhülle der männlichen Blüthe

fehlend, die der weiblichen glockig; Früchtchen nußartig, mehrere, kurz gestielt; Wasserpflanze.

## 2. Diandria. Zweimännige.

163. Pinus. *L.* Blthn. nackt, in zapfenförmigen Aehren; Deckblätter schuppenförmig; Staubfäden schuppenförmig-ausgebreitet; Same geflügelt; Nadelholzbäume.

## 3. Triandria. Dreimännige.

178. Typha. *Tourn.* Männliche und weibliche Blthn. in einer walzenförmigen Aehre dicht stehend; männliche Blthn. endständig; Fruchtknoten mit Borsten umgeben; Frucht vom bleibenden Griffel gekrönt; Wasserpflanze.

178. Sparganium. *Tourn.* Aehren kugelförmig; oberste Köpfchen männlich, untere weiblich; Blthnhülle mehrblättrig, spreuartig; Steinfrucht trocken, sitzend; Wasserpflanzen.

192. Cárex. *Mich.* Blthn. 1-, seltener 2häusig, von einer Deckschuppe (Balg) gestützt, in mehrblüthigen Aehrchen; Blthnhülle eine falsche Frucht bildend; Gräser mit 3seitigem Halme und 3kantigen Früchten.

200. Zea. *L.* Männliche Blthn. endständig, traubig-rispig, weibliche blattwinkelständig, von Scheiden eingehüllt; Aehrchen 2blüthig, sitzend; Karyopsen rundlich-nierenförmig, in dicht genäherten Reihen auf einer gemeinschaftlichen Achse.

## 4. Tetrandria. Viermännige.

a. Blüthen vollständig.

146. Littorélla. *L.* Männliche Blthn. gestielt; Kelch 4spaltig, Blkrröhre walzlich mit 4theiligem Saume; weibliche Blthn. am Grunde des Blthnstiels der männlichen sitzend; Kelch derselben 3spaltig; Nuß 1fächerig; Wasserpflanzen.

24. Buxus. *Tourn.* Kelch der männlichen Blthn. 3theilig; Krbltr. 2; weibliche Blthn. 3—4blättrig; Kapsel 3schnäbelig, 3fächerig, Fächer 2samig; Baum mit immergrünen Blättern.

b. Blthn. unvollständig; männliche und weibliche Blthn. mit einer Blthnhülle.

153. Urtica. *Tourn.* Blthn. 1- und 2häusig; männliche Blthnhülle 4theilig; Staubgef. elastisch aufspringend; weibliche Blthnhülle 2theilig; Narbe sitzend, kopfig-pinselförmig; Frucht nußartig; Kräuter mit Brennborsten.

153. Morus. *Tourn.* Männliche Blthnhülle 4theilig, weibliche 4blättrig; Narben 2, fadenförmig; falsche Frucht aus den fleischig gewordenen Blthnhüllen gebildet; Bäume.

c. Blthn. unvollständig, in Kätzchen; weibliche Blthnhülle fehlend.

161. Alnus. *Tourn.* Männliche Blthn. 3, auf den Stielchen der Kätzchenschuppe sitzend, 4spaltig; Narben 2, fadenförmig; Nuß zusammengedrückt, 2fächerig; Bäume.

## 5. Pentandria-Polyandria. Fünf- bis vielmännige.

a. Blthn. vollständig, nicht in Kätzchen.

36. Myriophyllum. *Vaill.* Männliche Blthn. mit 4lappigem Kelche und 4 sehr hinfälligen kleinen Krbltrn.; Staubgef. 8; weibliche Blthn. mit oberständigem, 4zähnigem Kelch; Narben 4, zottig; Steinfrucht saftlos, bei der Reife in 4 Steine zerfallend; Wasserpflanzen.

180. Sagittária. *L.* Kelch 3theilig; Blkr. 3blättrig; Staubgef. zahlreich; Früchtchen zahlreich, auf kugelförmigem Fruchtboden; Wasserpflanzen.

15. Potérium. *L.* Blthn. vielehig, gedrängt, in eiförmigen Köpfchen; Blkr. fehlend; Kelch röhrenförmig, mit 4theiligem, ausgebreitetem Saume; Staubgef. 20—30; Nüsse 2—3, von der verhärteten Blthnhülle umschlossen.

b. Blthn. vollständig, die männlichen in Kätzchen.

159. Juglans. *L.* Blthnhülle der männlichen Blthn. 2—6theilig; Staubgef. zahlreich, sehr kurz; weibliche Blthn. 1—3, an der Spitze der Aestchen; Kelch 4zähnig, abfällig; Krbltr. 4, krautartig; Narben 2; Steinfrucht fleischig, mit 2—4klappiger Nußschale; Bäume.

c. Blthn. unvollständig, nicht in Kätzchen.

51. Amarántus. *L.* Blthnhülle 3—5theilig; Staubgef. 3—5; Griffel 3; Kapsel 1samig, ringsum aufspringend.

53. Átriplex. *Tourn.* Blthn. 1häusig, seltener vielehig; männliche oder zwittrige Blthn. mit 5blättriger Blthnhülle und 3—5 Staubgef.; weibliche mit 2theiliger oder 2spaltiger Blthnhülle; Hautfrucht zusammengedrückt; Same aufrecht, mit krustiger Samenhaut.

164. Ceratophýllum. *L.* Blthnhülle der männlichen Blthn. vielblättrig, mit linealischen, am Ende abgestutzten und 2dornigen

Bltrn.; Staubbeutel zahlreich, sitzend, auf jeder Seite in ein Dörnchen auslaufend; Blthnhülle der weiblichen Blthn. fehlend; Nuß mit einem Dorn endigend; Wasserpflanzen.

143. Xanthium. *Tourn.* Hauptkelch der männlichen Blthn. vielblättrig; Blthnhülle 5zähnig; Hauptkelch der weiblichen Blthn. 1blättrig, 2blüthig; Blthnhülle der weiblichen Blthn. fehlend; falsche Frucht aus dem erhärteten Hauptkelche gebildet.

d. Blthn. unvollständig, die männlichen in Kätzchen; Staubgef. der Blthnhülle eingefügt.

160. Fagus. *Tourn.* Männliche Blthn. in kugelförmigen, gestielten, seitenständigen Kätzchen; Schuppen klein, abfallend; Blthnhülle 5—6spaltig; Staubgef. zahlreich; weibliche Blthn. 2 auf gemeinschaftlichem Stiele, in einer 4spaltigen, aus Deckbltrn. gebildeten Hülle; Narben 3; Früchte 1—2samig, von den erhärteten, zu einem Fruchtbecher verwachsenen Deckblättern eingeschlossen; Bäume.

160. Castánea. *Tourn.* Männliche Kätzchen mit geknäuelten, sitzenden Blthn.; Knäuel mit Deckbltrn.; Blthnhülle 6theilig; Staubgef. 10—20; weibliche Blthnhülle 4spaltig, 2—3blüthig; Fruchtknoten 5—8fächerig; Fächer 2eiig; Nuß 1fächerig; Bäume.

160. Quercus. *L.* Blthnhülle der männlichen Blthn. sitzend, 5—9theilig; Staubgef. 5—9; weibliche Blthn. in den Winkeln abfälliger Deckblätter; Blthnhülle sehr klein, am Grunde von sehr kleinen Deckschuppen umgeben, die später in den die 1samige Frucht unterwärts umfassenden Fruchtbecher zusammenwachsen; Bäume.

e. Blthn. unvollständig; die männlichen oder die männlichen und weiblichen in Kätzchen; Staubgef. den Kelchschuppen eingefügt.

160. Córylus. *Tourn.* Männliche Blthn. in Kätzchen; Schuppen verkehrt-eiförmig, an der Spitze mit 2 Anhängseln; Staubgef. 8; weibliche Blthn. in knospenförmigen Aehren, Schuppen dachziegelig, nur die obersten fruchtbar und 1blüthig; Nuß von einer 2spaltigen, eingeschnittenen, bleibenden Hülle umgeben; große Sträucher.

160. Carpínus. *L.* Männliche und weibliche Blthn. in Kätzchen; männliche Blthn. mit eiförmigen Schuppen; Staubgef. 6—12; Schuppen der weiblichen Blthn. locker, zu 3 beisammenstehend, 2blüthig, äußere abfällig, innere 2spaltig oder gelappt, bei der Frucht sehr vergrößert; Nuß von einem blattartigen, halbirten Fruchtbecher umgeben, mit der bleibenden Blthnhülle gekrönt; Bäume.

160. Bétula. *Tourn.* Männliche und weibliche Blthn. in

Kätzchen; Schuppen der männlichen Blthn. gestielt, 1blüthig, unter der Spitze mit 2 Anhängseln; Blthnhülle 3blättrig; Staubbeutelfächer durch den 2spaltigen Staubfaden getrennt; Schuppen der weiblichen Blthn. länglich, zuletzt 3lappig, abfallend, 2—3blüthig; Nuß geflügelt; Bäume.

### 9. Monadelphia. Einbrüderige.

Staubfäden, zuweilen auch Staubbeutel unter einander verwachsen; rankende Kräuter.

60. Cucúrbita. *L.* Kelch 5zähnig, auf der Spitze einer fleischigen Scheibe; Blkr. 5spaltig; Staubbeutel in eine Röhre verwachsen; weibliche Blthn. mit 3 verwachsenen Staubfäden ohne Staubbeutel; Griffel 3spaltig; Frucht beerenartig; Same mit einem aufgedunsenen Rande umzogen.

60. Cúcumis. *L.* Männliche Blthn. mit zusammenneigenden Staubbeuteln; Frucht beerenartig, vielsamig; Same mit scharfem Rande; sonst w. v.

60. Bryónia. *L.* Kelch 5zähnig; Blkr. 5theilig; Staubbeutel frei, Griffel 3spaltig; Frucht beerenartig, kugelig, 3—6samig; Same mit stumpfem, nicht gedunsenem Rande.

60. Sícyos. *L.* Kelch 5zähnig; Blkr. 5theilig; Staubbeutel verwachsen; Griffel 3—4spaltig; Beere klein, 1samig.

*Pinus* (XXI. 2).

## XXII. Kl. Dioecia. Zweihäusige.

Männliche Blüthen auf der einen, weibliche auf der anderen Pflanze.

### 1. Monandria. Einmännige.

*Najas major* (XXI. 1), *Salix purpurea* (XXII. 2).

### 2. Diandria. Zweimännige.

154. Salix. *Tourn.* Blthn. in Kätzchen; Deckbltr. schuppenförmig; Blthnhülle fehlend; Staubgef. 1, 2 oder mehrere; Griffel 1, Narben 2; Kapsel 2klappig; Same mit einem Haarbüschel; Sträucher und Bäume.

*Lemna* und *Fraxinus* (II. 1).

### 3. Triandria. Dreimännige.

*Valeriana dioica* (III. 1), *Salix amygdalina* und *undulata* (XXII. 2), *Carex dioica* und *Davalliana* (XXI. 3).

## 4. Tetrandria. Viermännige.

148. Hippóphaë. *L.* Blthnhülle der männlichen Blthn. 2theilig, die der weiblichen röhrig, an der Spitze 2spaltig; Narbe 1, verlängert; dornige Sträucher mit grau-weißen Bltrn.

88. Viscum. *L.* Blkr. der männlichen Blthn. 4theilig mit fehlendem Kelche; Staubbeutel mit den Krbltrn. verschmolzen; Blkr. der weiblichen Blthn. 4blättrig; Kelch in einem oberständigen Rande bestehend; Griffel fehlend; Narbe stumpf, sitzend; Frucht eine 1samige Beere; auf Bäumen schmarotzend.

53. Spinácia. *Tourn.* Blthnhülle der männlichen Blthn. 4theilig, die der weiblichen 2—3spaltig, bleibend; Griffel 4; Fruchtgehäuse mit der verhärteten Blthnhülle verwachsen.

*Urtica dioica* und *Morus nigra* (XXI. 4).

## 5. Pentandria. Fünfmännige.

153. Cánnabis. *Tourn.* Blthnhülle der männlichen Blthn. 5theilig, die der weiblichen 1blättrig, mit seitlicher Längenspalte; Griffel 2; Nuß von der bleibenden Blthnhülle eingeschlossen.

153. Húmulus. *L.* Männliche Blthn. einzeln, gestielt, mit 5theiliger Blthnhülle; weibliche Blthn. in zapfenförmigen Aehren; statt der Blthnhülle ein krugförmiges Deckblättchen in der Achsel großer Deckschuppen; Stengel windend.

162. Juníperus. *L.* Männliche Blthn. in Kätzchen; Blthn. nackt; schildförmig ausgebreitete Staubfäden mit 4—7 Staubbeutelfächern; Eichen nackt, zu 3 in der Achsel einer Deckschuppe; falsche Beere aus fleischigen Deckschuppen gebildet; Nadelhölzer.

162. Taxus. *Tourn.* Männliche Blthn. in Kätzchen; Staubbeutel 1fächerig, unterseits an schildförmigen Schuppen; weibliche Blthn. einzeln, auf der Spitze eines mit Deckblättchen besetzten Blthnstielchens; Eichen nackt, einzeln, Frucht von einem fleischigen Samenmantel umgeben, eine falsche Beere darstellend; Nadelhölzer.

*Ribes alpinum* und *Rhamnus cathartica* (V. 1), *Atriplex* (XXI. 5), *Salix pentandra* (XXII. 2), *Spinacia* (XXII. 4).

## 6. Hexandria. Sechsmännige.

*Asparagus* (VI. 1), *Rumex* (VI. 3).

## 7. Octandria. Achtmännige.

158. Pópulus. *Tourn.* Blthn. in Kätzchen; statt der Blthnhülle eine becherförmige, kleine Scheibe in der Achsel einer Deckschuppe; Fruchtknoten 1; Bäume. *Acer* (VIII. 1).

### 8. Enneandria. Neunmännige.

26. Mercuriális. *L.* Blthn. 1= oder 2häufig; Blthnhülle 3theilig; Staubgef. 9—12; Griffel kurz; Narben 2, verlängert; Kapsel 2knotig, Fächer 1samig.

165. Hydrócharis. *L.* Kelch 3theilig; Blkr. 3blättrig; in der männlichen Blthe. 9 Staubgef. und 3 fehlschlagende Griffel, in der weiblichen 3 fadenförmige Nebenstaubfäden, 3 fleischige Honigschuppen, 6 Griffel und eine 2theilige Narbe; Wasserpflanzen.

### 9. Decandria. Zehnmännige.

*Silene Otites* und *inflata* (X. 3), *Lychnis vespertina* und *diurna* (X. 5).

### 10. Dodecandria. Zwölfmännige.

Elf bis neunzehn Staubgefäße.

165. Stratiótes. *L.* Kelch 3theilig; Blkr. 3blättrig; ausgebildete Staubgef. 12, Nebenstaubfäden 20—30; Griffel 6, 2spaltig; Beere 6seitig, 6fächerig, vielsamig; Wasserpflanzen.

### 11. Polyandria. Vielmännige.

*Stratiotes* (XXII. 10), *Populus nigra* (XXII. 7).

### 13. Syngenesia. Röhrenbeutelige.

*Gnaphalium dioicum* (XIX. 2).

## XXIII. Kl. Polygamia. Vielehige.

Pflanzen, welche zwittrige und zugleich männliche oder weibliche Blüthen haben.

Die hierher gehörigen Gattungen sind nach den Zwitterblüthen in die 20 ersten Klassen gestellt worden.

## XXIV. Kl. Cryptogamia. Verborgenehige.

Pflanzen mit verborgenen Befruchtungsorganen (ohne wahre Blüthen).

### 1. Filices. Farnkräuter.

A. Unächte Farne. Fruchtbehälter in Aehren oder Trauben, nicht geringelt.

216. Equisétum. *L.* Fruchtbehälter auf der Unterseite schildförmig-gestielter, in einer endständigen, zapfenförmigen Aehre stehender Fruchthalter; walzenförmige, gegliederte, röhrige Stengel, mit anliegenden, gezähnten Scheiden an den Spitzen der Glieder.

219. Ophioglóssum. *L.* Fruchtbehälter in einer 2reihigen, gegliederten, kolbenförmigen Aehre stehend und unter einander verwachsen, 1fächerig, quer aufspringend. Stengel einen kurzen, länglichen, aufrechten Wurzelstock darstellend; Laub doppelt, ein äußeres, einfach blattartiges, welches das innere, längere, zur Fruchtähre sich gestaltende scheidenförmig umgiebt.

219. Botrýchium. *Sw.* Fruchtbehälter von einander getrennt, in einer zusammengesetzten Traube, 1fächerig, quer aufspringend. Stengel unten oder in der Mitte das unfruchtbare Blatt und an der Spitze eine Rispe einseitswendiger Fruchtähren tragend.

220. Osmúnda. *L.* Fruchtbehälter gestielt, fein netzaderig, auf dem zusammengezogenen Laube in Form einer Rispe sitzend. Die Rispe stellt sich meist als ein vom Blatt gesonderter endständiger Fruchtstand dar, aber bisweilen sitzen auch Früchte an den Rändern und Stielen der oberen Blattfiedern.

B. Unächte Farne. Fruchtbehälter am Grunde der Stengel oder Blätter stehend.

218. Salvinia. *Mich.* Sporenfrüchte kugelig oder eiförmig, zwischen den Wurzelfasern einem kurzen, abwärts gerichteten Zweige angeheftet, zu 4—8 zusammengehäuft, häutig, nicht aufspringend, 1fächerig, am Grunde des Fachs mit einem Fruchtträger versehen, der in Stielchen gespalten ist, welche die Sporenbehälter tragen. Sporenbehälter 1sporig, in den äußeren Sporenfrüchten kugelig, in einem oder dem anderen inneren eiförmig, die Spore mit ihrem Behälter gleichgestaltet.

218. Pilularia. *L.* Sporenfrüchte am Grunde der Blätter einzelnstehend, sehr kurz gestielt, kugelig, lederartig, 4fächerig, bei der Reife an der Spitze in 4 Lappen aufspringend.

C. Aechte Farne. Blätter (Wedel) stengel- oder stockständig, auf der unteren Fläche geringelte Fruchtbehälter tragend oder die Fruchtbehälter um die Adern am Blattrande.

a. Fruchthäufchen ohne Schleierchen.

220. Polypodium. *L.* Fruchtbehälter auf den Adern in rundlichen, zerstreuten oder reihenweise stehenden Häufchen.

b. Jüngere Fruchthäufchen von einem häutigen Schleierchen bedeckt.

220. Aspidium. *R. Br.* Fruchthäufchen in rundlichen, reihenweise stehenden oder zerstreuten Häufchen; Schleierchen rundlich, schildförmig, gestielt, im Mittelpunkte angeheftet, am Rande ringsum frei.

220. Polýstichum. *Rth.* Schleierchen häutig, rundlich, im Mittelpunkte und mit einer niedergedrückten Falte angeheftet, nierenförmig; sonst w. v.

221. Cystópteris. *Bernh.* Fruchthäufchen rundlich, zerstreut oder fast reihenweise stehend; Schleierchen rundlich oder eiförmig, nur an einer kleinen Stelle des Randes angeheftet, später runzelig-zusammengezogen und verschwindend.

222. Asplenium. *L.* Fruchthäufchen linealisch oder oval, auf dem Mittelfelde des Wedels befindlich; Schleierchen häutig, linealisch oder in die Quere oval, gerade oder etwas halbmondförmig, auf der äußeren Seite des Fruchthäufchens angeheftet, an der inneren offen.

222. Blechnum. *L.* Fruchthäufchen linealisch, gerade, verlängert, zu beiden Seiten mit der Mittelrippe der Fieder gleichlaufend und ununterbrochen; Schleierchen häutig, aus dem Mittelfelde der Fieder entspringend, ununterbrochen fortziehend, nach innen zu offen.

222. Pteris. *L.* Fruchthäufchen randständig, linealisch, ununterbrochen; Schleierchen häutig, aus dem Rande des Wedels selbst oder ein wenig vor dem Rande aus der Blattfläche entspringend, linealisch, ununterbrochen, nach innen zu offen.

## 2. Lycopodiaceen. Bärlappe.

214. Lycopodium. *L.* Sporenbehälter sitzend oder sehr kurz gestielt, rundlich, nierenförmig oder quer-eiförmig, mit einer Querritze aufspringend, sämmtlich gleichgestaltet; Sporen sehr fein, mehlartig, kugelig, zu 4 in 3seitigen Körperchen zusammenhängend.

Die übrigen Kryptogamen: Laubmoose, Lebermoose, Armleuchter, Flechten, Algen und Pilze, Zellenpflanzen genannt, weil sie nur aus Zellen (nicht auch aus Gefäßen) bestehen, werden von uns hier nicht betrachtet.

# I.

# Phanerogamische Gefäßpflanzen.

Gewächse mit Zellgewebe, mit Gefäßen und deutlichen männlichen und weiblichen Fortpflanzungsorganen.

## I. Klasse.

Dicotyledoneen. *Juss.* Blattkeimer oder zweisamenlappige Gefäßpflanzen.

Phanerogamische Gefäßpflanzen, welche mit zwei oder mehreren, stets in derselben Ebene entspringenden, quirlständigen Samenlappen keimen.

### A.

### Vielblumenblättrige Dicotyledoneen.

Blüthe vollständig; Blumenkrone getrenntblättrig. Ordnung 1—20.

### 1. Ordn. Leguminosen. *Juss.* Hülsenpflanzen.

Frucht eine Hülse; Kelch meist verwachsenblättrig; Blumenkrone meist unregelmäßig, schmetterlingsförmig; Staubgefäße 10, selten 8; Pistill aus einem Fruchtblatte gebildet. Familie 1.

#### 1. Fam. Papilionaceen. *L.* Schmetterlingsblüther.

Kelch 5zähnig oder 2lippig; Schmetterlingsblüthe; Staubgefäße 10, alle verwachsen oder 1 frei; eine Hülse oder Gliederhülse; Same an der Naht stehend; Blätter wechselständig, nebenblättrig, häufig gefiedert. (XVII. 4.)

I. Gruppe. Loteen. *DC.* Hülse einfächerig oder durch Einwärtsbiegen einer der Nähte 2fächerig; Keimblätter ziemlich flach, über die Erde hervortretend.

## 1. Sarothámnus *Wimm.* Besenpfriemen.

1. S. scopárius. *Koch.* Gemeiner B. — Strauch. Wälder, sandige Heiden. Mai. Juni. Spartium scoparium. *L.* Große, hängende Blkr. gelb. ♄. 2—6′.

## 2. Genísta. *L.* Ginster.

1. G. pilósa. *L.* Behaarter G. — Stengel dornenlos; Bltr. länglich-lanzettlich, unterseits nebst Aesten, Blüthenstielen, Kelch, Fahne, Hülse und dem Schiffchen seidenhaarig; Blthn. seitenständig. Kleiner Strauch. Wälder und Heideboden häufig. Mai. Juni. Blkr. gelb. ♄. 1—2′.

2. G. tinctória. *L.* Färber-G. — Stengel dornenlos; Bltr. länglich oder elliptisch, am Rande weichhaarig; Blthn. in endständigen Trauben; Blkr. und Hülsen kahl. Kleiner Strauch, Trockne Wiesen, Triften, Wälder gemein. Juni. Juli. Blkr. gelb. ♄. 1—2′.

3. G. germánica. *L.* Deutscher G. — Stengel sehr dornig, nach der Spitze hin sehr ästig, mit zahlreichen endständigen Trauben. Kleiner Strauch. Wälder häufig. Mai. Juni. Blkr. gelb. ♄. 1—2′.

## 3. Cýtisus. *L.* Bohnenstrauch.

1. C. Labúrnum. *L.* Goldregen. — Trauben seitenständig, reichblüthig, hängend, angedrückt-behaart, unbeblättert. Aus Süd-Deutschland, jetzt als Zierstrauch überall in Anlagen angepflanzt. April. Mai. Blkr. gelb. ♄. bis 18′.

## 4. Lupínus. *L.* Lupine.

1. L. lúteus. *L.* Gelbe L. — Bltr. gefingert, Blättchen länglich; Blthn. quirlig, sitzend, mit Deckblättern versehen; Oberlippe des Kelchs 2theilig, Unterlippe 3zähnig. ⊙. Aus Süd-Europa, bei uns vornämlich auf sandigen Feldern angebaut. Mai. Juni. Blkr. gelb. ♄. 1—3′.

2. L. angustifolius. *L.* Blaue L. — Bltr. gefingert, Blättchen linealisch, angedrückt-weichhaarig; Blthn. wechselstän-

dig, kurz gestielt, deckblattlos; Oberlippe des Kelchs 2spaltig, Unterlippe fast 3spaltig; Hülsen wollig. ⊙. Aus Süd-Europa, bei uns hin und wieder angebaut. Mai. Juni. Blkr. blau. H. 1—4'.

3. L. albus. *L.* Weiße L. — Bltr. gefingert, Blättchen verkehrt-eiförmig-länglich; Blthn. wechselständig, gestielt, deckblattlos; Oberlippe des Kelchs ungetheilt, Unterlippe 3zähnig. ⊙. Aus dem Orient, bei uns zuweilen angebaut. Mai. Juni. Blkr. weiß. H. 1—4'.

### 5. Onónis. *L.* Hauhechel.

a. Hülsen eiförmig, aufrecht, so lang oder länger als der Kelch.

1. O. spinósa. *L.* Dornige H. — Stengel aufrecht oder aufstrebend, von 1—2reihigen Haaren zottig und zerstreut-drüsenhaarig; Aeste locker traubig, dornig, Dornen meist zu 2; Blthn. blattwinkelständig, einzeln oder zu zweien. ♃. Wegränder, unfruchtbare Felder häufig. Juni. Juli. Blkr. rosenroth. H. 1—2'. Offic. radix Ononidis.

b. Hülsen eiförmig, aufrecht, kürzer als der Kelch.

2. O. repens. *L.* Kriechende H. — Stengel liegend, am Grunde wurzelnd, ringsum zottig; Aeste an der Spitze dornig; Blthn. blattwinkelständig, einzeln oder zu zweien. ♃. Trockne Triften, Aecker ziemlich häufig. Juni. Juli. Blkr. rosenroth. H. 1—2'.

3. O. arvénsis. *L.* Feld-H. — Stengel aufrecht oder aufstrebend, dornenlos, ringsum klebrig-zottig, unangenehm riechend; Blthn. blattwinkelständig, zu zweien, an der Spitze der Aeste dicht stehend. ♃. Wiesen, Triften nicht häufig. Oranienburg. Juni. Juli. O. hircina. *Jacq.* Blkr. rosenroth. H. 2'.

### 6. Anthýllis. *L.* Wundklee.

1. A. Vulnerária. *L.* Gemeiner W. — Blthn. in einem endständigen kugeligen Köpfchen mit fingerig-getheilten Deckblättern. ♃. Trockene Wiesen, sonnige Hügel stellenweise häufig. Berlin, auf den Rudower Wiesen u. s. w. Potsdam, bei Baumgartenbrück. Mai. Juni. Blkr. gelb oder der obere Theil des Schiffchens blutroth. H. ½—1'.

## 7. Medicágo. *L.* Schneckenklee.

a. Hülsen dornenlos.

1. M. satíva. *L.* Luzerne. — Trauben länglich; Hülsen schneckenförmig gewunden mit 2—3 Windungen, im Mittelpunkte offen. ♃. Aus Spanien, bei uns als Futterkraut angebaut und verwildert. Juni—Sept. Blkr. violett. H. 1—2′.

2. M. falcáta. *L.* Sichelförmiger Sch. — Trauben kurz, oft fast kugelig; Hülsen sichelförmig-gebogen oder mit 1 Windung ♃. Trockene, begraste Orte häufig. Juni—Sept. Blkr. gelb, manchmal bläulich werdend. H. 1—1½′.

3. M. lupulína. *L.* Hopfen-Sch. — Aehren gedrungen; Hülsen nierenförmig, schwarz, etwas gedunsen, im Mittelpunkte geschlossen. ⨀ Wiesen, Triften, Aecker u. s. w. gemein. Mai—Herbst. Blkr. gelb. H. ½—1′, liegend.

b. Hülsen dornig, Stengel niederliegend, 4kantig.

4. M. mínima. *L.* Kleinster Sch. — Hülse etwas haarig, schneckenförmig-dicht-zusammengedreht, dicht mit hakenförmigen Dörnchen besetzt. ⨀. Trockene Hügel, Sandfelder hin und wieder. Rüdersdorfer Kalkberge, Freienwalde, Baumgartenbrück u. s. w. Mai. Juni. Blkr. hellgelb. H. ½—¾′.

## 8. Melilótus. *Tourn.* Steinklee.

a. Nebenbltr. aus gezähntem Grunde pfriemlich.

1. M. dentáta. *Pers.* Gezähnter St. — Flügel kürzer als die Fahne, länger als das Schiffchen. Hülsen eiförmig, spitzlich, netzig-runzelig, kahl. ⨀. Salzhaltige Orte selten. Bornim bei Potsdam. Juli—Sept. Blkr. gelb. H. ½—1½′.

b. Nebenbltr. pfriemlich-borstig, ganzrandig.

2. M. macrorrhíza. *Pers.* Langwurzeliger St. — Flügel und Schiffchen so lang als die Fahne; Hülsen eiförmig, kurz zugespitzt, netzig-runzelig, kurz-weichhaarig. ⨀. Wiesen, Gräben- und Flußufer. Weißensee, Rixdorf, Ketzin, Falkenberg bei Freienwalde, Franz. Buchholz, Oranienburg. Juli—Sept. Blkr. gelb. H. 3—4′. Offic. herba Meliloti citrinae.

3. M. officinalis. *Desr.* — Gebräuchlicher St. — Flügel so lang als die Fahne, länger als das Schiffchen; Hülsen eiförmig,

stumpf, stachelspitzig, querrunzelig-faltig, etwas netzig, kahl. ⊙. Ackerränder, Wege nicht selten. Juli—Sept. Blkr. gelb. H. 1—3'. Offic. herba Meliloti.

4. M. alba. *Desr.* Weißer Steinklee. — Hülsen netzig-runzelig, kahl. ⊙. Wege, unbebaute Orte häufig. Juli—Sept. Blkr. weiß. H. 1—4'.

### 9. Trifólium. *Tourn.* Klee.

A. Die einzelnen Blthn. sitzend, in ein rundliches oder längliches Köpfchen zusammengestellt; Blkr. roth. (Nur T. arv. anfänglich weißlich.)

a. Kelchschlund inwendig mit einer schwieligen Linie oder einem Haarkranze besetzt.

1. Kelchröhre außen weichhaarig oder zottig.

1. T. pratense. *L.* Wiesen-K. — Nebenbltr. eiförmig, plötzlich in eine Granne übergehend; Köpfchen meist zu 2, von Bltrn. umhüllt; Kelch 10nervig. ♃. Wiesen, Grasplätze und im Großen angebaut. Juni—Sept. Blkr. purpurroth. H. ½—1'.

2. T. alpestre. *L.* Wald-K. — Nebenbltr. lanzettlich-pfriemlich; Köpfchen weiß zu 2, von Bltrn. umhüllt; Kelch 20nervig. ♃. Trockne Wälder. Am Wannsee, Tornow, Thiergarten, Hasenheide, Rudow, Briefelang, Freienwalde u. s. w. Juni—August. Blkr. purpurroth. H. ½—1'.

3. T. arvense. *L.* Acker- oder Mäuse-K. — Nebenbltr. eiförmig zugespitzt; Köpfchen einzeln, sehr zottig, am Grunde ohne Hülle; Kelch 10nervig; Zähne pfriemlich-borstenförmig, länger als die Krone, etwas abstehend, nervenlos. ⊙. Aecker, Sandfelder äußerst gemein. Juli. Sept. Blkr. weißlich, später fleischfarben. H. ¼—1'.

2. Kelchröhre außen kahl.

4. T. medium. *L.* Mittlerer K. — Köpfchen einzeln, kugelförmig, am Grunde ohne Hülle; Kelch 10nervig. ♃. Wälder, trockne Wiesen ziemlich häufig. Brauhausberg, Rudower Wiesen, Tegel, Rüdersdorf u. s. w. Blkr. purpurroth. H. 1—1½'.

5. T. rubens. *L.* Rother K. — Köpfchen länglich-walzenförmig, meist zu 2, am Grunde oft behüllt; Kelch 20nervig. ♃. Bergige Wälder stellenweise. Freienwalde, Groß-Bähnitz. Juni. Juli. Blkr. purpurroth. H. 1—2'.

b. Kelchschlund inwendig kahl.

6. T. fragíferum. *L.* Erdbeer=K. — Köpfchen langgestielt, kugelig, am Grunde von einer vieltheiligen Hülle umgeben; Fruchtkelch aufgeblasen, häutig, netzig=adrig, behaart. ♃. Flußufer, feuchte, salzige Wiesen zerstreut. Bornim, Uetz, Rixdorf u. s. w. Juni—Sept. Blkr. fleischroth. H. 3—6‴. kriechend.

B. Die einzelnen Blthn. länger oder kürzer gestielt.

a. Kelch halb so lang als die Blkr., Schlund kahl, Zähne gleich lang oder die 2 oberen länger, Köpfchen gestielt, ohne Hülle. Blkr. weiß.

7. T. montánum. *L.* Berg=K. — Stengel fast aufrecht; Blättchen länglich=lanzettlich, unterseits behaart; Nebenbltr. eiförmig, zugespitzt. ♃. Trockene Wiesen, Bergwälder häufig. Brauhausberg, Rudower Wiesen, Friedrichsfelde, Rüdersdorf u. s. w. Mai—Juli. Blkr. weiß. H. ½—1′.

8. T. repens. *L.* Kriechender K. — Stengel niederliegend, wurzelnd; Blättchen keilig=verkehrt=herzförmig; Nebenbltr. trockenhäutig, breit=lanzettlich, plötzlich in eine Stachelspitze übergehend. ♃. Wiesen, Triften gemein, oft im Großen angebaut. Mai—Herbst. Blkr. weiß, manchmal röthlich=weiß. H. 4—9‴, liegend.

9. T. hýbridum. *L.* Bastard=K. — Stengel aufsteigend, ganz kahl, röhrig; Blättchen verkehrt=eiförmig oder elliptisch; Nebenbltr. länglich=lanzettlich. ♃. Feuchte Wiesen gemein. Tornow, Schöneberg, Rudower Wiesen u. s. w. Mai—Sept. Blkr. weiß. H. 1—1½′.

b. Kelchschlund inwendig kahl, die 2 oberen Kelchzähne merklich kürzer, Blkr. gelb.

1. Fahne gefurcht; Flügel weit auseinander tretend.

10. T. agrárium. *L.* Gold=K. — Blättchen länglich=lanzettlich, alle sitzend; Nebenbltr. länglich=lanzettlich, am Grunde nicht breiter. ⊙. Trockne Wälder. Tornow, Tempelhof, Falkenhagen, Rudower Wiesen, Weißensee, Steglitz u. s. w. Juni. Juli. Blkr. goldgelb, später bräunlich. H. 1′.

11. T. procúmbens. *L.* Niederliegender K. — Blättchen verkehrt=eiförmig, das mittlere länger gestielt; Nebenbltr.

eiförmig. ⊙. Aecker, Triften, Wege gemein. Juni—Sept. H. 1', meist liegend.

2. Fahne fast glatt, zusammengefaltet.

12. T. filifórme. *L.* Fadenförmiger K. — Blättchen keilförmig; Nebenbltr. eiförmig; Köpfchen 10—20blüthig. ⊙. Wiesen, Triften gemein. Juni—Sept. Blkr. blaßgelb. H. 4—12", ausgebreitet.

### 10. Lotus. *L.* Hornklee.

1. L. corniculatus. *L.* Gemeiner H. — Stengel fest und hart; Köpfchen meist 5blüthig; Schiffchen fast rautenförmig, rechtwinkelig-aufsteigend; Kelchzähne vor dem Aufblühen zusammenschließend. ♃. Grasplätze, Wiesen gemein. Mai—Sept. Blkr. gelb, manchmal mehr oder weniger blutroth. H. ½—1'.

2. L. uliginósus. *Schk.* Sumpf-H. — Stengel stärker, meist hohl; Köpfchen 10—12blüthig; Kelchzähne vor dem Aufblühen zurückgebogen; Schiffchen aus eiförmigem Grunde allmählich in einen Schnabel verschmälert. ♃. Feuchte Plätze, sumpfige Wiesen nicht selten. Juni. Juli. Blkr. gelb. H. bis 1'.

### 11. Tetragonólobus. *Scop.* Spargelbohne.

1. T. siliquósus. *Rth.* Schotentragende S. — ♃. Feuchte Wiesen zerstreut. Bergen bei Nauen häufig, Pevesin. Mai. Juni. Blkr. einzeln, groß, schwefelgelb. H. ½—1½'.

### 12. Galéga. *Tourn.* Geisraute.

1. G. officinalis. *L.* Gebräuchliche G. ♃. Aus Süd-Deutschland, bei uns auf sumpfigen Wiesen selten, aus Gärten verwildert. Tempelhof, Tegel, Sanssouci, Oranienburg. Juli. Aug. Blkr. in Trauben, lila. H. 2—4'.

### 13. Colútea. *L.* Blasenstrauch.

1. C. arboréscens. *L.* Baumartiger B. — Strauch. Aus Süd-Deutschland, bei uns als Zierstrauch angepflanzt. Juni. Juli. Blkr. gelb. H. 10—15'.

### 14. Robínia. *L.* Robinie.

1. R. Pseud-Acácia. *L.* Wilde Akazie. — Baum. Aus Nord-

Amerika, bei uns überall angepflanzt. Juni. Blkr. wohlriechend, weiß. H. bis 80′.

## 15. Oxýtropis. *DC.* Fahnwicke.

1. O. pilósa. *DC.* Behaarte F. ♃. Zottig. Auf trockenen, sandigen Bergen selten. Potsdam? Astragalus pilos. *L.* Juni. Juli. Blkr. ochergelb. H. ½—1′.

## 16. Astrágalus. *L.* Bärenschote.

a. Blkr. gelblich-weiß.

1. A. Cicer. *L.* Kicherartige B. — Stengel ausgebreitet, anliegend behaart; Bltr. 8—12paarig; Hülsen rundlich, aufgeblasen, rauhhaarig. ♃. Weg- und Wiesenränder hin und wieder. Baumgartenbrück, Freienwalde, Bollersdorf, Lapnower Mühle, Bukow. Juni. Juli. H. 1—2′.

2. A. glycyphyllos. *L.* Süßholzblättrige B. — Stengel niederliegend, fast kahl; Bltr. 5—6paarig; Hülsen linealisch, etwas gebogen, kahl, zuletzt aufrecht-zusammenneigend. ♃. Waldwiesen häufig. Brauhausberg, Hasenheide, Jungfernheide, Tegel, Brieselang u. s. w. Juni. Juli. H. 3—4′.

b. Blkr. hell-violett oder fleischroth.

3. A. Hypoglóttis. *L.* Wiesen-B. — Stengel ausgebreitet, anliegend-behaart; Bltr. 9—12paarig; Hülsen rundlich-eiförmig, rauhhaarig. ♃. Trockene Wiesen, sonnige Hügel nicht häufig. Woltersdorfer Schleuse, Rüdersdorfer Kalkberge. Mai. Juni. Blkr. hell-violett. H. 3—9″.

4. A. arenárius. *L.* Sand-B. — Stengel ausgebreitet, von angedrückten Haaren grau; Bltr. 3—7paarig; Hülsen linealisch-länglich, grau behaart. ♃. Sandboden nicht selten. Hasenheide, Wedding, Fuchsberge, Reinickendorf, Rüdersdorf, Oranienburg. Juni. Juli. Blkr. fleischroth oder weiß. H. ½—1′.

II. Gruppe. Hedysareen. *DC.* Hülse in Fächer oder Glieder quer-abgetheilt und oft in Glieder zerfallend.

## 17. Coronilla. *L.* Kronwicke.

1. C. varia. *L.* Bunte K. ♃. Sonnige Hügel, Waldränder u. s. w. häufig. Juni—Aug. Blkr. weiß mit rother Fahne. H. 1 bis 1½′, niederliegend.

## 18. Ornithopus. *L.* Klauenschote.

1. O. perpusillus. *L.* Kleine K. — ⊙. Sandige Orte, trockene Wälder. Baumgartenbrück, Steglitz, Rudow, Hasenheide, Tempelhof, Grunewald u. s. w. Mai—Juli. Blkr. klein, gelblich, Fahne roth gestreift. H. 3—12″, niederliegend.

## 19. Onobrýchis. *Tourn.* Esparsette.

1. O. satíva. *Lmk.* Gebaute E. — ♃. Kalkboden, Hügel und Triften stellenweise, als Futterkraut angebaut und meist nur verwildert. Mai—Juli. Blkr. rosenroth mit dunkeln Strichen. H. 1—2′.

III. Gruppe. Vicieen. ***Bronn.*** Hülse 1fächerig, oder durch weiche Querwände in unvollständige Fächer getheilt; Bltr. abgebrochen-gefiedert.

## 20. Vicia. *L.* Wicke.

A. Trauben reichblüthig, lang-gestielt.

1. V. dumetórum. *L.* Hecken-W. — Stengel kahl; Bltr. 4—5paarig, Blättchen groß, eiförmig; Nebenbltr. mit vielen, verlängert-haarspitzigen Zähnen, das eine halbmondförmig. ♃. Schattige Gebüsche und Wälder. Oranienburg. Juli. Aug. Blkr. roth-violett. H. 4—6′.

2. V. Cracca. *L.* Vogel-W. — Stengel angedrückt-weichhaarig; Bltr. 10—12paarig. Blättchen länglich-linealisch; Nebenbltr. ganzrandig, halbspießförmig, die obersten lineal-lanzettlich; Platte der Fahne so lang als ihr Nagel. ♃. Wiesen, Zäune, Aecker häufig. Juni—Aug. Blkr. röthlich-violett. H. 1—4′.

3. V. tenuifólia. *Rth.* Feinblätterige W. — Stengel meist kahl; Platte der Fahne doppelt so lang als ihr Nagel. ♃. Unter Gesträuch, Zäunen, auf Waldboden nicht selten. Rüdersdorf, Neustadt-Ebersw., Freienwalde, Oranienburg u. s. w. Juni—Aug. Blkr. röthlich-blau, Fahne dunkler. H. 2—4′.

4. V. villósa. *Rth.* Zottige W. Zottig; Bltr. meist 8paarig; Platte der Fahne halb so lang als ihr Nagel; sonst w. V. Cracca. ⊙. Unter der Saat. Um Berlin sehr häufig, Tempelhof, Charlottenburg, Spandau u. s. w. Mai—Juli. Blkr. bläulich-purpurroth. H. 1—4′.

B. Blthn. einzeln oder zu 2—6, kurzgestielt-traubig.

a. Bltr. 4—8paarig, mit getheilter Wickelranke endigend.

5. V. sépium. *L.* Zaun-W. — Blättchen breit-eiförmig oder eiförmig-länglich; Traube meist 5blüthig. ♃. Zäune, Wiesen häufig. Jungfernheide, Thiergarten, Friedrichsfelde, Brauhausberg u. s. w. April—Juni. Blkr. schmutzig-violett. H. 1—2'.

6. V. satíva. *L.* Saat-W. Blättchen der unteren Bltr. verkehrt-eiförmig, tiefer ausgerandet, die der oberen länglich-verkehrt-eiförmig oder länglich-linealisch; Blthn. einzeln oder zu 2; Hülsen aufrecht, länglich, kurz-behaart, gelbbraun. ⊙. Angebaut. Juni. Juli. Fahne blau, Flügel purpurroth, Schiffchen weißlich. H. 1—1½'.

7. V. angustifolia. *Rth.* Schmalblättrige W. — Hülsen abstehend, im reifen Zustande kahl, schwarz; sonst w. v. Auf Feldern, unter der Saat häufig. H. bis 1'.

b. Bltr. 2—3paarig, mit einfacher Stachelspitze endigend.

8. V. lathyroides. *L.* Platterbsenartige W. — Blthn. blattwinkelständig, einzeln, fast sitzend; Kelchzähne fast gleich lang; Hülsen kahl. ⊙. Kurz begraste Hügel zerstreut. Templin, Sakrow, Klein-Glienicke, Schönhausen, Spandau, Pichelswerder, u. s. w. April—Juni. Blkr. klein, hellviolett. H. 3—9''.

9. V. Faba. *L.* Buff- oder Saubohne. — Blthn. in sehr kurzen, 2—4blüthigen blattwinkelständigen Trauben; Kelchzähne ungleich, die 3 unteren viel länger als die 3 oberen; Hülsen lederartig, weich behaart. ⊙. Aus Asien, angebaut. Juni. Juli. Blkr. weiß, auf den Flügeln mit einem schwarzen Fleck. H. 1—4'.

## 21. Ervum. *Tourn.* Erve.

A. Blättchen eiförmig oder eiförmig-länglich; Trauben reichblüthig; Bltr. mit getheilter Wickelranke.

1. E. pisifórme. *Peterm.* Erbsenartige E. — Kahl; Bltr. 3—5paarig; Nebenbltr. groß, halbpfeilförmig, gezähnt. ♃. Bergige Laubwälder. Burgberg bei Freienwalde, Neustadt-Andersw., Oranienburg. Juni. Juli. Vic. pisif. *L.* Blkr. gelblich weiß. H. bis 6'.

2. E. silváticum. *Peterm.* Wald-E. — Kahl; Bltr. 7—9-

paarig; Nebenbltr. halbmondförmig, eingeschnitten-vielzähnig. ♃. Bergige Laubwälder stellenweise. Oranienburg, Neustadt-Ebersw. Juli. Aug. Vic. silv. *L.* Blkr. weißlich mit violetten Adern und Säumen. H. bis 6'.

3. E. cassúbicum. *Peterm.* Kassubische E. — Stengel weichhaarig oder zottig; Bltr. 9—13paarig; Nebenbltr. halbpfeilförmig, ganzrandig. ♃. Trockene Laubwälder stellenweise. Baumgartenbrück, Bornstedt, Jungfernheide, Brauhausberg, Hasenheide, Tegel, Pritzhagen. Juni. Juli. Vic. cass. *L.* Blkr. violett, mit dunkelen Adern. H. 1—2'.

B. Blättchen linealisch; Blüthen einzeln oder in wenigblüthigen Trauben; Bltr. mit einer Wickelranke endigend.

4. E. hirsútum. *L.* Zitterlinse. — Bltr. meist 6paarig; Hülsen länglich, 2samig, weichhaarig. ⊙. Saat, Gebüsche u. s. w. sehr häufig. Juni. Juli. Vic. hirs. *Koch.* Blkr. weißlich, schwach geröthet. H. ½—2'.

5. E. tetraspérmum. *L.* Viersamige E. — Bltr. 3—4paarig; Hülsen linealisch, meist 4samig, kahl. ⊙. Sandfelder, Gebüsche u. s. w. häufig. Juni. Juli. Blkr. lila. H. ½—2'.

## 22. Pisum. *Tourn.* Erbse.

1. P. satívum. *L.* Schoten- oder Brech-E. — Same kugelig, hellgelb. ⊙. Auf Aeckern gebaut. Mai—Juli. Blkr. ganz weiß, oder Fahne weiß, Flügel rosenroth. H. 1—2'.

2. P. arvense. *L.* Acker- oder Zuckererbse. — Same kantig-eingedrückt, graugrün, mit braunen Punkten. ⊙. Gebaut. Mai—Juli. Fahne blaßviolett, Flügel purpurroth, Schiffchen weiß. H. 1—2'.

## 23. Lathyrus *L.* Platterbse.

A. Blattstiele in eine Wickelranke auslaufend.

a. Stengel ungeflügelt, kantig.

1. L. Lens. *Peterm.* Linse. — Obere Bltr. meist 6paarig; Blthn. einzeln oder zu 2—3, traubig; Hülsen elliptisch-rautenförmig, 2samig. ⊙. Gebaut. Juni. Juli. Ervum Lens. *L.* Blkr. weißlich. H. ½—1'.

2. L. tuberósus. *L.* Erdnuß. — Kahl; Wurzelstock fadenförmig, an den Gelenken mit haselnußgroßen Knollen; Bltr. 1paarig;

Blthntrauben reichblüthig. ♃. Aecker, Wiesen hin und wieder. Kreuzberg, Baumgartenbrück, Neustadt-Ebersw. Juli. Aug. Blkr. purpurroth. H. 1—3'.

3. L. pratensis. *L.* Wiesen-P. — Weichhaarig; Bltr. 1paarig. ♃. Wiesen, Hecken u. s. w. gemein. Juni. Juli. Blkr. gelb. H. 1—3'.

b. Stengel geflügelt.

4. L. silvestris. *L.* Wald-P. — Bltr. 1paarig; Hülse 2" lang. ♃. Wälder, buschige Bergabhänge stellenweise. Geltow, Brauhausberg, Hasenheide, Jungfernheide, Grunewald, Pritzhagen, Beelitz u. s. w. Juli. Aug. Fahne auf dem Rücken röthlich-grün, inwendig purpurroth nach oben fleischfarben. H. 3—6'.

5. L. palustris. *L.* Sumpf-P. — Bltr. 2—3paarig; Hülsen hängend, 1" lang. ♃. Sumpfige Wiesen stellenweise. Charlottenburg, Jungfernheide, Rhinluch, Spandau u. s. w. Juli. Aug. Blkr. blau. H. 1—3'.

B. Blattstiele ohne Wickelranke.

a. Stengel flügellos.

6. L. vernus. *Bernh.* Frühlings-P. — Bltr. eiförmig, lang zugespitzt, unterseits glänzend. ♃. Schattige feuchte Laubwälder nicht selten. Im Brieselang, Charlottenburg, im Blumenthal, Neustadt-Ebersw., Freienwalde u. s. w. April. Mai. Orobus vernus. *L.* Blkr. purpurroth, später blau werdend. H. bis 1'.

7. L. niger. *Wimm.* Schwarze P. — Blättchen eiförmig-länglich, unterseits blaugrün, glanzlos. ♃. Trockene Laubwälder sehr häufig. Juni. Juli. Orobus niger. *L.* Blkr. purpurroth. zuletzt blau. H. 1—3'.

b. Stengel geflügelt.

8. L. montánus. *Bernh.* Berg-P. — Wurzelstock weit kriechend, an den Gelenken knollenförmig. ♃. Trockene Laubwälder häufig. Brauhausberg, Baumgartenbrück, Jungfernheide, Grunewald u. s. w. April. Mai. Orobus tuberosus. *L.* Blkr. purpurroth, zuletzt schmutzig-blau. H. $\frac{1}{2}$—1'.

IV. Gruppe. Phaseoleen. *Bronn.* Hülse 1fächerig; Bltr. 3zählig.

## 24. Phaséolus. *L.* Schminkbohne.

1. P. multiflórus. *Willd.* Vielblüthige Sch. — Traube

länger als das Blatt; Hülse hängend, rauh. ⊙. Wahrscheinlich aus Süd-Amerika, bei uns vielfach angebaut. Juni—Aug. Blkr. scharlachroth oder weiß. H. 8—12′.

2. P. vulgaris. *L.* Gemeine Sch. — Traube kürzer als das Blatt; Hülsen hängend, glatt. ⊙. Aus Ostindien, bei uns häufig angebaut. Juni—Aug. Blkr. weiß oder röthlich. H. 8 bis 12′. Eine Varietät, 1—2′ hoch, windet nicht.

## 2. Ordn. Rosifloren. *Bsch.* Rosenblüthige.

Frucht verschieden (Stein-, Kapsel-, Apfelfrucht oder Nüßchen); Blumenkrone regelmäßig, mit 4—5, dem Kelch angewachsenen Blättern; Staubgefäße zahlreich, am Kelche befestigt; Pistill meist aus mehreren Fruchtblättern bestehend. Familie 2—6.

### 2. Fam. Amygdaleen. *Bartl.* Steinfrüchtler.

Steinfrucht, meist 1samig; Blkr. mit 5 gleichen Bltrn.; Staubgefäße 20, frei, auf dem Rande des abfallenden Kelchs. Holzpflanzen. (XII. 1.)

#### 1. Amýgdalus. *L.* Mandel.

1. A. nana. *L.* Zwerg-M. — Bltr. lanzettlich, in den kurzen Blattstiel verschmälert, drüsenlos-gesägt; Kelchröhre walzig. Strauch. Aus Süd-Deutschland, bei uns angepflanzt. April. Blkr. hellrosenroth. H. der Zweige 1—2′.

#### 2. Pérsica. *Tourn.* Pfirsiche.

1. P. vulgaris. *Mill.* — Gemeine Pf. — Strauch. Aus Persien, bei uns in mehreren Abarten gezogen. April. Mai. Amygd. Persica. *L.* Blkr. hellrosenroth.

#### 3. Prunus. *L.* Aprikose, Pflaume, Kirsche.

A. Aprikose. Steinfrucht sammetartig.

1. P. Armeníaca. *L.* Aprikose. — Bltr. breit-eiförmig, doppelt gesägt, Blthn. einzeln oder zu 2; Blthnstielchen eingeschlossen. Baum. Aus Asien, gebaut. März. April. Blkr. weiß, mit röthlichem Anfluge.

B. Pflaume. Steinfrucht kahl, mit bläulichem Reife.

2. P. spinósa. *L.* Schlehdorn oder Schwarzdorn. — Zweige

in Dornen endigend; Blthnknospen 1—2blüthig; Blthnstiele meist kahl, Früchte kuglig, aufrecht. Strauch. Waldränder, steinige Orte gemein. April. Mai. Blkr. weiß. H. 6—10′.

3. P. insitítia. *L.* Hafer-Pf. — Blthnknospen meist 2blüthig; Blthnstiele sehr fein weichhaarig; Früchte kugelig, nickend. Baum. Angebaut. April. Mai. Blkr. schneeweiß. H. 10—20′.

4. P. doméstica. *L.* Gemeine Pf. — Blthnknospen meist 2blüthig; Blthnstiele weichhaarig; Früchte länglich, hängend. Baum. In vielen Abarten angebaut. April. Blkr. grünlich-weiß.

C. Kirsche. Steinfrucht kahl, unbereift; Blthn. büschelförmig, aus einer Knospe; Blkr. weiß.

5. P. ávium. *L.* Vogelkirsche. — Bltr. etwas runzelig, unterseits weichhaarig, an der Spitze des Blattstiels mit 2 Drüsen. Baum. Wälder. Falkenhagen, sonst in mehreren Abarten (Süß-Kirsche) angebaut. April. Mai.

6. P. Cérasus. *L.* Sauerkirsche. — Bltr. flach, kahl, glänzend, sämmtlich zugespitzt; Blattstiele drüsenlos. Baum. Aus Asien, bei uns überall in mehreren Abarten gezogen. April. Mai.

D. Traubenkirschen. Steinfrucht kahl, unbereift; Blthn. traubig, nach den Blättern erscheinend.

7. P. Padus. *L.* Faulbaum. — Blthn. in überhängenden Trauben. Baum. Feuchte Wälder häufig. Mai. Blkr. weiß. H. 10—30′.

## 3. Fam. Spiraeaceen. *Kth.* Spieren.

Bleibender Kelch und Blkr. 5gliedrig; balgkapselartige, an der Bauchnaht aufspringende, mehrsamige Früchte.

### 1. Spiraéa. *L.* Geisbart (XII, 2).

1. S. Ulmária. Sumpf-G. — Bltr. gefiedert, Blättchen groß, ungetheilt, das endständige größer, handförmig 3—5spaltig. ♃. Feuchte Wiesen u. s. w. gemein. Juni. Juli. Blkr. weiß. 3—6′.

2. S. Filipéndula. *L.* Knollentragender G. — Wurzelfasern an ihrem Ende zu länglichen Knollen verdickt; Bltr. gefiedert, Blättchen klein, fiederspaltig-eingeschnitten. ♃. Wiesen, Weiden häufig. Pfingstberg bei Potsdam, Jungfernheide u. s. w. Juni. Juli. Blkr. weiß. H. 1—2'.

## 4. Fam. Sanguisorbeen. *Lindl.* Bibernellblüthige.

Ein- bis 3samige, nicht aufspringende Nüßchen in der erhärteten Blthhülle eingeschlossen.

### 1. Alchemilla. *Tourn.* Sinau (IV. 1).

1. A. vulgaris. *L.* Gemeiner S. — Untere Bltr. lang gestielt, nierenförmig, 7—9lappig, Lappen fast halbkreisförmig. ♃. Schattige Wälder, Wiesen sehr häufig. Mai bis Juli. Blkr. klein, gelblich-grün. H. ½—1'.

2. A. arvensis. *Scop.* Feld-S. — Stengel fadenförmig; Bltr. handförmig-3spaltig, am Grunde keilförmig. ⊙. Auf Aeckern nicht selten. Tornow, Steglitz u. s. w. Mai—Herbst. Blthn. klein, grün, meist 1männig. H. 2—4''.

### 2. Sanguisórba *L.* Wiesenknopf (IV. 1).

1. S. officinalis. *L.* Gemeiner W. — ♃. Feuchte Wiesen, Triften ziemlich häufig. Juni—Aug. Blthnhülle braun. H. 2—5'.

### 3. Potérium *L.* Biberneile (XXI. 5).

1. P. Sanguisórba. *L.* Wiesenknopfähnliche B. ♃. Trockene, kalkige Hügel. Rüdersdorf. Juni. Juli. Blthnhülle grün, später röthlich. H. 1—1½'.

## 5. Fam. Rosaceen. *Spenn.* Rosenblüthler.

Meist zahlreiche, trockene oder saftige, nicht aufspringende, 1samige, bei den Rosen in die Kelchröhre eingeschlossene Früchtchen; Blkr. 4—5blättrig auf dem Grunde des freien, bleibenden Kelchs.

### 1. Geum. *L.* Nelkenwurz (XII. 3).

1. G. urbanum. *L.* Gemeine N. — Blthn. aufrecht; Krbltr. ohne Nagel; Fruchtkelch zurückgeschlagen; Fruchtköpfchen ungestielt. ♃. Hecken, Zäune, schattige Wäl-

der gemein. Blkr. ganz goldgelb. ♄. ¾—1½'. Offic. rad. Caryophyllatae.

2. G. intermedium. *Ehrh.* Mittlere N. — Blthn. aufrecht oder etwas nickend; Fruchtkelch wagerecht-abstehend; Fruchtköpfchen stiellos oder kurzgestielt. ♃. Gebüsche, Wälder nicht häufig. Blkr. lebhaft gelb mit rothbraunen Adern. ♄. 1—2'. G. urbano-rivale. *Garcke*, welcher diese und eine andere Pflanze (G. interm. *Willd.*) mit überhängenden Blthn. aufrecht-abstehendem Fruchtkelch, kurz gestielten Fruchtköpfchen und etwas größerer Blkr. als Bastardbildungen von G. urb. und rivale aufführt.

3. G. rivale. *L.* Bach-N. — Blthn. nickend; Kelch stets aufrecht; Krbltr. mit langem Nagel, Fruchtköpfchen langgestielt. ♃. Feuchte, schattige Wälder häufig. Blkr. gelb, nach der Spitze hin rothbraun. ♄. 1—1½'.

## 2. Rubus. *L.* Brombeere, Himbeere (XII. 3).

1. Bltr. des Schößlings oder unfruchtbaren Stengels 5zählig; Früchte schwarz.

A. Schößlinge aufrecht oben überhängend, kahl und unbereift, mit gleichförmigen Stacheln besetzt; Fruchtkelch zurückgeschlagen.

1. R. fruticosus. *L.* Strauchartige B. — Strauch. Waldränder, Gebüsch u. s. w. sehr gemein. Juni. Juli. Blkr. weiß oder blaß-röthlich. Frucht schwarz, glänzend. ♄. 1—6'. Aendert sehr ab in den Stacheln und Blättern.

B. Schößlinge bogenförmig-niederliegend, langhaarig oder zottig (nicht bereift und ohne Borsten), mit gleichförmigen Stacheln, drüsenlos; Kelch außerhalb filzig, zur Fruchtzeit zurückgeschlagen oder abstehend.

2. R. vulgaris. *W.* und *N.* Gemeine B. — Schößling kantig, behaart, an den Kanten mit ziemlich geraden Stacheln besetzt; Bltr. 5zählig, beiderseits grün, unterseits weichhaarig; blüthentragender Stengel weichhaarig. Strauch. Wälder zerstreut. Juni. Juli. Blkr. weiß oder schwach-rosenroth. Aendert sehr ab in Stacheln und Bltrn.

3. R. discolor. *W.* und *N.* Verschiedenfarbige B. — Schößling kantig, nach der Spitze hin gefurcht, von anliegenden Haaren seidenartig-glänzend, an den Kanten mit langen, starken, geraden oder etwas gekrümmten

Stacheln besetzt; Bltr. 5zählig, oberseits grün, unterseits weißfilzig; Krbltr. verkehrt-eiförmig. Strauch. Waldränder, Hecken zerstreut; in Anlagen und Gärten häufig mit gefüllter Blüthe. Juni. Juli. Blkr. rosenroth.

C. Schößlinge bogenförmig-niederliegend mit ungleichförmigen Stacheln; langgestielten Drüsen und meist behaart.

a. Fruchtkelch zurückgeschlagen.

4. R. nemorósus. *Hayne.* Wald-B. — Strauch. Gebüsche, Wälder zerstreut. Juni. Juli. Blkr. weißlich.

b. Fruchtkelch aufrecht.

5. R. corycifolius. *Sm.* Haselblättrige B. — Schößlinge etwas bereift und behaart; Bltr. meist 5zählig; Früchte schwarz. Strauch. Wälder, Zäune, Gebüsche häufig. Juni. Juli. Aendert sehr ab. Blkr. weiß, oft röthlich.

6. R. caésius. *L.* Kratzbeere. — Schößlinge weißlich bereift; Bltr. 3zählig oder 5zählig-gefiedert; Früchte blau bereift. Kleiner Strauch. Aecker, Gebüsche gemein. Juni bis Sept. Blkr. weiß oder röthlich.

2. Früchte roth.

7. R. saxátilis. *L.* Felsen-B. Schößlinge niedergestreckt, stachellos, ausläuferartig; Stengel fast krautartig, aufrecht; Bltr. 3zählig, beiderseits grün. ♃. Trockene Laubwälder, besonders auf Kalkboden. Sanssouci, Jungfernheide, Friedrichsfelde, Tegel, Papenberge, Rhinluch, Köpenick, Neustadt-Eberswalde, Brieselang. Mai. Juni. Blkr. klein, weiß. H. 1′.

8. R. Idaeus. *L.* Himbeere. — Schößlinge bereift, etwas stachelig, fast aufrecht; Bltr. 7zählig-gefiedert, obere 3zählig, Blättchen unterseits weißfilzig. Strauch. Wälder, Hecken, angepflanzt häufig. Mai—Aug. Blkr. weiß. Frucht roth oder im cultivirten Zustande weiß oder gelb. Offic. baccae Rubi Idaei.

9. R. odorátus. *L.* Wohlriechende B. — Stengel aufrecht, stachellos, drüsig-behaart; Blätter groß, einfach, 5lappig. Als Zierstrauch häufig angepflanzt, aus Canada. Mai bis Aug. Blkr. roth, sehr groß. H. 3—5′.

## 3. Fragaria. *L.* Erdbeere (XII. 3).

a. Fruchtkelche abstehend oder zurückgekrümmt.

1. F. vesca. *L.* Gemeine E. — Haare der Blthnstiele aufrecht oder angedrückt; Frucht unten grünlich, sonst scharlachroth. ♃. Wälder u. s. w. gemein. Mai. Juni. Blkr. weiß. H. 3—6″.

2. F. elatior. *L. Ehrh.* Hohe E. — Haare der Blthnstiele wagerecht-abstehend; Frucht auf der einen Seite grünlich, auf der anderen dunkelroth. ♃. Bergwälder stellenweise. Angebaut als gewöhnliche Garten-E. Mai. Juni. H. bis 1′.

b. Fruchtkelche angedrückt.

3. F. collína. *Ehrh.* Knackelbeere. — ♃. Sonnige Hügel, Kalkberge u. s. w. stellenweise. Bornstedt, Rüdersdorf, Rollberge, Pichelswerder, Wilmersdorf u. s. w. Mai. Juni. Blkr. gelblich-weiß.

In Gärten werden außerdem angebaut: F. virginiana. *Ehrh.* (Scharlach-E.), F. grandiflora. *Ehrh.* (Ananas-E.), F. chiloensis. *Ehrh.* (Chili-E.).

## 4. Cómarum. *L.* Blutauge (XII. 3.)

1. C. palustre. *L.* Sumpf-B. — ♃. Sumpf- und Moorboden häufig. Juni. Juli. Blkr. dunkel-purpurroth, viel kleiner als die innen dunkelrothen Kelchbltr. H. 1—3′, liegend.

## 5. Potentílla *L.* Gänserich (XII. 3).

A. Früchtchen kahl.

a. Die einfache Wurzel treibt einen Stengel, aber nicht zugleich Bltrbüschel.

1. P. supína. *L.* Niederliegender G. — Stengel gabeläſtig; Blthn. einzeln, Blthnstiele nach dem Verblühen zurückgekrümmt, mittlere Stengelblätter 3—4paarig-gefiedert, erst die obersten 3zählig. ⨀. Feuchter, überschwemmter Boden hin und wieder. Berlin, Weißensee, Schöneberg, Taßdorf. Juni—October. Blkr. klein, gelb. H. ½—1′, liegend.

2. P. norvégica. *L.* Norwegischer G. — Stengel gabelspaltig, reichblüthig, nebst den Bltrn. rauhhaarig; mittlere Stengelbltr. 3zählig, die untersten durch Theilung des Endblättchens bisweilen 2paarig gefiedert; Blthn-

stiele aufrecht. ⊙ und ⊙. Feuchte, sandige und grasige Orte selten. Jungfernheide, Weißensee. Juni. Juli. Blkr. klein, gelb. H. ½—1½′.

b. Der ausdauernde, holzige, vielköpfige Wurzelstock treibt blühende Stengel und zugleich Bltrbüschel.

1. Bltr. gefiedert.

3. P. anserina. *L.* Gemeiner G. — ♃. Triften, Wege gemein. Mai—Juli. Herbst. Blkr. gelb. H. ½—1½′, liegend. Blättchen oben grün, unten weiß-seidenhaarig.

2. Bltr. gefingert; Blkr. gelb.

* Stengel aufrecht oder aufstrebend.

4. P. argéntea. *L.* Silberweißer G. — Stengel aufstrebend, filzig, oben ebensträußig; Blättchen am Rande umgerollt, unterseits weiß-filzig; Blthnstiele gerade-aufrecht oder abstehend. ♃. Unbebaute Orte häufig. Juni. Juli. H. bis 1′.

5. P. collína. *Wibel.* Hügel-G. — Stengel von der Mitte an rispig, zottig-filzig; Blättchen flach, unterseits dünn-grau-filzig; Blthnstiele nach dem Verblühen abstehend oder zurückgekrümmt. ♃. Trockene, sandige Orte selten. Berlin, Pichelswerder, an den Pichelsbergen. P. Güntheri. *Pohl.* Mai. Juni.

** Stengel rankenförmig, gestreckt, an den Gelenken oft wurzelnd.

6. P. reptans. *L.* Kriechender G. — Stengel einfach. ♃. Feuchte Triften, Wege gemein. Juli. Aug. Blkr. 5blättrig. H. 1—2′, gestreckt.

7. P. procumbens. *Sibth.* Gestreckter G. — Stengel oberwärts ästig. ♃. Schattige Wälder nicht selten. Jungfernheide, Treptow, Rüdersdorf, Tegel. Juni. Aug. T. reptans. *L.* Blkr. meist 4blättrig. H. ½—1½′, gestreckt.

*** Stengel niederliegend oder aufstrebend, nicht wurzelnd.

8. P. Tormentilla. *Sibth.* Blutwurz-G. — ♃. Wälder, Triften gemein. Juni. Juli. Tormentilla erecta. *L.* Blkr. 4blättrig. H. ½—1′.

**** Stämmchen niederliegend, oft wurzelnd.

9. P. verna. *L.* Frühlings-G. — Stengel aufstrebend,

nebst den Blattstielen von aufrechten, etwas abstehenden Haaren rauh; Bltr. 5—7zählig, kahl oder am Rande, unterseits oder beiderseits behaart. ♃. Sonnige Orte, begraste Hügel nicht selten. Jungfernheide, Grunewald, Rüdersdorf, Brauhausberg, Hippodrom im Thiergarten, Pichelsberge. April. Mai. Blkr. dunkelgelb. H. 3—6″. Aendert ab b. P. cinérea. *Chaix.* Pflanze behaart und zugleich von Sternhaaren grau-filzig. An denselben Orten.

10. P. opáca. *L.* Glanzloser G. — Stengel und Blattstiele von verlängerten, wagerecht-abstehenden Haaren rauh; Stengel meist roth; sonst w. v. ♃. Begraste Orte, sonnige Wälder stellenweise. Babelsberg, Thiergarten, Jungfernheide, Grunewald, Friedrichsfelde, Taßdorf, Tegel u. s. w. Mai. Juni. H. 3—6″.

B. Früchtchen am Nabel behaart; Blkr. weiß.

11. P. alba. *L.* Weißer G. ♃. Trockene grasige Wälder stellenweise. Jungfernheide, Friedrichsfelde, Franz. Buchholz, Rudow, Papenberge, Brieselang. Mai. Juni. H. 3—9″.

### 6. Agrimónia *Tourn.* Odermennig (XI. 2).

1. A. Eupatória. *L.* Gemeiner O. — Blättchen der unterbrochen-gefiederten Bltr. unterseits-grau-kurzhaarig; Krbltr. eiförmig; Fruchtkelche verkehrt-kegelförmig, der ganzen Länge nach gefurcht, am Grunde mit weit abstehenden, weichen Stacheln. ♃. Buschige Hügel, Wegränder u. s. w. häufig. Juni—Aug. Blkr. goldgelb. H. 1—4′.

2. A. odorata. *Mill.* Wohlriechender O. — Blättchen unterseits grün, kurzhaarig und vieldrüsig; Krbltr. länglich-verkehrt-herzförmig; Fruchtkelche halbkugelig-glockig, nur bis zur Mitte schwach gefurcht, mit zurückgeschlagenen äußeren Stacheln. ♃. Wie v. aber selten. Im Brieselang häufig. (Hanstein.) Juni—Aug. Blkr. goldgelb. H. 2—6′. Pflanze angenehm duftend.

### 7. Rosa. *Tourn.* Rose (XII. 3).

A. Fruchtknoten kurz-gestielt; Blthn. einzeln, deckblattlos oder mit 1 Deckblatt.

1. R. lútea. *Mill.* Gelbe Rose. Strauch. Aus Süd-Europa,

an Gartenzäunen hie und da verwildert. Juni. Blkr. einfach, dottergelb, unangenehm riechend; Früchte gelb-scharlachroth. H. 4—6′. R. Eglanteria. *L.*

B. Fruchtknoten kurz gestielt; Blthn. in 3—6 blüthigen Ebensträußen, sämmtlich mit einem Deckblatt gestützt.

2. R. turbinata. *Ait.* Kreiselfrüchtige R. — Stengel und Aeste im Alter stachellos; Früchte kreiselförmig mit dem sehr abstehenden Kelche gekrönt. Zierstrauch aus Süd-Europa, in Hecken verwildert. Juni. Blkr. fast violettroth, auch halb und ganz gefüllt.

C. Fruchtknoten so lang als ihr Stiel; sonst wie B.

3. R. canína. *L.* Hunds-R. — Stacheln derb, sichelförmig, am Grunde verbreitert, zusammengedrückt; Blättchen 5 oder 7, elliptisch oder eiförmig, scharf gesägt, die oberen Sägezähne zusammenneigend; Kelchzipfel fiederspaltig, so lang als die Blkr., zurückgeschlagen, zuletzt von der eirunden Frucht abfallend. Strauch. Zäune, Gebüsche, Waldränder gemein. Juni. Blkr. blaß-rosenroth, groß, schwach riechend. H. 4—9′. Aendert vielfach ab in Bekleidung der Frucht, Blthn. und Blattstiele und Farbe der Blume; die schönste von allen Abarten ist weiß mit einfachen oder gefüllten weißen oder blaß-fleischrothen Blumen (R. alba. *L.*).

4. R. rubiginósa. *L.* Weinrose. — Stacheln ungleich, gekrümmt; Blättchen unterseits drüsig, am Rande fein-drüsig-gezähnt, Sägezähne etwas abstehend; dicht und klein buschig; Frucht fast kugelig; sonst w. v. Hügel, trockene Waldränder nicht selten. Juni. Blkr. lebhaft purpurroth, klein, mit Weingeruch. H. 2—5′.

5. R. tomentósa. *Sm.* Filzige R. — Stacheln derb, lang, gerade, ungleich; Blättchen graugrün; Früchte aufrecht, rundlich, stachelig, mit zurückgeschlagenen Kelchlappen, zuletzt orange. Strauch. Wälder, Hecken häufig. Juni. Blkr. rosenroth. H. 4—7′.

Außerdem werden häufig gezogen: R. centifolia. *L.* (Centifolie) aus Persien, mit der Abänderung: R. muscosa. *Mill.* (Moosrose) und R. damascena. *Mill.* (Monatsrose).

## 6. Fam. Pomaceen. *Lindl.* Apfelfrüchtler.

Die dem Fruchtknoten angewachsene Kelchröhre wird fleischig und bildet eine 2—5fächerige Apfelfrucht, auf welcher der Kelchsaum verwelkt stehen bleibt, oder sie schließt 3—5 Nüßchen ein. (XII. 2.)

### 1. Crataégus. *L.* Weißdorn.

1. C. Oxyacántha. *L.* Gemeiner W. — Aestchen und Blthnstiele kahl. Griffel 1—3; Früchte eiförmig, 1—3steinig. Strauch. Waldränder, Hecken gemein. Mai. Juni. Blkr. weiß. Bltr. unterseits grün. H. 6—15′.

2. C. monógyna. *Jacq.* Eingriffeliger W. — Aestchen kahl, Blthnstiele zottig; Griffel meist 1; Früchte fast kugelig, meist 1steinig. Strauch. Waldränder, Hecken. Blüht 14 Tage später. Bltr. unterseits weißlich-grün; sonst w. o.

### 2. Méspilus. *L.* Mispel.

1. M. germánica. *L.* Deutsche M. — Baum. Mittel-Deutschland, bei uns in Gärten gezogen. Blkr. weiß. H. 6—18′.

### 3. Cydónia. *Tourn.* Quitte.

1. C. vulgaris. *Pers.* Gemeine Q. — Baum. Süd-Deutschland, bei uns angepflanzt. Mai. Blkr. röthlich-weiß. Offic. semen Cydoniae.

### 4. Pyrus. *L.* Birn- und Apfelbaum.

1. P. communis. *L.* Gemeiner Birnb. — Griffel frei. Baum. Wälder und außerdem in vielen Abarten gebaut. April. Mai. Blkr. weiß. H. 20—60′.

2. P. Malus. *L.* Gemeiner Apfelb. — Griffel bis zur Mitte zusammengewachsen. Baum. Wälder und außerdem in vielen Abarten gebaut. Mai. Blkr. röthlich-weiß. H. bis 30′.

### 5. Sorbus. *Tourn.* Eberesche.

1. S. aucupária. *L.* Vogelbeere. — Bltr. unpaarig-gefiedert, in der Jugend zottig. Baum. Wälder, Gebüsche, häufig an Wegen angepflanzt. Mai. Juni. Blkr. weiß. Frucht roth.

2. S. torminális. *Crtz.* Elsebeere. — Bltr. breit-eiför-

mig, gelappt. Baum. Bei Potsdam häufig angepflanzt. Mai. Blkr. weiß. Frucht lederbraun.

## 3. Ordn. Terebinthinen. *Bartl.* Balsamgewächse.

Blumenkronblätter meist 4—5 nebst den 4 und mehreren Staubgefäßen auf dem Fruchtboden oder Kelche stehend; 1—12 kreisständige, verwachsene oder getrennte Fruchtblätter. Meist tropische Gewächse, die in der Rinde einen balsamisch-harzigen Saft enthalten. Fam. 7.

### 7. Fam. Cassuvieen. *R. Br.* Sumachgewächse.

Sträuche und Bäume meist der heißen Zone, harzige und giftige Säfte enthaltend.

#### 1. Rhus. *Tourn.* Sumach (V. 3).

1. Rh. Toxicodéndron. *L.* Gift-Sumach. — Bltr. 3zählig; Blthn. vielehig. Strauch. Aus Nord-Amerika, bisweilen in Anlagen angepflanzt. Juni. Juli. Blkr. grünlich. ♄. 6—8′. Außerordentlich giftig. Offic. folia Toxicodendri.

2. Rh. Cótinus. *L.* Perückenbaum. — Bltr. einfach, verkehrt-eiförmig; Blthn. zwittrig. Strauch. Süd-Deutschland, bei uns in Anlagen angepflanzt. Juni. Juli. Blkr. grünlich. ♄. 6—8′. Giftig.

3. Rh. týphina. *L.* Essigbaum. — Blätter 8—10paarig. Strauch. Nord-Amerika, bei uns häufig in Anlagen angepflanzt. Juni. Juli. Blkr. grünlich-gelb.

## 4. Ordn. Tricoccen. *Bartl.* Schneller.

Blüthen 3—5gliederig, oft eingeschlechtig und unvollkommen, nebst den 3—5 Staubfäden meist auf dem Fruchtboden stehend; 2—5 in der Achse verwachsene Fruchtblätter bilden eine beeren- oder kapselartige Frucht. Fam. 8—11.

### 8. Fam. Celastrineen. *R. Br.* Celastergewächse.

Zwitterblthn.; Kelchzipfel, Blbltr. und Staubgef. 4—5, letztere abwechselnd mit den Blbltr. auf einer unterweibigen Scheibe; Kapsel mit Samen in fleischigem Mantel.

### 1. Evónymus. *Tourn.* Pfaffenhütchen (V. 1).

1. E. europaea. *L.* Europäisches Pf. — Aeste viereckig, glatt. Strauch. Wälder und Gebüsche nicht selten. Potsdam, Thiergarten, Tegel u. s. w. Mai. Juni. Blkr. hellgrün. Frucht rosenroth. ♄. 6—12′.

## 9. Fam. Rhamneen. *R. Br.* Kreuzdorngewächse.

Zwitterblthn.; Kelchzipfel, Blbltr. und Staubgef. 4—5; Kelch mit Fruchtknoten verwachsen; Staubgef. vor die Blbltr. gestellt; Kapsel- oder beerenartige Steinfrucht.

### 1. Rhamnus. *L.* Kreuzdorn (V. 1).

1. Rh. cathártica. *L.* Gemeiner K. — Zweige gegenständig, dornig; Bltr. fein gesägt. Strauch. Feuchte Wälder, Gebüsche häufig. Mai. Juni. Blkr. grün. Frucht schwarz. ♄. 6—8′. Offic. baccae Spinae cervinae.

2. Rh. Frángula. *L.* Eigentlicher Faulbaum. — Zweige wechselständig, dornlos; Bltr. ganzrandig. Strauch. Feuchte Wälder, Gebüsche häufig. Mai. Juni. Blkr. grünlich-weiß. Frucht rostroth, dann schwarz. ♄. 6—8′.

## 10. Fam. Aquifoliaceen. *DC.* Stechpalmengewächse.

Zwitterblthn; Kelchzipfel, Blbltr. und Staubgef. 4—6, letztere abwechselnd mit den Blbltrn. auf dem Fruchtboden; beerenartige Steinfrucht mit mantellosem Namen.

### 1. Ilex. *L.* Stechpalme (IV. 4).

1. I. Aquifolium. *L.* Gemeine St. — Als Zierstrauch angepflanzt. Mai. Juni. Blkr. weiß. ♄. 10—20′.

## 11. Fam. Euphorbiaceen. *Juss.* Wolfsmilchgewächse.

Ein- oder 2häusige Blthn., oft ohne Kelch und Blkr.; Staubgef. meist auf dem Fruchtboden; Kapsel aus 2—3 Früchtchen gebildet. Meist milchende, vorzüglich der heißen Zone angehörige Pflanzen.

### 1. Buxus. *Tourn.* Buchsbaum (XXI. 4).

1. B. sempervirens. *L.* Immergrüner B. — Strauch.

Mittel-Deutschland, bei uns sehr gewöhnlich in Gärten angepflanzt. März. April. Blthnhülle gelblich-grün.

## 2. Euphórbia. *L.* Wolfsmilch (XXI. 1).

A. Drüsen der Scheibe rundlich oder quer-oval, ganzrandig.

a. Samen mit vertieften Punkten oder Grübchen.

1. E. helioscópia. *L.* Sonnenwendige W. — Bltr. verkehrt-eiförmig, vorne gesägt; Dolde 5spaltig; Strahlen 3gabelig; Kapsel glatt. ⊙. In Gärten ganz gemein. Juli—Sept. H. $\frac{1}{2}$—1'.

b. Samen glatt; Kapsel mit Warzen besetzt.

2. E. platyphyllos. *L.* Breitblättrige W. — Bltr. lanzettlich, vorn etwas breiter, mit herzförmigem Grunde sitzend; Dolde 3—5spaltig, Strahlen 3gabelig; Kapsel mit halbkugeligen Warzen; Drüsen gelb. ⊙. Aecker, Wegeselten. Pfaueninsel, Neustadt-Ebersw. Juli—Sept. H. 1$\frac{1}{2}$—2'.

3. E. dulcis. *Jacq.* Süße W. — Stengel gestreift; Dolde 3—5strahlig, Strahlen einfach-gabelig; Drüsen dunkel-purpurroth; Kapsel mit halbkugelförmigen Warzen. ♃ Schattige Laubwälder. Treuenbrietzen, Sanssouci. April. Mai. H. $\frac{3}{4}$—1$\frac{1}{4}$'.

4. E. palustris. *L.* Sumpf-W. — Stengel rundlich; Dolde vielstrahlig, Strahlen 3spaltig-gabelig; Drüsen braun; Kapsel kurz-warzig. ♃. Sumpfige Wiesen, an Gräben hin und wieder häufig. Briefelang, Freienwalde, Kuhhorst, im Havelländischen Luch, Golmer-Bruch bei Potsdam u. s. w. Mai. Juni. H. 3—5'.

B. Drüsen der Scheibe halbmondförmig oder 2hörnig.

a. Same glatt.

5. E. Cyparíssias. *L.* Cypressen-W. — Bltr. schmal-linealisch, ganzrandig, kahl; Hüllblättchen ei-rautenförmig, ganzrandig; Kapsel fein-punktirt-rauh. ♃. Trockene Triften, Sandfelder, Wegränder ganz gemein. April. Mai. Drüsen wachsgelb. H. $\frac{1}{2}$—1'. Die Blätter sind unterseits oft mit einem Blattpilze (Aecidium Euphorbiac. *Pers.*) besetzt, werden dann kürzer und breiter, die Stengel verkrüppeln und werden unfruchtbar.

6. E. Ésula. *L.* Gemeine W. — Bltr. linealisch-lanzettlich, nach dem Grunde zu verschmälert; Hüllblättchen

und Kapsel w. o. ♃. Felder, Zäune stellenweise. Um Berlin, Tempelhof, Steglitz, Weißensee, Treptow, Freienwalde, Neustadt-Ebersw. Mai. Juli. H. 1—2′.

7. E. lúcida. *W. K.* Glänzende W. — Bltr. lanzettlich, von der Mitte an nach der Spitze allmählich verschmälert, glänzend; sonst w. v. ♃. Feuchte Wiesen, Gräben selten. Wriezen, Freienwalde. Juni. Juli. H. 1—3′.

b. Same runzelig, knotig oder grubig.

8. E. Peplus. *L.* Garten-W. — Bltr. gestielt, verkehrt-eiförmig, sehr stumpf; Kapsel am Rücken mit 2 schwach-geflügelten Kielen. ⊙. Gärten, Gemüsefelder ganz gemein. Juli—Octob. H. 4—9″.

9. E. falcáta. *L.* Sichelförmige W. — Besondere Hülle 2blättrig, mit breiten, sichelförmigen Blättchen; Bltr. lanzettlich, am Grunde verschmälert, spitz oder zugespitzt. ⊙. Unter der Saat selten. Zwischen Thyrow und Trebbin. Juli bis October. H. 3—8′.

10. E. exígua. *L.* Kleine W. — Bltr. linealisch; Hüllblättchen aus herzförmigem Grunde linealisch; sonst w. v. ⊙. Aecker, Brachen hin und wieder. Weißensee, Potsdam, Freienwalde, Neustadt-Ebersw. Juni—Octob. H. 3—8″.

3. **Mercuriális.** *L.* **Bingelkraut** (XXII. 8).

1. M. perennis. *L.* Ausdauerndes B. — Stengel ganz einfach; weibliche Blthn. lang-gestielt. ♃. Schattige, waldige Orte nicht selten. Sanssouci, Fasanerie bei Berlin, Neustadt-Ebersw. April. Mai. H. ½—1′.

2. M. ánnua. *L.* Einjähriges B. — Stengel ästig; weibliche Blthn. fast sitzend. ⊙ Bebaute Orte, Gärten nicht selten. Juni—Octob. H. ¾—1½′.

## 5. Ordn. Malpighinen. *Bartl.* Malpighiengewächse.

Blumenkronblätter und in der Knospe dachige Kelchzipfel 4—5, nebst den 4—5 oder 8—10 Staubgefäßen auf einer unterweibigen, drüsigen Scheibe; Pistill mit 2—3 verwachsenen Fruchtblättern, die zuweilen eine klappig-aufspringende Kapsel bilden. Fam. 12—13.

## 12. Fam. Hippocastaneen. *DC.* Roßkastanien.

Blkrbltr. 4—5, ungleich; Kapsel mit lederigem Gehäuse und kugeligem, breitgenabeltem Samen. Bäume mit 5—7zählig gefingerten Bltrn.

### 1. Aésculus. *L.* Roßkastanien (VII. 1).

1. Ae. Hippocástanum. *L.* Gemeine R. — Ostindien, bei uns überall als Alleebaum angepflanzt. Mai. Juni. Blkr. weiß, roth oder gelb punktirt. ♄. 60—80′.

## 13. Fam. Acerineen. *DC.* Ahorne.

Blkrbltr. 4—9, gleich; Flügelfrucht. Bäume der nördlichen gemäßigten Zone, meist mit handförmig-getheilten Bltrn.

### 1. Acer. *L.* Ahorn (VIII. 1).

a. Staubgef. der männlichen Blthn. doppelt so lang als die Blkr.

1. A. Pseudoplátanus. *L.* Weißer A. — Trauben hängend; Bltr. unten graugrün. Baum. Wälder, an Wegen häufig. Mai. Juni. Blkr. klein, grün. ♄. 60—80′.

b. Staubgef. der männlichen Blthn. so lang als die Blkr.

2. A. platanóides. *L.* Spitzblättriger A. — Ebensträuße aufrecht; Blkr. mit fein-zugespitzten, 3—5zähnigen Lappen. Baum. Wälder, an Wegen sehr häufig. April. Mai. Blkr. gelbgrün. ♄. 60—80′.

3. A. campéstre. *L.* Feld-A. Maßholder. — Ebensträuße aufrecht; Bltr. mit ganzrandigen, länglichen, stumpfen Lappen. Baum. Schattige Wälder hie und da. Thiergarten, Tegel, Briefelang. Mai. Blkr. grün. ♄. 8—25′.

# 6. Ordn. Ampelideen. *Bartl.* Rebenartige Gewächse.

Kelchzipfel und unterweibige Blumenkronblätter 4—5; Staubgefäße 4—5 oder 8—10, meist 1brüderig; Fruchtknoten ungetheilt, 2—5fächerig; Steinfrucht, Beere oder Kapsel. Fam. 14.

## 14. Fam. Sarmentaceen. *Vent.* Reben.

Armsamige Beeren mit harten um eine Mittelsäule gestellten Samen. Klimmende Sträuche mit Ranken und knotig-verdickten Gelenken.

### 1. Ampelópsis. *Mchx.* Zaunrebe (V. 1).

1. A. quinquefolia. *R.* u. *Schult.* — Fünfblättrige Z. auch Wilder Wein. — Zierstrauch aus Nord-Amerika, häufig an Mauern angepflanzt. Juli. Aug. Hedera quinquef. *L.* Blkr. grünlich. Beeren schwarz-blau. Klettert bis 40′ hoch.

### 2. Vitis. *L.* Weinrebe (V. 1).

1. V. vinífera. *L.* Edle W. — Stammt aus dem Süden, wird bei uns in vielen Abarten gezogen. Juni. Juli. Blkr. gelblichgrün. Beeren dunkelblau oder grün.

# 7. Ordn. Gruinalen. *Bartl.* Storchschnabelgewächse.

In der Knospe dachige Kelchzipfel und benagelte, in der Knospe zusammengedrehte, meist unterweibige Blumenkronblätter 5; Staubgefäße unterweibig, 5 oder 10; mehrere freie Fruchtblätter oder in eine 3—5fächerige Kapsel verwachsen. Fam. 15—18.

## 15. Fam. Oxalideen. *DC.* Sauerkleeblüthler.

Blkrbltr. 5, regelm., unterweibig; Frucht 5fächerig, Beere oder 5- auch 10klappige Kapsel.

### 1. Óxalis. *L.* Sauerklee (X. 5).

1. O. Acetosélla. *L.* Gemeine S. — Wurzelstock kriechend, gezähnt; Stengel fehlend. ♃. Schattige, feuchte Wälder häufig. April. Mai. Blkr. weiß oder röthlichweiß mit purpurrothen Adern. H. 3—6″.

2. O. stricta. *L.* Steifer S. — Wurzelstock Ausläufer treibend; Stengel einzeln. ⨀, die Wurzelläufer ⨀. Aus Nord-Amerika, bei uns häufig als Unkraut in den Gärten. Juni b. Octob. Blkr. gelb. H. ½—1′.

## 16. Fam. Lineen. *DC.* Leinblüthler.

Blkrbltr. 4—5, regelm., unterweibig, in der Knospe zusammengedreht; Kapsel 4—5fächerig, fachtheilig aufspringend, meist kugelig.

### 1. Linum. *L.* Lein (V. 5).

1. L. cathárticum. *L.* Purgir-L. — Stengel fadenförmig, oberwärts gabelästig; Kelchbltr. schwach-drüsig-gewimpert; Bltr. gegenständig. ⊙. Wiesen, Triften gemein. Juni—Aug. Blkr. weiß. H. 3—12″.

2. L. usitatissimum. *L.* Gewöhnlicher Flachs. — Kelchbltr. fein-gewimpert, drüsenlos; Bltr. wechselständig. ⊙. Auf Aeckern angebaut, wahrscheinlich aus dem Orient. Juni. Juli. Blkr. blau. H. 1—2′. Offic. semen Lini.

### 2. Radíola. *Dill.* Zwerg-Lein (IV. 4).

1. R. linóides. *Gmel.* Tausendkörniger Z. — ⊙. Feuchte, sandige Plätze ziemlich häufig. Elsholz, Tempelhof, Schöneberg, Weißensee, Jungfernheide, Tegel, Nauen u. s. w. Juli. Aug. Linum Radiola *L.* Blkr. klein, weiß, fast knäuelartig beisammen. H. nur 1—2″.

## 17. Fam. Geraniaceen. *DC.* Storchschnabelblüthler.

Blkrbltr. 5, gleich oder ungleich, in der Knospe dachig oder zusammengedreht; Staubgef. 10, am Grunde meist verwachsen; 5 in der Achse verwachsene, geschnäbelte, mit dem Griffel vom Grunde bis zur Spitze sich ablösende Fruchtbltr.

### 1. Geranium. *L.* Storchschnabel (XVI. 3).

A. Mehrjährige Arten, deren Krbltr. den Kelch meist weit überragen.

a. Klappen glatt, kahl oder behaart; Blthnstiele 2blüthig; Bltr. meist 7spaltig.

1. G. pratense. *L.* Wiesen-St. — Stengel aufrecht, oberwärts drüsig-behaart; Blthnstielchen drüsig-zottig; Kelch nickend; Staubfäden am Grunde kreisförmig-erweitert. ♃. Wiesen, feuchtes Gebüsch zerstreut. Rummelsburg, Potsdam, Oranienburg, Neustadt-Ebersw. Juli. Aug. Blkr. schön blau. H. 1—2′.

2. G. palustre. *L.* Sumpf-St. — Stengel ausgebreitet, oberwärts nebst den Blthnstielchen mit rückwärtsgekehrten drüsenlosen Haaren besetzt; Kelch aufrecht; Staubfäden lanzettlich. ♃. Sumpfige Wiesen, feuchte Wälder häufig. Potsdam, Berlin, Jungfernheide, Tegel, Spandau, Brieselang u. s. w. Juli. Aug. Blkr. blauroth. H. 1—3'.

b. Blthnstiele 1blüthig; sonst wie a.

3. G. sanguíneum. *L.* Bluthrother St. — Stengel ausgebreitet, nebst den Blthnstielchen mit langen, wagerecht-abstehenden, drüsenlosen Haaren besetzt; Kelch lang-begrannt. ♃. Sonnige Hügel, trockene Waldwiesen hie und da häufig. Fuchsberge bei Berlin, Rixdorf, Johannisthal, Papenberge, im Brieselang, Rüdersdorf, Linum-Rhinluch u. s. w. Juni—Aug. Blkr. blutroth. H. $\frac{1}{2}$—$1\frac{1}{2}$'.

B. Einjährige Arten mit meist kleinen Krbltrn.; Blthnstiele 2blüthig.

a. Bltr. 5—9theilig.

1. Klappen glatt, behaart; Samen glatt.

4. G. pusíllum. *L.* Niedriger St. — Stengel ausgebreitet, mit kurzen Drüsenhaaren besetzt; Klappen angedrückt-weichhaarig; Krbltr. länglich-verkehrt-herzförmig. ☉. Begraste Orte, Aecker, Wege u. s. w. überall häufig. Mai — Aug. Blkr. blaß-violett oder bläulich-roth. H. 3—9''.

2. Samen grubig-punktirt; sonst w. 1.

5. G. dissέctum. *L.* Schlitzblättriger St. — Stengel ausgebreitet, kurz-behaart; Klappen und Schnäbel mit abstehenden Drüsenhaaren besetzt; Krbltr. verkehrt-herzförmig, über dem Nagel bärtig. ☉. Aecker unter der Saat. Tegel, Freienwalde, Oranienburg. Mai—Juli. Blkr. purpurroth. H. 3—9''.

6. G. columbínum. *L.* Tauben-St. — Stengel ausgebreitet nebst den Blthnstielen mit kurzen, abwärts angedrückten Haaren sparsam besetzt; Krbltr. verkehrt-herzförmig, am Grunde bärtig; Klappen kahl; Schnäbel mit sehr kurzen, vorwärts gerichteten drüsenlosen Haaren besetzt. ☉. Zäune und Gebüsche hie und da. Pichelswerder, Schmargendorf, Rüdersdorf, Freienwalde u. s. w. Juni. Juli. Blkr. rosenroth. H. $\frac{1}{2}$—$1\frac{1}{2}$'.

7. G. rotundifolium. *L.* Rundblättriger St. — Stengel ausgebreitet, weich behaart; Krbltr. länglich-keilförmig, ungetheilt, über dem Nagel kahl; Klappen abstehend-weichhaarig. ⊙. Gebüsche selten. Juni—Herbst. Blkr. fleischroth. H. 3—9″.

3. Klappen runzelig; Samen glatt.

8. G. molle. *L.* Weicher St. — Stengel ausgebreitet, von kürzeren Haaren weich, von längeren zugleich zottig; Krbltr. verkehrt-herzförmig, am Grunde fein-gewimpert; Klappen quer-runzelig, kahl. ⊙. Grasplätze, Wege u. s. w. gemein. Mai—Herbst. Blkr. purpurroth. H. $\frac{1}{4}$—1′.

b. Bltr. 3- oder 5zählig; Blättchen gestielt, 3spaltig, fiederspaltig-eingeschnitten.

9. G. Robertiánum. *L.* Ruprechtskraut. — Stengel aufrecht, abstehend behaart; Krbltr. verkehrt-eiförmig, ungetheilt; Klappen netzig-runzelig; Samen glatt. ⊙ Wüste Plätze, Zäune u. s. w. sehr häufig. Juni—Herbst. Blkr. rosenroth mit 3 weißlichen Streifen, groß. Stengel 1—1½′ hoch, blutroth, sehr widerlich riechend.

### 2. Eródium. *L'Herit.* Reiherschnabel (XVI. 3).

1. E. cicutárium. *L'Herit.* Schierlingsblättriger R. — Blthnstiele vielblüthig, ⊙. Bebauter Boden, sandige Triften u. s. w. gemein. April—Herbst. Blkr. purpurroth, gefleckt und ungefleckt. H. $\frac{1}{2}$—1′, liegend.

## 18. Fam. Balsamineen. *Rich.* Balsaminen.

Kelch und Blkr. unregelm., gespornt; Staubgef. 5; Kapsel 5klappig, elastisch aufspringend. Saftige Kräuter mit knotigen Gelenken.

### 1. Impátiens. *L.* Springkraut (V. 1).

1. I. Noli tángere. *L.* Gemeines Sp. — ⊙. Feuchte Waldstellen ziemlich häufig. Potsdam, im Briefelang, Neust.-Ebersw. u. s. w. Juli. Aug. Blkr. citronengelb, innen roth-punktirt. H. 1—2′.

# 8. Ordn. Columniferen. *Bartl.* Säulenfrüchtige.

Kelch und unterweibige, in der Knospe gedrehte Blumenkrone 3—7gliedrig; Staubgefäße 5—10 oder sehr viele, in eine Röhre verwachsen; Pistill aus 3—7 oder mehreren, frei um die Blüthenachse stehenden oder in eine Mittelsäule verwachsenen Fruchtblättern gebildet, die eine Kapsel oder Beere darstellen. Fam. 19—20.

## 19. Fam. Malvaceen. *Bartl.* Pappelrosen.

Kelch 5spaltig, oft mit Hüllblättchen, bleibend; Staubgef. 1brüderig; Staubbeutel 1fächerig; Frucht kapselartig. (XVI. 5.)

### 1. Malva. *L.* Malve.

a. Stengelbltr. handförmig-5theilig; Blthnstiele einzeln, 1blüthig oder doch armblüthig.

1. M. Alcea. *L.* Spitzblättrige M. — Stengel aufrecht, durch angedrückte Sternhaare graugrün. ♃. Trockene Hügel, Wegränder stellenweise häufig. Weißensee, Tempelhof, Rüdersdorf, Döbritz, Pevesin u. s. w. Juli—Sept. Blkr. rosenroth, 2″ breit, dunkel-gestreift. H. 2—4′.

b. Bltr. herzförmig-rundlich, 5—7lappig; Blthnstiele büschelig-zusammenstehend.

2. M. silvéstris. *L.* Wilde M. — Stengel niederliegend, aufsteigend oder aufrecht, rauhhaarig; Krbltr. 3—4mal länger als der Kelch. ⊙. Wege, Zäune gemein. Juli—Sept. Blkr. purpurroth, dunkler gestreift. H. 1—3′.

3. M. neglécta. *Wallr.* Käse-M. — Stengel niederliegend oder aufsteigend, rauhhaarig; Krbltr. 2mal länger als der Kelch, tief-ausgerandet; Theilfrüchtchen auf dem Rükken abgerundet. ⊙. Wege, Schutt, gemein. Juni—Sept. Blkr. fast weiß. M. vulgaris. *Fr.* H. 1—1½′, liegend.

4. M. rotundifólia. *L.* Rundblättrige M. — Krbltr. so lang als der Kelch, schwach-ausgerandet; Theilfrüchtchen scharf-berandet; sonst w. v. ⊙. Ackerränder, Wege zerstreut. Weißensee, Schmargendorf, Ruhleben, Schöneberg, Malchow, Freienwalde. Juni—Sept. M. borealis. *Wallm.* H. 4—12″, liegend.

Angepflanzt in Gärten ist M. mauritana. *L.* (Stockrose).

### 2. Althaea. *L.* Eibisch.

1. A. officinalis. *L.* Gebräuchlicher E. — ♃. Feuchte, besonders salzhaltige Wiesen zerstreut. Pevesiner Lötz, Uetz, Grube, Werder, Heiligensee, Falkenhagen, Alt-Landsberg u. s. w. Juli. August. Blkr. röthlich-weiß. H. 2—4'. Offic. rad. et herb. Althaeae.

## 20. Fam. Tiliaceen. *Kth.* Lindengewächse.

Abfallender Kelch und in der Knospe dachige Blkr. meist 4—5blätterig; Staubgef. zahlreich, höchstens am Grunde etwas verwachsen; Kapsel oder Steinfrucht.

### 1. Tilia. *L.* Linde (XIII. 1).

1. T. platyphyllos. *Scop.* Breitblättrige oder Sommer-L. — Bltr. schief-rundlich-herzförmig, zugespitzt, unterseits kurzhaarig, beiderseits grün; Ebensträuße meist 2—3blüthig; Kapsel holzig, mit 5 starken Kanten. Baum. Wälder hin und wieder, häufig in Anlagen, an Wegen. Mitte bis Ende Juni. T. grandifolia *Ehrh.* Blkr. blaßgelb. Offic. flores Tiliae.

2. T. ulmifolia. *Scop.* Rüsterblättrige oder Winter-L. — Bltr. beiderseits kahl; Ebensträuße 5—7blüthig; Kapsel dünnschalig mit 4—5 undeutlichen Kanten sonst w. v. Baum. Laubwälder nicht selten, häufig in Anlagen, an Wegen. Schlägt aus und blüht 14 Tage später als die v. T. parvifolia. Offic. flores Tiliae.

# 9. Ordn. Calycifloren. *Bartl.* Kelchblüthige.

Kelch in der Knospenlage klappig, meist dem Fruchtknoten angewachsen; Kelchzipfel und Blumenkronblätter 2—6, letztere nebst den 1—zahlreichen Staubgefäßen kelchständig; Fruchtknoten 2—5fächerig; meist eine Kapsel oder Beere. Fam. 21—24.

## 21. Fam. Philadelpheen. *Don.* Pfeifensträuche.

Kelchröhre dem Fruchtknoten angewachsen; Blkrbltr. 4—10, nebst den 20—40 Staubgef. im Kelchschlunde befestigt; Kapsel 4—10fächerig.

### 1. Philadelphus. *L.* Pfeifenstrauch (XII. 1).

1. Ph. coronarius. *L.* Gemeiner P. oder wilder Jasmin. — Strauch. Aus Süd-Europa, bei uns in Anlagen angepflanzt. Mai. Juni. Blkr. weiß. H. 4—8′.

## 22. Fam. Onagrarien. *Juss.* Nachtkerzen.

Kelchröhre dem Fruchtknoten übergewachsen; Blkrbltr. meist 4, selten 2, nebst den 2, 4, 8, 10 Staubgef. im Kelchschlunde; Kapsel oder Beere, 2—5fächerig.

### 1. Epilóbium. *L.* Schotenweiderich (VIII. 1).

A. Blkr. ausgebreitet; Staubfäden abwärts-geneigt.

1. E. angustifolium. *L.* Schmalblättriger Sch. — Bltr. lanzettlich; Stengel oft geröthet, zwischen dem Blthnstande durch kurze, krause Behaarung weißlich-grau. ♃. Sonnige Waldstellen häufig. Brauhausberg, Jungfernheide u. s. w. Juli. Aug. Blkr. hellpurpurroth. H. 2—4′.

B. Blkr. trichterförmig; Staubfäden aufrecht.

2. E. hirsútum. *L.* Rauhhaariger Sch. — Stengel stielrund, von einfachen, längeren oder kürzeren drüsentragenden Haaren zottig; Bltr. stengelumfassend, mit blattartigem Grunde ein wenig herablaufend, lanzettlich-länglich. ♃. Grabenränder, feuchte Gebüsche häufig. Bornstedt, Glindow, Schöneberg, Treptow u. s. w. Juni. Juli. Blkr. 1″ breit, schön-purpurroth. H. 3—4′.

3. E. parviflorum. *Schreb.* Kleinblüthiger Sch. — Stengel stielrund, von einfachen Haaren zottig oder weichhaarig; Bltr. sitzend, nicht stengelumfassend und nicht herablaufend, lanzettlich. ♃. Grabenränder, Weidengebüsch häufig. Potsdam, Tempelhof, Weißensee, Tegel u. s. w. Juni. Juli. Blkr. ½″ breit, rosenroth. H. ½—2′.

4. E. montánum. *L.* Berg-Sch. — Stengel stielrund, kurz-angedrückt-behaart; Bltr. eiförmig-lanzettlich, ungleich-gezähnt-gesägt, die unteren kurz-gestielt. ♃. In Wäldern nicht selten. Kl. Glienicke, Thiergarten, Jungfernheide, Neustadt-Ebersw. u. s. w. Juni—Aug. Blkrbltr. klein, zweilappig, rosenroth oder weiß. H. 1—3′.

5. E. róseum. *Schreb.* Rosenrother Sch. — Stengel sehr ästig, reichblüthig, mit 2 oder 4 erhabenen Linien; Bltr. ziemlich lang-gestielt, länglich, an beiden Enden spitz. ♃. Feuchte, beschattete Orte nicht selten. Jungfernheide, Treptow, Grunewald, Tegel, Spandau. Juli. Aug. Blkr. klein, blaß-rosenroth, mit dunkleren Streifen, 2lappig. H. ½—2′.

6. E. tetragonum. *L.* Vierkantiger Sch. — Stengel etwas weichhaarig mit meist 4 erhabenen Linien, und deshalb vierkantig; Blätter lanzettlich, aus abgerundetem Grunde allmählich verschmälert, entfernt-gezähnt, fast-sitzend, obere kurz-gestielt. ☉. Grubenränder, feuchte Wiesen zerstreut. Bornim, Tegel, Taßdorf, Rüdersdorf. Juli. Aug. E. virgatum. *Fr.* Blkrbltr. klein, 2spaltig, rosenroth. H. 1—2′.

7. E. palustre. *L.* Sumpf-Sch. — Stengel kurz-behaart, stielrund; Bltr. lanzettlich, ganzrandig oder gezähnelt, mit keilförmigem Grunde sitzend. ♃. Torfhaltige, sumpfige Wiesen häufig. Juli. Aug. Blkr. klein, fleischfarbig. H. ½—1½′.

## 2. Oenothéra. *L.* Nachtkerze (VIII. 1).

1. O. biennis. *L.* Zweijährige N. — ☉. Aus Virginien, häufig auf sandigen Feldern verwildert. Juni—Aug. Blkr. groß, gelb, wohlriechend. H. 2—3′.

## 3. Circaea. *Tourn.* Hexenkraut (II. 1).

1. C. lutetiana. *L.* Gemeines H. — Stengel aufrecht nebst dem gemeinsamen Blüthenstiel flaumhaarig; Krbltr. so lang als der Kelch; Fruchtknoten 2fächerig; Frucht verkehrt-eiförmig, mit widerhakigen Stacheln besetzt. ♃. Schattige, feuchte Laubwälder stellenweise. Sanssouci, Thiergarten, Oranienburg, Neustadt-Ebersw. Juli. Aug. H. ¾ bis 1½′. Blkr. röthlich. C. intermedia. *Ehrh.* mit fast kahlem Stengel ist nur eine Abart.

2. C. alpína. *L.* Gebirgs-H. — Stengel aufsteigend, kahl; Krbltr. kürzer als der Kelch; Fruchtknoten 1fächerig; Frucht länglich-keulenförmig. ♃. Schattige, bergige Laubwälder selten. Lapnower Mühle. Juni. Aug. Blkr. röthlich. H. 3—12″.

## 23. Fam. Lythrarieen. *Juss.* Weideriche.

Kelch frei, bleibend; Blkrbltr. 3—12, nebst den 4 bis zahlreichen Staubgef. in der Kelchröhre befestigt; Kapsel 2—4fächerig.

### 1. Lythrum. *L.* Weiderich (XI. 1).

a. Blthn. 12männig, quirlig-ährig.

1. L. Salicária. *L.* Gemeiner W. — Kelch 12streifig, am Grunde ohne Deckblättchen. ♃. An Gräben, in feuchten Gebüschen gemein. Juli—Sept. Blkrbltr. purpurroth, 4—6‴ lang. H. 2—4′.

b. Blthn. 2-, 3-, 4- oder 6männig, einzeln in den Blattwinkeln.

2. L. Hyssopifolia. *L.* Ysopblättriger W. — Kelch 8streifig, am Grunde mit 2 kleinen, pfriemlichen Deckblättchen. ☉. Feuchte, sandige Triften selten. Elsholz, hinter Tempelhof an dem letzten See rechts von der Chaussee, Weg nach Stralau, Weißensee, Köpnick, Heinersdorf. Blkr. klein, rostroth, dann violett. H. 4—9″.

### 2. Peplis. *L.* Bachburgel (VI. 1).

1. P. Pórtula. *L.* Gemeine B. — ☉. Feuchte Triften, Teichränder nicht selten. Potsdam, Uetz, Jungfernheide, Schöneberg, Tempelhof, Weißensee, Grunewald, Tegel u. s. w. Juli—Sept. Blkr. sehr klein, röthlichweiß. Stengel roth angelaufen, 3—8″ lang.

## 24. Fam. Halorageen. *R. Br.* Haloragisartige Pflanzen.

Kelchröhre dem Fruchtknoten angewachsen; Blkrbltr. 2—4, oder fehlend, nebst den 1, 3, 4 oder 8 Staubgef. im Kelchschlunde; Nuß oder Steinfrucht. Wasserpflanzen mit quirligen Bltrn.

### 1. Myriophýllum. *Vaill.* Tausendblatt (XXI. 5).

1. M. verticillatum. *L.* Quirlblüthiges T. — Deckblätter sämmtlich kammförmig-fiederspaltig. ♃. Gräben und stehende Gewässer zerstreut. Potsdam hinter dem Kirchhofe, Jungfernheide, Rixdorf, Weißensee, Grunewald, Tegel, Neustadt-Ebersw. Juli. Aug. Männliche Blkr. rosenroth. H. ½—¾′.

2. M. spicatum. *L.* Aehrenblüthiges T. — Junge Aehren aufrecht; die unteren Deckbltr. eingeschnitten, die

übrigen ganzrandig. An denselben Orten w. v. Werder, Potsdam u. s. w. Juli. Aug. Stengel oft 3—6′ lang.

## 2. Trapa. *L.* Wassernuß (IV. 1).

1. T. natans. *L.* Schwimmende W. — ☉. Stehende Gewässer zerstreut. Charlottenhof bei Potsdam im Goldfischteich, Schwielung=See bei Trebatsch, Prahmsee bei Alt=Schadow. Juni. Juli. Blkr. weiß. Früchte schwarz=grau, 4dornig, eßbar.

## 3. Callítriche. Wasserstern (XXI. 1. oder I. 1).

a. Bltr. sämmtlich verkehrt=eiförmig.

1. C. stagnalis. *Scop.* Sumpf=W. — Griffel bleibend, zuletzt zurückgekrümmt; Frucht kreisrund, mit flügelig=gekielten Kanten. ♃. Bäche, Gräben, Pfützen häufig w. d. folgenden. Mai—Oktob. H. 2—10″.

b. Untere Bltr. linealisch, obere verkehrt=eiförmig.

2. C. vernalis. *Kütz.* Frühlings=W. — Deckbltr. etwas gebogen; Griffel bald verschwindend; Kanten der Frucht spitz=gekielt. ♃. April—Herbst, s. w. v.

3. C. platycárpa. *Kütz.* Breitfrüchtiger W. — Deckbltr. sichelförmig, an der Spitze ziemlich gerade; Griffel bleibend, ♃. s. w. v.

4. C. hamulata. *Kütz.* Hakenförmiger W. — Deckbltr. kreis=sichelförmig, an der Spitze hakenförmig; Griffel bleibend. ♃. Mit der vorigen nahe verwandt.

c. Bltr. sämmtlich linealisch, am Grunde etwas breiter.

5. C. autumnalis. *L.* Herbst=W. — Kanten der Frucht flügelig=gekielt. ♃. Mehr im westlicheren Gebiet. Tornow, Baumgartenbrück, Tegeler=See. Juli—Oktob.

## 4. Hippúris. *L.* Tannwedel (I. 1).

1. H. vulgaris. *L.* Gemeiner T. — ♃. Gräben, stehende Gewässer ziemlich häufig. Tornow, Thiergarten u. s. w. Juli. Aug. Blkr. klein, blattwinkelständig, sitzend, grün mit röthlichem Staubbeutel. H. 1—3′, manchmal fluthend.

## 10. Ordn. Succulenten. *Bartl.* Saftgewächse.

Der in der Knospe meist dachige, 5gliedrige Kelch dem Fruchtknoten angewachsen oder frei; Blumenkronblätter 3—20, in der Knospe dachig, nebst den 3 bis zahlreichen Staubgefäßen kelchständig; Pistill aus 2—20 Fruchtblättern gebildet; Kapsel oder hülsenförmige Früchte. Blätter meist fleischig. Fam. 25—26.

### 25. Fam. Saxifrageen. *Vent.* Steinbreche.

Kelchzipfel und Blkrbltr. 4—5, letztere kelchständig; Staubgef. 4—10; Kapsel 1—2fächerig, von den bleibenden 2 Griffeln 2schnäbelig.

#### 1. Saxifraga. *L.* Steinbrech (X. 2).

1. S. Hirculus. *L.* Cistenblumiger St. — Stämmchen niedergestreckt, fadenförmig. Stengel beblättert; Bltr. lanzettlich, ganzrandig. ♃. Torfhaltige Wiesen nicht häufig. Hinter Oranienburg, bei Grüneberg und Strausberg, Neustadt-Ebersw. Juli. Aug. Blkr. groß, goldgelb, ausgebreitet. H. 4—10″.

2. S. tridactylites. *L.* Dreifingeriger St. — Stengel einzeln, beblättert; untere Bltr. verkehrt-ei-spatelförmig, ungetheilt oder 3lappig, obere handförmig-3spaltig. ☉. Mauern, Sandfelder zerstreut. Potsdam an der Kirchhofsmauer, Sakrow, Berlin bei der Moabiter Brücke, Pankow, Schönhausen u. s. w. April. Mai. Blkr. klein, weiß; Blthnstiele 1blumig. H. 2—6″.

3. S. granulata. *L.* Knollentragender St. — Wurzelstock mit körnigen Knollen besetzt; Stengel armblättrig, unten weich-, oben drüsighaarig; untere Bltr. nierenförmig, lappig-gekerbt, obere 3—5spaltig. ♃. Waldränder, grasige Hügel häufig. Brauhausberg, Hasenheide u. s. w. Neustadt-Ebersw. Mai. Juni. Blkr. groß, weiß. H. $\frac{1}{2}$—1′.

#### 2. Chrysosplenium. *Tourn.* Milzkraut (VIII. oder X. 2).

1. Ch. alternifolium. *L.* Wechselblättriger M. — ♃. Quellige, sumpfige Stellen ziemlich häufig. Potsdam, Ravensberge, Thiergarten, Pankow, Schönhausen, Tegel, im Brieselang u. s. w. März. April. Kelch und Deckbltr. goldgelb. H. 3—6″.

## 26. Fam. Crassulaceen. *DC.* Dickblattgewächse.

Kelchzipfel und Blkrbltr. meist 5, seltener 3—12; Staubgef. meist 10; Früchtchen balgkapselig, 3—12. Saftige Kräuter mit fleischigen, meist einfachen Bltrn.

### 1. Sedum. *L.* Fetthenne (X. 5).

1. S. maximum. *Sut.* Große F. — Bltr. groß, flach, breit, länglich oder eiförmig, stumpf, sitzend. ♃. Wälder häufig. Brauhausberg, Hasenheide u. s. w. Mitte Aug. S. Telephium. *L.* Blkr. grünlich-gelb. H. $\frac{3}{4}$—$1\frac{1}{2}$'.

2. S. villosum. *L.* Drüsenhaarige F. — Bltr. linealisch, stielrund, nebst der Rispe drüsig-weichhaarig. ⨀. Torfige Wiesen, Bergwiesen zerstreut. Grunewald, Teltow, Steglitz. Juli. Aug. Blkr. rosenroth. H. 4—8''.

3. S. acre. *L.* Scharfe F. oder Mauerpfeffer. — Bltr. klein, stielrund, eiförmig, mit stumpfem Grunde sitzend, ohne Stachelspitze. ♃. Sonnige Hügel, Mauern, Sandfelder sehr gemein. Juni. Juli. Blkr. gelb. H. 2—6''. Aendert ab: S. sexangulare *L.* Bltr. dünner, walzenförmig, an den blühenden Zweigen dicht-dachziegelig, Trugdolde 3theilig; geschmacklos.

4. S. reflexum. *L.* Zurückgekrümmte F. — Bltr. linealisch-pfriemlich, stielrund, am Grunde mit kurzem, stumpflichem Anhängsel versehen, kurz-stachelspitzig. ♃. Trockene, sandige Oerter zerstreut. Brauhausberg, Grunewald, Pichelsberg u. s. w. Juli. Aug. Blkr. gelb. Gekrümmter Stengel $\frac{1}{2}$—1' hoch.

### 2. Sempervivum. *L.* Hauslauch (XI. 4).

1. S. tectorum. *L.* Dach-H. — ♃. Süd-Deutschland, bei uns auf Mauern und Dächern angepflanzt. Juli. Aug. Blkr. rosenroth. H. $\frac{3}{4}$—$1\frac{1}{2}$'.

## 11. Ordn. Caryophyllinen. *Bartl.* und *Wendl.* Nelkengewächse.

Kelch und Blumenkrone oder Blüthenhülle frei, 2—5gliederig, in der Knospe dachig; Staubgefäße 4, 5, 8 oder 10, unterweibig oder kelchständig; eine einfächerige Kapsel oder Schlauchfrucht. Fam. 27—33.

## 27. Fam. Sileneen. *Bartl.* Nelken.

Bleibender Kelch und die Blkr. 5—6gliedrig; letztere mit den benagelten Bltrn. und den 10 Staubgef. unterweibig; Kapsel vielsamig; Bltr. gegenständig, nebenblattlos; Stengel meist knotig-gegliedert (X).

### 1. Diánthus. *L.* Nelke.

A. Blthn. in endständigen Köpfchen.

1. D. prólifer. *L.* Sprossende N. — Stengel kahl; die 6 Hüllschuppen des 3—12 Blthn. enthaltenden Köpfchens durchscheinend-häutig. ⊙. Sandfelder, sonnige, kalkige Hügel. Potsdam, Glindow, Baumgartenbrück, Kreuzberg, Rollberge, Tempelhof, Grunewald, Taßdorf u. s. w. Juli—Sept. Blkr. klein, rosenroth. H. $\frac{1}{2}$—1′.

B. Blthn. büschelig oder büschelig-kopfig.

2. D. Carthusianórum. *L.* Karthäuser-N. — Stengel kahl; Bltr. linealisch, ihre Scheiden 4mal länger als die Breite des Blatts; Kelchschuppen lederartig, braun, trockenhäutig, pfriemlich-begrannt. ♃. Grasige Hügel und Triften gemein. Juli—Sept. Blkr. groß, blutroth, am Grunde weißhaarig. H. $\frac{1}{2}$—$1\frac{1}{2}$′.

3. D. Arméria. *L.* Rauhe N. — Stengel nebst den linealisch-lanzettlichen Bltrn. weichhaarig; Blattscheiden so lang als die Breite des Blatts; Kelchschuppen krautig, rauhhaarig. ⊙. Waldblößen, trockene Gebüsche. Taßdorf, Heidekrug. Juli. Aug. Blkr. hell purpur- oder karminroth, weiß punktirt, klein, am Grunde mit einigen Härchen und einem dunkleren Streifen. H. 1—2′.

C. Blthn. einzeln oder rispig.

1. Krbltr. gezähnt.

4. D. deltoides. *L.* Deltablumige N. — Stengel weichhaarig, mit 1blüthigen Aesten. ♃. Trockene Wiesen, Waldränder ziemlich häufig. Juni—Sept. Blkr. purpurroth, mit weißen Punkten und einem dunkleren Ringe. H. $\frac{1}{2}$—$1\frac{1}{2}$′.

2. Krbltr. fiederspaltig-eingeschnitten.

5. D. arenarius. *L.* Sand-N. — Stämmchen nieder-

liegend, wurzelnd, sehr ästig, dicht-rasig; Stengel meist 1blüthig. ♃. Sandboden selten. Hasenheide. Juli—Sept. Platte der wohlriechenden Blkr. weiß, am Grunde mit einem grünen Fleck, der mit weißen Härchen besetzt ist. H. 6—9″.

6. D. superbus. *L.* Pracht-N. — Stengel meist einzeln, 2- bis mehrblüthig. ⊙ und ♃. Wiesen, Bergwälder. Potsdam hinter dem Neuen-Palais, Bagow, Schöneberg, Wilmersdorf, Schönhausen, Franz. Buchholz, Friedrichsfelde, Rhinluch u. s. w. Juli—Sept. Blkr. fleischfarben, groß, wohlriechend, mit purpurnen Härchen. H. 1—2′.

In Gärten werden noch cultivirt: D. plumarius *L.* (Federnelke), aus Mittel-Deutschland, D. caryophyllus *L.* (Gartennelke) aus Italien.

### 2. Gypsóphila. *L.* Gypskraut.

1. G. fastigiata. *L.* Ebensträußiges G. — Stengel aus niedergestrecktem Grunde aufrecht, am Gipfel gedrungen-ebensträußig, oberwärts nebst den Aesten schmierig-weichhaarig; Blkrbltr. ganzrandig. ♃. Gypshügel, Sandfelder. Rixdorfer Heide, Friedersdorfer Forst, Johannisthal, Juni—Aug. Blkr. klein, weißlich. H. $\frac{1}{2}$—$1\frac{1}{2}$′.

2. G. muralis. *L.* Mauer-G. — Blthn. zerstreut; Kr.-bltr. gekerbt oder ausgerandet. ⊙. Sandige Brachäcker, Mauern ziemlich häufig. Caput, Tempelhof, Jungfernheide, Hasenheide, Steglitz u. s. w. Juli. Aug. Blkr. klein, doppelt so groß als von G. fast. rosenroth mit dunkleren Adern. H. 2—6″.

### 3. Saponária. *L.* Seifenkraut.

1. S. Vaccária *L.* Kuh-S. — Wurzel senkrecht; Kelch 5flügelig; Krbltr. am Grunde ohne Anhängsel. ⊙. Auf Lehm- und Kalkboden unter Getreide. Zwischen Germendorf und Oranienburg. Juni. Juli. Bltr. fleischfarben. H. 1—2′.

2. S. officinalis. *L.* Gebräuchliches S. — Wurzelstock weit kriechend; Kelch walzenförmig, ohne Flügel; Krbltr. am Schlunde mit 2 spitzen Zähnen. ♃. Hecken, Flußufer, auf Sandboden ziemlich häufig. Potsdam im Neuen Garten, in der Großen Weinmeisterstraße auf Ackerrändern, um Berlin, Weißensee, Pankow, Friedrichsfelde, Rüdersdorf, Hohen-Finow. Juli—Sept. Blkr. weiß, oft mit röthlichem Anfluge, nicht selten gefüllt. H. 1—$1\frac{1}{2}$′.

### 4. Cucúbalus. *Tourn.* Hühnerbiß.

1. C. baccíferus. *L.* Beerentragender H. — Beere kugelig, schwarzglänzend. ♃. Gebüsch, an Flüssen und Bächen zerstreut. Neu-Hardenberg, Cunersdorf, Wriezen. Juli—Sept. Blkr. grünlich-weiß. H. 3—4'.

### 5. Siléne. *L.* Taubenkropf.

A. Krbltr. am Schlunde ohne Schuppen.

a. Krbltr. 2spaltig.

1. S. inflata. *Sm.* Aufgeblasener T. — Blthnstand ebensträußig-rispig; Kelch eiförmig, aufgeblasen, vielstreifig, netzig-aderig, kahl. ♃. Aecker, Wiesen häufig. Juni bis Aug. Cucubalus Behen. *L.* Blkr. weiß. Pflanze mit einem bläulichen Reif überzogen, ganz kahl. H. ¾—1½'. Zweihäusig oder vielehig w. d. f.

b. Krbltr. ungetheilt, linealisch, grünlich.

2. S. Otites. *Sm.* Ohrlöffel-T. — Blthnstand rispig, Rispe quirlig-traubig, Quirle reichblüthig. ♃. Unbebaute Hügel, Sandfelder zerstreut. Potsdam, Spandau, Berlin, Jungfernheide, Taßdorf u. s. w. Mai—Aug. Blkr. klein, grünlich. H. 1—2'.

B. Krbltr. am Grunde mit Schuppen.

a. Blthn. überhängend, in einseitswendiger Rispe oder Traube.

3. S. nutans. *L.* Nickender T. — Stengel weichhaarig, oberwärts drüsig-klebrig; Aeste der Rispe gegenständig, 3gabelig-verzweigt, 3—7blüthig; Kelch röhrig mit spitzen Zähnen. ♃. Trockene Hügel und Wälder gemein. Juni. Juli. Blkr. weiß. H. 1—2'.

4. S. chlorantha. *Ehrh.* Grünblumiger T. — Kahl; Aeste der Traube gegenständig, 1—3blüthig; Kelch röhrig mit stumpfen Zähnen. ♃. Sandige Hügel, Rand der Kiefernheiden nicht häufig. Potsdam bei Klein-Glienicke und der Moorlanke, um Berlin, an den Bambergen, Reineckendorf, Sandkrug und Hermsdorf, Spandau, Neustadt-Ebersw. Juli. Aug. Blkr. gelblich-grün. H. 1—2'.

b. Blthnstand ebensträußig, oder ebensträußig-rispig.

5. S. noctiflora. *L.* Nächtlichblühender T. — Stengel nebst

den Blthnstielen klebrig-zottig; Krbltr. tief-2spaltig; Kelch länglich, 10streifig. ☉. Aecker ziemlich häufig. Wilmersdorf, Groß-Ziethen, Oranienburg, Fehrbellin. Juli—Sept. Blkr. hell-fleischfarben. H. $\frac{1}{2}$—1′.

### 6. Viscaria. *Rivin.* Pechnelke.

1. V. vulgaris. *Röhling.* Gemeine P. — Stengel kahl, oberwärts braun und klebrig. ♃. Buschige Bergabhänge gemein. Mai. Juni. Lychnis Viscaria *L.* Blkr. hellroth. H. 1—1½′. In Gärten gefüllt.

### 7. Agrostemma. *L.* Kranzrade.

1. A. Flos cuculi. *Don.* Kukuksblume. — Krbltr. bis über die Mitte 4spaltig. ♃. Wiesen, feuchte Gebüsche ganz gemein. Mai—Juli. Lychnis flos cuculi *L.* Blkr. hell-purpurroth. H. 1—2′.

### 8. Lychnis. *Tourn.* Lichtnelke.

1. L. alba. *Mill.* Weiße L. — Obere Bltr., Blthnstiele und Kelch drüsig-kurzhaarig; Kapsel mit vorgestreckten Zähnen. ☉. Aecker und Waldränder, Gebüsche sehr häufig. Juni bis Herbst. L. vespertina *Sibth.* Blthn. 2häufig. Blkr. weiß, sehr selten fleischroth, am Abend geöffnet, wohlriechend. H. 1—3′.

2. L. rubra. *P. M. E.* Rothe L. — Die ganze Pflanze von drüsenlosen Haaren zottig; Kapsel mit zurückgerollten Zähnen. ♃. Feuchte Laubwälder, Grabenränder zerstreut. Potsdam, Fehrbellin. L. diurna. *Sibth.* L. dioica var. a. rubra. *Weigel.* Blthn. 2häufig. Blkr. schön purpurroth, am Tage geöffnet, geruchlos. H. 1—2′.

### 9. Githago. *Desf.* Rade.

1. G. segetum. *Desf.* Korn- oder Acker-R. — ☉. Unter Getreide gemein. Juni. Juli. Lychnis Githago. *Lmk.* Agrost. Gith. *L.* Blkr. groß, purpurroth, gestreift. H. 2—3′.

## 28. Fam. Alsineen. *Bartl.* Mieren.

Kelch 4—5blättrig, meist bleibend; Blkr. 4—5blättrig, im Grunde des Kelchs, oft auf einem drüsigen, mit dem Kelche verwachsenen Ringe eingefügt, selten fehlend; Staubgefäße meist 10;

Griffel 2—5; Kapsel aufspringend, meist vielsamig. Kräuter mit gegliedertem Stengel, gegenständigen ganzen Bltrn., weißen Blthn. in gipfelständigen, wiederholt-gabeligen Trugdolden, der nördlichen gemäßigten und kalten Zone (X).

## 1. Sagina. *L.* Mastkraut.

a. Kelchbltr. 4, deutlich länger als die 4 Krbltr.

1. S. procumbens. *L.* Niederliegender M. — Stengel niederliegend, am Grunde wurzelnd; Bltr. nicht gewimpert; alle Kelchbltr. stumpf, ohne Stachelspitzchen; Blthnstiele nach dem Verblühen hakenförmig herabgekrümmt, zur Fruchtreife wieder aufrecht. ♃. Aecker, feuchte Sandstellen gemein. Mai—Sept. Krbltr. klein, stumpf, weiß. H. 1—2″.

2. S. apétala. *L.* Blumenblattloses M. — Stengel aufrecht; Bltr. am Grunde gewimpert; Kelchbltr. stumpf, die 2 äußeren sehr kurz-stachelspitzig; Blthnstiele stets aufrecht. ☉. An denselben Orten, doch seltener als d. v. Mai. Juni. Krbltr. verkehrt-herzförmig, weiß, sehr klein, bald verschwindend. H. 2—4″.

b. Blthntheile 5zählig.

3. S. nodosa. *Bartl.* Knotiges M. — Krbltr. doppelt so lang als der Kelch. ♃. Sumpfige, torfige Wiesen, feuchter Sandboden ziemlich häufig. Juli. Aug. Spergula nodosa *L.* Blkr. klein, weiß. H. 3—6″, meist ausgebreitet.

## 2. Spérgula. *L.* Sperk oder Spark.

1. S. arvensis. *L.* Feld-S. — Bltr. linealisch-pfriemlich, quirlförmig-gebüschelt, oberseits gewölbt, unterseits mit einer Furche durchzogen; Same kugelig-linsenförmig, fein punktirt oder fein-warzig, sehr schmal geflügelt. ☉. Sandfelder gemein. Juni. Juli. Arenaria arvensis. *Wallr.* Blkr. weiß. H. ½—3′. Staubgef. meist 10, manchmal nur 5—7. Aendert ab: a) S. sativa. *Bönngh.* Same sammetschwarz, kahl, von sehr feinen Punkten rauh. b) S. vulgaris. *Bönngh.* Same mit weißlichen, zuletzt braunen Warzen besetzt. c) S. maxima. *Weihe.* Same fast 3mal so groß, auch die Pflanze höher als bei b.

2. S. Morisonii. *Boreau.* Morison's S. — Bltr. unterseits ohne Furche; Krbltr. eirund, sich gegenseitig

deckend; Staubfäden 10, sehr selten 6—8; Same flach-zusammengedrückt, mit einem breiten, strahlig-gerieften Flügelrande umgeben. ☉. Trockene, sandige Hügel, Nadelwälder stellenweise. April. Mai. S. pentandra der Autoren. Blkr. weiß; Samenflügel braun. H. 3—9″.

3. S. pentandra. *L.* Fünfmänniger S. — Krbltr. lanzettlich, sich nicht deckend; Staubgef. 5; sonst w. v. ☉. Trockene, sandige Aecker, sehr selten. Bisher nur bei Brandenburg. April. Mai. Blkr. weiß; Samenflügel weiß, etwas breiter, als an der v. H. 2—6″.

### 3. Spergularia. *Presl.* Schuppenmiere.

1. S. rubra. *Presl.* Rothe S. — Bltr. linealisch-fadenförmig, stachelspitzig, beiderseits flach; Kelchbltr. stumpf, nervenlos, am Rande häutig; Kapsel so lang als der Kelch; Same fast 3eckig. ♃. Sandiger Boden gemein. Mai—Sept. Alsine rubra. *Whlnbg.* Blkr. rosenroth. H. 3—5″.

2. S. marina. *Grcke.* Salz-S. — Bltr. stumpflich, beiderseits gewölbt; Kapsel wenig länger als der Kelch; Same verkehrt-eiförmig, zusammengedrückt, nicht 3eckig, sonst w. v. ☉. Salzhaltige Orte. Uetz, Treuenbrietzen, im Selbelang und im Havelländischen Luche. Mai—Sept. Lepigonum medium. *Whlnbg.* Blkr. blaßroth. H. 4—8″.

### 4. Moehringia. *L.* Möhringie.

1. M. trinervia. *Clairv.* Dreinervige M. — Bltr. eiförmig, spitz, 3—5nervig, Kelchbltr. 3nervig. ☉. Wälder, Gebüsche, Zäune gemein. Mai. Juni. Arenaria trinervia. *L.* H. ½—1′.

### 5. Arenária. *L.* Sandkraut.

1. A. serpyllifolia. *L.* Quendelblattriges S. — ☉. Aecker, Hügel gemein. Juli. Aug. Blkr. weiß. H. 2—4″.

### 6. Holósteum. *L.* Spurre.

1. H. umbellatum. *L.* Doldenblüthige Sp. — ☉. Aecker u. s. w. gemein. März—Mai. Blkr. weiß. Kraut bläulich-grün. H. 2—8″.

## 7. Stellária. *L.* Vogelkraut.

A. Kelch am Grunde abgerundet.

a. Stengel stielrund; untere Bltr. gestielt.

1. St. nemorum. *L.* Hain-V. — Stengel oberwärts zottig; Bltr. herzförmig, zugespitzt; Krbltr. tief-2spaltig, doppelt so lang als die Kelchbltr. ♃. Feuchte, schattige Laubwälder. Schmachtenhagen, Oranienburg, Falkenthal und Liebenberg. Mai. Juni. Blkr. weiß, mit durchsichtigen Adern. H. 1—2′.

2. St. media. *Vill.* Vogelmiere. — Stengel einzeilig-behaart; Bltr. eiförmig, kurz-zugespitzt; Krbltr. 2theilig, so lang oder kürzer als der Kelch. ⊙. Bebauter Boden, das gemeinste Unkraut. März—Oktob. Alsine media. *L.* Stengel von 3″—2′ lang.

b. Stengel kantig; Bltr. sämmtlich sitzend.

3. St. Holóstea. *L.* Großblumiges V. — Bltr. lanzettlich, lang-zugespitzt, am Rande und auf dem Kiele rauh; Deckbltr. krautartig. ♃. Laubwälder, Gebüsche überall häufig. April. Mai. Blkr. groß, weiß. H. 1—1½′.

4. A. glauca. *Wither.* Meergrünes V. — Bltr. lineallisch-lanzettlich, ganz kahl; Deckbltr. trockenhäutig, am Rande ungewimpert. ♃. Feuchte Wiesen, Gräben häufig. Juni. Juli. St. graminea. var. b. *L.* Blkr. weiß, kleiner, als die der v. H. 8—16″.

5. St. graminea. *L.* Großblättriges V. — Bltr. schmal-lanzettlich, am Grunde etwas gewimpert, kahl; Deckbltr. trockenhäutig, am Rande gewimpert. ♃. Wiesen, Grasplätze gemein. Mai—Juli. Blkr. weiß, halb so groß als die der v. H. ½—1½′.

B. Kelch am Grunde kurz-trichterförmig; Stengel kantig, kahl.

6. St. uliginosa. *Murr.* Sumpf-V. — Bltr. sitzend, länglich-lanzettlich, am Grunde etwas gewimpert; Deckbltr. trockenhäutig, am Rande kahl. Krbltr. tief-2spaltig, kürzer als der Kelch. ♃. Gräben, sumpfiger Waldboden häufig. St. gram. var. c. *L.* St. Alsine. *Reichard.* Blkr. w. v. Stengel ½—1′ lang.

7. St. crassifolia. *Ehrh.* Dickblättriges V. — Deckbltr.

krautartig; Krbltr. 2theilig, länger als der Kelch. ♃. Feuchte, torfige Wiesen. Grunewald, Jungfernheide, Buschkrug, Taßdorf. Juli. Aug. H. 2—6″.

### 8. Alsine. *Whlnbg.* Alsine.

1. A. tenuifolia. *Whlnbg.* Schmalblättrige A. — Bltr. pfriemlich-borstenförmig, 3nervig, nebst dem Stengel fast völlig kahl; Kelchbltr. fast ei-lanzettlich, länger als die ovalen Krbltr. und kürzer als die Kapsel. Mai. Juni. ☉. Kalkboden, sandige Aecker, zerstreut. Weißensee, Tempelhof u. s. w. Blkr. weiß. H. 2—4″.

2. A. viscosa. *Schreb.* Klebrige A. — Feinhaarig-drüsig; Kelchbltr. lanzettlich-pfriemlich, trockenhäutig, länger als die länglichen Krbltr. und länger als die Kapsel. ☉. Sandige Triften, Brachfelder zerstreut. Weißensee, Potsdam hinter dem Neuen Palais u. s. w. Mai. Juni. Blkr. weiß. H. 2—4″.

### 9. Moenchia. *Ehrh.* Mönchie.

M. erecta. *Fl. Wett.* Aufrechte M. — ☉. Triften und Heideboden selten. Groß-Bähnitz. April. Mai. M. quaternella. *Ehrh.* Blkr. weiß. Kraut bläulich-grau, kahl. H. 1—4″.

### 10. Maláchium. *Fr.* Weichling.

1. M. aquaticum. *Fr.* Wasser-W. — ♃. Schattige, feuchte Orte gemein. Juni—Aug. Cerastium aquat. *L.* Blkr. weiß. Stengel 1—3′ lang.

### 11. Cerástium. *L.* Hornkraut.

A. Krbltr. kürzer oder so lang als der Kelch.

a. Deckbltr. sämmtlich krautartig, behaart.

1. C. glomeratum. *Thuill.* Geknäueltes H. — Blthn. geknäuelt; Deckbltr. und Kelchbltr. überall behaart. ☉. Grasige Orte, lehmige Aecker häufig. Mai—Aug. C. vulgatum. *L.* Blkr. weiß. Kraut blaß- oder fast gelbgrün. H. 3—6″.

b. Deckbltr. und Kelchbltr. am Rande trockenhäutig, an der Spitze kahl.

2. C. semidecandrum. *L.* Fünfmänniger H. — Stengel meist aufrecht, nicht wurzelnd; Kelchbltr. an der Spitze ausgebissen-gezähnelt. ☉. Sonnige Hügel, Triften gemein. März—Mai. Blkr. weiß. H. 1—3″.

3. C. triviale. *Link.* Gemeines H. — Stengel aufsteigend, seitenständige an den unteren Gelenken wurzelnd; Kelchbltr. an der Spitze ganzrandig. ⊙ und ⊙. Felder, Wegränder gemein. Mai—Oktob. Blkr. weiß. H. 4—12″.

c. Untere Deckbltr. krautartig, obere halb-trockenhäutig, an der Spitze kahl, mit fast auslaufendem, krautartigem Streife.

4. C. glutinosum. *Fr.* Klebriges H. — Fruchtstiele wagerecht-abstehend; Kelchbltr. an der Spitze ganzrandig. ⊙. Felder häufig. April. Mai. C. pumilum. *Curtis.* Blkr. weiß. H. 3—8″.

B. Krbltr. doppelt so lang als der Kelch.

5. C. arvense. *L.* Acker-H. — Stämmchen niedergestreckt, am Grunde wurzelnd. ♃. Wegränder, sandige, sonnige Felder gemein. April. Mai. Blkr. weiß. H. 4—8″.

## 12. Elatine. *L.* Tännel (VIII. 4).

a. Bltr. gegenständig. Samen gekrümmt.

1. E. Hydropiper. *L.* Pfefferfrüchtiger T. — Blthn. sitzend, oder sehr kurzgestielt; Blkr. 4blättrig, 8männig. ⊙. Ueberschwemmte, feuchte Orte zerstreut. Weißensee, Tempelhof. Juni bis Aug. Blkr. weiß oder nach oben zu geröthet. H. 1—4″.

2. E. triandra. *Schk.* Dreimänniger T. — Blthn. sitzend; Blkr. 3blättrig, 3männig. ⊙. Am Rande der Sümpfe und Teiche. Beelitz? Juni—Aug. s. w. v. Kelch 2spaltig.

3. E. hexandra. *DC.* Sechsmänniger T. — Blthn. gestielt, Blthnstiele so lang oder länger als die Frucht; Blkr. 3blättrig, 6männig. ⊙. An ähnlichen Orten w. v. zerstreut. Weißensee, Tempelhof. Juni—Aug. Blkr. w. v. Kelch 3spaltig.

b. Bltr. quirlständig. Samen gerade.

4. E. Alsinástrum. *L.* Quirliger T. — Stengel bei der Landform aufrecht, bei der Wasserform schwimmend, röhrenförmig; Blkr. 4blättrig, 8männig. ♃. Teiche, Sümpfe nicht häufig. Weißensee, zwischen Tempelhof und Mariendorf, Weg nach der Jungfernheide, Groß-Ziethen, Schwielungsee. Juli. Aug. Blkr. grünlich-weiß. Höhe der Landform kaum 1″, der Wasserform $\frac{1}{2}$—$1\frac{1}{2}$′.

## 29. Fam. Portulaceen. *Bartl.* Fettkräuter.

Kelch 2blättrig oder 2spaltig; Blkr. mit 5, selten mit 3, 4 oder 6 Bltrn. oder fehlend; Staubgef. eben so viele und den Bltrn. angewachsen oder viele freie Staubgef., im Kelchgrunde befestigt; Griffel 1 oder fehlend; Kapsel umschnitten- oder klappig-aufspringend, 1fächerig. Kräuter oder kleine Sträuche, mit fleischigen Bltrn.

### 1. Portuláca. *Tourn.* Portulak (XI. 1).

1. P. oleràcea. *L.* Gemeiner P. — Stengel nebst den Aesten niedergestreckt; Kelchzipfel stumpf-gekielt. ⊙. Deutsche Meeresstrands-Pflanze, bei uns in Gärten gebaut, hie und da verwildert. Elsholz. Juni—Sept. Blkr. gelb. H. 3—8″, liegend.

2. P. sativa. *Haw.* Gebauter P. — Stengel aufrecht mit aufstrebenden Aesten; Kelchzipfel auf dem Rücken geflügelt-zusammengedrückt. ⊙. Häufig angebaut. Juni bis Sept. Viel größer und fleischiger als die v.

### 2. Móntia. *Mich.* Montie (III. 1).

1. M. minor. *Gmel.* Kleine M. — Stengel etwas aufsteigend, nur einige Zoll lang; Bltr. hellgrün; Same fast glanzlos. Knötig-rauh. ⊙. Feuchte Sandplätze und Aecker zerstreut. Elsholz, Landesbaumschule in Geltow, Teltow, Tempelhof, Charlottenburg, Steglitz, Neustadt-Ebersw. Mai. M. fontana. *L.* zum Theil. Blkr. klein, weiß. H. 1—4″.

## 30. Fam. Paronychieen. *St. Hil.* Paronychiengewächse.

Kelch meist 5theilig, bleibend; Bltr. eben so viel, oft klein, schuppenförmig, kelchständig, selten fehlend; Staubgef. meist 5, frei, kelchständig; Griffel 2—3; eine 3klappige oder geschlossene Kapsel, 1- oder vielsamig. Kleine Kräuter oder Halbsträuche mit meist gegenständigen, ungetheilten Bltrn. und kleinen Blthn., den Alsineen ähnlich.

### 1. Corrigíola. *L.* Strandling (V. 3).

1. C. littoralis. *L.* Gemeiner St. — ⊙. Sandige, feuchte Plätze, Kies der Flüsse zerstreut. Baumgartenbrück, Jungfernheide,

Schöneberger Busch, Hasenheide, Gesundbrunnen u. s. w. Juli. Aug. Blkr. sehr klein, weiß, meist geschlossen, kugelförmig. H. 3—9''.

**2. Herniaria.** *Tourn.* **Tausendkorn** (V. I).

1. H. glabra. *L.* Kahles T. — ♃. Sandige Brachäcker, Wege gemein. Juli—Oktob. Blkr. sehr klein, gelbgrün. Stengel 2—6'' lang.

**3. Illécebrum.** *Tourn.* **Knorpelblume** (V. 1).

1. I. verticillatum. *L.* Quirlblüthige K. — ♃. Feuchte Sandplätze, Torfbrüche zerstreut. Elsholz, Reineckendorf, Charlottenburg, Friedrichsfelde. Juli. Aug. Blkr. schneeweiß. Stengel 2—9'' lang.

## 31. Fam. Sclerantheen. *Link.* Knauelgewächse.

Blthnhülle glockig, Saum 4—5theilig; Schlund durch einen drüsigen Ring verengt, auf dem die 5 oder 10 Staubgef. stehen; Griffel 1—2; Schlauchfrucht häutig, in der erhärteten Blthnhüllenröhre eingeschlossen. Kleine Kräuter mit gegenständigen, ungetheilten Bltrn. und trugdoldigen Blthn.

**1. Scleránthus** *L.* **Knauel** (X. 2).

1. S. annuus. *L.* Einjähriger K. — Einjährig; Kelchzipfel eiförmig, ziemlich spitz, mit einem sehr schmalen weißlichen Rande, zur Fruchtzeit etwas abstehend. ⨀. Sandfelder, feuchte Aecker gemein. Juni—Oktob. Blkr. grünlich. H. 3—8''.

2. S. perennis. *L.* Ausdauernder K. — Ausdauernd; Kelchzipfel linealisch-länglich, abgerundet stumpf, mit einem breiten, weißen Rande, zur Fruchtzeit fast geschlossen. ♃. Aecker, Felder, Nadelwälder gemein. Mai—Oktober; sonst w. v.

## 32. Fam. Amarantaceen. *R. Br.* Amarantgewächse.

Blthnhülle meist 3- oder 5blättrig, von 2—3häutigen Deckbltrn. hüllenartig gestützt; Staubgef. 3—5, unterweibig. Frucht schlauchig oder kapselartig, geschlossen oder umschnitten. Meist Kräuter mit ungetheilten Bltrn. und geknäuelten Blthn.

**1. Amarántus.** *L.* **Amarant (XXI. 5).**

1. A. Blitum. *L.* Gemeiner A. — Stengel ausgebreitet, kahl; Blthn. 3männig. ⊙. Wüste Stellen, Wege, Zäune häufig. Juli. Aug. Blthnhülle grün. H. ½—1'.

2. A. retroflexus. *L.* Rauhhaariger A. — Stengel aufrecht, kurzhaarig; Blthn. 5männig; Deckbltr. dornigstachelspitzig. ⊙. Bebaute Oerter, Aecker hin und wieder. Bornstedt, Pfaueninsel, Schöneberg. Blthnhülle gelblich-grün. H. ½—3'.

In Gärten werden noch besonders gezogen: A. caudatus. *L.* (rother Fuchsschwanz) aus Persien, A. tricolor. *L.* (Dreifarbiger A.) seiner gefleckten Bltr. wegen.

## 33. Fam. Chenopodiaceen. *DC.* Melden.

Blthnhülle 5theilig, bleibend, ohne deckblättrige Hülle; Staubgef. 5 oder weniger, kelchständig; eine geschlossene Schlauchfrucht, oder Karyopse, oft von der fleischigen, vergrößerten Blthnhülle eingeschlossen.

**1. Sálsola** *L.* **Salzkraut (V. 2).**

1. S. Kali. *L.* Gemeines S. — ⊙. Sandige Orte stellenweise häufig, besonders um Berlin. Juli. Aug. Blthnhülle klein, grün. H. ½—1'.

**2. Salicórnia** *Tourn.* **Glasschmalz (II. 1).**

1. S. herbácea. *L.* Krautartiges G. — ⊙. Auf Salzboden. Im Selbelang. Aug. Sept. H. ½—1'.

**3. Polycnémum.** *L.* **Knorpelkraut (III. 1).**

1. P. arvense. *L.* Acker-K. — ⊙. Sandige Aecker, zerstreut. Um Berlin in den Rollbergen, Hasenheide, Schöneberg, Tempelhof, Pankow, Pichelswerder u. s. w. Juni—Aug. H. 2—6".

**4. Chenopódium.** *Tourn.* **Gänsefuß (V. 2).**

A. Bltr. herzförmig, tief-buchtig-eckig, mit zugespitzten Ecken.

1. Ch. hybridum. *L.* Unächter G. — Trugdolden rispig; Same grubig-punktirt. ⊙. Bebauter Boden, Schutt häufig. Juli. Aug. H. 1—3'.

B. Bltr. ungleich-gezähnt.

2. Ch. úrbicum. *L.* Steifer G. — Bltr. glänzend, 3eckig; Trugdolden in steif-aufrechten, dem Stengel anliegenden Rispen; Same glänzend, glatt. ⊙. Dörfer, Zäune u. s. w. häufig. Aug. Sept. H. 1—2′.

3. Ch. murale. *L.* Mauer-G. — Bltr. rauten-eiförmig, glänzend; Trugdolden ausgespreitzt; Same glanzlos. ⊙. Schutt, unbebaute Plätze gemein. Juli—Sept. H. $\frac{1}{2}$—$1\frac{1}{2}$′.

4. Ch. album. *L.* Gemeiner G. — Bltr. rauten-eiförmig, glanzlos, untere klein-gezähnt, obere länglich, ganzrandig; Trugdolde fast blattlos; Same glatt, glänzend. ⊙. Aecker, Schutt gemein. Juli—Sept. H. $\frac{1}{2}$—2′.

5. Ch. opulifolium. *Schrad.* Schneeballblättriger G. — Bltr. rundlich-rautenförmig, fast 3lappig, sehr stumpf; Same glatt, glänzend. ⊙. Wege, wüste Plätze zerstreut. Um Berlin, an mehreren Orten, wie am botanischen Garten. Juli bis Sept. H. 1—2′.

6. Ch. glaucum. *L.* Meergrüner G. — Bltr. länglich, unterseits meergrün, mehlig. ⊙. Feuchte Stellen in Dörfern, an Gräben häufig. Juli—Sept. Blitum glaucum. *Koch.* H. $\frac{1}{2}$—$1\frac{1}{2}$′.

C. Bltr. ganzrandig.

7. Ch. polyspermum. *L.* Vielsamiger G. — Bltr. eiförmig, feinspitzig, kahl; fruchttragende Blthnhülle abstehend. ⊙. Wege, bebaute Oerter meist nicht selten. Potsdam, Schöneberg, Stralau, Friedrichsfelde, Tegel, Spandau, Taßdorf, Fehrbellin. Aug. Sept. H. $\frac{1}{2}$—2′.

8. Ch. Vulvaria. *L.* Stinkender G. — Bltr. rauten-eiförmig, grau-mehlig. ⊙. Wege, Mauern, Schutt zerstreut. Juli—Sept. Stengel $\frac{1}{2}$—1′ lang. Riecht nach faulen Heringen.

### 5. Blitum. *Tourn.* Erdbeerspinat (V. 2).

1. B. Bonus Henricus. *C. A. Meyer.* Guter Heinrich. — Bltr. 3eckig-spießförmig, ganzrandig. ♃. Wüste Plätze, Mauern u. s. w. gemein. Mai—Aug. Chenop. Bonus Henr. *L.* H. $\frac{1}{2}$—2′.

2. B. rubrum. *Rchb.* Rother E. — Bltr. glänzend, rautenförmig-3eckig, fast spießförmig-3lappig, buchtig-

gezähnt. ⊙. Wege, Mauern, Dörfer häufig. Juli—Sept. Chenop. rubrum. *L.* Stengel meist roth angelaufen. H. 1—2'.

### 6. Beta. *Tourn.* Runkelrübe (V. 2).

1. B. vulgaris. *L.* Gemeine R. — ⊙ und ⊙. Häufig gebaut. Juli — Sept. H. 2—4'. Die ursprüngliche Form ist B. foliosa. *Ehrh.* Wurzel kaum dicker, als der dünne Stengel, so am Meere. Varietäten sind: B. Cicla. *L.* Garten-R. B. rapacea. *Koch.* Weiße, gelbe, geringelte und rothe R.

### 7. Spinácia. *Tourn.* Spinat (XXII. 4).

1. S. oleracea. *L.* Gemeiner Sp. — ⊙ und ⊙. Ueberall in Gärten gezogen, aus dem Orient. Mai. Juni. H. 1—3'. Aendert ab: S. inermis. *Mnch.* Wehrloser, großer oder holländischer Sp., Fruchthülle glatt. S. spinosa. *Mnch.* Dorniger Winterspinat. Fruchthülle stachelig.

### 8. Átriplex. *Tourn.* Melde (XXI. 5).

A. Weibliche Blthnhülle bei der Reife krautartig oder häutig, bis auf den Grund getheilt.

a. Untere Bltr. herzförmig-3eckig, gezähnt.

1. A. hortense. *L.* Garten-M. — Bltr. beiderseits blaßgrün, glanzlos, gezähnt, nur die obersten ganzrandig; Blthnhülle zur Fruchtzeit rundlich-eiförmig, zugespitzt, ganzrandig. ⊙. Aus der Tatarei, bei uns gebaut und verwildert. H. 1—4'. Die ganze Pflanze manchmal blutroth.

2. A. nitens. *Rebent.* Glänzende M. — Bltr. unterseits silberfarbig, schülfrig, buchtig, oben glänzend-grün; sonst w. v. ⊙. Wüste Plätze, Wege. Elsholz, Wrietzen. Juli. Aug. H. 2—4'.

b. Bltr. linealisch-lanzettlich, scharf-gezähnt oder ganzrandig.

3. A. pátulum. *L.* Ausgebreitete M. — Bltr. lanzettlich, untere gezähnt, fast spießförmig, übrige lanzettlich oder linealisch; untere Aeste spreitzend; Blthnhülle zur Fruchtzeit spieß-rautenförmig. ⊙. Wege, Schutt gemein. Juli. Aug. A. angustifolium. *Sm.* H. 1—3'.

4. A. hastátum. *L.* Spießblättrige M. — Untere Bltr. 3eckig-spießförmig, gezähnt, mittlere spieß-lanzettförmig, oberste

lanzettlich, ganzrandig; unterste Aeste spreitzend; Blthnhülle zur Fruchtzeit 3eckig, ganzrandig oder gezähnelt. ⊙. Wege, Zäune, Schutt häufig. Juni—Aug. A. patulum. *Sm.* A. latifolium. *Whlnbg.* H. 1—3'. Aendert ab: A. patula var. salina. *Wallr.* Pflanze schülfrig-grau. An salzhaltigen Orten. Im Selbelang, Uetz.

B. Weibliche Blthnhülle bei der Reife vom Grunde bis zur Mitte knorpelig-hart, weißlich und bis zur Hälfte zusammengewachsen.

5. A. róseum. *L.* Stern-M. — Die ganze Pflanze grau-grün. ⊙. Wege, Schutt zerstreut. Elsholz, Fahrland, Berlin, Schöneberg, Schmargendorf, Malchow, Spandau. Juli. Aug. H. 1—3'.

## 12. Ordn. Guttiferen. *Bartl.* Guttigewächse.

Kelch frei, 2—8gliedrig, in der Knospe dachig; Blumenkronblätter meist 4—5, in der Knospe gedreht, nebst den meist zahlreichen, getrennten oder verwachsenen Staubgefäßen unterweibig; Kapsel, Beere oder Steinfrucht: Fam. 34.

## 34. Fam. Hypericineen. *DC.* Hartheugewächse.

Kelch und Blkr. 4—5gliedrig, unterweibig; Staubgef. meist zahlreich und in 3—5 Bündel verwachsen; Kapsel oder Beere.

### 1. Hypéricum. *L.* Hartheu, Johanniskraut (XVIII.).

a. Kelchbltr. ganzrandig, drüsenlos (nur bei H. humifusum *L.* bisweilen am Rande drüsig-gezähnt).

1. H. perforatum. *L.* Durchlöchertes H. — Stengel aufrecht, 2kantig; Bltr. eiförmig-länglich, durchscheinend punktirt; Kelchbltr. lanzettlich, sehr spitz, doppelt so lang als der Fruchtknoten. ♃. Gebüsche, Acker- und Wegeränder gemein. Juli. Aug. Blkr. gelb. H. 1—2'.

2. H. quadrángulum. *L.* Vierkantiges H. — Stengel aufrecht, schwach-4kantig; Bltr. eiförmig, zerstreut- und groß-durchscheinend-punktirt; Kelchbltr. elliptisch, stumpf, etwa so lang als der Fruchtknoten. ♃. Waldtriften, Wiesen, Ufer. Bornstedt, Rudower Wiesen, Lindholz, Thiergarten,

Fasanerie bei Berlin, Tegel, Papenberge, im Brieselang. Juli. Aug. Blkr. gelb. H. 1—2'.

3. H. tetrápterum. *Fr.* Vierflügeliges H. — Stengel aufrecht, geflügelt-4kantig; Bltr. eiförmig, dicht-durchscheinend-punktirt; Kelchbltr. lanzettlich, zugespitzt, etwa so lang als der Fruchtknoten. ♃. Feuchte Wiesen, Gräben häufig. Juli. Aug. H. quadrangulare. *Sm.* Blkr. gelb. H. 1—2'.

4. H. humifúsum. *L.* Niederliegendes H. — Stengel niederliegend, fadenförmig, fast 2kantig; Bltr. eiförmig-länglich, durchscheinend-punktirt; Kelchbltr. länglich, stumpf, kurz-stachelspitzig, ganzrandig oder mit einigen feinen Zähnen besetzt, doppelt so lang als der Fruchtknoten. ♃. Sandfelder, Brachäcker, feuchte Triften. Bornim, Entenfang bei Potsdam, Elsholz, Teltow, Schöneberg, Wilmersdorf, Weißensee u. s. w. Juni—Sept. Blkr. gelb. Stengel 2—6'' lang.

b. Kelchbltr. am Rande drüsig-gesägt oder gefranzt.

5. H. montanum. *L.* Berg-H. — Bltr. eiförmig, am Rande schwarz-punktirt, nur die oberen durchscheinend; Blthn. fast kopfartig gedrängt. ♃. Wälder, Gebüsch nicht selten. Brauhausberg, Jungfernheide, Tegel, Rüdersdorf, Friedersdorf, Neustadt-Ebersw. u. s. w. Juni—Aug. Blkr. gelb. H. 1—2'.

## 13. Ordn. Cistifloren. *Bartl.* Cistblüthige.

Kelch frei und wie die unterweibige Blumenkrone meist 5gliedrig und in der Knospe dachig; Staubgefäße meist 5, unterweibig; Kapsel mit wandständigen Samenträgern, selten eine Beere; Samen meist mit Anhängseln. Fam. 35—38.

### 35. Fam. Parnassieen. *Rchb.* Parnaßpflanzen.

Mit einer drüsig-gefranzten, 5blättrigen Nebenkrone.

#### 1. Parnássia. *Tourn.* Herzblatt (V. 4).

1. P. palustris. *L.* Sumpf-H. — ♃. Nasse Wiesen häufig. Juli. Aug. Blkr. weiß, wasserhell-längs-streifig. Nebenkrbltr. gelbgrün. H. $\frac{1}{2}$—$\frac{3}{4}$'.

## 36. Fam. Droseraceen. *DC.* Sonnenthaue.

Mit 5blättriger, regelm. Blkr. und drüsigen Bltrn.

### 1. Drósera. *L.* Sonnenthau (V. 3 oder 5).

1. D. rotundifolia. *L.* Rundblättriger S. — Schaft aufrecht, 3—4mal so lang als die kreisrunden, langgestielten Bltr. ♃. Sumpfige, torfhaltige Wiesen und Moore ziemlich häufig. Grunewald, Tegel u. s. w. Juli. Aug. Blkr. weiß. H. 4—8''.

2. D. anglica. *Huds.* Englischer S. — Schaft aufrecht, doppelt so lang als die linealisch-keilförmigen Bltr. ♃. Torfmoore, seltener als die v. Elsholz, Jungfernheide, Grunewald, Taßdorf, Machenow, Sumpf bei den Müggelsbergen, Caput, Freienwalde. Juli. Aug. Blkr. weiß. H. 6—8''. D. longifolia. *L.* zum Theil. Aendert ab mit verkehrt-ei-spatelförmigen Bltrn.

3. D. intermedia. *Hayne.* Mittlerer S. — Schaft am Grunde bogenförmig oder niederliegend, aufstrebend, wenig länger als die verkehrt-ei-keilförmigen Bltr. ♃. Tiefe Sümpfe und Moore. Grunewald, Teufelssee an den Müggelsbergen, Freienwalde. Juli. Aug. Blkr. weiß. H. 2—4''. D. longifolia. *L.* zum Theil.

## 37. Fam. Violarieen. *DC.* Veilchengewächse.

Mit 5blättriger, unregelm. Blkr., das oberste Blatt meist gespornt oder kaputzenförmig.

### 1. Viola. *Tourn.* Veilchen (V. 1).

A. Pflanze stengellos, Bltr. und Blthnstiele aus dem Wurzelstock hervortretend; die 2 mittleren Krbltr. seitlich abstehend.

a. Narbe in ein schiefes Scheibchen ausgebreitet; fruchttragende Blthnstiele aufrecht.

1. V. palustris. *L.* Sumpf-V. — Bltr. nieren-herzförmig, kahl. ♃. Im Sumpfmoose torfiger Wiesen. Grunewald, Jungfernheide u. s. w. Mai. Juni. Blkr. blaß-lila. H. 3—6''.

b. Narbe in ein herabgebogenes Schnäbelchen verschmälert; fruchttragende Blthnstiele niedergestreckt.

2. V. hirta. *L.* Rauhhaariges V. — Ausläufer fehlend, oder die seitenständigen Stämmchen zuletzt in kurze Ausläufer

verwandelt; Bltr. herz-eiförmig, gekerbt-gesägt, nebst den Blattstielen kurzhaarig. ♃. Wiesen, Gebüsche häufig. Grunewald, Jungfernheide, Neustadt-Ebersw. u. s. w. April. Mai. Blkr. blaß-lila, geruchlos.

3. V. odorata. *L.* Wohlriechendes V. — Ausläufer lang, kriechend; Bltr. breit-eiförmig, tief-herzförmig, an den Sommerausläufern nieren-herzförmig, alle fein behaart. ♃. Grasplätze, Waldränder, Wiesen stellenweise, in Gärten häufig angepflanzt. Schönhausen, am Tempelhofer Berg, im Brieselang. März. April. Blkr. dunkel-violett, selten rosa oder weiß, wohlriechend.

B. Pflanze gestengelt, ohne Ausläufer.

a. Die beiden mittleren Krbltr. seitlich abstehend.

Narbe in ein herabgebogenes Schnäbelchen verschmälert; fruchttragende Blthnstiele unverändert; die Sommerpflanze der des Frühlings meist unähnlich; diese einfach, Blthn. langgestielt mit Krbltrn., die Nebenbltr. größer; die Sommerpflanze ästig, Blthn. kronblattlos, Nebenbltr. klein.

4. V. silvestris. *Lmk.* Wald-V. — Stengel niederliegend und aufstrebend, kahl oder etwas weichhaarig; Bltr. tief-herzförmig oder fast nierenförmig, kurz zugespitzt, untere stumpf, Blattstiele flügellos; Kapsel länglich, spitz. ♃. Wälder, Gebüsche ziemlich häufig. Thiergarten, Jungfernheide u. s. w. April. Mai. Blkr. violett. H. bis 8''. Verlängerter Sporn mit der Blkr. gleichfarbig.

5. V. canina. *L.* Hunds-V. — Bltr. länglich-eiförmig, am Grunde herzförmig oder fast abgestutzt, ganz kahl; Kapsel abgestutzt, stumpf, mit kurzem Spitzchen; sonst w. v. ♃. Wiesen, Triften, Wälder gemein. Mai. Juni. Blkr. gesättigtblau, mit gelblich-weißem Sporne. Die Form mit ½—1' hohem Stengel, länger gestielten Bltrn. und Blthn. und weißem Sporn ist V. canina var. lucorum. *Rchb.*, eine kleinere, niedergestreckte mit mehr länglichen Bltrn. und weißem Sporn V. ericetorum. *Schrad.*; eine dritte Varietät ist V. flavicornis. *Sm.* mit nur herzförmigen Bltrn. und gelblichem Sporn, eine vierte V. lactea. *Sm.* mit herzförmigen unteren sonst aber schmalen, eiförmig-länglichen oder lanzettlichen Bltrn. und milchweißer Blkr. Biesenthal, Cunersdorf bei Wrietzen.

6. V. arenaria. *DC.* Sand-V. — Bltr. herzförmig,

stumpf, fein gekerbt, untere nieren-herzförmig, länglich-lanzettlich, spitz; Kapsel eiförmig, zugespitzt; sonst wie v. — ♃. Sandfelder, trockene Nadelwälder nicht selten. Müggelsberge, Spandau, Pichelswerder, Jungfernheide. Blkr. bleich-violett oder weiß. H. 1—3″. Pflanze von vielen kleinen Härchen grau-grün.

7. V. recta. *Garcke.* Aufrechtes V. — Stengel aufrecht; Bltr. aus ei- oder herzförmigem Grunde lanzettlich; Blattstiele geflügelt; Nebenbltr. lanzettlich, gezähnt, obere blattartig; Kapsel zugespitzt. ♃. Haine, Gebüsche, Wiesen. Mai. Juni. Aendert ab: a) V. persicifolia. *Schk.* Stengel stark, nebst den ei-lanzettlichen Bltrn. in der Jugend anliegend-behaart; Blkr. groß, blaßblau. H. ½—1½′. Am Rande feuchter Gebüsche. Neue Garten bei Potsdam. b) V. pratensis. *M.* und *K.* Stengel nebst den ei- oder keil-lanzettlichen Bltrn. kahl; Blkr. kleiner, milch- oder hellblau. H. 3—8″. Wiesenform. Neue Garten.

8. V. mirabilis. *L.* Wunderbares V. — Stengel aufrecht, einreihig behaart; Bltr. breit-herzförmig, jung tutenförmig-zusammengerollt; die ersten Blthn. mit Krbltrn., meist unfruchtbar, die späteren kronblattlos, fruchttragend. ♃. Bergige Laubwälder zerstreut. Neustadt-Ebersw. April. Mai. Blkr. blaß-lila, wohlriechend. H. 3—9″.

b. Die 4 oberen Krbltr. aufwärts gerichtet und aufwärts dachziegelig; Narbe groß, krugförmig.

9. V. tricolor. *L.* Dreifarbiges V. oder Stiefmütterchen. — Nebenbltr. blattartig, leierförmig-fiederspaltig, mittlere Zipfel verlängert, gekerbt. ⨀. Aecker, Brachen gemein. Mai—October. Blkr. weißlich-gelb, oder dreifarbig. H. ½—1′. Offic. herb. Jaceae oder Violae tric.

## 38. Fam. Cistineen. *DC.* Sonnenröschen.

Blkr. 5blättrig, regelm.; Kelch 5blättrig, die 2 äußeren kleiner; Staubgef. zahlreich; Kapsel mit nacktem Samen.

### 1. Heliánthemum. *Tourn.* Sonnenröschen (XIII. 1).

1. H. vulgare. *Gärtn.* Gemeines S. — Halbstrauchig. Heiden, sonnige Grasplätze ziemlich häufig. Brauhausberg, Baum-

gartenbrück, Rudower Wiesen, Schönhausen, Tegel u. s. w. Juni bis Aug. Blkr. citronengelb. ♄. $\frac{1}{2}$—1', unten niederliegend.

## 14. Ordn. Peponiferen. *Bartl.* Kürbisfrüchtige.

Kelch meist 5gliedrig, nebst der 5blättrigen Blumenkrone in der Knospe dachig, letztere nebst den 5 oder zahlreichen Staubgefäßen im Kelchschlunde eingefügt; Pistill aus 2—5 Fruchtblättern gebildet; Frucht meist 1fächerig, vielsamig, fleischig, beeren- oder kürbisartig. Fam. 39—40.

### 39. Fam. Grossularieen. *DC.* Stachelbeergewächse.

Blkr. 5blättrig, nebst den 5 Staubgef. im Kelchschlunde; Fruchtknoten unterständig; Beere vom verwelkten Kelchrande gekrönt, breiig. Sträuche mit eßbaren Früchten.

#### 1. Ribes. *L.* Stachel- und Johannisbeere (V. 1).

a. Stachelbeere. Stachelig; Blthnstiele 1—3 blüthig.

1. R. Grossularia. *L.* Stachelbeere. — Bltr. 3lappig; Deckbltr. der Aeste aus einem ungetheilten oder 3theiligen Stachel bestehend; Kelch glockig. Strauch. In Gärten gezogen, hie und da verwildert. April. Mai. Blkr. grünlich-gelb. ♄. 2—6'.

b. Johannisbeere. Stachellos; Blthn. in vielblüthigen Trauben.

1. Trauben aufrecht, drüsig-behaart.

2. R. alpinum. *L.* Alpen-J. — Bltr. 3lappig; Deckbltr. lanzettlich, länger als das Blthnstielchen. Strauch. Wälder zerstreut und angepflanzt. Neue Garten bei Potsdam, Thiergarten u. s. w. Blkr. gelblich-grün. Beere roth. ♄. 3—8'.

2. Trauben nickend oder hängend.

3. R. nigrum. *L.* Schwarze J. oder Aalbeere. — Bltr. spitz, fast 5lappig, unterseits drüsig-punktirt; Deckbltr. pfriemlich, kürzer als das Blthnstielchen; Kelch glockig, weichhaarig, drüsig-punktirt. Strauch. Feuchte Wälder zerstreut. Potsdam, Jungfernheide, Thiergarten, Tegel u. s. w. April. Mai. Blkr. grünlich, innen blaß-röthlich. Beeren schwarz sammt den Bltrn. von Wanzengeruch. ♄. 4—5'.

4. R. rubrum. *L.* Rothe J. — Bltr. stumpf, fast 5lappig, unterseits nicht punktirt; Deckbltr. eiförmig, kürzer als das Blthnstielchen; Kelch kahl, beckenförmig. Strauch. Gärten angepflanzt, in Gebüschen manchmal verwildert. Potsdam, Thiergarten, Schönhausen, Tegel, im Brieselang u. s. w. April. Mai. Blkr. gelblich-grün. Beeren roth, bei cultivirten Gartensträuchen auch gelblich-weiß. H. 4—8'.

## 40. Fam. Cucurbitaceen. *Juss.* Kürbisgewächse.

Blkr. 5gliedrig, dem Kelchsaume angewachsen; Staubgef. 5, meist 3brüderig, in der Blkr. eingefügt; Staubbeutelchen schlängelig; Fruchtknoten unterständig; Beere saftig. Ein- oder 2häusige, klimmende Kräuter mit schraubigen Wickelranken.

### 1. Cucúrbita. *L.* Kürbis (XXI. 9).

1. C. Pepo. *L.* Gemeiner K. — ⊙. Aus Mittel-Asien, in Gärten gebaut. Juni—Aug. Blkr. groß, gelb.

Außerdem werden in Gärten besonders gezogen: C. Melopepo. *L.* Türkenbund und C. maxima. *Duch.* Riesenkürbis.

### 2. Sícyos. *L.* Haargurke (XXI. 9).

1. S. angulata. *L.* Eckige H. — ⊙. Aus Canada, bei uns an Mauern u. s. w. gezogen. Juli—Sept. Blkr. schmutzigweiß, grün geadert. H. 10—20'.

### 3. Cúcumis. *L.* Gurke (XXI. 9).

1. C. sativus. *L.* Gemeine G. — ⊙. Aus Asien, bei uns in Gärten gezogen. Mai—Aug. Blkr. gelb.

Außerdem wird in Mistbeeten gezogen: C. Melo. *L.* Melone, aus Mittel-Asien.

### 4. Bryónia. *L.* Zaunrübe (XXI. 9).

1. B. alba. *L.* Schwarzbeerige Z. — Kelch der weiblichen Blthn. so lang als die Blkr.; Narbe kahl. ♃. An Zäunen, Gebüschen kletternd. Potsdam in der russischen Kolonie, Wilmersdorf, Spandau, Neust.-Ebersw. u. s. w. Juni. Juli. Blkr. grünlich-gelb. Beeren schwarz. H. 8—10'.

2. B. dioica. *Jacq.* Rothbeerige Z. — Blthn. 2häusig; Kelch der weiblichen Blthn. halb so lang als die Blkr.; Narbe

rauhhaarig; sonst w. v. ♃. Gebüsche, Zäune, seltener als d. v. Berlin am Landwehrgraben, Pankow, Kaulsdorf, Franz. Buchholz, Potsdam, Neust.-Ebersw. Juni. Juli. Beeren roth.

## 15. Ordn. Rhoeadeen. *Bartl.* Mohnblüthige Pflanzen.

Kelch frei, abfallend; Blumenkrone nebst den 4 oder zahlreichen, getrennten oder 2brüderigen Staubgefäßen unterweibig; Fruchtknoten aus 2 oder mehreren Fruchtblättern gebildet; Samenträger wandständig oder zwischenklappig, d. h. auf den Klappen der Frucht oder zwischen den Rändern der Klappen stehend. Fam. 41—45.

### 41. Fam. Cruciferen. *Juss.* Kreuzblümler oder Schotengewächse.

Kelch und Blkr. 4blättrig; Blkrbltr. gekreuzt; Staubgef. unterweibig, 4mächtig; Schotenfrüchte. Pflanzen mit flüchtig-scharfen an ätherisches Oel gebundenen Stoffen doch ohne Gift, zu den wichtigsten Kulturgewächsen gehörig. (XV.)

**I. Sippe. Schotenfrüchtige: Schote 2klappig, aufspringend, lineal oder linealisch-lanzettlich.**

#### 1. Nasturtium. *R. Br.* Brunnenkresse.

**a. Blkr. weiß.**

1. N. officinale. *R. Br.* Gebräuchliche B. — Stengel aus den Blattachseln wurzelnd; Bltr. gefiedert; seitenständige Blättchen elliptisch, endständige eiförmig, am Grunde fast herzförmig; Schoten linealisch. ♃. Quellen, Bäche stellenweise. Sanssouci, an der Spree bei Stralau, Rummelsburg, Gesundbrunnen, Pichelswerder u. s. w., Freienwalde. Juni—Sept. Sisymbrium Nasturtium. *L.* ♃. ½—2'.

**b. Blkr. gelb, länger als der Kelch.**

2. N. amphibium. *R. Br.* Ortwechselnde B. — Stengel am Grunde wurzelnd, oft Ausläufer treibend, im Wasser aufgeblasen-röhrig; Bltr. länglich oder lanzettlich, untere kamm-

artig oder leierförmig-eingeschnitten; Schötchen elliptisch oder fast kugelig, 2—3mal kürzer als das Blthnstielchen. ♃. Stehende Gewässer häufig. Mai—Juli. Sisymbrium amph. *L.* H. 2—3'.

3. N. silvestre. *R. Br.* Wald-B. — Bltr. sämmtlich tief-fiederspaltig oder gefiedert; Schötchen linealisch, etwa so lang als das Blthnstielchen. ♃. Gräben, feuchte Triften häufig. Bei Potsdam und Berlin an vielen Orten. Juni. Juli. Sisymbrium silv. *L.* H. 1'.

c. Krbltr. gelb, so lang als der Kelch.

4. N. palustre. *DC.* Sumpf-B. — Untere Bltr. leierförmig, obere tief-fiederspaltig; Schoten länglich, gedunsen, etwa so lang als das Blthnstielchen. ☉. Feuchte Orte häufig. Juni bis Sept. H. ½—2'.

## 2. Barbaraea. *R. Br.* Winterkresse.

1. B. vulgaris. *R. Br.* Gemeine W. — Krbltr. ziemlich doppelt so lang als der Kelch; Schoten aufrecht-abstehend. ☉. Feuchte Orte, Gebüsche ziemlich häufig. Berlin, Potsdam an mehreren Orten. Mai—Juli. Blkr. goldgelb. H. 1—2'.

2. B. arcuata. *Rchb.* Krummschotige W. — Schoten bogenförmig aufsteigend; sonst w. v. ☉. Feuchte Orte stellenweise. Potsdam, Reineckendorf, Charlottenburg, Spandau. Mai. Juni. Blkr. goldgelb. H. 2—3'.

3. B. stricta. *Andrz.* Steife W. — Krbltr. nur ⅓ länger als der Kelch; Schoten an die Blüthenspindel angedrückt, aufrecht. ☉. Feuchte Orte selten. Thiergarten, Eierhäuschen bei Treptow. Mai—Juli. Blkr. heller gelb, klein. H. 2—3'.

## 3. Turritis. *Dill.* Thurmkraut.

1. T. glabra. *L.* Kahles Th. — ☉. Steinige Orte, Wälder häufig. Juni. Juli. Blkr. gelblich weiß. H. 2—4'.

## 4. Arabis. *L.* Gänsekresse.

a. Stengelbltr. am Grunde herzförmig-stengelumfassend.

1. A. hirsuta. *Scop.* Rauhhaarige G. — Stengel und Bltr. rauhhaarig, ☉ und ♃. Wälder, Hügel häufig. Sanssouci,

Templin, Kreuzberg, Jungfernheide u. s. w. Mai. Juni. Blkr. weiß. H. ½—2'.

b. Stengelbltr. nicht herzförmig.

2. A. arenósa. *Scop.* Sand-G. — Stengel und Bltr. rauhhaarig; untere Bltr. gestielt, leierförmig-schrotsägig. ⊙. Sandige Orte stellenweise. Sakrow, Grunewald, Moabit, Schöneberg, Fuchsberge u. s. w. Juni. Juli. Blkr. lila, seltener weiß. H. ½—1'.

## 5. Cardamine. *L.* Schaumkraut.

1. C. parviflora. *L.* Kleinblüthiges Sch. — Bltr. sämmtlich gefiedert, vielpaarig, Blättchen ganzrandig, alle fast gleich groß, sitzend; Schoten auf den sehr weit abstehenden Blthnstielchen aufrecht. ⊙. Feuchte Orte selten. Sanssouci. Juni. Juli. Blkr. sehr klein, weiß. H. 4—8''.

2. C. impatiens. *L.* Spring-Sch. — Bltr. sämmtlich gefiedert, vielpaarig, Blättchen der unteren Bltr. eiförmig, 3—5spaltig, gestielt, mit pfeilförmig-geöhreltem Blattstiele, oberem länglich, sitzend, Endblättchen größer; Schoten aufrecht. ⊙. Schattige Wälder nicht häufig. Freienwalde. Mai—Juli. Blkr. weiß, oft fehlend. H. 1—1½'.

3. C. hirsúta. *L.* Behaartes Sch. — Bltr. sämmtlich gefiedert, Blättchen der unteren rundlich-eiförmig, geschweift oder gezähnt, gestielt; Blattstiele ohne Oehrchen; Krbltr. doppelt so lang als der Kelch, länglich-verkehrt-eiförmig, weiß; Griffel kürzer als die Breite der Schote, diese nebst den Fruchtstielen aufrecht. ⊙. Schattige, feuchte Plätze zerstreut. Sanssouci, Pichelswerder, im Brieselang, Rhinluch, Neustadt-Ebersw. April bis Juni. H. ¼—1'.

4. C. pratensis. *L.* Wiesen-Sch. — Stengel hohl; Krbltr. verkehrt-eiförmig, 3mal so lang als der Kelch und 2mal länger als die Staubgef.; Griffel kurz. ♃. Wiesen, feuchte Wälder gemein. April. Mai. Blkr. blaß-rosenroth; Staubbeutel gelb. H. 1'.

5. C. amara. *L.* Bitteres Sch. — Stengel markig; Blättchen sämmtlich eckig-gezähnt; Krbltr. so lang als die Staubgef.; Griffel lang. ♃. Quellen, Gräben, Wiesen häufig, doch seltener als die v. April. Mai. Blkr. weiß, Staubbeutel violett. H. 1'.

## 6. Hésperis. *L.* Nachtviole.

1. H. matronalis. *L.* Gemeine N. — ⊙ und ♃. Mittel-Deutschland, bei uns in Gärten gezogen und oft verwildert. Mai. Juni. Blkr. lila oder weiß, wohlriechend. H. 1—1½'.

## 7. Sisýmbrium. *L.* Raukensenf.

a. Schoten an den Stengel angedrückt, pfriemlich zugespitzt. Blkr. gelb.

1. S. officinale. *Scop.* Gebräuchlicher R. — Bltr. schrotsägig-fiederspaltig, endständiger Zipfel sehr groß, spießförmig. ⊙. Wege, Schutt gemein. Mai—Herbst. Erysimum off. *L.* H. 1—2'.

b. Schoten stielrund. Blkr. gelb.

1. Bltr. schrotsägig-fiedertheilig.

2. S. Irio. *L.* Langblättriger R. — Blattzipfel ohne Oehrchen; Kelch etwas abstehend. ⊙. Aus Mittel-Deutschland, beim botanischen Garten und an der Bibliothek in Berlin verwildert. Juni—Aug. H. ½—2'.

3. S. pannonicum. *Jacq.* Ungarischer R. — Blattzipfel am Grunde mit aufstrebenden Oehrchen. ⊙. Wüste Plätze selten. Brandenburg. Juni—Aug. H. 1—2'.

2. Bltr. 3fach gefiedert.

4. S. Sóphia. *L.* Feinblättriger R. — Zipfel aller Bltr. linealisch. ⊙. Sandfelder, Schutt, Wege gemein. Mai—Herbst. H. 1—3'.

## 8. Alliária. *Scop.* Lauchhederich.

1. A. officinalis. *Andrzj.* Gebräuchlicher L. — ⊙. Gebüsche, Hecken, schattige Orte gemein. Mai. Juni. Sisymb. Alliar. *Scop.* Blkr. weiß. H. 1—3'. Riecht sehr nach Knoblauch.

## 9. Conringia. *Rchb.* Grützblume.

1. C. Thaliana. *Rchb.* Sand-G. — ⊙. Brachäcker gemein. Mai—Herbst. Arabis Thal. *L.* S. Thal. *Gaud.* Blkr. weiß. H. ¼—1'.

## 10. Erýsimum. *L.* Schotendotter.

a. Blthnstielchen 2—3mal so lang als der Kelch.

1. E. cheiranthoides. *L.* Lackartiger Sch. — Blthnstielchen halb so lang als die 4kantigen, fast kahlen, auf-

recht-abstehenden Schoten. ⊙. Flußufer, Aecker gemein. Juni—Herbst. Blkr. dottergelb. H. 1—2′.

b. Blthnstielchen so lang als der Kelch.

2. E. hieracifolium. *L.* Habichtskrautblättriger Sch. — Blthnstielchen vielmal kürzer als die weichhaarige, 4kantige Schote. ⊙. Mauern, Gebüsch selten. Am Oranienburger Thor von Berlin, Pevesin. Juni. Juli. E. strictum. *Fl. Wett.* Blkr. citronengelb. H. 2—4′.

## 11. Brássica. *L.* Kohl.

1. B. olerácea. *L.* Garten-Kohl. — Bltr. kahl, meergrün, untere gestielt, leierförmig, obere sitzend, länglich; Trauben locker, schon vor dem Aufblühen verlängert; Kelch aufrecht, geschlossen; Staubgef. sämmtlich aufrecht. ⊙. Wird in vielen Spielarten gebaut. Mai. Juni. Blkr. weißgelb, seltener weiß. Die gewöhnlichsten Abarten sind:

a) acéphala. *DC.* Winter- oder Blattkohl mit verlängertem, stielrundem Stengel und ausgebreiteten, keine Köpfchen bildenden Bltrn. und zwar:

1) Grüner oder röthlicher Blattkohl (B. aceph. vulgaris. *DC.*), 2) Grünkohl (B. aceph. quercifolia. *DC.*), 3. Braunkohl (B. aceph. crispa).

b) gemmífera. *DC.* Rosenkohl. Stengel 2—3′ hoch mit halbgeschlossenem Endköpfchen und zahlreichen, geschlossenen Seitenköpfchen, aus denen im Frühjahr des zweiten Jahres die Blthnstände hervortreten; Bltr. blasig.

c) sabaúda. *L.* Welschkohl, Wirsig-, Savoyerkohl. Stengel etwas verlängert, stielrund; Bltr. ungetheilt oder wenig geschlitzt, blasig oder kraus, zu einem lockeren, rundlichen oder länglichen Köpfchen verbunden.

d) capitata. *L.* Kopfkohl, auch Kraut genannt. Stengel kurz, stielrund; Bltr. gewölbt, meist völlig glatt, vor der Blüthe zu einem großen, festen Kopfe verbunden, entweder weiß (Weißkohl) oder roth (Rothkohl).

e) gongylodes. *L.* Kohlrabi. Stengelgrund über dem Boden zu einer weißfleischigen, kugelförmigen Masse verdickt.

f) botrytis. *L.* Blumenkohl. Bltr. ungetheilt oder eingeschnitten; obere Bltr. und Blthnstiele verdicken sich zu einer weißgelben, käseartigen Masse, in welcher die oft fehlgeschlagenen Blthn. verborgen sind.

2. B. Rapa. *L.* Rüben-Kohl. Rübsen. — Die ersten Bltr. grasgrün, leierförmig-fiederspaltig, die folgenden meergrün, leierförmig, die oberen eiförmig, mit tief-herzförmigem Grunde stengelumfassend; Traube während des Aufblühens flach; die geöffneten Blthn. über die noch nicht aufgeblühten emporragend; Kelch zuletzt wagerecht-abstehend; kürzere Staubgef. abstehend-aufstrebend. ☉ und ⚇. Die wilde Pflanze B. campestris. L. ist 1jährig oder überwintert aus spät ausgelaufenem Samen, jene blüht Juli. Aug., diese April. Mai. Blkr. gelb. Aendert ab: a) annua. *Koch.* Sommer-R. Wurzel dünn, 1jährig; Stengel, Schoten, Samen kleiner als bei den folgenden Abarten. Häufig als Oelpflanze gebaut. Juli. Aug. b) oleifera. *DC.* Winter-R. Zweijährig. Als Oelpflanze gebaut. Blüht im zweiten Jahre im April und Mai. c) esculenta. *Koch.* Weiße Rübe. Wurzel dick, fleischig. Blüht im zweiten Jahre im April. Mai.

3. B. Napus. *L.* Raps. — Bltr. meergrün, untere leierförmig-fiederspaltig, obere länglich mit verbreitertem, herzförmigem Grunde halbstengel umfassend; Traube locker, schon während des Aufblühens verlängert; die geöffneten Blthn. tiefer stehend, als die noch nicht aufgeblühten; Kelch zuletzt halb offen; kürzere Staubgef. abstehend-aufstrebend. ☉ und ⚇. Wird besonders in 3 Abarten angebaut: a) oleifera. *DC.* Winter-Raps. Zweijährig. Oelpflanze. April. Mai. b) annua. *Koch.* Sommer-Raps. Einjährig. Oelpflanze. Juli. Aug. c) esculenta. *DC.* Kohlrübe, Steckrübe. Wurzel fleischig, eßbar.

4. B. nigra. *Koch.* Schwarzer K. Senf. — Bltr. sämmtlich gestielt, untere leierförmig, gezähnt, mit großem, gelapptem Endzipfel, obere lanzettlich, ganzrandig; Kelch wagerecht-abstehend; Blthnstiele und Schoten der Spindel angedrückt. ☉. Bei uns zuweilen angebaut und verwildert. Juni. Juli. Sinapis nigra. *L.* Blkr. gelb. H. 2—4'. Offic. semen Sin. nigrae.

### 12. Sinápis. *Tourn.* Senf.

1. S. arvensis. *L.* Acker-S. Hederich. — Bltr. eiförmig, ungleich gezähnt, untere fast leierförmig; Klappen der

Schoten 3nervig. ☉. Als Unkraut unter der Saat gemein. Juni. Juli. Blkr. gelb. H. 1—2′.

2. S. alba. *L.* Weißer S. — Bltr. gefiedert; Klappen der Schoten 5nervig. ☉. Gebaut und häufig unter der Saat verwildert. Juni. Juli. Blkr. gelb. H. 1—2′.

II. Sippe. Breitwandige. Schötchen 2klappig, aufspringend; Klappen ungekielt; Scheidewand von der Breite des größeren Querdurchmessers.

### 13. Alýssum. *L.* Schildkraut.

1. A. calýcinum. *L.* Kelchfrüchtiges Sch. — ☉. Aecker, Felder, Mauern, Berge ziemlich häufig. Tempelhof, Lichtenberg, Kreuzberg, Schöneberg, Rüdersdorf, Biesenthal, Oranienburg, Neustadt-Ebersw. Mai. Juni. Herbst. Blkr. blaß-schwefelgelb, später weißlich. H. $\frac{1}{2}$—1′. Die ganze Pflanze durch sternförmige Haare weißgrau.

### 14. Bertéroa. *DC.* Berterie.

1. B. incana. *DC.* Graue B. — ⊙. Auf begrasten Hügeln, an Zäunen, Ackerrändern u. s. w. überall häufig. Juni—Herbst. Alyssum inc. *L.* Farsetia inc. *R. Br.* Blkr. weiß. H. 1—1$\frac{1}{2}$′. Die ganze Pflanze von sternförmigen Haaren grau.

### 15. Draba. *L.* Hungerblume.

1. D. verna. *L.* Frühlings-H. — ☉. Sonnige Anhöhen, Brachäcker u. s. w. gemein. März—Mai. Blkr. klein, weiß. H. 2—4″.

### 16. Cochlearia. *L.* Löffelkraut.

1. C. Armoracia. *L.* Meerrettig. — ♃. Gartenzäune, Grabenufer meist nur verwildert. Juni. Juli. Armoracia rusticana. *Fl. Wett.* Blkr. weiß. H. 2—4′.

### 17. Camelina. *Crntz.* Leindotter.

1. C. sativa. *Crntz.* Gebauter L. — Mittlere Stengelbltr. länglich-lanzettlich, ganzrandig oder gezähnelt, am Grunde pfeilförmig. ☉. Aecker, Raine, auch angebaut. Juni. Juli. Blkr. blaßgelb. H. 1—2′.

2. C. dentata. *Pers.* Gezähnter L. — Mittlere Stengelbltr. linealisch-länglich, buchtig-gezähnt oder fiederspaltig,

5*

in der Mitte schmäler, pfeilförmig. ⨀. Aecker, nur unter Lein. Ketzin, Pevesin. Juni. Juli. Blkr. blaßgelb. H. 1—2'.

III. Sippe. Schmalwandige. Schötchen 2klappig, aufspringend; Klappen gekielt oder geflügelt; Scheidewand schmaler als der größere Querdurchmesser.

### 18. Thlaspi. *Dill.* Pfennigkraut.

1. Th. arvense. *L.* Feld-Pf. — ⨀. Bebaute Orte, Schutt gemein. Mai—Herbst. Blkr. weiß. H. ½—1'.

### 19. Teesdálea. *R. Br.* Teesdalee.

1. T. nudicaulis. *R. Br.* Kahlstengelige T. — ⨀. Aecker, Sandboden, Heiden ziemlich häufig. Potsdam, Hasenheide, Thiergarten, Grunewald u. s. w. Blkr. weiß. H. 3—8''.

### 20. Lepidium. *L.* Kresse.

1. L. campestre. *R. Br.* Feld-K. — Untere Bltr. länglich, in den Blattstiel verschmälert, am Grunde buchtig-gezähnt; Schötchen schuppenförmig-punktirt, eiförmig, von der Mitte an breitgeflügelt. ⨀. Brachfelder, auf Kalk und Thon. Bei Berlin, Tegel. Juni. Juli. Blkr. klein, weiß. H. ½—1'.

2. L. sativum. *L.* Garten-K. — Untere Bltr. gestielt, unregelm.-eingeschnitten, gelappt oder gefiedert; Schötchen rundlich-eiförmig, geflügelt, stumpf, an die Spindel angedrückt. ⨀. In Gärten gebaut, aus Persien, leicht verwildernd. Blkr. weiß. H. 1—2'. Bltr. graugrün bereift.

3. L. ruderale. *L.* Schutt-K. — Untere Bltr. gestielt, gefiedert oder doppelt-gefiedert; Blthn. 2männig, kronblattlos; Schötchen abstehend, rundlich-eiförmig, stumpf, an der Spitze schmal-geflügelt. ⨀. Schutt, Wege gemein. Juni bis Sept. Blkr. weiß. H. ½—1'. Uebelriechend.

### 21. Capsélla. *Vent.* Täschelkraut.

1. C. Bursa pastoris. *Mnch.* Gemeines T. — ⨀. Aecker, Wege, Mauern, ganz gemein. März—Oktober. Blkr. weiß. H. 2''—2'.

IV. Sippe. Nußfrüchtler. Nüßchen nicht aufspringend, durch Schwinden der Scheidewand zuweilen 1fächerig.

### 22. Corónopus. *Hall.* Feldkresse.

1. C. Ruellii. *All.* Gemeine F. — ⊙. Wege, feuchte Orte. Tempelhof, Weißensee, Treptow, Karlswerker-Hüttenplatz, Treuenbrietzen. Senebiera Coronopus. *Poir.* Blkr. weiß. H. 3—10″, niederliegend.

### 23. Néslea. *Desv.* Neslen.

1. N. paniculata. *Desv.* Rispige N. — ⊙. Unter der Saat, an Düngerhaufen u. s. w. häufig. Mai—Juli. Blkr. goldgelb. H. ½—1½′.

V. Sippe. Gliederhülsige. Schoten oder Schötchen der Quere nach in 1samige Glieder sich trennend.

### 24. Raphanistrum. *Tourn.* Hederich.

1. R. Lampsana. *Gärtn.* Gemeiner H. — ⊙. Unter der Saat als Unkraut sehr häufig. Juni—Aug. Raphanus arvense. *Wallr.* Raphanus Raphanistrum. *L.* Blkr. blaßgelb mit violetten oder dunkelgelben Adern. H. 1—2′.

### 25. Raphanus. *Tourn.* Rettich.

1. R. sativus. *L.* Garten-R. — ⊙. Aus Asien, bei uns in mehreren Abarten gebaut. Mai. Juni. Blkr. blaßviolett oder weiß, geadert. H. 2—4′. Aendert ab: b. niger. *DC.* mit großer fleischiger, außen grau-schwarzen Wurzel. c. Radiola. *DC.* Radieschen, mit kleinerer, fleischiger, rundlicher, außen röthlicher oder weißer Wurzel.

## 42. Fam. Papaveraceen. *DC.* Mohne.

Kelch 2blättrig, hinfällig; Blkr. 4blättrig, regelm.; Staubgef. frei, zahlreich, unterweibig; Frucht schotenförmig, 2fächerig oder eine halb-vielfächerige Kapsel mit sitzender Narbe.

### 1. Papáver. *Tourn.* Mohn (XIII. 1).

a. Kapsel meist steifhaarig.

1. P. Argemone. *L.* Sand-M. — Kapsel verlängert-keulenförmig, mit zerstreuten, aufrechten Borsten

besetzt; Narbe 4—5strahlig. ⊙. Aecker, unter Getreide sehr häufig. Mai—Juli. Blkrbltr. dunkelroth, schmal, kleiner als bei den folgenden. H. $\frac{1}{2}$—1'.

b. Kapsel kahl.

2. P. Rhoeas. *L.* Klatschrose. — Stengel nebst den Blattstielen wagerecht-abstehend-behaart; Staubfäden pfriemenförmig; Kapsel kurz-verkehrt-eiförmig, am Grunde abgerundet; Narbe 8—12strahlig, Strahlen mit ihrem Rande einander deckend. ⊙. Aecker sehr gemein. Mai—Juli. Blkrbltr. groß, verkehrt-eirund, scharlachroth. H. 1—2'. Offic. flor. Rhoeados.

3. P. dubium. *L.* Zweifelhafter M. — Stengel unterwärts abstehend-, oberwärts nebst den Blthnstielen angedrückt-behaart; Staubfäden pfriemenförmig; Kapsel länglich, verkehrt-eiförmig, am Grunde verschmälert; Narbe 7—9strahlig, Strahlen deutlich von einander gesondert. ⊙. Sandige Aecker häufig. Mai—Juli. Blkr. hellscharlachroth. H. 1—2'.

4. P. somníferum. *L.* Schlafbringender M. — Stengel kahl; Staubfäden oberwärts verbreitert; Kapsel kugelig oder eiförmig-länglich; Narbe vielstrahlig. ⊙. Aus Süd-Europa und dem Orient, gebaut. Juli. Aug. Blkr. groß, weiß, röthlich oder violett, oft gefüllt. H. 2—5'. Offic. semina Papaveris albi.

### 2. Chelidónium. *Tourn.* Schellkraut (XIII. 1).

1. Ch. majus. *L.* Größeres Sch. — ♃. Schutt, Mauern, Zäune gemein. Mai—Herbst. Blkr. gelb. H. 1—3'. Offic. herb. Chelidonii maj.

## 43. Fam. Fumariaceen. *DC.* Erdrauche.

Kelch 2blättrig, hinfällig; Blkr. 4blättrig, unregelm., rachenförmig; Staubgef. 6, zweibrüderig; Kapsel schotenförmig oder nußartig.

### 1. Corýdalis. *DC.* Hohlwurz (XVII. 2).

1. C. fabácea. *Pers.* Bohnenfrüchtige H. — Deckbltr. ganzrandig; Fruchttraube kurz, gedrungen, wenig-

blüthig, überhängend; Blthnstielchen 3mal kürzer als die Kapsel. ♃. Haine, Gebüsche nicht häufig. Sanssouci, Cunersdorf bei Wrietzen, Groß-Bähnitz. März. April. C. intermedia. *Mer.* Blkr. trüb-purpurn. H. 4—6″.

2. C. sólida. *Sm.* Gefingerte H. — Deckbltr. fingerig-getheilt; Fruchttraube verlängert, aufrecht, Früchte entfernt; Blthnstielchen so lang als die Kapsel. ♃. Haine, Gebüsche nicht häufig. Sanssouci. April. Blkr. trüb-purpurn. H. 6—10″.

2. Fumaria. *Tourn.* Erdrauch (XVII. 2).

1. F. officinalis. *L.* Gebräuchlicher E. — ⊙. Gärten, Aecker u. s. w. sehr häufig. Mai—Herbst. Blkr. purpurroth, an der Spitze schwarzroth. H. ½—1′.

## 44. Fam. Resedaceen. *DC.* Reseden.

Kelch 4—6theilig, bleibend; Blkrbltr. 4—6, zerschlitzt, ungleich; Staubgef. 10—24; Kapsel auf dem Scheitel offen, selten eine Beere.

1. Reséda. *L.* Wau (XI. 3).

1. R. Lutéola. *L.* Färber-W. — ⊙. Aecker, Wege hin und wieder. Tremmen, Berlin vor dem Hallischen Thore, Kreuzberg, Schöneberg, Schönhausen, Weißensee u. s. w. Manchmal ihres gelben Färbestoffes wegen gebaut. Juni—Aug. Blkr. blaßgelb. H. 2—4′.

In Gärten wird vielfach gezogen: R. odorata. *L.* Wohlriechende oder Garten-Reseda, aus Aegypten.

## 45. Fam. Polygaleen. *Juss.* Bitterlinge.

Kelch bleibend, mit 5 Bltrn., die zwei innern oft größer und blumenblattartig, den Flügeln einer Schmetterlingsblume ähnlich; Blkr. 3—5blättrig, unregelm.; Staubgef. meist 8, zweibrüdrig; eine Kapsel, selten eine Stein- oder Flügelfrucht.

1. Polygala. *L.* Kreuzblume (XVII. 3).

1. P. vulgaris. *L.* Gemeine K. — Bltr. schmal-lanzettlich, unterste kleiner, elliptisch; Deckbltr. alle halb so

lang als das Blthnstielchen. ♃. Trockene Wiesen, grasige Waldplätze gemein. Mai. Juni. Blkr. blau, rosenroth, selten weiß. H. $\frac{1}{2}$—$\frac{3}{4}$′.

2. P. comosa. *Schk.* Schopfförmige K. — Die noch unentwickelten Blthn. von den schopfartigen, obersten Deckbltrn. überragt, sonst w. v. ♃. Anhöhen, Waldränder u. s. w. etwas seltener als die v. Kuhfordt bei Potsdam, Friedrichsfelde, Fuchsberge, Heide vor Tegel, im Brieselang u. s. w. Mai. Juni. Blkr. blaßroth. H. $\frac{1}{2}$—$\frac{3}{4}$′.

3. P. amara. *L.* Bittere K. — Untere Bltr. der Stämmchen groß, verkehrt-eiförmig, eine Rosette bildend. ♃. Sumpfige Wiesen, Kalkberge selten. Rhinluch.

## 16. Ordn. Hydropeltideen. *Bartl.* Wasserrosen.

Kelch 3—6blättrig nebst der 3—vielblättrigen, unterweibigen Blumenkrone in der Knospe dachig; Staubgefäße meist zahlreich, unterweibig; Pistill mit mehreren Fruchtblättern; Frucht beerenartig, oder mehrere nicht aufspringende Früchtchen. Fam. 46.

### 46. Fam. Nymphaeaceen. *Bartl.* Seerosen.

Blkrbltr. zahlreich, allmählich in Staubgef. übergehend; Narbe in eine strahlige Scheibe verwachsen; Frucht beerenförmig, vielfächerig. Krautige Wasserpflanzen mit schwimmenden Bltrn.

#### 1. Nymphaea. *L.* Seerose (XIII. 1).

1. N. alba. *L.* Weiße S. — ♃. Teiche, Gräben häufig. Juni—Aug. Blkr. weiß, Narbe lichtgelb.

#### 2. Nuphar. *Sm.* Mummel (XIII. 1).

1. N. luteum. *Sm.* Gelbe M. — ♃. Stehende und langsam fließende Gewässer sehr häufig. Juni—Aug. Blkr. gelb.

## 17. Ordn. Polycarpicen. *Bartl.* Vielfrüchtige Pflanzen.

Kelch frei, 3—6blättrig und nebst der 2—vielblättrigen, unterweibigen Blumenkrone in der Knospe meist dachig; Staubgefäße meist zahlreich, unterweibig; Fruchtknoten und Griffel zahlreich; Früchtchen geschlossen oder aufspringend. Fam. 47—48.

## 47. Fam. Ranunculaceen. *Juss.* Hahnenfußgewächse.

Blkrbltr. 3—6, oder mehrere oft honigbehälterförmig; Staubkölbchen in Längsritzen auswärts aufspringend; Früchtchen in der Bauchnaht aufspringend, nußartig oder hülsenförmig, selten eine Kapsel. (XIII.)

I. Gruppe. Clematideen. *DC.* Kelch blumenkronartig, in der Knospenlage klappig, oder eingefaltet-klappig; Blkr. fehlend oder kleiner als der Kelch.

### 1. Clématis. *L.* Waldrebe.

1. C. Vitálba. *L.* Gemeine W. — Stengel kletternd, holzig; Kelchbltr. länglich, auf beiden Seiten filzig. Strauch. Mittel-Deutschland, bei uns zu Lauben, an Mauern angepflanzt. Juni. Juli. Kelchbltr. außen gelbgrün, innen und am Rande weiß. Blkr. fehlend. H. bis 20'.

2. C. recta. *L.* Steife W. — Stengel aufrecht, krautartig; Kelchbltr. länglich, stumpf, kahl, am Rande auswendig weichhaarig. ♃. Trockene Wiesen unter Gebüsch. Pritzhagen, Oranienburg. Juni. Juli. Kelchbltr. weiß. Blkr. fehlend. H. 2—4'.

II. Gruppe. Anemoneen. *DC.* Kelch meist gefärbt, in der Knospenlage dachziegelig; Krbltr. fehlend oder flach, ohne Honigdrüse.

### 2. Thalictrum. *Tourn.* Wiesenraute.

a. Früchtchen glatt, ungerieft, gestielt.

1. Th. aquilegifolium. *L.* Akeleiblättrige W. — ♃. Schattige Wälder, Wiesen selten. Bei Zerpenschleuse in der Schonung am Wege nach Marienwerder und Pechteich. Mai. Juni. Kelchbltr. grünlich-weiß mit hellpurpurrothem Anfluge; Blthn. zahlreich in Doldentrauben mit 40—60 hellvioletten Staubgef.

b. Früchtchen längsfurchig, sitzend.

2. Th. minus. *L.* Kleine W. — Blthn. nebst Staubgef. überhängend; Wurzel kurz, nicht kriechend. ♃. Wiesen und Gebüsche ziemlich häufig. Brauhausberg, Kreuzberg, Wilmersdorf, Charlottenburg, Rüdersdorf, Neustadt-Ebersw. u. s. w.

Mai. Juni. Blthn. grünlich. H. 1—4'. Eine sehr veränderliche Pflanze.

3. Th. flavum. *L.* Gelbe W. — Blthn. nebst Staubgef. aufrecht; Wurzel kriechend. ♃. Wiesen, Gebüsche häufig. Baumgartenbrück und Römerschanze bei Potsdam, Grunewald u. s. w. Juni. Juli. Blthn. gelb in dicht-gedrängten Rispen. H. 1—3'.

## 3. Anemóne. *Hall.* Windröschen.

A. Hüllbltr. 3zählig, sitzend, ungetheilt, kleiner als die Kelchbltr., denselben sehr genähert, einem Kelch ähnlich.

1. A. Hepática. *L.* Leberblümchen. — Bltr. 3lappig, Lappen ganzrandig, breit-eirund. ♃. Schattige, waldige Gegenden. Potsdam, Berlin bei Schönhausen, Friedrichsfelde, Franz. Buchholz, Buch, im Brieselang, Rüdersdorf, Neustadt-Ebersw. u. s. w. März. April. Hepatica triloba. *DC.* Kelchbltr. meist blau. H. 6''.

B. Hüllbltr. 3zählig, sitzend, gefingert-vieltheilig, am Grunde in eine Scheide verwachsen; Früchtchen lang-bärtig-geschweift.

2. A. Pulsatilla. *L.* Gemeine Kühe- nicht Küchenschelle. — Untere Bltr. 3fach-fiederspaltig; Blthn. aufrecht; Kelchbltr. doppelt so lang, als die Staubgef., am Grunde glockig, von der Mitte an nur schwach auswärts gebogen. ♃. Sonnige Hügel zerstreut. Jungfernheide, Rahnsdorf, Oranienburg. April. Pulsatilla vulgaris. *Mill.* Kelchbltr. blau-violett, größer als bei den folgenden. H. ½—1'.

3. A. pratensis. *L.* Wiesen-Küheschelle. — Untere Bltr. 2—3fach-fiederspaltig; Blthn. niederhängend; Kelchbltr. glockenförmig-zusammenschließend, an der Spitze nach außen zurückgerollt, wenig länger als die Staubgef. ♃. Sandige Triften, Hügel häufig. Potsdam hinter dem Kirchhofe u. s. w., Berlin in der Jungfernheide, Tegel, Fuchsberge u. s. w. April. Mai. Puls. prat. *Mill.* Kelchbltr. schwarz-violett. H. 1—1½'.

4. A. vernalis. *L.* Frühlings-W. — Untere Bltr. einfach-gefiedert, Blättchen eiförmig, 3spaltig. ♃. Sonnige Grasplätze, besonders in Nadelwäldern. Jungfernheide, Rahnsdorf, Zerpenschleuse, Germendorf, Biesenthal. April. Mai. Pulsat. vernalis. *Mill.* Kelchbltr. weiß, außen hellviolett. H. 3—6''.

5. A. patens. *L.* Ausgebreitetes W. — Untere Bltr. 3zählig, Blättchen meist 3theilig. ♃. Sonnige Plätze in Nadelwäldern. Rahnsdorf, Forsthaus Eisenbude im Biesenthalschen Forst, Germendorf. April. Mai. Puls. pat. *Mill.* Kelchblt. blauviolett. H. 4—8″.

C. Hüllbltr. 3zählig, gestielt, den oft fehlenden unteren Bltrn. gleichgestaltet; Früchtchen ungeschweift.

6. A. silvestris. *L.* Wald-W. — Untere Bltr. 5theilig, Zipfel fast rautenförmig, 3spaltig; Blthn. einzeln; Kelchbltr. unterseits seidenhaarig; Früchtchen silberhaarig-wollig. ♃. Sonnige Anhöhen der Laubwälder, besonders auf Kalk. Jungfernheide, Rahnsdorf, Rüdersdorfer Kalkberge, Lapnower Mühle, Batzlow, Neustadt-Ebersw., Freienwalde. April. Mai. Kelchbltr. weiß. H. ½—1′.

7. A. nemorosa. *L.* Weiße Osterblume. — Blattstiel fast halb so lang als das Blatt; Blthn. einzeln; Kelchbltr. auf beiden Seiten kahl; Früchtchen weichhaarig. ♃. Laubwälder, Gebüsche gemein. März—Mai. Kelchbltr. weiß, außen röthlich. H. 6—9″.

8. A. ranunculoides. *L.* Gelbe Osterblume. — Blattstiel vielmal kürzer als das Blatt; Blthn. meist zu 2; Kelchbltr. unterseits weichhaarig; Früchtchen weichhaarig. ♃. Laubwälder, Hecken häufig. Sanssouci, Schönhausen, Franz. Buchholz, Neustadt-Ebersw. u. s. w. April. Mai. Kelchbltr. goldgelb. H. ½—1′.

### 4. Adónis. *Dill.* Blutauge, Adonisröschen.

1. A. aestivalis. *L.* Sommer-A. — Kelch kahl; Fruchtschnabel grün, nicht hakig; Nüßchen oben 2zähnig, mit aufsteigendem Schnabel. ⊙. Unter der Saat, auf kalkigen und thonigen Aeckern. Burow, Neustadt-Ebersw., Hohen-Finow, Freienwalde, Buckow, Rüdersdorf. Mai—Juli. Blkr. zinnoberroth bis ochergelb, 8blättrig, Blkrbltr. unten meist mit schwarzem Fleck. H. 1—1½′.

2. A. vernalis. *L.* Frühlings-A. — Kelch weichhaarig Fruchtschnabel hakig. ♃. Sonnige, meist kalkhaltige Hügel Freienwalde. April. Mai. Blkr. groß, 12—20blättrig, hellgelb H. ½—¾′.

III. Gruppe. Ranunculeen. *DC.* Kelch und Blkr. in der Knospenlage dachziegelig; Krbltr. am Grunde mit einem Honiggrübchen.

### 5. Myosúrus. *Dill.* Mäuseschwanz.

1. M. minimus. *L.* Kleinster M. — ⊙. Sand- und Lehmäcker gemein. Mai. Juni. Blkr. gelbgrün. H. 2—4″.

### 6. Ranunculus. *Hall.* Hahnenfuß.

A. Blkr. weiß, am Grunde meist gelb, ohne Schuppe des Honiggrübchens; Früchtchen querrunzelig.

1. R. aquatilis. *L.* Wasser-H. — Untergetauchte Bltr. borstenförmig-vielspaltig, gestielt, Zipfel nach allen Seiten abstehend, schwimmende nierenförmig, gelappt oder gespalten; Staubgef. länger als das Fruchtknotenköpfchen; Früchtchen steifhaarig oder kahl. ♃. Stehende Gewässer gemein. Juni—Aug. Aendert vielfach ab.

2. R. fluitans. *Lmk.* Fluthender H. — Bltr. meist sämmtlich untergetaucht, borstenförmig-vielspaltig, Zipfel sehr lang, gleichlaufend, fluthend; Staubgef. kürzer als das Fruchtknotenköpfchen; Früchtchen kahl. ♃. Flüsse. Potsdam und Berlin an verschiedenen Orten. Juni—Aug. R. peucedanifolius. *All.* Blkr. 9—12blättrig, groß.

B. Blkr. hell- oder goldgelb; Honiggrübchen mit einer fleischigen, aufwärts gerichteten Schuppe bedeckt.

a. Bltr. ungetheilt; Wurzel faserig.

3. R. Flammula. *L.* Brennender H. — Stengel aufsteigend oder mit geraden Gliedern niederliegend und wurzelnd; Bltr. elliptisch oder linealisch-lanzettlich; Früchtchen glatt, mit kurzem, stumpfem Spitzchen. ♃. Feuchte Wiesen, Gräben gemein. Juni—Herbst. Blkr. klein, hellgelb. H. ½—1½′.

4. R. Lingua. *L.* Großer H. — Stengel aufrecht; Bltr. lang-lanzettlich, zugespitzt; Früchtchen glatt mit breitem, kurz-sichelförmig-gekrümmtem Schnabel. ♃. Stehende Gewässer häufig. Juli. Aug. Blkr. goldgelb, groß.

b. Bltr. ungetheilt; Wurzel vielknollig.

5. R. Ficária. *L.* Feigwurzel-H. — Bltr. rundlich-herzförmig, die unteren geschweift, die oberen eckig; Kelch

3-, seltener 4—5blättrig. ♃. Schattige Orte sehr gemein. April. Mai. H. 6''.

c. Bltr. zusammengesetzt oder tief-gelappt und gespalten; Wurzel faserig, (bei R. bulbosus ist der Stengel unten knollenartig verdickt); Früchtchen glatt.

1. Blthnstiele nicht gefurcht; Blkr. goldgelb.

6. R. auricomus. *L.* Goldgelber H. — Untere Bltr. rundlich-nierenförmig, ungetheilt, oder 3- und mehrspaltig, mittlere fingerig getheilt, alle fast kahl; Blattstiele am Grunde scheidig; Früchtchen sammethaarig. ♃. Feuchte Wälder, Gebüsche häufig. Sanssouci, Schönhausen, Friedrichsfelde u. s. w. Mai. H. ½—1½'.

7. R. acris. *L.* Scharfer H. — Bltr. sämmtlich handförmig getheilt, behaart; Früchtchen glatt. ♃. Wiesen, Wälder sehr gemein. Mai. Juni. Herbst. H. 1—3'.

2. Blthnstiele gefurcht; Blkr. goldgelb.

8. R. polyánthemos. *L.* Vielblüthiger H. — Stengel aufrecht, unten abstehend-behaart; untere Bltr. handförmig-getheilt, Zipfel 3theilig, eingeschnitten; Kelch den Krbltrn. angedrückt; Schnabel kurz-hakenförmig. ♃. Wiesen, Waldränder zerstreut. Potsdam am Wildparkzaun, Jungfernheide, Tegel, Neustadt-Ebersw. u. s. w. Mai—Juli. H. 1—2'.

9. R. repens. *L.* Kriechender H. — Stengel mit kriechenden Ausläufern, meist kahl; untere Bltr. 3zählig oder doppelt-3zählig, Blättchen 3spaltig; Kelche locker-abstehend; Früchtchen fein-eingestochen-punktirt mit ziemlich geradem Schnabel. ♃. Feuchte Gebüsche, Gräben gemein. Mai bis Juli. Blkr. in Gärten gefüllt. H. ½—1½'.

10. R. bulbosus. *L.* Knolliger H. — Stengel am Grunde knollenförmig, ohne Ausläufer; Kelch zurückgeschlagen; Früchtchen glatt; sonst w. v. ♃. Triften, Aecker gemein. April—Juni. H. ½—1'.

d. Bltr. getheilt; Wurzel faserig; Früchtchen höckerig oder dornig.

11. R. Philonótis. *Ehrh.* Blaßgelbe. H. — Untere Bltr. 3zählig oder doppelt-3zählig; Blättchen 3spaltig; Kelch zurückgeschlagen; Früchtchen vor dem Rande mit einer Reihe Knötchen besetzt. ☉. Feuchte, lehmige Aecker. Bornstedt,

Weißensee, Lichtenberg, Tempelhof u. s. w. Mai—Aug. Blkr. blaßgelb. H. ¾—1½′.

12. R. arvensis. *L.* Acker-H. — Untere Bltr. ungetheilt, oder 3spaltig, obere 3zählig, Blättchen gestielt, 3—viel-spaltig; Früchtchen groß, geschnäbelt, dornig oder knotig. ⊙. Aecker häufig. Mai—Juli. Blkr. klein, blaßgelb. H. 1—2′.

13. R. sceleratus. *L.* Gift-H. — Bltr. etwas fleischig, glänzend, die unteren handförmig-getheilt, die oberen 3spaltig; Kelch zurückgeschlagen; Fruchtköpfchen länglich; Früchtchen sehr klein, unbekielt, fein-runzelig. ⊙. Feuchte Orte häufig. Juni—Herbst. Krbltr. sehr klein, blaßgelb. H. ½—3′. Sehr giftig.

IV. Gruppe. Helleboreen. *DC.* Kelch und Blkr. in der Knospenlage dachziegelig; Blkr. unregelm., verkümmert oder fehlend; Früchtchen balgartig.

### 7. Caltha. *L.* Butterblume.

1. C. palustris. *L.* Sumpf-B. — Wiesen, Gräben gemein. April—Juni. Blkr. goldgelb. H. ½—1½′.

### 8. Tróllius. *L.* Trollblume.

1. T. europaeus. *L.* Europäische T. — ♃. Feuchte Wiesen zerstreut. Zehlendorf, Rudower Wiesen, Werneuchen, Neustadt-Ebersw., Nieder-Finow. Mai—Juli. Kelchbltr. hellgelb, kugelartig zusammenschließend, Krbltr. dottergelb. H. 1—1½′.

### 9. Nigélla. *Tourn.* Schwarzkümmel.

1. N. arvensis. *L.* Feld-Sch. — ⊙. Aecker, auf Kalk- und Lehmboden zerstreut. Ueber Fähre, Baumgartenbrück, Steglitz, Spandau, Buckow, Hohen-Finow, Neustadt-Ebersw. Juli—Sept. Kelchbltr. weiß, vorn bläulich, unterseits grün-gestreift. H. 4—8″.

In Gärten wird gezogen: N. damascena. *L.* (Jungfer im Grünen oder Braut in Haaren), aus Süd-Europa.

### 10. Aquilegia. *Tourn.* Akelei.

1. A. vulgaris. *L.* Gemeiner A. — ♃. Wälder zerstreut. Thiergarten, Friedrichsfelde, Tegel, Dahlen, Köpnicker Heide, im Blumenthal, Oranienburg, Neustadt-Ebersw., Rüdersdorf. Außerdem häufig in Gärten gezogen. Juni. Juli. Kelchbltr. meist violett-blau. H. 1—2′.

### 11. Delphinium. *Tourn.* Ritterſporn.

1. D. Consólida. *L.* Feld-R. — ⊙. Aecker gemein. Juni bis Sept. Kelchbltr. azurblau. H. 1′.

In Gärten wird beſonders gezogen: D. Ajacis. *L.* (Garten-R.) aus Süd-Europa.

## 48. Fam. Paeoniaceen. *Bartl.* Gichtroſen.

Staubkölbchen in Längsritzen einwärts oder ſeitlich aufſpringend; Früchtchen beerig oder hülſenförmig, in der Bauchnaht aufſpringend (XIII).

### 1. Actaea. *L.* Chriſtophskraut.

1. A. spicata. *L.* Aehriges Ch. — ♃. Schattige Laubwälder ſelten. Freienwalde, Neuſtadt-Ebersw. Mai. Juni. Blkr. gelblich-weiß. H. 1—2′.

# 18. Ordn. Cocculinen. *Bartl.* Kockeln.

Kelch frei, nebſt der 4- oder 6blättrigen, unterweibigen Blumenkrone in der Knospe dachig, abfallend; Staubgefäße 4—12, unterweibig; Frucht beerig oder ſteinfruchtartig, ſelten kapſelig. Fam. 49.

## 49. Fam. Berberideen. *Vent.* Berberitzen.

Staubkölbchen mit 2 Klappen vom Grunde bis zur Spitze aufſpringend.

### 1. Bérberis. *L.* Sauerdorn, Berberitze (VI. 1).

1. B. vulgaris. *L.* Gemeiner S. — Strauch. Hecken, Gebüſche. Baumgartenbrück, Weißenſee, Johannisthal. Mai. Juni. Blkr. gelb. H. 4—8′.

# 19. Ordn. Umbellifloren. *Bartl.* Schirmblüthige.

Kelch dem Fruchtknoten angewachſen mit 5zähnigem oder undeutlichem Saume; Blumenkronblätter 4—5, in der Knospe eingerollt oder klappig und wie die 4—5 Staubgefäße kelchständig; Fruchtknoten meist 2fächerig; Frucht trocken oder fleischig. Fam. 50—51.

## 50. Fam. Hederaceen. *Perl.* Epheuartige.

Blkrbltr. am Grunde breiter, in der Knospe klappig; Griffel 1; Beere oder Steinfrucht.

### 1. Hédera. *L.* Ephen (V. 1).

1. H. Helix. *L.* Gemeiner E. — Stengel mit wurzelartigen Fasern kletternd. Strauch. Wälder, Mauern häufig. Juli—Oktb. Blkr. grün. Früchte schwarz.

### 2. Cornus. *Tourn.* Cornelle (IV. 1).

1. C. sanuignea. *L.* Rothe C. — Aeste aufrecht; Bltr. eiförmig, zugespitzt, beiderseits grün und kurzhaarig; Trugdolde flach; Hülle fehlend. Strauch. Wälder, Gebüsche ziemlich häufig. Potsdam beim Neuen Palais, Thiergarten, Jungfernheide, Friedrichsfelde u. s. w. Mai. Juni. Blkr. weiß. Steinfrucht schwarz, weiß punktirt. Zweige im Herbst und Winter blutroth. H. 5—12'.

2. C. alba. *L.* Weißbeerige C. — Aeste abstehend, abwärts gebogen, am Ende aufsteigend; Bltr. elliptisch, unterseits grünlich-grau; Blthn. in flachen, zur Blüthezeit hüllenlosen Dolden. Zierstrauch aus Nord-Amerika, bei uns in Anlagen angepflanzt. Juni. Juli. Blkr. weiß. Steinfrucht kugelig, weiß. Zweige im Herbste blutroth. H. bis 20'.

3. C. mas. *L.* Cornelkirsche. — Aeste kahl, nur in der Jugend angedrückt-behaart; Bltr. eiförmig oder elliptisch, lang zugespitzt; Dolden vor den Bltrn. hervorbrechend, etwa so lang als die 4blättrige Hülle. Strauch. Trockene Hügel, Gebüsche nicht häufig. Sanssouci, Rudow, Thiergarten, Tegel, Brieselang, Franz. Buchholz, Oranienburg, Neustadt-Ebersw. April. Mai. Blkr. gelb. Steinfrucht hängend, glänzend-kirschroth. H. 8—20'.

## 51. Fam. Umbelliferen. *Juss.* Doldenpflanzen.

Blkrbltr. immer 5, am Grunde verschmälert, in der Knospe

mit der Spitze eingekrümmt oder eingerollt; Griffel 2; Frucht aus 2, bei der Reife von unten nach oben sich vom Fruchthalter trennenden Schließfrüchten (V. 2).

### 1. Hydrocótyle. *Tourn.* Wassernabel.

1. H. vulgaris. *L.* Gemeiner W. — ♃. Moor- und Torfboden, Sümpfe zerstreut. Tornow, Nowaweß, Jungfernheide, Thiergarten u. s. w. Juli. Aug. Blkr. sehr klein, weiß oder röthlich.

### 2. Sanícula. *Tourn.* Sanikel.

1. S. europaea. *L.* Europäischer S. — ♃. Schattige Bergwälder zerstreut. Bredower und Erxlebener Forst, Rüdersdorf, im Blumenthal, Freienwalde, Neustadt-Ebersw., Hohen-Finow. Mai. Juni. Blkr. klein, röthlich-weiß. H. $\frac{3}{4}$—$1\frac{1}{2}$′.

### 3. Erýngium. *Tourn.* Männertreu.

1. E. campestre. *L.* Feld-M. — ♃. Dürre, unfruchtbare Anhöhen, Wegränder stellenweise. Auf dem Marienberge bei Brandenburg, Tremmen bei Nauen. Juni. Juli. Blkr. weiß oder graugrün. H. $\frac{1}{2}$—$1\frac{1}{2}$′.

### 4. Cicúta. *L.* Wasserschierling.

1. C. virosa. *L.* Giftiger W. — Wurzelstock dick, fleischig, fächerig, hohl. ♃. Gräben, Sümpfe, Teiche zerstreut. Tornow, Jungfernheide, Grunewald u. s. w. Juli. Aug. Blkr. weiß H. 1—4′. Sehr giftig.

### 5. Apium. *L.* Sellerie.

1. A. gravéolens. *L.* Gemeiner S. — ⊙. Als Gemüsepflanze gebaut. Juli—Sept. Blkr. weiß. H. 1—3′.

### 6. Petroselinum. *Hoffm.* Petersilje.

1. P. sativum. *Hoffm.* Gemeine P. — ⊙. Aus Sardinien, als Gemüsekraut überall gebaut. Juni. Juli. Blkr. grünlich-gelb. H. 2—3′. Offic. semen Petroselini.

### 7. Helosciádium. *Koch.* Scheiberich.

1. H. repens. *Koch.* Kriechender Sch. — ♃. Sumpfige Stellen, überschwemmter Moorboden zerstreut. Potsdam beim

Neuen Palais, Treuenbrietzen, Weißensee, Friedrichsfelde, Werder, Brandenburg, Rhinluch u. s. w. Juli—Sept. Blkr. weiß. Sium repens. *L.*

### 8. Falcária. *Rivin.* Sichelmöre.

1. F. Rivini. *Host.* Rivin's S. — ♃. Aecker und Wiesenränder zerstreut. Baumgartenbrück, Kreuzberg, Tempelhof u. s. w. Juli. Aug. Sium Falcaria. *L.* Blkr. klein, weiß. H. 1—2'.

### 9. Aegopodium. *L.* Girsch.

1. A. Podagraria. *L.* Gemeiner G. — ♃. Zäune, Gebüsch, Anlagen ganz gemein. Juni—Aug. Blkr. weiß oder röthlich. H. 2—3'.

### 10. Carum. *L.* Kümmel.

1. C. Carvi. *L.* Gemeiner K. — ⊙. Wiesen, Triften häufig, außerdem angebaut. Mai. Juni. Blkr. weiß oder röthlich. H. 1—2'. Offic. semen Carvi.

### 11. Pimpinella. *L.* Steinpeterlein.

a. Früchte kahl; Wurzel ausdauernd.

1. P. magna. *L.* Großer St. — Stengel beblättert, kantig-gefurcht; Bltr. gefiedert, Blättchen kurz-gestielt; Griffel länger als der Fruchtknoten. ♃. Waldränder, Gebüsche stellenweise. Um Berlin im Aufstall, Fasanerie, Friedrichsfelde, Papenberge, Tegel, Spandau, im Brieselang, Rüdersdorf, Neust.-Ebersw., Rhinluch. Juni—Aug. Blkr. weiß. H. 2—3'.

2. P. Saxífraga. *L.* Gemeiner St. — Stengel stielrund, zart-gerillt, oberwärts fast blattlos, kahl oder nur am Grunde schwach-fein-haarig; Bltr. gefiedert, Blättchen sitzend; Blthnstiele kahl; Griffel zur Blüthezeit kürzer als der Fruchtknoten. ♃. Hügel, Triften gemein. Juli—Sept. Blkr. weiß. H. $\frac{1}{2}$—$1\frac{1}{2}$'. Offic. rad. Pimp. albae.

3. P. nigra. *Willd.* Schwarzer St. — Stengel, Zweige und bisweilen auch die Blthnstiele kurz-grauhaarig; der durchschnittene Wurzelstock blau gefärbt; sonst w. v. ♃. Unbebaute Orte ziemlich häufig. Juli—Sept. Blkr. weiß. H. 1—3'. Offic. rad. Pimp. nigrae.

b. Früchte weichhaarig; Wurzel jährig.

4. P. Anisum. *L.* Anis. — Untere Bltr. ungetheilt, herzförmig-rundlich. ⊙. Aus Aegypten, an einigen Orten im Großen gebaut. Juli. Aug. Blkr. weiß. H. 1—1½'. Durchdringend riechend. Offic. sem. Anisi vulgaris.

## 12. Bérula. *Koch.* Berle.

1. B. angustifolia. *Koch.* Schmalblättrige B. — ♃. Gräben, Quellen häufig. Tornow, Gesundbrunnen und Fasanerie bei Berlin u. s. w. Juli. Aug. Sium august. *L.* Blkr. weiß. H. 1—2'.

## 13. Sium. *L.* Merk.

1. S. latifolium. *L.* Breitblättriger M. — Wurzel faserig; Bltr. gefiedert, untergetauchte vielfach zerschlitzt; Schenkel des Fruchthalters an das Früchtchen angewachsen. ♃. Stehende Gewässer gemein. Juli—Aug. Blkr. weiß. H. 3—4'.

2. S. Sísarum. *L.* Zuckerhaltiger M. — Wurzel knollig, büschelig; untere Bltr. gefiedert, obere 3zählig; Hülle nur 5blättrig; Fruchthalter 2theilig, frei. ♃. Aus Asien, bei uns zum Küchengebrauche gebaut. Juli. Aug. Blkr. weiß. H. 1—2'.

## 14. Bupleurum. *Tourn.* Hasenöhrchen.

1. B. tenuissimum. *L.* Feines H. — ⊙. Salzhaltige Orte. Im Selbelang auf der Trift bei dem zweiten Brunnen. Juli. Aug. Blkr. klein, gelb. H. 3—9''.

## 15. Oenanthe. *L.* Pferdesaat.

a. Wurzel büschelig, mit knollig-verdickten Fasern.

1. O. fistulosa. *L.* Röhrige Pf. — Stengel und Blattstiele röhrig; Bltr. meergrün; Dolde 2—5strahlig, oft röthlich; Frucht kreiselförmig. ♃. Sumpfige Wiesen, Gräben ziemlich häufig. Potsdam hinter dem Kirchhofe, Thiergarten, Jungfernheide u. s. w. Juni. Juli. Blkr. weiß, strahlend. H. 1—2'.

b. Wurzel spindelförmig, faserig.

2. O. Phellandrium. *Lmk.* Fenchelhaarige Pf. — Stengel aufrecht, dick gefurcht; Dolde vielstrahlig; Frucht eiförmig-länglich. ♃. Sümpfe, Gräben häufig. Juli. Aug.

Phellandrium aquaticum. *L.* Blkr. weiß. H. 2—5'. Offic. sem. Phellandrii.

### 16. Aethusa. *L.* Gleiße.

1. A. Cynápium. *L.* Hundspetersilie. — ⊙. Aecker, Schutt gemein. Juni—Oktob. Blkr. weiß. H. ½—2'. Giftig.

### 17. Foeniculum. *L.* Fenchel.

1. F. officinale. *All.* Gebräuchlicher F. — ♃. Aus Süd-Deutschland, bei uns gebaut. Juli. Aug. Anethum Foen. *L.* Blkr. gelb. H. 3—6'. Offic. sem. Foeniculi.

### 18. Séseli. *L.* Sesel.

1. S. annuum. *L.* Starrer S. — ⊙ und ♃. Grasige Hügel, Bergwiesen. Pevesin auf trockenen Wiesen, Schulzendorf. Juli. Aug. S. coloratum. *Ehrh.* Blkr. weiß oder röthlich. H. ½—2'.

### 19. Cnídium. *Koch.* Brennsaat.

1. C. venósum. *Koch.* Aderige B. — ⊙. Sumpfige Wiesen, an feuchten Gebüschen. Schöneberg, hinter der Fasanerie, Jungfernheide, Fuchsberge, Mögelin, Treptow, Lindholz. Juli. Aug. Selinum silvestre. *L.* Blkr. weiß. H. 1—2'.

### 20. Silaus. *Bess.* Silau.

1. S. pratensis. *Bess.* Wiesen-S. — ♃. Fruchtbare Wiesen stellenweise. Thiergarten, Stralau. Juni. Aug. Peucedanum Silaus. *L.* Blkr. blaßgelb. H. 2—3'.

### 21. Levísticum. *Koch.* Liebstöckel.

1. L. officinale. *Koch.* Gebräuchlicher L. — ♃. Aus Süd-Europa, in den Grasgärten der Landleute g.baut. Juli. Aug. Ligusticum Levisticum. *L.* Blkr. blaßgelb. H. 4—6. Offic. rad. Levistici.

### 22. Selinum. *L.* Silze.

1. S. Carvifolia. *L.* Kümmelblättrige S. — ♃. Feuchte Wiesen, zwischen Gebüsch häufig. Juli. Aug. Blkr. weiß. H. 2—3'.

### 23. Angélica. *L.* Brustwurz.

1. A. silvestris. *L.* Wald-B. — ⊙. Feuchte, schattige Wiesen stellenweise häufig. Tornow, Rixdorf, Rummelsburg, Papenberge, Tegel u. s. w. Juli. Aug. Blkr. weiß. H. 3—6'.

**24. Archangélica.** *Hoffm.* **Engelwurz.**

1. A. officinalis. *Hoffm.* Gebräuchliche E. — ⊙. Feuchte Waldwiesen hin und wieder. Pevesin. Juli. Aug. Ang. Archang. *L.* Blkr. grünlich. H. 4—6'. Offic. rad. Angelicae.

**25. Peucédanum.** *L.* **Haarstrang.**

1. P. Cervaria. *Lap.* Starrer H. — Bltr. 3fach-gefiedert, Blättchen meergrün, eiförmig, fast dornig-gesägt. ♃. Trockene Waldwiesen, in Gebüschen. Papenberge, Rüdersdorf, Oranienburg, Falkenberg, Köthen, Karlswerk, Freienwalde. Juli. Aug. Athamanta Cervaria. *L.* Blkr. weiß. H. 2—4'.

2. P. Oreoselínum. *Mnch.* Grundheil. — Bltr. 3fach-gefiedert, Blättchen glänzend, eiförmig, eingeschnitten-oder fast fiederspaltig-gezähnt, mit kurz-zugespitzten Zähnen. ♃. Trockene, sonnige Hügel, Waldwiesen. Potsdam, Baumgartenbrück, Jungfernheide, Hasenheide, Rummelsburg, Pankow u. s. w. Juli. Aug. Atham. Oreos. *L.* Blkr. weiß. H. 1—3'.

**26. Thysselínum.** *Rivin.* **Oelferich.**

1. Th. palustre. *Hoffm.* Sumpf-O. — ⊙. Sumpfige Wiesen, Teichränder ziemlich häufig. Potsdam und Berlin an mehreren Orten. Juli. Aug. Selinum pal. *L.* Blkr. weiß. H. 3—4'.

**27. Anéthum.** *Tourn.* **Dill.**

1. A. gravéolens. *L.* Gemeiner D. — ⊙. Aus Süd-Europa, bei uns gebaut und verwildert. Juli. Aug. Blkr. gelb. H. 2—4'.

**28. Pastináca.** *Tourn.* **Pastinak.**

1. P. sativa. *L.* Gemeiner P. — ⊙. Wiesen und Gräben häufig, außerdem gebaut. Juli. Aug. Blkr. gelb. H. 1—3'.

**29. Heracléum.** *L.* **Bärenklau.**

1. H. Sphondylium. *L.* Gemeine B. — ♃. Wiesen, Wälder, Gebüsche gemein. Juni—Oktob. Blkr. weiß, grün, gelblich oder röthlich. H. 2—5'.

**30. Laserpitium.** *Tourn.* **Laserkraut.**

1. L. pruténicum. *L.* Preußisches L. — ⊙. Trockene Wälder stellenweise. Rudower Wiesen, Lindholz, Johannisthal,

Falkenhagener Heide, Papenberge, Rhinluch. Juli. Aug. Blkr. weiß. H. 1—3'.

## 31. Daucus. *Tourn.* Möhre.

1. D. Carota. *L.* Gemeine M. — ⊙. Wiesen, Triften gemein, außerdem überall gebaut. Juni—Sept. Blkr. weiß. H. 1—2'.

## 32. Caúcalis. *L.* Haftdolde.

1. C. daucoídes. *L.* Mörenförmige H. — ⊙. Unter der Saat, auf Kalkboden. Zwischen Oranienburg und Schmachtenhagen, Freienwalde. Juni. Juli. Blkr. weiß. H. ½—1'.

## 33. Tórilis. *Adans.* Klettenkerbel.

1. T. Anthriscus. *Gmel.* Gemeiner K. — ⊙. Zäune, Hecken, Gebüsch gemein. Juni. Juli. Tordylium Anthriscus. *L.* Blkr. weiß. H. 2—4'.

## 34. Scandix. *L.* Nadelkerbel.

1. S. Pecten Veneris. *L.* Kammförmiger N. — ⊙. Unter der Saat, auf Kalkboden selten. Rüdersdorf. Mai. Juni. Blkr. weiß. H. 6''.

## 35. Anthríscus. *Hoffm.* Kerbel.

a. Frucht glatt oder zerstreut-knötig; Griffel lang.

1. A. silvestris. *Hoffm.* Wald-K. — Stengel unterwärts meist rauhhaarig, oberwärts kahl; Hülle fehlend oder 1—2blättrig; Hüllchen 5blättrig; Frucht länglich, 5mal länger als der Schnabel, glatt oder zerstreut-knötig. ♃. Wald- und Wiesenränder häufig. Mai. Juni. Chaerophyllum silv. *L.* Blkr. weiß, selten gelblich. H. 3—4'.

2. A. Cerefolium. *Hoffm.* Garten-K. — Stengel über den Gelenken weichhaarig; Hülle meist fehlend; Hüllchen 1—4blättrig; Frucht linealisch, glatt, doppelt so lang als der Schnabel. ⊙. Aus Süd-Europa, bei uns angebaut. Mai. Juni. Scandix Cerefolium. *L.* Blkr. weiß. H. 1—2'. Kraut stark riechend.

b. Frucht mit pfriemlichen, gekrümmten Stacheln besetzt.

3. A. vulgaris. *Pers.* Gemeiner K. — Stengel kahl; Narben fast sitzend. ⊙. Zäune, Mauern häufig. Mai. Juni. Torilis Anthriscus. *Gaertn.* Blkr. weiß. H. ½—1½'.

### 36. Chaerophyllum. *L.* Kälberkropf.

1. Ch. témulum. *L.* Betäubender K. — Stengel am Grunde steifhaarig, oberwärts kurzhaarig; Bltr. doppelt-gefiedert, Blättchen mit stumpfen Zipfeln; Hülle fehlend oder 1—2blättrig; Hüllchen vielblättrig, gewimpert. ⊙. Hecken, Gebüsch, Schutt gemein. Mai. Juni. Blkr. weiß. Stengel 1—3′ hoch, meist dunkelroth gefleckt.

2. Ch. bulbosum. *L.* Knollentragender K. — Stengel am Grunde steifborstig, oberwärts kahl; Bltr. 3—4fach-gefiedert, Blättchen mit spitzen, an den oberen Bltrn. sehr schmal-linealischen Zipfeln; Hülle fehlend oder 1blättrig; Hüllchen 4—6blättrig, kahl. ⊙. Gebüsche, Flußufer, Zäune nicht selten. Wachowsche Werder, Kirchhof in Britz, Wilmersdorf, Charlottenburg, im Briesetang u. s. w.

### 37. Conium. *L.* Schierling.

1. C. maculatum. *L.* Gefleckter Sch. — ⊙. In Dörfern, in Gemüsegärten, an Zäunen stellenweise. Bornstedt, Berlin, Weißensee, Rixdorf, Schöneberg u. s. w. Spandau, Freienwalde. Juli. Aug. Blkr. weiß. H. 3—6′. Sehr giftig. Offic. herb. Conii macul.

### 38. Coriándrum. *L.* Koriander.

1. C. sativum. *L.* Gebauter K. — Aus Süd-Europa, bei uns hie und da in Gärten gebaut. Juni—Aug. Randblthn. strahlend, weiß. H. 1—2′. Kraut riecht wanzenartig. Offic. sem. Coriandri.

## 20. Ordn. Korantheen. *Bartl.* Riemenblumen.

Kelch dem Fruchtknoten angewachsen; Staubgefäße und Blumenblätter 4 oder 8, kelchständig, in der Knospe klappig; Fruchtknoten 1fächerig; Griffel 1 oder fehlend; Beere 1samig. Fam. 52.

## 52. Fam. Loranthaceen. *Don.* Misteln.

Einzige Fam. mit den Ordnungs-Merkmalen. Wiederholtgabelästige immergrüne Schmarotzerpflanzen auf Bäumen.

**1. Viscum *L.* Mistel (XXII. 4).**

1. V. album. *L.* Weißer M. — Kleiner Strauch. In Wäldern als Schmarotzergewächs auf Bäumen, besonders auf Pinus silvestris häufig. März. April. Blkr. gelb. Pflanze grünlich-gelb. H. 1—2'. Offic. Visc. alb.

## B.

## Verwachsenblumenblättrige Dicotyledoneen.

Blüthe vollständig; Blumenkrone verwachsenblättrig. Ordn. 21—30.

## 21. Ordn. Ligustrinen. *Bartl.* Ligustern.

Kelch frei; Blumenkrone regelmäßig-gespalten oder 4blättrig, unterweibig; Staubgefäße 2; Fruchtknoten 2fächerig; Kapsel, Beere oder Steinfrucht. Fam. 53.

### 53. Fam. Oleineen. *Lk.* Fliedern.

Samen in der Frucht hängend. Bäume oder Sträuche.

**1. Ligustrum. *Tourn.* Hartriegel (II. 1).**

1. L. vulgare. *L.* Gemeiner H. — Strauch. Gebüsche, Wege, Wälder hie und da. Potsdam und Berlin an verschiedenen Orten. Juni. Juli. Blkr. weiß. H. 6—10'.

**2. Syringa. *L.* Flieder (II. 1).**

S. vulgaris. *L.* Gemeiner Fl. — Baumartiger Strauch. Aus Persien und Ungarn, bei uns überall angepflanzt. April. Mai. Blkr. blau, röthlich oder weiß. H. 10—20'.

Angepflanzt werden noch: S. persica. *L.* (Persischer Fl.) und S. chinensis. *L.* (Chinesischer Fl.)

**3. Fráxinus. *Tourn.* Esche (II. 1).**

1. F. excelsior. *L.* Edelesche. — Baum. Wälder und außerdem in Dörfern und an Flußufern. April. Mai. H. 80—120'.

## 22. Ordn. Rubiacinen. *Bartl.* Krappe.

Kelch dem 2- bis mehrfächerigen Fruchtknoten angewachsen; Blumenkrone meist regelmäßig-gespalten, kelchständig, in der Knospe meist klappig oder dachig; Staubgefäße 4, 5 oder 10, der Blumenkrone angewachsen; Beere, Kapsel, Steinfrucht oder Doppelachene; Blätter gegenständig oder quirlig. Fam. 54—56.

### 54. Fam. Viburneen. *Bartl.* Holdern.

Blkr. glockig oder radförmig, in der Knospe dachig; Narben 3—5, sitzend; Beere.

#### 1. Adóxa. *L.* Bisamkraut (VIII. 4).

1. A. Moschatellina. *L.* Gemeines B. — ♃. Schattige Wälder, in Erlengebüsch nicht selten. Sanssouci, Schönhausen, Friedrichsfelde, Neustadt-Ebersw. u. s. w. März. April. Blkr. grün. Pflanze nach Bisam riechend. H. 3—4″.

#### 2. Sambúcus. *Tourn.* Holunder (V. 3).

1. S. Ebulus. *L.* Zwerg-H. Eppich. — Stengel krautartig; Nebenbltr. blattartig, eiförmig, gesägt; Hauptäste des Ebenstraußes 3zählig. ♃. Waldränder selten. Oranienburg, außerdem häufig in Gärten angepflanzt. Juli. Aug. Blkr. röthlich-weiß. Beere meist schwarz. H. 2—4′.

2. S. nigra. *L.* Schwarzer H. Flieder. — Strauch- oder baumartig; Nebenbltr. warzenförmig oder fehlend; Hauptäste der Trugdolde 5zählig. An Zäunen, Hecken, in Gebüschen überall. Juni. Juli. Blkr. weiß. Beere schwarz. H. 10—30′. Offic. flores et baccae Sambuci.

#### 3. Vibúrnum. *L.* Schneeball (V. 3).

1. V. Lantána. *L.* Wolliger Sch. — Bltr. breit-eiförmig, oben rund, unten filzig und runzlig; Blthn. gleichförmig, alle fruchtbar. Strauch. Mittel-Deutschland, bei Potsdam und Berlin in Anlagen angepflanzt. Mai. Blkr. weiß. Früchte grün, dann hochroth, endlich schwarz. H. 4—8′.

2. V. Opulus. *L.* Gemeiner Sch. — Bltr. 3—5lappig, unten kahl; Randblthn. strahlend, unfruchtbar. Strauch. Wälder und Gebüsche häufig. Mai. Juni. Blkr. weiß. Früchte

scharlachroth. ♄. 6—12'. Aendert ab: b) roseum. *L.* Trugdolden kugelig, alle Blthn. sehr groß, geschlechtslos, so in Gärten.

## 55. Fam. Caprifoliaceen. *Bartl.* Geißblattgewächse.

Blkr. röhrig oder trichterig, meist ungleich, in der Knospe dachig; Griffel 1; Beere oder Kapsel.

### 1. Lonicéra. *L.* Lonitzere (V. 1).

a. Stengel sich schlingend; Blthn. kopfig-quirlig.

1. L. Periclymenum. *L.* Deutsche L. — Bltr. sämmtlich getrennt; Köpfchen gestielt. Strauch. Wälder Nord-Deutschlands, besonders an der Ostseeküste häufig, bei uns nur in Gärten angepflanzt. Juni—Aug. Blkr. gelblich-weiß.

2. L. Caprifolium. *L.* Geißblatt. Je länger je lieber. — Obere Bltr. zusammengewachsen, etwas durchwachsen; das endständige Köpfchen sitzend. Strauch. Aus Süd-Deutschland, bei uns angepflanzt. Mai. Juni. Blkr. roth oder weiß.

b. Stengel aufrecht; Blthn. zu zweien.

3. L. Xylósteum. *L.* Gemeine L. — Strauch. Laubwälder nicht häufig. Im Lindholz, Neustadt-Ebersw., Oranienburg. Außerdem in Anlagen angepflanzt. Mai. Juni. Blkr. gelblich. Beere scharlachroth. ♄. 4—8'.

### 2. Linnaea. *Gronovius.* Linnäe (XIV. 2).

1. L. borealis. *Gron.* Nordische L. — ♃. Moosige Heidewälder. An den Pichelsbergen, Tegel, zwischen Köthen und Freienwalde. Mai—Juli. Blkr. weiß, innen mit blutrothen Streifen, wohlriechend. Stengel 1—4' lang, niederliegend, mit immergrünen, lederartigen Bltrn.

## 56. Fam. Stellaten. *L.* Sternkräuter.

Blkr. radförmig, glockig oder trichterig, 4—6theilig, in der Knospe klappig; Griffel 1; zweiknöpfige Schließfrüchtchen; Bltr. meist quirlständig.

### 1. Sherardia. *Dill.* Scherardie (IV. 1).

Sh. arvensis. *L.* Acker-Sch. — ☉ und ⊙. Auf Aeckern

ziemlich häufig. Charlottenburg, Rüdersdorf, Freienwalde, Hohen-Finow. Juni—Oktob. Blkr. lila. H. 3—8''.

## 2. Aspérula. *L.* Waldmeister (IV. 1).

a. Frucht unbehaart; Bltr. schmal-linealisch.

1. A. tinctoria. *L.* Färber-W. — Deckbltr. rundlich-eiförmig, spitz, ohne Stachelspitze; Blkr. kahl; meist 3spaltig; Früchte glatt. ♃. Waldränder. Brauhausberg am Tornow, zwischen Moorlanke und Pfaueninsel, Fuchsberge, Grunewald, Tegel u. s. w. Juni. Juli. Blkr. weiß. H. 1—1½'.

2. A. cynánchica. *L.* Hügel-W. — Deckbltr. lanzettlich, stachelspitzig; Blkr. außen rauh, 4spaltig; Früchte körnig-rauh. ♃. Trockene Wegränder, Bergabhänge. Baumgartenbrück, Werder, Brauhausberg, Römerschanze, Fuchsberge, Friedrichsfelde, Grunewald u. s. w. Juni. Juli. Blkr. weiß, äußerlich fleischfarben. H. 4—12''.

b. Frucht mit steifen, hakigen Borsten besetzt; Bltr. lanzettlich.

3. A. odorata. *L.* Gemeiner W. — ♃. Schattige Wälder. Im Brieselang, Freienwalde, Neustadt-Ebersw. u. s. w. Mai. Juni. Blkr. weiß. H. 4—8''. Pflanze wohlriechend.

## 3. Rubia. *Tourn.* Röthe, Krapp (IV. 1).

1. R. tinctorum. *L.* Färber-R. — ♃. Aus dem Orient, als Farbpflanze gebaut. Juni. Juli. Blkr. gelblich. H. ½—2'. Offic. rad. Rubiae tinct.

## 4. Galium. *L.* Labkraut (IV. 1).

a. Bltr. 1nervig, zu 4—8; Stengel 4kantig, rauh von abwärts-gekrümmten Stacheln und daher sich den Kleidern anhängend.

1. G. tricorne. *With.* Dreihörniges L. — Bltr. meist 8ständig, stachelspitzig, am Rande rückwärts-stachelig-rauh; Blthnstiele meist 3blüthig, 1—3früchtig, nach dem Verblühen zurückgekrümmt; Frucht warzig. ☉. Lehmäcker selten. Im Havelländischen Luche bei der Selbelanger Brücke. Juli—Oktob. Blkr. weiß oder gelblich-weiß. Stengel ½—1' lang.

2. G. Aparine. *L.* Kletterndes L. — Bltr. 6—8ständig; stachelspitzig, am Rande und Kiele rückwärts-stachelig, rauh; Blthnstiele nach dem Verblühen gerade; Früchte

hakenförmig-steifhaarig oder glatt. ⊙. Aecker, Zäune, Gebüsche gemein. Juni—Oktob. Blkr. weiß oder grünlich, beim Abfallen kaum so groß als der Fruchtknoten. Stengel 2—8′ lang, kletternd.

3. G. uliginosum. *L.* Morast-L. — Früchte kahl, fein körnig; Bltr. meist zu 6, sonst w. v. ♃. Wiesen, Sümpfe häufig. Juni—Aug. Blkr. weiß, beim Abfallen 3—4mal so groß als der Fruchtknoten. H. 6—9″.

4. G. palustre. *L.* Sumpf-L. — Bltr. meist 4ständig, abgerundet-stumpf, ohne Stachelspitze; Blthnstielchen nach dem Verblühen gerade; Früchte kahl und glatt. ♃. Nasse Wiesen und Sümpfe häufig. Mai—Juli. Blkr. weiß. H. ½—1′.

b. Bltr. 3nervig, zu 4; Blthn. weiß.

5. G. boreale. *L.* Nordisches L. — Stengel aufrecht, steif, 4kantig; Bltr. lanzettlich, ohne Stachelspitze; Früchte filzig-steifhaarig oder kahl. ♃. Wiesen, Waldblößen stellenweise. Thiergarten, Jungfernheide, Grunewald, Friedrichsfelde, Rudow, Tegel, Papenberge. Juli. Aug. Blkr. weiß. H. 1—1½′.

6. G. rotundifolium. *L.* Rundblättriges L. — Stengel schlaff; Bltr. oval, kurz-stachelspitzig; Früchte borstig-steifhaarig; sonst w. v. ♃. Trockene Nadel- und Laubwälder selten. Gohlitzer Fichten (Spieker). Juli. Aug. H. 1′.

c. Bltr. 1nervig, zu 6—10; Früchte kahl; Stengel kahl oder weichhaarig aber ohne rückwärts-gekrümmte Stacheln; Blthn. weiß.

7. G. Mollugo. *L.* Gemeines L. — Bltr. lanzettlich, oder verkehrt-eiförmig-lanzettlich, stachelspitzig; Krbltr. haarspitzig; Früchte etwas runzelig. ♃. Wiesen, Gebüsche, Wegränder gemein. Mai—Aug. H. 1—3′.

8. G. silvaticum. *L.* Wald-L. — Bltr. länglichlanzettlich-stumpf, stachelspitzig, unterseits meergrün; Krbltr. kurz-bespitzt; Früchte w. v. ♃. Schattige Wälder. Im Brieselang, Freienwalde, Neustadt-Ebersw. Juni. Juli. Bltr. bläulich-grün; von Unkundigen oft mit Asp. odor. verwechselt. H. 1—4′.

9. G. saxátile. *L.* Felsen-L. — Untere Bltr. verkehrt-eiförmig, obere lanzettlich, vorn breiter; Krbltr. spitz; Früchte dicht-körnig-rauh. ♃. Wälder. Jungfernheide, Grunewald, Köpnicker und Spandauer Heide. Juli. Aug. H. 4—10″.

d. Blthn. gelb; sonst wie c.

10. G. verum. *L.* Aechtes L. — ♃. Triften, Wegränder überall häufig. Juni—Oktob. Blkr. dottergelb. H. 1—2′.

## 23. Ordn. Contorten. *Bartl.* Drehblüthige.

Kelch frei; Blumenkrone unterweibig; meist 5lappig, nicht gespalten, in der Knospe meist gedreht; Staubgefäße meist 4—5, auf der Blumenkrone; Griffel 1—2; Fruchtknoten 2theilig. Fam. 57—59.

### 57. Fam. Apocyneen. *R. Br.* Schieflinge.

Blkr. in der Knospe schief-gedreht; Staubkölbchen der Narbe aufliegend; Pollen körnig.

1. Vinca. *L.* Sinngrün (V. 1).

1. V. minor. *L.* Kleines S. — ♃. Schattige Wälder, Tegel, Freienwalde, Rüdersdorf, Buckow. April. Mai. Blkr. hellblau, selten weiß. Stengel kriechend mit immergrünen Bltrn.

### 58. Fam. Asclepiadeen. *R. Br.* Seidenpflanzen.

Blkr. in der Knospe dachig; Pollen in eine wachsähnliche Masse zusammengeflossen, an die Drüsen der Narbe angeheftet; 2 Balgkapseln.

1. Cynánchum. *L.* Schwalbenwurz (V. 2).

1. C. Vincetóxicum. *R. Br.* Gemeine Sch. — ♃. Trockene Wälder zerstreut. Potsdam bei den Jäger-Schießständen, Tegel, Grunewald, Papenberge, Rüdersdorf, Freienwalde, Neustadt-Ebersw. u. s. w. Juni. Juli. Blkr. gelblichweiß. H. 1—2′.

### 59. Fam. Gentianeen. *Juss.* Enziane.

Blkr. in der Knospe meist zusammengedreht; Pollen staubartig; meist eine 2klappige, vielsamige Kapsel.

1. Menyanthes. *L.* Fieberklee (V. 1).

1. M. trifoliata. *L.* Dreiblättriger F. — ♃. In sumpfigen

Wiesen und Gräben häufig. Mai. Juni. Blkr. weißlich-fleischfarben mit weißem Barte. H. ½—1'. Offic. folia Trifolii fibrini s. aquatici.

## 2. Limnanthemum. *Gmel.* Seekanne (V. 1).

1. L. nymphoides. *Lk.* Seerosenartige S. — ♃. Teiche, Seen, Gräben. Havelsee bei Pichelswerder. Juli. Aug. Villarsia nymph. Vent. Blkr. gelb.

## 3. Gentiana. *L.* Enzian (V. 2).

a. Schlund der Blkr. kahl; Blthn. einzeln, blattwinkel- oder endständig.

1. G. Pneumonanthe. *L.* Gemeine E. — Stengel 1—vielblüthig; Bltr. lanzettlich-linealisch, unterste schuppenförmig. ♃. Feuchte, torfige Wiesen zerstreut. Pevesin, Baumgartenbrück, um Berlin auf Wiesen, Friedrichsfelde, Reineckendorf u. s. w. Juli—Oktob. Blkr. inwendig dunkel-azurblau mit 5 grün-punktirten Streifen. H. ½—1'.

2. G. verna. *L.* Frühlings-E. — Stengel rasenartig, 1blüthig; unterste Bltr. rosettig; Blkr. mit walziger Röhre. ♃. Wiesen selten. Franz. Buchholz auf einer Wiese. Juni. Juli. Blkr. dunkelblau. H. 2—3''.

b. Schlund der Blkr. bärtig.

3. G. campestris. *L.* Feld-E. — Blkr. 4spaltig; Kelchzähne ungleich, die 2 äußeren breit-elliptisch. ⊙. Wiesen und Triften. Um Berlin zwischen der Fasanerie und dem Grunewald, im Briesegang. Juli—Sept. Blkr. bläulich-violett. H. 4—10''.

4. G. Amarella. *L.* Schwachbitterige E. — Kelch meist 5spaltig, Zipfel linealisch-lanzettlich, fast gleich oder 2 wenig breiter als die anderen; Blkr. meist 5spaltig. ⊙. Wiesen und Triften zerstreut. Bornim, Marquardt, Pevesin, im Selbelang, Grunewald, hinter dem Neuen Palais bei Potsdam, Johannisthal u. s. w. Aug.—Oktob. Blkr. groß, violett mit einem röthlichen Schimmer. H. 2—4''.

## 4. Erythraea. *Ren.* Tausendgüldenkraut (V. 1).

1. E. Centaurium. *Pers.* Gemeines T. — Stengel einfach; Bltr. oval-länglich, meist 5nervig; Ebenstrauß endständig, immer gleich hoch. ⊙. Wiesen, Triften, Waldblößen

häufig. Potsdam und Berlin an verschiedenen Stellen. Juli. Aug. Blkr. fleischroth. H. ½—1'. Offic. herba Centaurii minoris.

2. E. linariaefolia. *Pers.* Schmalblättriges T. — Stengel einfach; Bltr. linealisch, meist 3nervig; Ebenstrauß zuerst gleich hoch, später in aufrechte, rispig-verlängerte Aeste mit entfernt gestellten Blthn. sich entwickelnd. ⊙. Salzhaltige Wiesen. Berlin zwischen der Fasanerie und Wilmersdorf, Rudower Wiesen, Groß-Bähnitz, Linumer Rhinluch, im Selbelang, Pevesiner Lötz. Aug. Sept. Blkr. fleischroth. H. 3—8''.

3. E. pulchella. *Fr.* Niedliches T. — Stengel sehr ästig; Bltr. eiförmig, meist 5nervig; Blthn. blattwinkelständig, gestielt. ⊙ und ⊙. Feuchte Wiesen, Aecker zerstreut. Potsdam hinter dem Kirchhofe, Jungfernheide, Charlottenburg, Grunewald u. s. w. Juli—Sept. E. inaperta. *Willd.* Blkr. fleischroth, fast immer geschlossen, klein. H. 2—6''.

## 24. Ordn. Tubifloren. *Bartl.* Röhrenblüthige.

Kelch frei; Blumenkrone unterweibig, meist 5lappig, meist röhrig, in der Knospe meist gefaltet; Staubgefäße 5, in der Blumenkronröhre befestigt; Griffel meist 1; Fruchtknoten mehrfächerig; Frucht verschieden. Fam. 60—61.

## 60. Fam. Boragineen. *Juss.* Scharfblättrige.

Vier meist getrennte Schließfrüchte; Bltr. wechselständig, meist rauhhaarig (V. 1).

### 1. Asperúgo. *Tourn.* Schlangenäuglein.

1. A. procumbens. *L.* Liegendes Sch. — ⊙. Mauern, Schutt, Wege zerstreut. Sanssouci, Tornow, um Berlin, Pankow u. s. w. Mai. Juni. Blkr. klein, röthlich-blau. Stengel ½—2' lang.

### 2. Echinospérmum. *Sw.* Igelsame.

1. E. Láppula. *Lehm.* Klettenartiger J. — ⊙. Unfruchtbare Orte, Mauern u. s. w. Potsdam bei den Jägerschießständen, um Berlin, Rollberge, Weißensee u. s. w. Juli. Aug. Blkr. blau. H. 1'.

### 3. Cynoglóssum. *L.* Hundszunge.

1. C. officinale. *L.* Gebräuchliche H. — ⊙. Unbebaute Orte, Wege, Schutt häufig. Mai. Juni. Blkr. blutroth, später fast violett. H. 1—3′.

### 4. Borágo. *Tourn.* Boretsch.

1. B. officinalis. *L.* Gebräuchliche B. — ⊙. Aus dem Orient, bei uns verwildert. Glienicke, Potsdam, Weißensee. Juni. Juli. Blkr. schön-glänzend-kornblau. H. 1—2′.

### 5. Anchúsa. *L.* Ochsenzunge.

1. A. officinalis. *L.* Gebräuchliche O. — Krröhre gerade. ⊙ und ♃. Ackerränder, Schutthaufen u. s. w. häufig. Mai—Oktob. Blkr. erst rothblau, dann schön-violett. H. 1—3′.

2. A. arvensis. *M. B.* Acker-O. — Krröhre in der Mitte gekrümmt. ⊙. Aecker, Brachen gemein. Juni—Oktob. Lycopsis arv. *L.* Blkr. himmelblau mit weißer Röhre. H. ½—1′.

### 6. Sýmphitum. *L.* Schwarzwurz.

1. S. officinale. *L.* Gebräuchliche Sch. — ♃. Nasse Wiesen, Gräben häufig. Mai. Juni. Blkr. weiß, rosenroth oder violett. H. 1—3′.

### 7. Echium. *Tourn.* Natterkopf.

1. E. vulgare. *L.* Gemeiner N. — ⊙. Unbebaute Orte gemein. Juni—Sept. Blkr. schön-kornblau, selten roth oder weiß. H. 1—3′.

### 8. Pulmonaria. *Tourn.* Lungenkraut.

1. P. officinalis. *L.* Gebräuchliches L. — ♃. Schattige Laubwälder zerstreut. Franz. Buchholz, im Brieselang, Neustadt-Ebersw., Freienwalde u. s. w. März. April. Blkr. zuerst roth, dann violett. H. ½—1′.

### 9. Lithospérmum. *Tourn.* Steinsame.

1. L. officinale. *L.* Gebräuchlicher St. — Stengel sehr ästig; Nüsse glatt. ♃. Steinige Orte, Gebüsche, Wege zerstreut. Pevesin, Rüdersdorfer Kalkberge, Freienwalde, Spechthausen. Mai—Juli. Blkr. grünlich-weiß. Nüsse weißlich, stark-glänzend. H. 1—2′.

2. L. arvense. *L.* Acker-St. — Stengel oberwärts ästig; Nüsse runzelig-rauhhaarig. ⊙. Aecker gemein. April—Juni. Blkr. klein, weiß, Röhre von einem violetten Ringe umgeben. Nüsse braun, glanzlos. H. ½—1½'.

## 10. Myosótis. *L.* Vergißmeinnicht.

A. Kelch angedrückt-behaart, zur Fruchtzeit offen.

1. M. palustris. *With.* Sumpf-V. — Wurzelstock schief, kriechend; Stengel kantig; Kelch 5zähnig. ♃. Wiesen, Gräben gemein. Mai—Aug. Blkr. meist himmelblau, selten fleischfarben oder weißlich. Fruchttraube blattlos. H. ½—1½'.

2. M. caespitosa. *Schultz.* Rasenartiges V. — Wurzel absteigend, überall faserig; Stengel stielrund; Kelch 5spaltig. ⊙. Sumpfige Orte zerstreut. Weißensee, Tempelhof, Spandau, im Selbelang, Potsdam an der Havel. Juni—Aug. Blkr. himmelblau. Fruchttraube meist unten beblättert. H. ½—1½'.

B. Kelch 5spaltig, mit abstehenden, hakigen Haaren.

a. Fruchtstiele kürzer als der Kelch; Fruchtkelch geschlossen.

3. M. stricta. *Lk.* Steifes V. — Krröhre eingeschlossen; Trauben am Grunde beblättert. ⊙. Sandige Aecker, Brachen gemein. April—Juni. Blkr. klein, blau. H. 2—8''.

4. M. versicolor. *Sm.* Verschiedenfarbiges V. — Krröhre zuletzt doppelt so lang als der Kelch. ⊙. Feuchte, waldige Gegenden hie und da. Geltow, Grunewald, Tempelhof, Spandau. Mai. Juni. Blkr. anfangs gelb, dann bläulich, zuletzt dunkelblau. H. 3—10''.

b. Fruchtstiele so lang oder nur wenig länger als der Kelch.

5. M. silvatica. *Hoffm.* Wald-V. — Zipfel des Fruchtkelchs aufrecht-zusammenschließend; Saum der Krone flach. ♃. Feuchte Waldstellen zerstreut. Im Zotzen, Fasanerie bei Königshorst, Dechtow. Mai—Juli. Blkr. lebhaft-himmelblau, selten fleischfarben oder weiß. H. ½—1½'.

6. M. hispida. *Schldl.* Steifhaariges V. — Fruchtkelch offen; Fruchtstiele wagerecht-abstehend; Krröhre eingeschlossen. ⊙. Sonnige Hügel, Aecker hie und da. Potsdam im Neuen Garten, Berlin an der Fasanerie, Tempelhof, Friedrichs-

felde, Grunewald, Woltersdorf, Freienwalde. Mai—Juli. Blkr. sehr klein, erst röthlich-blau, dann hellblau. H. $\frac{1}{4}$—1'.

c. Fruchtstiele wenigstens doppelt so lang als der Kelch.

7. M. intermedia. *Lk.* Mittleres V. — Fruchtkelch geschlossen; Fruchtstiele gerade-abstehend; Saum der Blkr. vertieft. ⊙. Wälder, Aecker gemein. Juni—Aug. Blkr. dunkelblau. H. $\frac{1}{2}$—2'. Bltr. dicht-behaart und dadurch fast grau.

8. M. sparsiflora. *Mik.* Zerstreutblüthiges V. — Traube armblüthig, am Grunde beblättert; Fruchtstiele vielmal länger als der Kelch, zurückgeschlagen. ⊙. Schattige Wälder selten. Treuenbrietzen, beim botanischen Garten in Schöneberg. Mai. Juni. Blkr. hellblau. H. $\frac{1}{4}$—$\frac{3}{4}$'.

## 61. Fam. Solanaceen. *Rchb.* Nachtschatten.

Frucht 2fächerig, vielsamig, Kapsel oder Beere; Samenträger dick, in der Mitte der Scheidewand angewachsen (V. 1).

### 1. Lýcium. *L.* Teufelszwirn.

1. L. bárbarum. *L.* Gemeiner T. — Zierstrauch aus der Berberei, jetzt an Zäunen häufig angepflanzt. Juni—Aug. Blkr. hellpurpurroth. Beere mennigroth.

### 2. Solánum. *L.* Nachtschatten.

1. S. nigrum. *L.* Schwarzer N. — Stengel krautartig; Bltr. ei-rautenförmig, buchtig-gezähnt und nebst dem Stengel mit einwärts-gekrümmt-aufrechten Haaren besetzt; Fruchtstielchen an der Spitze verdickt, herabgebogen. ⊙. Schutt, Wege gemein. Juli—Oktob. Blkr. weiß. Beere schwarz. H. 1—3'. Giftig. Die Abart: chlorocarpum, mit reifen, grasgrünen Beeren findet sich bei Johannisthal und vor Moabit.

2. S. villosum. *Lmk.* Zottiger N. — Stengel und Bltr. abstehend-zottig; sonst w. v. ⊙. Schutt, Wege nicht häufig. In Berlin und vor dem Hallischen, Stralauer und Kottbusser Thor. Juli—Oktob. Beeren gelb. Giftig.

3. S. humile. *Bernh.* Niedriger N. — Stengel und Bltr. fast kahl; sonst w. S. nigr. ⊙. Schutthaufen. Ketzin. Beeren wachsgelb oder grünlich. Giftig.

4. S. Dulcamára. *L.* Bittersüß. — Stengel strauchartig,

geschlängelt, kahl; Bltr. herz-eiförmig, obere spießförmig. Strauch. Hecken, Gebüsche, an Flußufern u. s. w. häufig. Juni bis Aug. Blkr. violett, am Grunde jedes Zipfels mit 2 grünen Flecken. Klettert bis 10′ hoch. Offic. stipites Dulcamarae. Giftig.

5. S. tuberosum. *L.* Kartoffel. — Stengel krautartig; Bltr. unpaarig-gefiedert. ♃. Die Knollen aber nur 1jährig. Aus Amerika, überall gebaut. Juli. Aug. Blkr. weiß, roth oder blau.

### 3. Phýsalis. *L.* Judenkirsche.

1. Ph. Alkekengi. *L.* Gemeine J. — ♃. Zäune, Gebüsche selten. Potsdam, Nauen, Neustadt-Ebersw. Juni. Juli. Blkr. schmutzig-weiß. Beere scharlachroth, von dem aufgeblasenen, mennigrothen Kelche umgeben. H. 1—2′.

### 4. Hyoscýamus. *Tourn.* Bilsenkraut.

1. H. niger. *L.* Schwarzes B. — ⊙ und ⊙. In Dörfern, auf Kirchhöfen u. s. w. häufig. Juni. Juli. Blkr. schmutzig-blaßgelb, mit violetten Adern. H. 1—2′. Sehr giftig. Offic. folia Hyoscyami.

### 5. Nicotiána. *L.* Taback.

1. N. Tabacum. *L.* Virginischer T. — Bltr. länglich-lanzettlich, untere verschmälert-herablaufend; Kronenschlund bauchig-aufgeblasen, Saum mit 5 spitzen Zipfeln. ⊙. Aus Amerika, mit den folgenden Arten angebaut. Juli. Aug. Blkr. rosenroth. H. bis 5′. Offic. folia Nicotianae.

2. N. latissima. *Mill.* Breitblättriger T. — Bltr. breit-eilanzettlich, aus geöhrtem Grunde herablaufend; sonst w. v. ⊙. Juli. Aug.

3. N. rustica. *L.* Bauern-T. — Bltr. gestielt, eiförmig; Saum der Blkr. mit rundlichen, stumpfen Zipfeln. ⊙. Juli. Aug. Bklr. gelblich-grün. H. 2—3′. Offic. folia Nic. rusticae.

### 6. Datúra. *L.* Stechapfel.

1. D. Stramonium. *L.* Gemeiner St. — ⊙. In Dörfern, auf Schutthaufen u. s. w. häufig; wahrscheinlich aus Amerika. Juli. Aug. Blkr. weiß. H. $\frac{1}{2}$—3′. Sehr giftig. Offic. folia et semina Stramonii.

## 62. Fam. Cuscuteen. *Presl.* Flachsseiden.

Blattlose Schmarotzerpflanzen ohne Keimblätter (V. 2).

### 1. Cuscuta. *Tourn.* Flachsseide.

a. Röhre der Blkr. so lang als der Saum.

1. C. europaea. *L.* Europäische F. — Stengel ästig; Schlundschuppen der Röhre angedrückt; Blkrsaum glockig; Griffel eingeschlossen. ☉. Auf Nesseln, Hopfen, Hanf und Weiden schmarotzend. Potsdam, Berlin an verschiedenen Orten u. s. w. Juli. Aug. Blkr. röthlich.

2. C. Epithymum. *L.* Quendel-F. — Blkrröhre durch die Schlundschuppen geschlossen; Blkrsaum flach, endlich zurückgebogen; Griffel weit hervorragend. ☉. Auf Quendel, Heide, Ginster, Klee schmarotzend. Bornstedt, Jungfernheide, Reineckendorf, Friedrichsfelde, zwischen Neu-Zehlendorf und Grunewald, Heiligensee. Juli. Aug. Blkr. kleiner als d. v. röthlich.

b. Röhre der Blkr. doppelt so lang als der Saum.

3. C. Epilinum. *Weihe.* Gemeine Flachs-S. — Stengel meist einfach; Schlundschuppen der Röhre aufrecht-angedrückt. ☉. Auf Lein schmarotzend. Baumgartenbrück, Schöneberg, Heiligensee, Reineckendorf, Friedrichsfelde, Falkenhagen. Juli. Aug. Blkr. weiß.

## 63. Fam. Convolvulaceen. *Vent.* Winden.

Fruchtkapseln armsamig, mit 2—4 Klappen, die sich am Rande der Scheidewände ablösen, oder queraufspringend, selten eine Beere; Stengel meist windend (V. 1).

### 1. Convólvulus. *L.* Winde.

1. C. sepium. *L.* Zaun-W. — Bltr. pfeilförmig, mit abgestutzten Oehrchen; Kelch von 2 herzförmigen Deckbltrn. eingeschlossen. ♃. Gebüsche, Hecken gemein. Juli bis Oktob. Blkr. groß, weiß. Stengel 5—10′ lang.

2. C. arvensis. *L.* Acker-W. — Bltr. pfeilförmig, mit spitzen Oehrchen; Deckbltr. von der Blkr. entfernt. ♃.

Aecker, Schutt gemein. Juni—Oktob. Blkr. weiß oder rosenroth. Stengel 1—2' lang.

## 25. Ordn. Labiatifloren. *Bartl.* Lippenblüthige.

Kelch meist frei; Blumenkrone unregelmäßig, unterweibig, meist 2lippig; Staubgefäße meist 4, zweimächtig, selten 2 oder 5 ungleiche; Fruchtknoten 2 oder 4; meist eine Kapsel oder 4 getrennte Schließfrüchte. Fam. 64—68.

### 64. Fam. Labiaten. *Juss.* Lippenblumen.

Staubgef. 4, 2mächtig, selten nur 2; Schließfrüchte 4, einsamig, vom Kelche umschlossen, auf einer unterweibigen Scheibe; Stengel 4kantig; Aeste und Bltr. gegenständig; Blthn. quirlständig (XIV. 1 mit Ausnahme von Lycopus und Salvia).

#### 1. Mentha. *L.* Minze.

A. Kelchschlund unbehaart.

a. Blthnquirle endständig, ährenartig verlängert.

1. M. silvestris. *L.* Wald-M. — Bltr. fast sitzend; Aehren linealisch-walzlich. ♃. Gräben, feuchte Orte zerstreut. Marquardt, Rüdersdorf, Freienwalde, Staken bei Spandau. Juli. Aug. Blkr. lila. H. 2—3'.

b. Blthnquirle endständig-kopfig oder blattwinkelständig.

2. M. aquatica. *L.* Wasser-M. — Bltr. gestielt, eiförmig; Kelchröhre gefurcht. ♃. Ufer, Gräben, Sümpfe gemein. Juli. Aug. Blthn. blaßroth in einem endständigen, rundlichen Köpfchen, unter welchem keine oder nur ein Paar entfernte Blthnquirle stehen. H. 1—2'. Aendert ab: b) sativa. *L.* Blthn. in blattwinkelständigen entfernten Quirlen.

3. M. arvensis. *L.* Feld-M. — Bltr. gestielt, eiförmig oder elliptisch; Blthn. in blattwinkelständigen, entfernt stehenden Quirlen. ♃. Feuchte Aecker, Gräben gemein. Juli. Aug. Blkr. lila.

B. Kelchschlund durch einen Haarkranz geschlossen.

4. M. Pulegium. *L.* Polei. — ♃. Feuchte, überschwemmte

Orte. Freienwalde. Juli. Aug. Pulegium vulgare. *Mill.* Blkr. röthlich-bläulich oder weißlich. H. ½—1′.

## 2. Lýcopus. *L.* Wolfstrapp (II. 1).

1. L. europaeus. *L.* Gemeiner W. — ♃. Gräben, Teiche u. s. w. gemein. Juli. Aug. Blkr. klein, weiß, inwendig mit purpurrothen Punkten. H. 1—3′.

## 3. Sálvia. *L.* Salvei (II. 1).

S. pratensis. *L.* Wiesen-S. — ♃. Wiesen, Grasplätze, an Hügeln. Baumgartenbrück, Rollberge, Kreuzberg, Steglitz u. s. w. Mai—Juli. Blkr. blau oder violett, groß. H. 1—3′.

## 4. Oríganum. *L.* Dost.

1. O. vulgare. *L.* Gemeiner D. — Bltr. eiförmig, spitz, fast kahl; Kelch 5zähnig. ♃. Trockene, waldige Hügel ziemlich häufig. Papenberge, im Brieselang, Rüdersdorf, Freienwalde, Oranienburg, Fehrbellin. Juli. Aug. Blkr. purpurroth, selten weiß. H. 1—1½′.

2. O. Majorána. *L.* Mairan. — Bltr. gestielt, elliptisch, stumpf, beiderseits grau filzig; Kelch halbirt, zahnlos. ⨀ und ♃. Aus Nord-Afrika, bei uns zum Küchengebrauche gezogen. Juli. Aug. Blkr. röthlich-weiß. H. 1—1½′.

## 5. Thymus. *L.* Quendel.

a. Kelch höckerig, gerippt; Blumenschlund mit 2 bärtigen Höckern; Blthn. immer quirlig, achselständig, bläulich; Bltr. gesägt.

1. Th. Acinos. *L.* Stein-Q. — ⨀. Trockene Felder, unbebaute Orte ziemlich häufig. Juni—Aug. Calamintha Acinos. *Clairv.* H. ½—1½′.

b. Kelch etwas bauchig, nur gestreift; Blumenschlund fast kahl; Blthn. mehr kopf- oder ährenförmig, röthlich; Bltr. ganzrandig.

2. Th. Serpyllum. *L.* Feld-Q. — Ausdauernd. Hügel, Triften, Waldränder gemein. Juli—Sept. Aendert vielfach ab. Offic. herba Serpylli.

## 6. Clinopódium. *L.* Wirbeldost.

1. C. vulgare. *L.* Gemeiner W. — Wälder, Hecken häufig. Brauhausberg, Thiergarten, Jungfernheide u. s. w. Juli. Aug. Blkr. purpurroth. H. 1—2′.

## 7. Népeta. *L.* Katzenkraut.

1. N. Catária. *L.* Gemeines K. — ♃. Schutt, Zäune zerstreut. Potsdam, Bornstedt, Ruhleben, Tegel, Weißensee, Steglitz, Rüdersdorf. Juni—Aug. Blkr. weiß, klein, mit einigen rothen Punkten auf der Unterlippe. H. 2—4′.

## 8. Glechóma. *L.* Gundelrebe.

1. G. hederácea. *L.* Epheublättrige G. — ♃. Feuchte Gebüsche, Zäune gemein. April—Juni. Blkr. blau. Stengel ½—2′ lang.

## 9. Lamium. *L.* Taubnessel.

a. Kronröhre gerade.

1. L. amplexicaule. *L.* Stengelumfassende T. — Obere Bltr. sitzend, stengelumfassend. ☉. Bebauter Boden, Aecker, Gärten häufig. März—Oktob. Blkr. purpurroth. H. ½—1′.

b. Kronröhre über dem Grunde gekrümmt.

2. L. purpureum. *L.* Purpurrothe T. — Bltr. ei-herzförmig, ungleich-gekerbt; Kronröhre schwach-gekrümmt, an der Einschnürung inwendig mit einer Haarleiste. ☉. Aecker, Gartenland gemein. März—Oktob. Blkr. purpurroth; Blumenknospe roth. H. 4—8″. Uebelriechend.

3. L. maculatum. *L.* Gefleckte T. — Bltr. ei-herzförmig, gesägt; Kronröhre unter der Erweiterung quer-zusammengeschnürt und inwendig mit einer querlaufenden Haarleiste; Rand des Schlundes mit pfriemlichem Zahn auf jeder Seite. ♃. Schattige Wälder, feuchte Gebüsche. Zwischen Pankow und Franz. Buchholz, Taßdorf, am Finow-Kanal, Neustadt-Ebersw., Oranienburg, Potsdam. April—Oktob. Blkr. purpurroth, Unterlippe lila, purpurn-gefleckt. Blumenknospe weißlich. H. 1—3′.

4. L. album. *L.* Weiße T. — Rand des Schlundes mit 3 kleinen Zähnchen und einem größeren, pfriemlichen Zahne auf jeder Seite. ♃. Zäune, Wege gemein. April—Oktob. Blkr. weiß. H. 1—2′.

## 10. Galeóbdolon. *Huds.* Goldnessel.

1. G. luteum. *Huds.* Gelbe G. — ♃. Feuchte Wälder

ziemlich häufig. Sanssouci, Schönhausen, im Brieselang, Neust.-Ebersw. u. s. w. Mai. Juni. Blkr. gelb. H. ½—1½′.

## 11. Galeópsis. *L.* Hohlzahn.

a. Stengel mit weichen, abwärts angedrückten Haaren besetzt, unter den Gelenken nicht verdickt.

1. G. Ládanum. *L.* Acker-H. — Bltr. lanzettlich oder länglich-lanzettlich. ⊙. Unter der Saat ziemlich häufig. Potsdam und Berlin an verschiedenen Orten u. s. w Juli. Aug. Blkr. blaß-purpurroth.

b. Stengel steifhaarig, unter den Gelenken verdickt.

2. G. Tétrahit. *L.* Gemeine H. — Bltr. länglich-eiförmig, zugespitzt; Kronröhre so lang oder kürzer als der Kelch; Mittelzipfel der Unterlippe fast 4eckig, flach. ⊙. Aecker, Wege, Gebüsche häufig. Juli. Aug. Blkr. hell-purpurroth, selten weißlich, mit gelbem, rothgeflecktem Hofe am Grunde der Unterlippe. H. 1—2′.

3. G. bifida. *Bönngh.* Ausgerandeter H. — Mittelzipfel der Unterlippe länglich, meist ausgerandet, später am Rande zurückgerollt; sonst w. v. ⊙. Aecker hie und da. Um Berlin stellenweise. Woltersdorfer Schleuse, Thiergarten, Brieselang. Juli. Aug. Blkr. klein, fleischroth, mit 2 gelben Flecken am Schlunde, der Mittelzipfel der Unterlippe violett-braunroth, mit weißlichem Rande. H. ½—2′.

4. G. versicolor. *Curt.* Bunter H. — Kronröhre doppelt so lang als der Kelch. ⊙. Aecker, Zäune häufig. Juli. Aug. Blkr. groß, schwefelgelb, Unterlippe am Grunde citronengelb, die seitenständigen Zipfel von der Mitte an weiß, der mittlere violett-weißlich berandet. H. bis 5′.

5. G. pubescens. *Bess.* Weichhaariger H. — Stengel mit abwärts angedrückten, weichen Haaren bedeckt und unter den Gelenken steifhaarig. ⊙. Aecker, Wege ziemlich häufig. Thiergarten, Heidekrug, Neustadt-Ebersw. Juli. Aug. Blkr. schmutzig-purpurroth, Unterlippe am Grunde mit 2 gelben Flecken. H. 1—2′.

## 12. Stáchys. *L.* Zieſt.

a. Quirle reich- (10—50-) blüthig; Deckbltr. ſo lang als der Kelch.

1. St. germanica. *L.* Deutſcher Z. — Stengel dicht-wollig-zottig; Bltr. wollig-filzig. ⊙. Lehmboden, Aecker-ränder ſtellenweiſe. Potsdam, Schmachtenhagen, Freienwalde. Juli. Aug. Blkr. hell purpurroth. H. 2—4′.

b. Quirle meiſt arm- (2—6-) blüthig, nur bei G. pal. bis 12blüthig; Deck-bltr. 3—4mal kürzer als der Kelch; Blkr. roth.

2. St. silvatica. *L.* Wald-Z. — Bltr. eirund, die mittleren deutlich-geſtielt; Stengel äſtig, mit abwärts gerichteten Haaren; Blkr. doppelt länger als der Kelch. ♃. Feuchte Wälder, Gebüſche häufig. Sansſouci, Thier-garten u. ſ. w. Juni—Aug. Blkr. braunroth. H. 1—3′.

3. St. arvensis. *L.* Feld-Z. — Stengel mit wagerecht-abſtehenden Haaren; Blkr. ſo lang als der Kelch, ſonſt w. v. ⊙. Aecker, Gemüſefelder. Berlin, Marwitz, Fehrbellin. Juli—Oktob. Blkr. blaß-roſa. H. 4—6″.

4. St. palustris. *L.* Sumpf-Z. — Bltr. lanzettlich, die mittleren faſt ſitzend oder umfaſſend; Stengel einfach. ♃. Ufer, ſumpfige Wieſen häufig. Juli. Aug. Blkr. hellroth, karminroth-gefleckt. H. 1—2′.

c. Quirle meiſt armblüthig; Deckbltr. klein; Blkr. blaßgelb.

5. St. recta. *L.* Gerader Z. — Quirle 6—10blüthig. ♃. Sonnige Hügel und unter Geſträuch. Baumgartenbrück, Bagow, Haſenheide, Wilmersdorf, Schmargendorf, Schildhorn bei Pichels-berg, Rüdersdorf, Neuſtadt-Ebersw. u. ſ. w. Juli—Oktob. Blkr. blaßgelb, Grund der Unterlippe roth-punktirt. H. 1—3′.

## 13. Betonica. *L.* Betonie.

1. B. officinalis. *L.* Gebräuchliche B. — ♃. Wälder, Wie-ſen häufig. Wachowſche Werder, Elsholz, Jungfernheide, Tegel, Neuſtadt-Ebersw. u. ſ. w. Juni—Aug. Blkr. purpurroth. H. 2′.

## 14. Marrúbium. *L.* Andorn.

1. M. vulgare. *L.* Gemeiner A. — ♃. Wege, Zäune häu-fig. Juli—Sept. Blkr. weiß, klein, zu 40—50 in einem Quirl. H. 1—2′. Offic. herba Marrubii.

## 15. Ballóta. *L.* Gottesvergeß.

1. B. nigra. *L.* Schwarzer G. — ♃. Zäune, Wege, Schutthaufen gemein. Juni—Aug. Blkr. roth, auf der Unterlippe weiß-geadert. H. 2—4'. Uebelriechend.

## 16. Leonúrus. *L.* Herzgespann.

1. L. Cardíaca. *L.* Gemeines H. — ♃. Zäune, wüste Plätze häufig. Juli. Aug. Blkr. klein, hell-rosenroth. H. 1—3'.

## 17. Chaitúrus. *Willd.* Katzenschwanz.

1. Ch. Marrubiastrum. *Rchb.* Andornartiger K. — ⊙. Schutt, Wege zerstreut. Potsdam, Rüdersdorfer Kalkberge, Neustadt-Ebersw. Juli. Aug. Blkr. klein, hell rosenroth. H. 2—4'.

## 18. Scutellaria. *L.* Schildträger.

1. S. galericulata. *L.* Gemeiner Sch. — Bltr. aus herzförmigem Grunde länglich-lanzettlich, entfernt-gekerbt-gesägt; Kelch kahl. ♃. Feuchte, buschige Plätze häufig. Juli. Aug. Blkr. blau, zusammengedrückt. H. ½—1½'.

2. S. hastifolia. *L.* Spießblättriger Sch. — Bltr. länglich-lanzettlich, am Grunde beiderseits 1—2zähnig, fast spießförmig; Kelch drüsig-weichhaarig; sonst w. v. ♃. Feuchte Wiesen, seltener als die v. Cunersdorf, Alt-Medewitz, Wrietzen, Oranienburg.

## 19. Prunélla. *L.* Brunelle.

1. P. vulgaris. *L.* Gemeine B. — Längere Staubfäden an der Spitze mit dornförmigem Zahne versehen. ♃. Wiesen, Triften häufig. Juli. Aug. Blkr. violett oder röthlich. H. ½—1'.

2. P. grandiflora. *Jacq.* Großblümige B. — Staubfäden alle zahnlos, längere an der Spitze mit einem kleinen Höcker versehen. ♃. Trockene Grasplätze, seltener als die v. Pevesin, Rudower Wiesen, Rüdersdorf, Stonsdorf, Nauen, Neustadt-Ebersw. Juli. Aug. Blkr. groß, viermal länger als der Kelch, blau. H. ½—¾'.

## 20. Ajuga. *L.* Günsel.

1. A. reptans. *L.* Kriechender G. — Ausläufer kriechend; Bltr. ausgeschweift- oder schwach-gekerbt. ♃. Schattige,

begrasste, feuchte Orte häufig. Potsdam und Berlin an verschiedenen Orten. Mai. Juni. Blkr. blau, seltener fleischroth oder weiß. H. $\frac{1}{2}$—1'.

2. A. genevensis. *L.* Behaarter G. — Stengel zottig, ohne Ausläufer; untere Deckbltr. 3lappig, obere kürzer oder kaum so lang als die Quirle. ♃. Trockene Wälder, Hügel häufig. Berlin und Potsdam. Blkr. blau, seltener blaßroth. H. $\frac{1}{2}$—1'.

3. A. pyramidalis. *L.* Pyramidenförmiger G. — Stengel zottig, ohne Ausläufer; unterste Bltr. gehäuft, meist sehr groß, verkehrt-eiförmig; obere Deckbltr. doppelt so lang als die Quirle. ♃. Lichte Waldplätze selten. Groß-Bähnitz in der Nähe des Sandkruges, Klein-Bähnitz, Potsdam in der Heide zwischen Neuendorf und Drewitz, bei Zerpenschleuse und im Zotzen. Mai. Juni. Blkr. hellblau, klein. H. $\frac{1}{2}$—1'.

### 21. Teucrium. *L.* Gamander.

a. Kelch 2lippig; Oberlippe ungetheilt, Unterlippe 4zähnig.

1. T. Scorodonia. *L.* Salveiblättriger G. — Bltr. herz-eiförmig oder herzförmig-länglich. ♃. Waldränder, Hecken zerstreut. Thiergarten, Potsdam. Juli. Aug. Blkr. grünlich-weiß. H. 1'.

b. Kelch 6zähnig.

2. S. Scordium. *L.* Knoblauch duftender G. — Bltr. sitzend, länglich-lanzettlich, grob-gesägt. ♃. Feuchte Wiesen, Grabenränder u. s. w. ziemlich häufig. Bornim, Elsholz, Thiergarten, Jungfernheide, Reineckendorf, Neust.-Ebersw. u. s. w. Juli. Aug. Blkr. purpurroth. H. $\frac{1}{2}$—$1\frac{1}{2}$'.

## 65. Fam. Verbenaceen. *Juss.* Eisenkrautartige.

Staubgef. 2 oder 4 und dann 2mächtig; Blkr. meist 2lippig; Frucht steinfruchtartig, 4 einsame Steine enthaltend oder in 4 Schließfrüchte zerfallend (XIV. 1).

### 1. Verbéna. *L.* Eisenkraut.

1. V. officinalis. *L.* Gebräuchliches E. — ♃. Wege, Schutthaufen, Zäune u. s. w. sehr häufig. Juli—Sept. Blkr. klein, blaßblau in langen Aehren. H. 1—$1\frac{1}{2}$'.

## 66. Fam. Orobancheen. *Juss.* Braunschupper.

Schmarotzer auf Pflanzenwurzeln mit blattartigen, braunen Schuppen statt der Bltr., den Rachenblüthern nahe verwandt, aber Kapsel nur 1fächerig (XIV. 2).

### 1. Orobanche. *L.* Sommerwurz.

A. Kelch 2blättrig, mit einem einzigen Deckblatte gestützt.

a. Kelch etwa so lang als die Kronröhre oder die Blkr.

1. O. Epithymum. *DC.* Quendel-S. — Mittlere Zipfel der Unterlippe doppelt so lang als die seitlichen. ♃. Auf Thymus Serpyllum schmarotzend. Baumgartenbrück. Juni. Juli. Blkr. gelblich, purpurroth überlaufen. Haare der Staubfäden u. s. w. rostbraun; Narbe dunkelroth. H. 3—6″.

b. Kelch etwa halb so lang als die Kronröhre.

2. O. Galii. *Duby.* Labkraut-S. — Zipfel der Unterlippe eiförmig, fast gleich. ♃. Auf Galium schmarotzend. Ruinenberg, Baumgartenbrück, Bagow, Berge bei Nauen. Juni. Juli. Die Farbe der Blkr. und der Narbe ändert vom hellsten Schwefelgelb bis zum dunkelsten Rothbraun. H. bis 1′.

B. Kelch 4blättrig, ringsum geschlossen, mit 3 Deckbltrn. gestützt.

3. O. coerulea. *Vill.* Blaue S. — Stengel einfach; Kelch mit 5 lanzettlichen, spitzen Zähnen. ♃. Meist auf Achillea Millefolium schmarotzend. Wensickendorf, Zerpenschleuse, Nieder-Finow, Freienwalde im Schloßgarten, Linum. Juni. Juli. Blkr. amethystfarben, Narbe weißlich-gelb. H. $\frac{1}{2}$—$1\frac{1}{2}$′.

4. O. ramosa. *L.* Aestige S. — Stengel ästig; Kelch mit 4 eiförmig-3eckigen Zähnen. ☉. Auf Taback, Nachtschatten und besonders Hanf schmarotzend. Wensickendorf, Wrietzen. Juni—Aug. Blkr. klein, weiß oder bläulich. Stengel 4—8″ hoch, bläulich, verblüht gelblich.

### 2. Lathraea. *L.* Schuppenwurz.

1. L. Squamaria. *L.* Gemeine Sch. — ♃. Feuchte Wälder und Gebüsche, besonders auf den Wurzeln der Haselsträuche schmarotzend. Sanssouci, Franz. Buchholz, im Brieselang, Oranienburg, im Zotzen, Taßdorf. März—Mai. Die ganze Pflanze weiß oder röthlich-überlaufen.

## 67. Fam. Scrophularineen. *R. Br.* Rachenblümler.

Staubgef. 4, 2mächtig, selten nur 2 oder 5; eine 2fächerige vielsamige Kapsel; Samenträger mittelständig.

### 1. Verbáscum. *L.* Königskerze (V. I).

I. Blthnstand aus vielen, 4—vielblüthigen Knäueln zusammengesetzt.

1. Staubbeutel der längeren Staubfäden mehr oder weniger herablaufend.

A. Bltr. völlig von Blatt zu Blatt herablaufend.

1. V. Thapsus. *L.* Kleinblumige K. — Blkr. trichterig; Staubfäden weißwollig, die 2 längeren kahl oder oberwärts spärlich behaart, 4mal länger als ihr Staubbeutel. ⊙. Steinige Orte, freie Waldplätze zerstreut. Spandau, zwischen Heidekrug und Buckow, Oranienburg. Juli. Aug. V. Schraderi. *Meyer.* Blkr. dunkelgelb, kleiner als bei der folg. ♄. 1—4′. Offic. flores Verbasci.

2. V. thapsiforme. *Schrad.* Großblumige K. — Blkr. radförmig; die beiden längeren Staubfäden $1\frac{1}{2}$—2mal länger als ihr Staubbeutel, sonst w. v. ⊙. Sandige Felder häufig. Juli. Aug. Blkr. groß, gelb. ♄. bis 7′. Offic. flores Verbasci.

B. Bltr. kurz- oder halbherablaufend.

3. V. phlomoides. *L.* Windblumenähnliche K. — Bltr. beiderseits mit gelblichem Filze dicht bedeckt; Staubbeutel der längeren Staubfäden lang-herablaufend. ⊙. Sandige Felder selten. Potsdam beim Wildpark (Hannstein). Juli. Aug. Blkr. gelb, radförmig, Staubfadenwolle weiß.

4. V. ramigerum. *Schrad.* Verzweigte K. — Bltr. mit angedrücktem, grauem Filze bedeckt; Staubbeutel kurz-herablaufend. ⊙. Sandige Triften. Spandau. Juli. Aug. V. thapsiformi-Lychnitis. *Schiede.* Blkr. gelb, groß; Wolle der Staubfäden weiß.

2. Staubbeutel gleich, gewöhnlich nierenförmig, nicht herablaufend.

A. Staubfäden weiß-wollig.

5. V. Lychnitis. *L.* Lichtnelkenartige K. — ⊙. Wüste Plätze, Kirchhöfe, Wege u. s. w. überall häufig. Juli. Aug. Blkr. gelb, selten weiß. ♄. 2—4′.

B. Staubfäden violett oder purpurwollig.

6. V. nigrum. *L.* Schwarze K. — ⊙. Gebüsche, Hecken, Zäune u. s. w. häufig. Juli. Aug. Blkr. dunkelgelb. H. 1—3′. Stengel oft purpurroth-überlaufen.

II. Blthn. einzeln, selten zu zweien, in Trauben stehend. Bltr. nicht herablaufend.

7. V. phoeniceum. *L.* Violette K. — Untere Bltr. rosettenförmig, gestielt, eiförmig oder länglich, gekerbt; Blthnstielchen viel länger als die Deckbltr. ⊙. Sonnige, begraste Orte selten. Schöneberg, Potsdam im Neuen Garten. Juni. Juli. Blkr. dunkelviolett. H. 1—1½′.

8. V. Blattaria. *L.* Schabenkraut. — Untere Bltr. länglich-verkehrt-eiförmig, buchtig; Blthnstielchen 1½—2-mal so lang als die Deckbltr. ⊙. Wegränder, Gräben selten. Bei Berlin im Voigtlande? Juni. Juli. Blkr. gelb. Staubfäden violett-wollig. H. 1½′.

## 2. Scrophulária. *Tourn.* Braunwurz (XIV. 2).

1. S. nodosa. *L.* Knotige B. — Stengel scharf-4kantig, nebst den Blattstielen ungeflügelt; Bltr. doppelt-gesägt, die unteren Sägezähne länger und spitzer. ♃. Feuchte Wälder, Gräben u. s. w. häufig. Juli—Aug. Blkr. trüb-olivengrün, auf dem Rücken braun. H. 2—3′.

2. S. Ehrharti. *Stev.* Ehrhart's B. — Stengel und Blattstiele breit-geflügelt; Bltr. scharf-gesägt, die unteren Sägezähne kleiner. ♃. Flüsse, Gräben nicht selten. Sanssouci, Jungfernheide, Reineckendorf, Friedrichsfelde, Tegel, Heiligensee, Spandau, Taßdorf. S. aquatica aller Autoren, aber nicht *L.* Blkr. auf dem Rücken purpurbraun, weniger trüb gefärbt. H. 2—3′.

## 3. Gratíola. *L.* Gnadenkraut (II. 1).

1. G. officinalis. *L.* Gebräuchliches G. — ♃. An Gräben, Flußufer, feuchte Wiesen. Neblitzer Fähre, Havelufer nach Baumgartenbrück, Schöneberg, Wilmersdorf, Tempelhof, Weißensee u. s. w. Juli. Aug. Blkr. weiß oder röthlich. H. ½—1′. Giftig. Offic. herba Gratiolae.

### 4. Digitális. *Tourn.* Fingerhut (XIV. 2).

1. D. ambigua. *Murr.* Blaßgelber F. — ♃. Trockene Laubwälder. Bredower Forst, Papenberge, im Blumenthal, Zerpenschleuse. Juni. Juli. D. grandiflora. *Lmk.* Blkr. trüb-schwefelgelb, inwendig mit einem undeutlichen braunen Adernetze. Giftig. H. 2—4′.

### 5. Antirrhínum. *L.* Löwenmaul (XIV. 2).

1. A. Oróntium. *L.* Feld-L. — ⨀. Auf Aeckern. Weißensee, Tempelhof, Spandau, Schmargendorf, Groß-Bähnitz, Neustadt-Ebersw. Juli—Oktob. Blkr. blaßroth. H. ½—1′.

### 6. Linária. *Tourn.* Frauenflachs (XIV. 2).

A. Stengel in rankenartige, fadenförmige Aeste getheilt.

1. L. Elatíne. *Mill.* Spießblättriger F. — Bltr. ei-spießförmig. ⨀. Kalkige lehmige Aecker zerstreut. Pevesin, Mittenwalde, Oranienburg. Juli—Oktob. Blkr. weißlich, Oberlippe inwendig violett, Unterlippe gelb. Stengel 4—12″ lang.

B. Blthn. einzeln, blattwinkelständig, sehr lockere Trauben bildend.

2. L. minor. *Desf.* Kleiner F. — Ueberall drüsig-behaart. ⨀. Sandige Aecker, an Mauern. Sandsteinstufen des Neuen Palais bei Potsdam, in Berlin am Schlosse, an der langen Brücke, an den Kirchen, in Köpenick u. s. w. Juli—Oktob. Blkr. hell-violett mit weißlich-gelben Lippen. H. 3—9″.

C. Stengel und Aeste mit einer Traube oder Aehre endigend.

a. Untere Bltr. gegenständig oder quirlig.

3. L. arvensis. *Desf.* Acker-F. — ⨀. Lehmige Felder. Elsholz, Tempelhof, Kreuzberg, Rüdersdorf, Schöneberg, Wilmersdorf, Schmargendorf, Steglitz. Juli. Aug. Blkr. klein, hellblau. H. ½—1′.

b. Bltr. abwechselnd oder zerstreut.

4. L. vulgaris. *Mill.* Gemeiner F. — ♃. Ackerränder, Sandfelder gemein. Juli—Sept. Blkr. groß, gelb, mit dottergelbem Gaumen. H. 1—2′.

## 7. Verónica. *L.* Ehrenpreis (II. 1).

A. Trauben blattwinkelständig; Wurzel ausdauernd.

a. Kelch 4theilig.

1. Bltr. kahl.

1. V. scutellata. *L.* Schildfrüchtiger E. — Bltr. sitzend, linealisch-lanzettlich, spitz, entfernt-vorwärts-gezähnelt; Kapsel stark zusammengedrückt, quer-breiter. ♃. Gräben, Sümpfe, Teichufer häufig. Juni—Sept. Blkr. weißlich, mit röthlichen oder blauen Streifen. H. 3—12″.

2. V. Anagallis. *L.* Wasser-E. — Bltr. sitzend, lanzettlich und eiförmig, fast stengelumfassend, spitz, schwach-gesägt; Kapsel rundlich. ♃. Gräben, Bäche u. s. w. sehr häufig. Mai—Aug. Blkr. hellblau mit dunkleren Adern. H. ½—1½′.

3. V. Beccabunga. *L.* Bachbunge. — Bltr. kurz-gestielt, elliptisch oder länglich, stumpf, gekerbt-gesägt; Kapsel rundlich. ♃. Gräben u. s. w häufig. Mai—Aug. Blkr. lebhaft blau mit dunkleren Adern. H. 1—2′.

2. Bltr. behaart.

4. V. Chamaedrys. *L.* Gamander-E. — Stengel 2reihig-behaart; Bltr. fast sitzend, eiförmig; Kapsel 3eckig, verkehrt-herzförmig, gewimpert. ♃. Wiesen, Triften, trockene Wälder sehr häufig. April—Mai. Blkr. lebhaft-blau mit dunkleren Adern. H. ½—1½′.

5. V. officinalis. *L.* Gebräuchlicher E. — Stengel am Grunde kriechend, rauhhaarig; Bltr. kurz-gestielt, verkehrt-eiförmig; Traube reichblüthig; Kapsel 3eckig, verkehrt-herzförmig, stumpf-ausgerandet. ♃. Trockene Wälder und Gebüsche häufig. Juni—Aug. Blkr. hellblau, dunkler gestreift oder ganz weiß. H. ½—1′.

b. Kelch 5theilig, das hintere Läppchen kleiner.

6. V. prostrata. *L.* Gestreckter E. — Unfruchtbare Stengel gestreckt, blüthentragende aufstrebend; Bltr. kurz-gestielt. ♃. Trockene, sandige, begraste Hügel meist häufig, z. B. Brauhausberg, Hasenheide, Rollberge u. s. w. Mai. Juni. Blkr. hellblau. H. 4—8″.

7. V. latifolia. *L.* Breitblättriger E. — Stengel sämmt-

lich aufrecht, nur am Grunde bogenförmig-aufstrebend; Bltr. sitzend, eiförmig oder länglich. ♃. Trockene, grasige Orte, besonders Kirchhöfe und Obstgärten. Schöneberg, Wilmersdorf, Pankow, Charlottenburg, Zehlendorf, im Lindholz, im Brieselang. Juni. Juli. Blkr. schön blau mit dunkleren Adern. H. 1'.

B. Trauben endständig; Kronröhre walzig; Wurzel mehrjährig.

8. V. longifolia. *L.* Langblättriger E. — Bltr. gegenständig, länglich-lanzettlich, scharf-doppelt-gesägt. ♃. Feuchte Wiesen, Gebüsche zerstreut. Baumgartenbrück, Treptow, Stralau, Tegel, Spandau, Rüdersdorf, Neustadt-Ebersw. Blkr. schön blau. H. 2—4'.

9. V. spicata. *L.* Aehrentragender E. — Bltr. gegenständig, ei- oder lanzettförmig, gekerbt-gesägt, an der Spitze ganzrandig, untere stumpf; Trauben ährig, sehr gedrungen. ♃. Trockene, grasige Anhöhen zerstreut. Brauhausberg, Thiergarten, Jungfernheide u. s. w. Juni—Aug. Blkr. schön blau. H. ½—1'.

C. Trauben am Stengel und an den Aesten endständig; Kronröhre sehr kurz; Stengelbltr. allmählich in Deckbltr. übergehend.

a. Samen flach, schildförmig; Stengel und Aeste reichblüthig, traubig-ährig.

10. V. serpyllifolia. *L.* Quendelblättriger E. — Bltr. eiförmig oder länglich; Kapsel zusammengedrückt, querbreiter, stumpf-ausgerandet; ganze Pflanze kahl. ♃. Feuchte Wiesen, Sandplätze sehr häufig. Mai—Sept. Blkr. weißlich, bläulich-gestreift. H. 4—8''.

11. V. arvensis. *L.* Feld-E. — Bltr. herz-eiförmig; Kapsel zusammengedrückt, verkehrt-herzförmig-2lappig, gewimpert; ganze Pflanze behaart. ♃. Aecker, Grasplätze sehr häufig. April—Sept. Blkr. hellblau, dunkler gestreift. H. 4—9''.

12. V. verna. *L.* Frühlings-E. — Untere Bltr. eiförmig, ungetheilt, mittlere fiederspaltig, oberste lanzettlich; Kapsel verkehrt-herzförmig, zusammengedrückt; ganze Pflanze drüsenhaarig. ♃. Sandige Aecker u. s. w. zerstreut. Sakrow, Tornow, um Berlin, Hasenheide u. s. w. April. Mai. Blkr. sehr klein, hellblau. H. 2—4''.

b. Same vertieft, beckenförmig; Stengel und Aeste reichblüthig, locker-traubig.

13. V. triphyllos. *L.* Dreiblättriger E. — Unterste Bltr. eiförmig, mittlere fingerförmig-3—5theilig. ⊙. Aecker, Mauern gemein. März—Mai. Blkr. blau. H. 3—6″.

14. V. praecox. *All.* Frühzeitiger E. — Untere und mittlere Bltr. herz-eiförmig. ⊙. Lehmäcker selten. Berlin zwischen dem Frankfurter und Landsberger Thor, am Gesundbrunnen, Brauhausberg, Spandau u. s. w. April. Mai. Blkr. dunkelblau. H. 4—9″.

D. Blthn. einzeln, blattwinkelständig; Fruchtstiele zurückgekrümmt.

15. V. Buxbaumii. *Ten.* Buxbaum's-E. — Bltr. rundlich-eiförmig; obere Blthnstiele länger als das Blatt; Kelchzipfel ei-lanzettlich, spitz; Kapsel quer-breiter, von erhabenen Adern netzförmig, stumpf-ausgerandet, mit abstehenden Lappen. ⊙. Aecker, bebauter Boden hin und wieder. Bei Berlin als Unkraut in einigen Gärten. April. Mai. Blkr. groß, blau. H. bis 1′.

16. V. agrestis. *L.* Acker-E. — Bltr. herzförmig-länglich; Blthnstiele etwa so lang als das Blatt; Kelchzipfel elliptisch, stumpf; Kapsel auf den Seiten nur mit zerstreuten Drüsenhaaren besetzt. ⊙. Aecker gemein. April. Mai und Herbst. Blkr. hellblau, die beiden oberen Lappen himmelblau, die unteren milchweiß. Stengel 4—9″ lang.

17. V. hederaefolia. *L.* Epheublättriger E. — Bltr. herzförmig-rundlich, 3—5lappig; Kelchzipfel herzförmig; Kapsel kugelig-4lappig, kahl. ⊙. Aecker, Schutt gemein. März—Mai. Blkr. lila mit dunkleren Adern.

### 8. Limosélla. *L.* Schlammling (XIV. 2).

1. L. aquatica. *L.* Gemeiner Sch. — ⊙. Schlammiger Boden hin und wieder. Um Berlin, Weißensee, Tempelhof, Rehberge, Rummelsburg, Jungfernheide, Königshorst. Juli—Sept. Blkr. klein, weißlich-fleischfarben. H. 1—2″.

### 9. Melampýrum. *Tourn.* Wachtelweizen (XIV. 2).

A. Aehren kurz, 4kantig, dicht-dachziegelig.

1. M. cristatum. *L.* Kammähriger W. — Deckbltr. herz-

förmig, aufwärts-zusammengeschlagen, kammartig-gezähnt. ⊙. Wälder und Wiesen hie und da. Wachowsche Werder, Spandau, Freienwalde, Zerpenschleuse. Juni. Juli. Blkr. röthlich-weiß mit gelber Unterlippe. H. $\frac{1}{2}$—1'.

B. Aehren locker, gleichförmig.

2. M. arvense. *L.* Feld-W. — Deckbltr. ei-lanzettförmig, borstenförmig-gezähnt, unterseits punktirt. ⊙. Aecker stellenweise. Pevesin, Nauen, Oranienburg, Fehrbellin, Freienwalde. Juni. Juli. Blkr. purpurroth oder gelb. Deckbltr. purpurroth. H. $\frac{1}{2}$—1'.

C. Aehren locker, einseitswendig.

3. M. nemorosum. *L.* Hain-W. — Deckbltr. herzförmig-lanzettlich, gezähnt, obere schopfig; Kelche rauhhaarig. ⊙. Schattige Laubwälder, stellenweise häufig. Potsdam, Lichtenfelde, Johannisthal, Schönhausen, im Briesrlang, Freienwalde, Neustadt-Ebersw. u. s. w. Juli. Aug. Blkr. goldgelb, Röhre rostbraun; Deckbltr. meist azurblau, selten grün oder weißlich. H. $\frac{1}{2}$—$1\frac{1}{2}$'.

4. M. pratense. *L.* Wiesen-W. — Deckbltr. lanzettlich, obere am Grunde beiderseits mit 1 oder mehreren langen, pfriemlichen Zähnen; Kelche schärflich-feinbehaart; Oberlippe der Blkr. stark zusammengedrückt. ⊙. Wälder und Wiesen gemein. Juni—Aug. Blkr. blaßgelblich oder weißlich; Deckbltr. grün. H. $\frac{1}{2}$—1'.

## 10. Pediculáris. *Tourn.* Läusekraut (XIV. 2).

1. P. silvatica. *L.* Wald-L. — Hauptstengel aufrecht, vom Grunde an blüthentragend, Nebenstengel gestreckt. ⊙. Nasse, moorige Wiesen nicht selten. Elsholz, Jungfernheide, Grunewald, Johannisthal, Friedrichsfelde u. s. w. Mai—Juli. Blkr. hell-rosenroth. Hauptstengel 4—6'' hoch.

2. P. palustris. *L.* Sumpf-L. — Stengel steif-aufrecht, vom Grunde an ästig. ⊙. Sumpfige, moorige Wiesen häufig. Mai—Juli. Blkr. rosenroth. H. 1'.

## 11. Alectorólophus. *Hall.* Klappertopf (XIV. 2).

1. A. minor. *W.* u. *Grab.* Kleiner K. — Deckbltr. grün oder braun; Oberlippe mit 2 kurzen Zähnen; Röhre

gerade, kürzer als der Kelch. ⊙. Wiesen gemein. Mai. Juni. Blkr. dunkelgelb. ♄. ½—1′.

2. A. major. *Rchb.* Großer K. — Deckbltr. bleich; Oberlippe mit 2 längeren, eiförmigen Zähnen; Röhre gekrümmt, so lang als der Kelch. ⊙. Wiesen häufig. Blkr. hellgelb. ♄. 1—1½′.

### 12. Euphrasia. *Tourn.* Augentrost (XIV. 2).

1. E. officinalis. *L.* Gebräuchlicher A. — Bltr. eiförmig, sitzend, meist beiderseits 5zähnig; Blthn. in den Winkeln gegenständig. ⊙. Wiesen, Waldplätze gemein. Juli. Aug. Blkr. meist weiß, violett-gestreift. ♄. 3—9″.

2. E. Odontites. *L.* Rothblüthiger A. — Bltr. aus breiterem Grunde verschmälert, linealisch-lanzettlich; Blthn. einseitig-traubig. ⊙. Wiesen, Triften gemein. Juni bis Oktob. Odontites rubra. *Pers.* Blkr. rosenroth, im Schlunde purpurfarbig. ♄. ½—1′.

## 68. Fam. Lentibularien. *Rich.* Schlauchkrautartige.

Staubgef. 2; Blkr. 2lippig, gespornt; Kapsel 1fächerig, vielsamig; Samenträger mittelständig.

### 1. Pinguicula. *Tourn.* Fettkraut (II. 1).

1. P. vulgaris. *L.* Gemeines F. — ♃. Torfhaltige, feuchte Wiesen häufig. Potsdam hinter dem Neuen Palais, Jungfernheide, Friedrichsfelde, Grunewald u. s. w. Mai. Juni. Blkr. nickend, schön-violett, innen mit einigen grauen Härchen. ♄. 2—4″.

### 2. Utriculária. *L.* Wasserhelm (II. 1).

a. Blkr. schön goldgelb, durch den starken Gaumen geschlossen; Sporn länglich-kegelförmig, von der Lippe abstehend.

1. U. vulgaris. *L.* Gemeiner W. — Bltr. fiederig-vieltheilig. ♃. In Gräben, Sümpfen ziemlich häufig. Bei Potsdam und Berlin häufig, Potsdam hinter dem Kirchhofe, Jungfernheide, Grunewald u. s. w. Juni—Aug. Schaft ½—1′ hoch. Die meist untergetauchten, wurzelfaserähnlichen Bltr. mit Luftblasen besetzt.

b. Blkr. schwefelgelb, klein, offen; Sporn sehr kurz oder anliegend.

2. U. intermedia. *Hayne.* Mittlerer W. — Bltr. 2zeilig, gabelspaltig-vieltheilig; Oberlippe ganzrandig, doppelt länger als der purpurroth gestreifte Gaumen. ♃. Sümpfe und Gräben selten. Jungfernheide, Tegel. Juli. Aug. Schaft 4—5″ hoch.

3. U. minor. *L.* Kleiner W. — Bltr. nach allen Seiten hin abstehend, gabelig-vielspaltig; Oberlippe ausgerandet, so lang wie der hellbraun gestreifte oder einfarbige Gaumen. ♃. Gräben, Sümpfe ziemlich häufig. Jungfernheide, Grunewald bei der Hundekehle, Taßdorf.

## 26. Ordn. Myrsineen. *Bartl.* Myrsineen.

Kelch frei; Blumenkrone regelmäßig, unterweibig, mit 4—7-theiligem Saume; Staubgefäße 4—7, vor die Blumenkronzipfel gestellt; meist eine Kapsel; Samenträger frei, mittelpunktständig. Fam. 69.

## 69. Fam. Primulaceen. *Vent.* Schlüsselblümler.

Krautartige Pflanzen mit Kapselfrüchten.

### 1. Trientális. *L.* Siebenstern (VII).

1. T. europaea. *L.* Europäischer S. — ♃. Schattige Wälder nicht häufig. Potsdam, Zerpenschleuse. Mai—Juli. Blkr. weiß; Staubbeutel purpurroth. H. 4—8″.

### 2. Lysimáchia. *L.* Weidenkraut (V. 1).

A. Blthn. in gedrungenen, blattwinkelständigen Trauben.

1. L. thyrsiflora. *L.* Straußblüthiger W. — Bltr. gegenständig, lanzettlich. ♃. Sümpfe und Gräben häufig. Juni. Juli. Blkr. klein, gelb. H. 1—2′.

B. Blthn. rispig oder blattwinkelständig; Buchten zwischen den Kronzipfeln zahnlos.

a. Staubfäden 5, vom Grunde bis zur Mitte zusammengewachsen, den Fruchtknoten bedeckend.

2. L. vulgaris. *L.* Gemeines W. — Blthn. rispig. ♃.

Feuchte, schattige Orte, unter Gebüschen häufig. Juni. Juli. Blkr. goldgelb. H. 2—4′.

b. Staubfäden 5, frei oder unterwärts kurz-zusammengewachsen, den Fruchtknoten nicht bedeckend.

3. L. Nummularia. *L.* Rundblättriges W. — Stengel gestreckt, kriechend; Bltr. gegenständig, herzförmig-rundlich oder elliptisch; Blthnstiele blattwinkelständig, einzeln oder zu zweien; Kelchzipfel herzförmig oder lanzettlich. ♃. Feuchte Grasplätze, Wälder gemein. Juni. Juli. Blkr. citronengelb. Stengel bis 1′ lang.

4. L. nemorum. *L.* Hain-W. — Bltr. eiförmig, spitz; Kelchzipfel linealisch-pfriemlich; sonst w. v. ♃. Waldwiesen selten. Oranienburg. Juni. Juli. Blkr. gelb. Stengel 3 bis 12″ lang.

### 3. Anagállis. *L.* Gauchheil (V. 1).

1. A. arvensis. *L.* Acker-G. — Kronzipfel fein-drüsig-gewimpert. ⊙. Aecker, Brachen gemein. Juni—Oktob. A. phoenicea. *Lmk.* Blkr. mennigroth. H. 3—6″. Aendert ab: b) coerulea. *Schreb.* Kronzipfel fast drüsenlos, blau. Liebenwalde, Spandau.

### 4. Centúnculus. *L.* Kleinling (IV. 1).

1. C. minimus. *L.* Acker-K. — ⊙. Sandige, feuchte Orte zerstreut. Potsdam hinter dem Kirchhofe, Schöneberg, Weißensee, Grunewald u. s. w. Juni. Juli. Blkr. klein, weiß. H. 1—4″.

### 5. Prímula. *L.* Himmelschlüssel (V. 1).

1. P. officinalis. *Jacq.* Gebräuchlicher H. — ♃. Wälder, Wiesen häufig. April. Mai. P. veris. var. a. *L.* Blkr. wohlriechend, dunkel-citronengelb mit 5 dunkleren Flecken in dem trichterförmigen Schlunde.

### 6. Hottónia. *L.* Hottonie (V. 1).

1. H. palustris. *L.* Sumpf-H. — ♃. Gräben, Sümpfe häufig. Mai. Juni. Blkr. röthlich oder weiß. H. 1′.

### 7. Sámolus. *Tourn.* Bunge (V. 1).

1. S. Valerandi. *L.* Salz-B. — ♃. Nasse, besonders salzhaltige Wiesen zerstreut. Potsdam hinter dem Neuen Palais,

hinter dem Kirchhofe, Nowaweß bei den Wassermühlen, Pevesiner Lötz, im Selbelang, Königshorst. Juni — Sept. Blkr. weiß. H. $\frac{1}{4}$—1′.

8. **Glaux.** *Tourn.* **Milchkraut (V. 1).**

1. G. maritima. *L.* Meerstrands-M. — ♃. Feuchte, salzhaltige Orte. Treuenbrietzen, Uetz, Pevesiner Lötz, im Selbelang. Mai—Juli. Blkr. klein, blaß-rosenroth. H. 2—5″.

## 27. Ordn. Ericineen. *Bartl.* Heidenartige.

Kelch frei, selten dem 4—5fächerigen Fruchtknoten angewachsen; Blumenkrone regelmäßig, in der Knospe meist dachig; Staubgefäße 4—10; eine Kapsel oder Beere. Fam. 70—72.

## 70. Fam. Ericeen. *R. Br.* Heiden.

Kelch frei; Blkr. unterweibig; Staubgef. auf einer unterweibigen Scheibe oder unten in der Blkr. angewachsen; Kapsel oder Beere. Immergrüne Sträucher oder Halbsträucher.

1. **Arctostáphylos.** *Adans.* **Bärentraube (X. 1).**

1. A. Uva ursi. *Spr.* Gemeine B. — Kleiner niederliegender Strauch mit immergrünen, netzadrigen Bltrn. Nadelwälder hin und wieder. Im Biesenthalschen Forst beim Forsthause Eisenbade, bei Schmachtenhagen, Freienwalde. Arbutus uva ursi. *L.* Mai. Juni. Blkr. und Beeren roth. H. 1′. Offic. folia Uvae ursi.

2. **Callúna.** *Salisb.* **Heide (VIII. 1).**

1. C. vulgaris. *Salisb.* Gemeine H. — Strauchartig. Wälder, trockene Triften gemein. Aug.—Oktob. Erica vulg. *L.* Blkr. blaß-rosenroth. H. 1—3′.

3. **Erica.** *L.* **Glockenheide (VIII. 1).**

1. E. Tetrálix. *L.* Sumpf-G. — Strauchartig. Torfige Heiden zerstreut. Bei Stansdorf, in dem Friedersdorfer Forste. Juli. Aug. Blkr. fleischfarben, eirund, unter der Mündung zusammengezogen. H. $\frac{1}{2}$—$1\frac{1}{2}$′.

4. **Andrómeda.** *L.* **Andromede (X. 1).**

1. A. polifolia. *L.* Poleyblättrige A. — Strauchartig. Tor-

fige Sümpfe zerstreut. Tempelhof, Grunewald, Spandauer Heide, Taßdorf. Juni. Juli. Blkr. rosenroth auf rosenrothen Blthn.-stielen nickend, Kelch röthlich. ♄. 1—1½'.

## 5. Ledum. *L.* Porst (X. 1).

1. L. palustre. *L.* Sumpf-P. — Strauchartig. Sumpfige, torfige Orte. Grunewald, Tempelhof, Taßdorf, Zerpenschleuse. Mai—Juli. Blkr. weiß. ♄. 2—4'. Bltr. stark-betäubend riechend.

## 6. Pyrola. *Tourn.* Wintergrün.

A. Blthn. in allseitiger Traube.

1. P. rotundifolia. *L.* Rundblättriges W. — Bltr. kreisrundlich; Kelchzipfel lanzettlich, zugespitzt, halb so lang als die Blkr.; Staubfäden aufwärts gekrümmt; Griffel abwärts geneigt, an der Spitze bogenförmig. ♃. Schattige Wälder. Elsholz, Potsdam, Grunewald, Papenberge, Taßdorf, Neustadt-Ebersw. Juni. Juli. Blkr. offen, milchweiß. ♄. ½—1'.

2. P. chlorantha. *Sw.* Grünblüthiges W. — Kelchzipfel eiförmig, so breit als lang, 4mal kürzer als die Blkr.; sonst w. v. ♃. Schattige Wälder. Grunewald, Spandauer Heide, Jungfernheide, Tegel, Köpnicker Heide, Sandkrug, Neust.-Ebersw. Blkr. offen, gelblich-grün. ♄. 6—8''.

3. P. media. *Sw.* Mittleres W. — Staubgef. gleichförmig-zusammenschließend; Griffel herausragend, herabgebogen; Ring an der Spitze des Griffels breiter als die Narben. ♃. Nadelholzwaldungen selten. Neustadt-Ebersw. Juni. Juli. Blkr. weiß, fast kugelig. ♄. ½'.

4. P. minor. *L.* Kleines W. — Staubfäden w. v.; Griffel gerade, senkrecht; Narbe 5kerbig, doppelt so breit als der Griffel. ♃. Wälder häufig. Kl. Glienicke, Grunewald, Thiergarten, Friedrichsfelde, Tegel u. s. w., Neust.-Ebersw. Juni. Juli. Blkr. kugelrund, röthlich oder weiß. ♄. 3—6''.

B. Blthn. in einseitswendiger Traube.

5. P. secunda. *L.* Einseitsblüthiges W. — ♃. Schattige Wälder häufig. Brauhausberg, Jungfernheide, Grunewald u. s. w. Juni. Juli. Blkr. grünlich-weiß mit glockenförmig-zusammenneigenden Einschnitten. ♄. 4—6''.

C. Schaft 1blüthig.

6. P. uniflora. *L.* Einblüthiges W. — Narbe groß, 5kerbig. ♃. Schattige Wälder, besonders zwischen Moos. Grunewald, Jungfernheide, Tegel. Juni. Juli. Blkr. groß, flach, weiß. H. 2—4″.

D. Blthn. doldig.

7. P. umbellata. *L.* Doldenblüthiges W. — Bltr. lanzettlich-keilförmig. ♃. Schattige Wälder zerstreut. Sakrower Heide, Moorlanke, Jungfernheide, Grunewald, Erkner, Tegel, Hermsdorf, Trampe. Juni. Juli. Blkr. flach, rosenroth. H. 3—6″.

## 71. Fam. Monotropeen. *Nutt.* Ohneblattartige.

Im Aussehen den Orobanchen ähnliche Schmarotzer.

### 1. Monótropa. *L.* Ohnblatt (X. 1).

1. M. Hypópitys. *L.* Gemeines O. — ♃. Schattige Wälder auf Baumwurzeln schmarotzend. Brauhausberg, Thiergarten, Jungfernheide, Tegel u. s. w. Juli. Aug. Die ganze Pflanze blaßgelb, kahl oder weichhaarig.

## 72. Fam. Vaccinieen. *DC.* Preißeln.

Kelch dem Fruchtknoten angewachsen und nebst der Blkr. oberständig; Staubgef. vor einer oberweibigen Scheibe befestigt; meist eine Beere.

### 1. Vaccinium. *L.* Heidelbeere (VIII. 1).

A. Bltr. abfällig; Blkr. kugelig.

1. V. Myrtillus. *L.* Gemeine H. — Strauchartig. Wälder häufig. Blkr. hellgrün, röthlich-überlaufen; Beeren schwarz. H. bis 1′.

B. Bltr. immergrün; Blkr. glockig.

2. V. Vitis idaea. *L.* Preißelbeere. — Strauchartig. Wälder, Heiden sehr häufig. Mai—Juli. Blkr. weiß oder röthlich; Beeren roth. H. 4—8″.

C. Bltr. immergrün; Blkr. radförmig, zurückgeschlagen.

3. V. Oxycóccos. *L.* Moosbeere. — Strauchartig. Nasse, torfige Orte. Stengel weit hin auf dem Sumpfmoose kriechend.

Grunewald, Jungfernheide, Spandauer Heide, Tempelhof, Taßdorf u. s. w. Juni—Aug. Oxycoccos palustris. *Pers.* Blkr. und Beere dunkel-rosenroth.

## 28. Ordn. Campanulinen. *Bartl.* Glockenblüthige.

Kelch dem Fruchtknoten angewachsen; Staubgefäße 5, auf einer oberweibigen Scheibe oder auf der Blumenkrone eingefügt; meist eine mehrfächerige Kapsel mit mittelständigem Samenträger. Fam. 73.

### 73. Fam. Campanulaceen. *DC.* Glockenblumen.

Kelch halb oberständig; Blkr. regelm., in der Knospe klappig.

#### 1. Jasióne. *L.* Jasione (V. 1).

1. J. montana. *L.* Berg-J. — ⊙. Sonnige Hügel, Sandfelder sehr häufig. Juni. Juli. Blkr. blau in Köpfen. H. ½—1½'.

#### 2. Phyteúma. *L.* Teufelskrallen (V. 1).

1. Ph. spicatum. *L.* Aehriger T. — ♃. Schattige Wälder und Waldwiesen. Potsdam, im Brieselang, Freienwalde, Neust.-Ebersw., im Zotzen und Lindholz. Mai. Juni. Blkr. weiß mit grüngelblicher Spitze. H. 1—3'.

#### 3. Campánula. *L.* Glockenblume (V. 1).

A. Kelchbuchten ohne Anhängsel; Blthn. gestielt.

a. Kapsel überhängend, am Grunde aufspringend.

1. C. rotundifolia. *L.* Rundblättrige G. — Bltr. der nicht blühenden Wurzelköpfe lang-gestielt, rundlich-nierenförmig oder herz-eiförmig; Stengelbltr. lanzettlich; Stengel rispig-vielblüthig; Kelchzipfel pfriemlich. ♃. Grasplätze, Wegränder gemein. Juni—Oktob. Blkr. dunkelblau, höchstens 8''' lang. H. ½—1'.

2. C. bononiensis. *L.* Bologneser G. — Stengel aufrecht, stielrund, weichhaarig; Bltr. unterseits graufilzig, langgestielt, obere sitzend; Kelchzipfel lanzettlich. ♃. Trockene Waldwiesen und Hügel. Bornstedt, Rudow, Schulzendorf, Pritzhagen. Juli. Aug. Blkr. klein. blau. H. 1—2'.

3. C. rapunculoides. *L.* Kriechende G. — Wurzel mit langen Ausläufern; Stengel stumpf-kantig; Bltr. kurz-haarig, untere lang-gestielt, länglich, obere lanzettlich; Traube endständig, einseitswendig. ♃. Aecker, Zäune, Hecken ziemlich häufig. Potsdam, Ketzin, Rixdorf, Rüdersdorf, Pritzhagen, Hohen-Finow, Karlswerk. Juli. Aug. Blkr. hell-violett; Griffel blau, meist heraussehend. H. 1—2'.

4. C. Trachélium. *L.* Nesselblättrige G. — Stengel scharfkantig; Bltr. grob-doppelt-gesägt, steifhaarig, untere lang-gestielt, herz-eiförmig, obere länglich, sitzend; Blthn. blattwinkelständig, 1—3blüthig, eine Traube bildend. ♃. Wälder, Gebüsche, Zäune ziemlich häufig. Sanssouci, Friedrichsfelde, Reineckendorf, Tegel u. s. w.

b. Kapsel aufrecht, in der Mitte oder oben aufspringend.

5. C. pátula. *L.* Ausgebreitete G. — Untere Bltr. länglich-verkehrt-eiförmig, in den Blattstiel verschmälert, obere linealisch-lanzettlich, sitzend; Rispe etwas abstehend, fast ebensträußig; Kelchzipfel pfriemlich. ⊙. Wiesen, Gebüsche u. s. w. sehr häufig. Mai—Juli. Blkr. hell röthlich-blau, weit offen, tiefgespalten. H. 1—2'.

6. C. Rapúnculus. *L.* Rapunzel-G. — Rispe lang, fast traubig, Aestchen am Grunde getheilt; sonst w. v. ⊙. Wiesen, Gebüsche, besonders in der Nähe der Gewässer. Weißensee am See, Ruhleben, Oranienburg. Mai—Aug. Blkr. bauchig-glockenförmig, hellblau. H. 1—3'.

7. C. persicifolia. *L.* Pfirsichblättrige G. — Bltr. steif, lang; Traube sehr armblüthig; Kelchzipfel lanzettlich; sonst w. patula. ♃. Wälder, grasige Hügel ziemlich häufig. Brauhausberg, Jungfernheide, Grunewald u. s. w. Juni. Juli. Blkr. groß, weitglockig, blau. H. 1—3'.

B. Kelchbuchten ohne Anhängsel; Blthn. sitzend.

8. C. Cervicaria. *L.* Natterkopfblättrige G. — Steifhaarig; untere Bltr. lanzettlich, in den Blattstiel verschmälert, obere lanzettlich-linealisch, stengelumfassend; Blthn. sitzend, in end- oder seitenständigen Köpfchen; Kelchzipfel stumpf. ♃. Waldhügel, unter Gebüsch. Rhinluch, Fehrbellin. Juli. Aug. Blkr. hellblau. H. 2—3'.

9. C. glomerata. *L.* Geknäuelte G. — Grau=weichhaarig; untere Bltr. eiförmig, am Grunde abgerundet oder herzförmig; Kelchzipfel lang=zugespitzt; sonst w. v. ♃. Waldhügel, Gebüsche ziemlich häufig. Pevesin, Tempelhof, Tegel, Papenberge, Rudower Wiesen, im Brieselang, Rüdersdorf, Neustadt=Ebersw., Rhinluch. Juli. Aug. Blkr. fast 1″ lang, blauviolett, innen zottig. H. 1½—2′.

C. Kelchbuchten mit Anhängseln.

10. C. sibirica. *L.* Sibirische G. — ⊙. Bewachsene Hügel. Karlswerk bei Neustadt=Ebersw. am Oderufer. Juni. Blkr. klein, blau. H. ½—1′.

## 29. Ordn. Compositen. *Bartl.* Zusammengesetzte oder Kopfblüthige.

Blüthen in einem Blüthenkorbe vereinigt; Blumenkrone röhrig oder bandförmig; Staubgefäße 5, meist mit in eine Röhre verwachsenen Staubbeuteln; Schließfrucht oder Achene meist mit dem Kelchsaume (Federkelche) gekrönt. Fam. 74—75.

## 74. Fam. Synanthereen. *Rich.* Röhrenbeutelige oder Korbblüthler.

Staubbeutel verwachsen (XIX).

A. Doldentraubige. Meist doldentraubige Pflanzen mit röhrigen Scheiben- und meist zungenförmigen Strahlenblüthen.

### 1. Eupatorium. *Tourn.* Kunigundenkraut.

1. E. cannábinum. *L.* Hanfartiges K. — ♃. Feuchte Wiesen, Gräben, Quellen häufig. Juli. Aug. Blkr. röthlich in kleinen, walzigen Köpfchen, die in großen Doldentrauben stehen. H. 3—6′.

### 2. Tussilágo. *Tourn.* Huflattich.

1. T. Fárfara. *L.* Gemeiner H. — ♃. Feuchter Thon- und Lehmboden häufig. Berlin und Potsdam zerstreut u. s. w. März. April. Blkr. gelb. H. 7—8″. Offic. folia Farfarae s. Tussilaginis.

### 3. Petasites. *Tourn.* Pestwurz.

1. P. officinalis. *Mnch.* Gebräuchliche P. — Bltr. herzförmig, unterseits wollig-grau, Lappen des Grundes abgerundet. ♃. Feuchte Orte, besonders am Rande der Gräben ziemlich häufig. Bornstedt, Sanssouci, Ravensberge, Mahlsdorf, Durotz, Freienwalde u. s. w. März. April. P. vulgaris. *Desf.* Blkr. schmutzig-purpurroth. H. 1—2'.

2. P. tomentosus. *DC.* Filzige P. — Bltr. fast 3eckig-herzförmig, unterseits schneeweiß-filzig, Lappen des Grundes vorne verbreitert-einwärts-gekrümmt, 2—3-lappig. ♃. Flußufer. Sanssouci, Pichelsberg, Pichelswerder, Freienwalde. April. P. spurius. *Rchb.* Blkr. gelb. H. ½—1'.

### 4. Linósyris. *Lobel.* Leinkraut.

1. L. vulgaris. *Cass.* Gemeines L. — ♃. Trockene Hügel. Schulzendorf, Oranienburg, Freienwalde. Juli—Sept. Blkr. goldgelb. H. 1'.

### 5. Aster. *L.* Aster.

1. A. Amellus. *L.* Virgil's A. — Stengel behaart; Bltr. kurz-steifhaarig; Blättchen des Hauptkelchs abgerundet-stumpf, etwas abstehend. ♃. Sonnige Hügel. Rüdersdorfer Kalkberge, am Pfingstberge und bei Karlswerk. Aug. Sept. Scheibenblthn. gelb, Strahlblthn. blau-violett. H. 1'.

2. A. Tripolium. *L.* Strand-A. — Stengel kahl; Bltr. ziemlich fleischig, kahl; innere Blättchen des angedrückt-dachziegeligen Hauptkelchs länger, stumpf. ☉. Salzhaltige Orte. Treuenbrietzen, Uetz, im Selbelang. Juli—Sept. Scheibenblthn. gelb, Strahlblthn. hellblau. H. ½—3'.

3. A. leucánthemus. *Desf.* Weißblüthige A. — Aeste traubig, Aestchen 1köpfig, Bltr. lang, lanzettlich-linealisch; Hauptkelch angedrückt-dachziegelig. ♃. Aus Nord-Amerika, an der Spree und am Landwehrgraben bei Berlin verwildert. Strahlenblthn. weiß, zuletzt blaß-röthlich. H. 2—4'.

### 6. Bellis. *L.* Maaßliebe.

1. B. perennis. *L.* Ausdauernde M. — ♃. Grasplätze, Wiesen ganz gemein. Blüht fast das ganze Jahr hindurch. Strahlblthn. weiß, zuweilen röthlich. H. 2—6''. Als Spielart wird in Gärten eine mit rothen Blüthen gezogen, Tausendschönchen.

### 7. Stenactis. *Cass.* Feinstrahl.

1. St. annua. *Nees.* Maßliebenblüthiger F. — ☉ bis ♃. Aus Nord-Amerika, bei uns auf Grasplätzen verwildert. Hohen-Finow, Friedrichsfelde, Fehrbellin, Kirchfelde, Oranienburg im Schloßgarten. Juni—Aug. Aster annuus. *L.* Strahlblthn. sehr schmal, weiß oder mit bläulichem Anfluge. H. 1—2′.

### 8. Erigeron. *L.* Dürrwurz.

1. E. canadensis. *L.* Canadische D. — Stengel rispig; Rispe länglich, sehr viele kleine Köpfchen tragend; Bltr. borstig-gewimpert. ☉. Aus Canada, jetzt auf unbebauten Stellen überall häufig. Juli. Aug. Strahlenblumen schmutzig-weiß, sehr kurz; Köpfchen sehr klein. H. 1—3′.

2. E. acer. *L.* Scharfe D. — Stengel traubig; Aeste 1—3köpfig; Bltr. meist rauhhaarig. ⊙ und ♃. Sandige, dürre Plätze gemein. Juli. Aug. Strahlenblumen lang, blaß-fleischroth oder lila. Köpfchen doppelt so groß als v. H. ½—1′.

### 9. Solidágo. *L.* Goldruthe.

1. S. Virga aurea. *L.* Gemeine G. — ♃. Trockene Wälder überall häufig. Juli. Aug. Strahlenblthn. goldgelb. H. ½—3′.

### 10. Inula. *L.* Alant.

A. Innere Blättchen des Hauptkelchs an der Spitze verbreitert, spatelig.

1. I. Helénium. *L.* Aechter A. — Bltr. unterseits filzig. ♃. Feuchte Wiesen, Gräben. Bornim? Juli. Aug. Blthn. alle gelb. H. 3—5′. Offic. rad. Helenii.

B. Innere Blättchen des Hauptkelchs am Ende zugespitzt.

a. Achänen kahl.

2. I. salícina. *L.* Weidenblättriger A. — Bltr. lanzettlich, kahl. ♃. Wiesen, an Gräben unter Gebüsch. Pevesin, Johannisthal, Jungfernheide, Grunewald, Reineckendorf, Rhinluch. Juli. Aug. Blthn. gelb. H. 1—2′.

b. Achänen rauh- oder weichhaarig.

3. I. Británica. *L.* Wiesen-A. — Stengel zottig-wollig; Bltr. unterseits zottig oder kurzhaarig, lanzettlich. ♃. Wiesen, Grabenränder häufig. Juli. Aug. Blthn. goldgelb. H. ¾—1½′.

## 11. Pulicaria. *Gärtn.* Flöhkraut.

1. P. vulgaris. *Gärtn.* Gemeines F. — Stengel meist graufilzig; Bltr. länglich-lanzettlich, wellig, mit abgerundetem Grunde sitzend; Strahlblthn. wenig länger als die Scheibenblthn. ⊙. Feuchte Orte häufig. Sakrow, Elsholz, Mariendorf, Tegel u. s. w. Juli. Aug. Blkr. schmutzig-gelb. H. ¼—1'. Riecht unangenehm.

2. P. dysentérica. *Gärtn.* Ruhr-F. — Stengel zottig; Bltr. länglich, mit breiterem tief-herzförmigem Grunde stengelumfassend, wollig; Strahlblthn. weit länger als die Scheibenblthn. ♃. Feuchte Wiesen, an Gräben. Bornim, Jungfernheide, Rudow, Spandau, im Selbelang, Baumgartenbrück. Juli. Aug. Blkr. goldgelb. H. 1—2'.

## 12. Galinsógea. *R.* u. *Pav.* Galinsoge.

1. G. parviflora. *Cav.* Kleinblumige G. — ⊙. Aus Peru, jetzt auf Aeckern, an Zäunen sehr häufig verwildert. Juli. Aug. Strahlblthn. weiß, klein. H. 1'.

## 13. Bidens. *L.* Zweizahn.

1. B. tripartita. *L.* Dreitheiliger Z. — Bltr. gestielt, 3theilig oder fiederspaltig-5theilig. ⊙. Gräben, sumpfige Stellen häufig. Juli—Oktob. Blkr. gelb; Strahlenblthn. meist fehlend. H. ½—3'.

2. B. cernua. *L.* Nickender Z. — Bltr. ungetheilt, lanzettlich. ⊙. Gräben, Sümpfe ziemlich häufig. Aug.—Oktob. Blthn. gelb meist mit Strahlenblthn. H. ½—3'.

## 14. Helianthus. *L.* Sonnenrose.

1. H. annuus. *L.* Einjährige S. — Bltr. sämmtlich herzförmig; Blthnköpfe nickend, sehr groß. ⊙. Aus Peru, bei uns als Zier- oder Oelpflanze gebaut. Juli—Sept. Blthn. gelb. Scheibe oft 1' breit. H. bis 6'.

2. H. tuberosus. *L.* Erdapfel. — Untere Bltr. herzeiförmig, obere länglich-eiförmig oder lanzettlich. ♃. Aus Brasilien, bei uns zuweilen gebaut. Oktob. Nov. Blthn. gelb, klein. H. 4—8'.

## 15. Filago. *Tourn.* Schimmelkraut.

a. Blättchen des Hauptkelchs mit kahler Stachelspitze.

1. F. germanica. *L.* Deutsches Sch. — Filzig-wollig; Stengel gabelspaltig. ☉. Aecker, trockene Hügel zerstreut. Brauhausberg, Steglitz, Jungfernheide, Weißensee u. s. w. Juli. Aug. Blkr. gelblich. Blthnköpfchen in kugeligen Knäueln. H. ½—1'.

b. Kelchblättchen stumpflich, an der Spitze kahl.

2. F. arvensis. *Fr.* Acker-Sch. — Dicht-wollig; Stengel rispig, mit aufrechten, fast einfachen, ziemlich ährenförmigen Aesten. ☉. Trockene Felder häufig. Juli. Aug. Gnaphalium arv. *Lmk.* Blkr. blaßgelb. H. ½—¾'.

3. F. minima. *Fr.* Kleinstes Sch. — Filzig, etwas wollig; Stengel mit gabelspaltigen Aesten; Bltr. linealisch-lanzettlich. ☉. Aecker, sandige Felder häufig. Juli. Aug. Gnaph. montanum. *Huds.* Blkr. goldglänzend. H. 4—6''.

## 16. Gnaphalium. *Tourn.* Ruhrkraut.

A. Köpfchen 4häufig; Randblthn. weiblich, Scheibenblthn. zwitterig; Federkelch fadenförmig.

1. G. silvaticum. *L.* Wald-R. — Stengel steif-aufrecht, einfach, ruthenförmig, ährenförmig; Bltr. lanzettlich, unterseits weiß-filzig, oberseits zuletzt kahl. ♃. Wälder, trockene Triften nicht selten. Potsdam, Thiergarten, Jungfernheide, Grunewald, Tegel u. s. w. Juli. Aug. Kelchblättchen gelblich oder braun; Blthn. schmutzig-weiß. H. 1'.

2. G. uliginosum. *L.* Sumpf-R. — Stengel vom Grunde an ästig, ausgebreitet, weiß-wollig; Bltr. linealisch-lanzettlich; Köpfchen knäuelartig-gehäuft, beblättert. ☉. Feuchte Aecker, Teichränder u. s. w. gemein. Juli—Oktob. Blkr. gelblich-weiß. H. 6—9''.

3. G. luteo-album. *L.* Gelblichweißes R. — Stengel einfach oder ästig; Bltr. schmal-lanzettlich, beiderseits weiß-wollig; Köpfchen geknäuelt, blattlos. ☉. Sandfelder, feuchte Triften stellenweise. Potsdam, Charlottenburg, Weißensee, Rixdorf, Schöneberg, Tempelhof, Tegel u. s. w. Juli. Aug. Köpfchen weißlich-grün mit gelben oder röthlichen Spitzen. H. 2—8''.

B. Köpfchen 2häusig; die zwitterigen mit an der Spitze verdickten Strahlen.

4. G. dioicum. *L.* Zweihäusiges R. — Mit gestreckten, wurzelnden Ausläufern; untere Bltr. verkehrt-ei-spatelförmig. ♃. Waldwiesen, Nadelwälder gemein. Mai. Juni. Köpfchen weiß oder purpurroth. H. 3—9″.

## 17. Helichrysum. *Gärtn.* Immerschön.

1. H. arenarium. *DC.* Sand-J. — ♃. Sandige Orte überall häufig. Juli. Aug. Hauptkelch schön citronengelb. H. ½—1′. Offic. flor. Stocchados citrinae.

## 18. Artemisia. *L.* Beifuß.

A. Blthnboden zottig; Randblthn. weiblich.

1. A. Absinthium. *L.* Wermuth. — Bltr. seidenhaarig-weißgrau, 2—3fach gefiedert, Blattstiele ohne Oehrchen. ♃. Unbebaute Orte, in Dörfern, an Wegen häufig. Potsdam und Berlin an vielen Stellen u. s. w. Juli—Sept. Blkr. gelb. H. 2—4′. Offic. herba s. summitates Absinthii. Die Pflanze hat einen starken widerlich-aromatischen Geruch und bittern Geschmack.

B. Blthnboden kahl; Randblthn. weiblich; Bltr. vielspaltig, am Grunde des Blattstiels mit Oehrchen.

2. A. campestris. *L.* Feld-B. — Nichtblühende Stengel rasenartig; blüthentragende aufstrebend; Bltr. seidenhaarig-grau oder kahl mit linealischen stachelspitzigen Zipfeln. ♃. Trockene Hügel, Ackerränder gemein. Juli. Aug. Blkr. röthlich-gelb. H. 1—2′.

3. A. vulgaris. *L.* Gemeiner B. — Stengel aufrecht, ästig, zuletzt rispig; Bltr. unterseits weiß-filzig, fiederspaltig, mit lanzettlichen, zugespitzten, meist eingeschnittenen oder gesägten Zipfeln. ♃. Wüste Stellen, in Dörfern, Gärten u. s. w. sehr häufig. Aug. Sept. Blkr. gelb oder röthlich. H. 3—5′. Offic. rad. Artemisiae.

## 19. Tanacetum. *L.* Rainfarn.

1. T. vulgare. *L.* Gemeiner R. — ♃. Acker- und Wegränder u. s. w. häufig. Berlin und Potsdam an verschiedenen Orten. Juli. Aug. Blthnköpfchen halbrund in einer großen, ästigen Doldentraube. Blkr. gelb. H. 3—4′. Offic. flor. Tanaceti.

## 20. Achilléa. L. Schafgarbe.

a. Strahl meist 10blüthig; Zungenblthn. lang.

1. A. Ptármica. L. Bertram's-Sch. — Bltr. lanzettlich-linealisch, bis zur Mitte klein- und dicht-, über der Mitte tiefer und entfernter gesägt. ♃. Wälder, Wiesen, Ufer häufig. Juli. Aug. Blkr. weiß. H. 1—2'.

b. Strahl 5blüthig; Zungenblthn. halb so lang als der Kelch.

2. A. Millefolium. L. Gemeine Sch. — Bltr. doppelt-fiederspaltig, Fiederchen 2—3spaltig oder gefiedert 5spaltig. ♃. Wiesen, Ackerränder u. s. w. ganz gemein. Juni bis Oktob. Blkr. weiß oder röthlich. H. $\frac{1}{2}$—$1\frac{1}{2}$'.

## 21. Ánthemis. L. Hundskamille.

a. Spreublättchen lanzettlich oder länglich, starr-stachelspitzig.

1. Blthnboden fast halbkugelig; Achänen 4kantig-zusammengedrückt, 2schneidig, mit scharfem Rande bekrönt.

1. A. tinctoria. L. Färber-H. — ♃. Trockene, sonnige Hügel stellenweise. Rüdersdorfer Kalkberge, Freienwalde, Neust.-Ebersw. Juli. Aug. Blthn. alle gelb. H. 1—$1\frac{1}{2}$'.

2. Blthnboden zur Fruchtzeit verlängert, walzlich oder kugelförmig; Achänen stumpf-4kantig, mit gleichen Rillen.

2. A. arvensis. L. Acker-H. — Strahl mit Griffel; Achenen 4kantig, gefurcht; Bltr. etwas langhaarig. ⨀. Aecker überall gemein. Juni—Oktob. Strahl weiß, Scheiben gelb. H. $\frac{3}{4}$—$1\frac{1}{2}$'.

b. Spreublättchen linealisch-borstenförmig, spitz.

3. A. Cótula. L. Stinkende H. — Strahl griffellos; Achenen rundlich, höcker-streifig; Bltr. fast ganz kahl. ⨀. Aecker und wüste Plätze ziemlich häufig. Potsdam, Berlin u. s. w. Juni—Oktob. Strahl weiß, Scheibe gelb. H. $\frac{1}{2}$—$1\frac{1}{2}$'. Die Pflanze riecht unangenehm.

## 22. Matricária. L. Kamille.

1. M. Chamomilla. L. Aechte K. — ⨀. Aecker häufig. Mai bis Aug. Strahl weiß, zurückgeschlagen, Scheibe gelb, sehr erhaben. H. $\frac{1}{2}$—1'. Offic. flores Chamomillae vulgaris.

## 23. Chrysánthemum. *L.* Wucherblume.

a. Strahlblthn. weiß.

1. Ch. Leucánthemum. *L.* Weiße W. Große Maßliebe. — Untere Bltr. lang-gestielt, verkehrt-eirund, gekerbt, obere sitzend, lanzettlich, gesägt. ♃. Wiesen, Wälder gemein. Juni. Juli. Leucanthemum vulgare. *Lmk.* H. 1—2′.

2. Ch. Parthénium. *Pers.* Mutterkraut-W. — Bltr. einfach-gefiedert, Fiedern elliptisch-länglich, stumpf, fiederspaltig, Zipfel etwas gezähnt. ♃. Aus Süd-Europa, Dörfer, Hecken, Schutthaufen verwildert. Mauern hinter Sanssouci, Tegel, Spandau, Oranienburg, Rhinluch. Juni—Aug. Pyrethrum Parth. *Sm.* H. 1—2′.

3. Ch. inodorum. *L.* Geruchlose W. — Bltr. 2—3fach-fiederspaltig mit linealisch-fadenförmigen Zipfeln. ☉. Aecker, Schutthaufen, an Wegen nicht sehr häufig. Potsdam, Berlin am Kanal vor dem Potsdamer und Anhalter Thor, Weißensee, Tegel, Spandau, Thiergarten, Stralau, Rüdersdorf. Juli bis Oktob. H. ¾—2′.

b. Strahlblthn. gelb.

4. Ch. ségetum. *L.* Saat-W. — Obere Bltr. stengelumfassend, meergrün, kahl. ☉. Unter der Saat nicht häufig. Lichtenfelde, Neust.-Ebersw. Juli. Aug. H. 1—2′.

## 24. Senécio. *L.* Kreuzkraut.

A. Außenkelch fehlend oder nur durch einige Schüppchen angedeutet.

1. S. palustris. *DC.* Sumpf-K. — Ganze Pflanze gelbgrün, durch lange klebrige Haare mehr oder weniger zottig; Bltr. lanzettlich, untere buchtig-gezähnt. ☉. Sumpfige Orte, besonders auf Torfgräbereien. Baumgartenbrück, Uetz, Tempelhof, Jungfernheide, Grunewald, Neustadt-Ebersw. u. s. w. Juni. Juli. Cineraria pal. *L.* Blkr. hellgelb. H. ½—2′. Fruchtkrone ganz weiß, zuletzt sehr ausgebreitet.

B. Außenkelch mehr oder minder vollkommen.

a. Blthn. sämmtlich röhrenförmig, gelb.

2. S. vulgaris. *L.* Gemeines K. — Schuppen des Außenkelchs meist 10, mit schwarzen Spitzen. ☉. Aecker, Wege, Schutt gemein. Blüht fast das ganze Jahr. H. ½—1′.

b. Randblthn. zungenförmig, meist zurückgerollt, gelb.

3. S. viscosus. *L.* Klebriges K. — Pflanze klebrig-drüsig-behaart; Bltr. tief-fiederspaltig, Zipfel lanzettlich, buchtig-gezähnt; Außenkelch locker. ⨀. Sandfelder, trockene Hügel u. s. w. nicht selten. Brauhausberg, Thiergarten, Tempelhof, Grunewald, Pichelsberg, Rüdersdorf, Neustadt-Ebersw. Juni bis Oktob. H. ½—1½'. Randblthn. oft ausgebreitet.

4. S. silvaticus. *L.* Wald-K. — Bltr. spinnwebig-weichhaarig; tief-fiederspaltig, mit linealischen gezähnten Zipfeln, drüsenlos; Außenkelch sehr kurz, angedrückt. ⨀. Wälder und Heideplätze häufig. Brauhausberg, Thiergarten, Jungfernheide u. s. w. Juli. Aug. H. ½—1½'.

c. Randblthn. zungenförmig, flach abstehend; Bltr. getheilt.

5. S. erucifolius. *L.* Rautenblättriges K. — Wurzelstock kriechend; Bltr. fiederspaltig, Fiedern linealisch, gezähnt und fiederspaltig, am Grunde mit kleinen, ganzrandigen Oehrchen; Achenen kurz-rauhhaarig mit gleichförmigem Federkelche. ♃. Buschige Wiesen, besonders Thon- und Lehmboden. Pevesin, im Lindholz, im Selbelang, Oranienburg, Bädikow unweit Friesack. Juli. Aug. Blkr. blaßgelb. H. 2—4'.

6. S. Jacobaea. *L.* Jacob's-K. — Wurzelstock abgebissen, faserig; untere Bltr. länglich-verkehrt-eiförmig, am Grunde leierförmig, obere mit vieltheiligen Oehrchen stengelumfassend, fiedertheilig, Fiedern gezähnt oder fast fiederspaltig, vorne breiter, 2—3zähnig oder 2spaltig; Achenen des Mittelfeldes kurzhaarig-rauh, die des Randes kahl; Federkelch wenig-behaart, hinfällig. ⊙. Wiesen, Wälder sehr gemein. Blkr. goldgelb. H. 1—3'.

7. S. aquaticus. *Huds.* Wasser-K. — Obere Bltr. mit getheilten Oehrchen halbstengelumfassend, seitenständige Fiedern länglich oder linealisch, schief aus der Mittelrippe ausgehend; sonst w. v. ⊙. Feuchte Wiesen selten. Spandau, Schöneberg, Rummelsburg, Treptow. Juli. Aug. Blkr. goldgelb. Blthnköpfe noch einmal so groß als bei der vorigen. H. ½—1½'.

d. Randblthn. flach-abstehend, zungenförmig; Bltr. ungetheilt.

8. S. saracenicus. *L.* Saracenisches K. — Wurzelstock

weit kriechend; Bltr. länglich-lanzettlich, untere mit geflügeltem Stiel, obere sitzend mit vorwärts-gekrümmten Spitzchen der Sägezähne; Außenkelch meist 5blättrig, so lang, als der Hauptkelch; Strahl 7—8-blüthig; Achenen kahl. ♃. Flußufer. Berlin bei Moabit und Bellevue, Oranienburg, Germendorf. Juli. Aug. Blkr. gelb. H. bis 6'.

9. S. paludosus. *L.* Sumpf-K. — Bltr. sitzend, verlängert-lanzettlich, scharf-gesägt, unten meist weißfilzig; Außenkelch meist 10blättrig, halb so lang als der Hauptkelch; Strahl meist 13blüthig; Achenen kurzhaarig. ♃. Sumpfige Wiesen u. s. w. häufig. Templin, Potsdam, Baumgartenbrück, Jungfernheide, Charlottenburg, Tegel u. s. w. Juli. Aug. Blkr. goldgelb. H. 3—6'.

## 25. Árnica. *L.* Wolverleih.

1. A. montana. *L.* Berg-W. — ♃. Waldwiesen stellenweise häufig. Zwischen Zehlendorf und Stolzenhagen bei Oranienburg, Cremmen. Juni. Juli. Blthnköpfe groß, 2" breit, dunkel-goldgelb. H. 1—2'. Offic. rad. et flores Arnicae.

## 26. Caléndula. *L.* Ringelblume.

1. C. officinalis. *L.* Gebräuchliche R. — ☉. Häufig in Gärten gezogen und auch verwildert. Neustadt-Ebersw. am Pfingstberge. Juni—Sept. Blthnköpfe groß, einzeln, blaßgelb. H. bis 1½'.

B. Kopfblüthige oder Distelpflanzen. Oft dornige Pflanzen; Blthn. sämmtlich röhrig oder die Randblthn. zungenförmig; Griffel unter der Narbe angeschwollen, gleichsam gegliedert.

## 27. Echínops. *L.* Kugeldistel.

1. E. sphaerocéphalus. *L.* Rundköpfige K. — ♃. Trockene, begraste Orte. Kirchhof von Tempelhof, vielleicht dort einst angepflanzt. Juli. Aug. Blkr. weiß, der lang heraushängende Staubbeutelcylinder bleifarben. H. 2—5'.

## 28. Círsium. *Tourn.* Kratzdistel.

A. Bltr. oberseits dornig-kurzhaarig; Blthn. purpurn.

1. C. lanceolatum. *Scop.* Lanzettliche K. — Bltr. herab-

laufend, unterseits mit dünner spinnwebiger Wolle besetzt, tief-fiederspaltig; Köpfchen einzeln, eiförmig. ⊙. Triften, Wegränder, unbebaute Orte gemein. Carduus lanc. *L.* Juni—Sept. H. 2—4'.

B. Bltr. oberseits nicht dornig-kurzhaarig; Blättchen des Hauptkelchs mit einfachem Dorne oder fast wehrlos; Blthn. zwittrig.

a. Bltr. herablaufend; Blkr. purpurroth.

2. C. palustre. *Scop.* Sumpf-K. — Aeste an der Spitze vielköpfig; Köpfchen traubenförmig-geknäuelt. ⊙. Nasse Wiesen, sumpfige Orte überall häufig. Juli. Aug. Card. pal. *L.* H. 3—5'.

b. Bltr nicht herablaufend, unterseits grün; Blkr. purpurroth.

3. C. acaule. *All.* Stengellose K. — Stengel fehlend oder sehr kurz. ♃. Trockene Wälder, Wiesen u. s. w. ziemlich häufig. Potsdam hinter dem Neuen Palais, Krampnitz, Jungfernheide, hinter der Fasanerie, Reineckendorf u. s. w. Juli—Sept. Card. acaul. *L.*

c. Bltr. nicht herablaufend; Blkr. gelblich-weiß.

4. C. oleraceum. *Scop.* Kohlartige K. — Blthnköpfchen endständig, gehäuft, von großen, eiförmigen, gelblichen Deckbltrn. umhüllt. ♃. Feuchte Wiesen, Gräben häufig. Tornow, Potsdam, Friedrichsfelde, Giesendorf, Falkenhagen, Tegel, Taßdorf u. s. w. Juli. Aug. Cnicus oler. *L.* H. 1—3'.

C. Blthn. 2häusig; sonst wie B.

5. C. arvense. *Scop.* Feld-K. — Blthnköpfchen klein, eiförmig, rispig-ebensträußig. ♃. Aecker, wüste Plätze gemein. Juli. Aug. Serratula arv. *L.* Blkr. blaß-rosenroth. H. 2—4'.

## 29. Silybum. *Vaill.* Mariendistel.

1. S. marianum. *Gärtn.* Gemeine M. — ⊙. Zierpflanze aus Süd-Europa, gebaut und verwildert. Um Berlin vor dem Hallischen Thore rechts, Schöneberg, Tempelhof, Woltersdorfer Schleuse, Oranienburg, Fehrbellin, Zerpenschleuse. Juli. Aug. Card. mar. *L.* Blthnköpfe groß, purpurroth. H. 3—5'.

## 30. Cárduus. *L.* Distel.

a. Blättchen des Hauptkelchs angedrückt oder zurückgekrümmt.

1. C. acanthoides. *L.* Stachel-D. — Bltr. meist kahl, herablaufend, tief-fiederspaltig, mit 3lappigen, gezähnten, dornig-gewimperten Fiedern; Köpfchen meist einzeln, rundlich; Blthnstiele kurz, gekräuselt, dornig. ⊙. Wege, Aecker selten. Lehnitz bei Oranienburg. Juli. Aug. Blkr. purpurroth, selten weiß. H. 1—3'.

2. C. crispus. *L.* Krause D. — Bltr. unterseits wollig-filzig, herablaufend, länglich, buchtig-fiederspaltig; Köpfchen rundlich, meist gehäuft; Blthnstiele kurz, dornig. ⊙. Felder, Wiesen, Gebüsche nicht häufig. Bornstedt, Fahrland, Schöneberg, Weißensee, Grunewald, Schmachtenhagen, Fehrbellin, Linum. Juli. Aug. Blkr. purpurroth. H. 2—4'.

b. Blättchen des Hauptkelchs über dem Grunde etwas zusammengeschnürt und zurückgebrochen.

3. C. nutans. *L.* Nickende D. — Blthnköpfe rundlich, einzeln, nickend. ⊙. Trockene Triften, Raine gemein. Juli. Aug. Blkr. purpurroth. H. 1—3'.

## 31. Onopórdon. *Vaill.* Eselsdistel.

1. O. Acanthium. *L.* Gemeine E. — ⊙. Wege, unbebaute Orte häufig. Juli. Aug. Blkr. purpurroth. H. 2—6'.

## 32. Lappa. *Tourn.* Klette.

1. L. major. *Gärtn.* Größere K. — Blättchen des Hauptkelchs sämmtlich grün, pfriemlich und hakenförmig. ⊙. Wüste, schattige Plätze nicht häufig. Falkenhagen, Uetz, Bornim, Tempelhof, im Brieselang, Buch, Freienwalde, Neustadt-Ebersw., Oranienburg. Juli. Aug. Arctium Lappa. *L.* Blkr. purpurroth. H. bis 6'. Offic. rad. Bardanae.

2. L. minor. *DC.* Kleinere K. — Hauptkelch meist etwas spinnwebig-zottig, die inneren Blättchen desselben an der Spitze purpurroth. ⊙. Wüste Plätze gemein. Juli. Aug. Arct. minor. *L.* Blkr. purpurroth. H. 2—4'.

3. L. tomentosa. *Lmk.* Filzige K. — Hauptkelch stark spinnwebig-wollig, die inneren Blättchen desselben linealisch-lanzettlich, stumpflich, mit aufgesetztem, ge-

radem Stachelspitzchen, gefärbt, fast strahlend. ⊙. Wüste Plätze, Zäune ziemlich häufig. Potsdam und Berlin an verschiedenen Orten. Juli. Aug. Arctium Bardana. *Willd.* Blkr. purpurroth. H. 2—4'. Offic. rad. Bardanae.

### 33. Carlina. *Tourn.* Eberwurz.

1. C. vulgaris. *L.* Gemeine E. — ⊙. Sandige Hügel, unfruchtbare Wälder, Triften sehr häufig. Juli. Aug. Blkr. gelblich-weißlich, Strahlen des Hauptkelchs strohgelb. H. ½—1½'.

### 34. Serrátula. *L.* Scharte.

1. S. tinctoria. *L.* Färber-Sch. — ♃. Wiesen und waldige Grasplätze. Potsdam hinter dem Neuen Palais, beim Wildpark, um Berlin im Aufstall, Schöneberg, Reineckendorf, Friedrichsfelde, Rudower Wiesen u. s. w., Spandau, Freienwalde, Neust.-Ebersw. Juli. Aug. Blkr. purpurroth. H. 1—3'.

### 35. Centaurea. *L.* Flockenblume.

A. Blättchen des Hauptkelchs dornenlos, an der Spitze trockenhäutig, ungetheilt oder franzig-getheilt, die letzte Franse den übrigen gleichartig.

1. C. Jacea. *L.* Gemeine F. — Federkelch fehlend. ♃. Wiesen, Triften u. s. w. gemein. Juni—Oktob. Blkr. hellpurpurroth, selten weiß. H. 1—3'.

B. Endfranse der Kelchblättchen breit, oft dornenartig; sonst w. A.

2. C. Cýanus. *L.* Kornblume. — Bltr. linealisch-lanzettlich, die untersten am Grunde gezähnt. ⊙ und ⊙. Unter der Saat gemein, mit dem Getreide eingeführt. Juni. Juli. Strahlblumen azurblau. H. 1—2'.

3. C. Scabiosa. *L.* Skabiosenartige F. — Stengel ästig; Bltr. fiederspaltig oder doppelt-fiederspaltig, Zipfel mit einem schwieligen Punkte endigend. ♃. Wiesen, begraste Hügel, Ackerränder u. s. w. häufig. Juli. Aug. Blkr. dunkel-purpurroth; Köpfchen doppelt so groß als bei C. Jacea. H. 2—4'.

4. C. maculosa. *Lmk.* Gefleckte F. — Stengel rispig-ästig; untere Bltr. doppelt-, obere einfach-gefiedert, Zipfel linealisch. ⊙. Wege, Ackerränder ziemlich häufig. Gettin, Baumgartenbrück, Teplitz, Steglitz, Mariendorf, Weißensee,

Rüdersdorf, Neustadt-Ebersw. Juli—Sept. Blkr. rosenroth; Köpfchen am kleinsten von allen Arten. H. 1—3'.

C. Salatgewächse oder Zungenblüthige. Milchende, dornenlose Pflanzen; Blthn. sämmtlich Zungenblthn.

### 36. Lámpsana. *Tourn.* Milche.

1. L. communis. *L.* Gemeine M. — ☉. Bebaute und unbebaute Orte überall häufig. Juli. Aug. Blkr. gelb. H. ½—4'.

### 37. Arnóseris. *Gärtn.* Lammkraut.

1. A. minima. *E. Mey.* Kleines L. — ☉. Sandige Aecker häufig. Elsholz, Schönhausen, Tempelhof, Friedrichsfelde, Charlottenburg u. s. w. Juli. Aug. Blkr. gelb. H. 4—8''.

### 38. Cichórium. *Tourn.* Wegwarte.

1. C. Intybus. *L.* Gemeine W. — Blüthenständige Bltr. aus breiterem, etwas stengelumfassendem Grunde lanzettlich. ♃. Wege, Triften gemein. Juli. Aug. Blkr. schön blau in 1—1½'' breiten flachen Köpfchen. H. 1—4'.

2. C. Endivia. *L.* Endivien-W. Cichorie. — Blüthenständige Bltr. breit-eiförmig, mit herzförmigem Grunde stengelumfassend. ⊙. Aus Indien, bei uns angebaut. Juli. Aug. Blkr. blau. seltener weiß.

### 39. Thrincia. *Rth.* Zinnensaat.

1. S. hirta. *Rth.* Kurzhaarige Z. — ♃. Salzhaltige Wiesen zerstreut. Sanssouci, am Wansee, Pevesin am Lötz, Hasenheide, im Selbelang und Rhinluch, Fehrbellin. Juli. Aug. Blkr. gelb, außen grün-violett. H. 2—8''.

### 40. Leóntodon. *L.* Löwenzahn.

1. L. autumnalis. *L.* Herbst-L. — Stengel 1—mehrköpfig, blattlos; Blthnstiele allmählich verdickt, oberwärts schuppenförmig; Bltr. kahl oder mit einfachen Haaren besetzt. ♃. Wiesen, Triften, Ackerraine gemein. Potsdam und Berlin an verschiedenen Orten u. s. w. Juli—Oktob. Blkr. gelb, äußerlich nach der Spitze zu geröthet. H. ½—2'.

2. L. hastilis. *L.* Spießförmiger L. — Stengel 1köpfig, blattlos oder mit 1—2 Schuppen besetzt, an der Spitze

dicker; Bltr. kahl oder mit 2—3gabeligen kurzen Haaren besetzt. ♃. Wiesen, Triften, Waldplätze gemein. Juni bis Oktob. Blkr. gelb. Aendert ab mit dicht-kurzhaarigen oder kahlen Bltrn., Schaften und Hauptkelchen.

### 41. Picris. *L.* Bitterich.

1. P. hieracioides. *L.* Habichtskrautähnlicher B. — ♃. Wiesen, Wegränder, Gartenland. Im Lindholz, Freienwalde.

### 42. Tragopógon. *L.* Bocksbart.

1. T. major. *Jacq.* Großer B. — Hauptkelch meist 12-blättrig, fast doppelt so lang als die Blthn.; Blthnstiele oberwärts keulenförmig-verdickt. ⊙. Trockene, sonnige Orte auf Thon- und Lehmboden. Glienicker Brücke, Kreuzberg, Schöneberg, Weißensee, Hasenheide, Spandau, Nauen, Rüdersdorf, Freienwalde, Buckow. Juni. Juli. Blkr. hellgelb. H. 1—3'.

2. T. pratensis. *L.* Wiesen-B. — Hauptkelch 8blättrig, so lang oder wenig länger als die Blthn.; Blthnstiele gleich dick, nur unter dem Köpfchen ein wenig verdickt. ⊙. Wiesen, Triften sehr häufig. Mai—Aug. Blkr. gelb. H. 1–2'.

### 43. Scorzonéra. *L.* Schwarzwurz.

a. Blthn. gelb.

1. S. humilis. *L.* Niedrige Sch. — Wurzelkopf schuppig; Hauptkelch meist wollig, halb so lang als die Blthn. ♃. Sonnige Waldwiesen ziemlich häufig. Jungfernheide, Johannisthal, Papenberge, Liebenwalde. Mai. Juni. H. ½—1'.

b. Blthn. lila oder rosenroth.

2. S. purpurea. *L.* Purpurblüthige Sch. — Wurzelkopf fädig; Hauptkelch doppelt so lang als die Blthn. ♃. Kurzgrasige, sonnige Hügel, gern auf Kalk. Windmühlenberg bei Potsdam, Neblitz, Baumgartenbrück, Jungfernheide, Tegel, an den Bambergen u. s. w., im Briesebang, Neustadt-Ebersw. Mai. Juni. H. ¾—1½'.

### 44. Podospérmum. *DC.* Stielsamen.

1. P. laciniatum. *DC.* Schlitzblättriger St. — ⊙. Aecker und sonnige Hügel. Spandau? Mai—Juli. Blkr. gelb.

### 45. Hypochoeris. *L.* Ferkelkraut.

1. H. glabra. *L.* Kahles F. — Blthn. so lang als der Hauptkelch; Bltr. glatt, gewimpert, seltener rauh; Randachenen bisweilen schnabellos. ⊙. Sandfelder, unter der Saat häufig. Juli. Aug. Blkr. gelb. H. ½—¾'.

2. H. radicata. *L.* Langwurzeliges F. — Blthn. länger als der Hauptkelch; Bltr. rauh; Achenen sämmtlich lang-geschnäbelt. ♃. Wege, Triften, Ackerränder u. s. w. sehr häufig. Juli. Aug. Blkr. dunkelgelb. H. 1—2'.

### 46. Achyróphorus. *Scop.* Hachelkopf.

1. A. maculatus. *Scop.* Gefleckter H. — ♃. Sonnige Waldwiesen stellenweise. Jungfernheide, Papenberge, Döbritz, Köpenick, Liebenwalde, Zerpenschleuse. Juni. Juli. Hypoch. macul. *L.* Blkr. goldgelb. H. 1—3'.

### 47. Taráxacum. *Juss.* Kuhblume.

1. T. officinale. *Web.* Gebräuchliche K. — ♃. Wiesen, Triften, Wege u. s. w. überall sehr gemein. Mai—Oktob. Leont. Taraxacum. *L.* Blkr. gelb. Offic. rad. et folia Taraxaci. Aendert vielfach ab.

### 48. Chondrilla. *Tourn.* Krümling.

1. Ch. juncea. *L.* Binsenartiger K. — ♃. Trockene Abhänge, Raine, sandige Aecker häufig. Potsdam und Berlin an verschiedenen Orten u. s. w. Juli. Aug. Blkr. gelb. H. 1—4'. Aendert ab mit dornig-steifhaarigem Stengel (unterseits) und Blätter-Rändern. acanthophylla. *Borkh.*

### 49. Lactúca. *L.* Lattich.

a. Bltr. mit herzförmigem Grunde stengelumfassend.

1. L. sativa. *L.* Garten-L. Kopfsalat. — Rispe ausgebreitet, flach; Achenen braun, Schnabel weiß. ⊙. In Gärten gebaut. Juni—Aug. Blkr. gelb. H. 2—3'.

b. Bltr. am Grunde pfeilförmig.

2. L. Scaríola. *L.* Wilder L. — Rispe pyramidenförmig; Achenen bräunlich-grau, schmal-berandet, an der Spitze kurz borstig behaart; Blattrippe und Blattrand stachelig. ⊙. Wüste Plätze, an Mauern, Wegen u. s. w.

stellenweise. Potsdam am Mühlberg, Bornstedt, Berlin vor dem Anhaltischen, Cottbusser und Hallischen Thor, Tempelhof, Weißensee, Rüdersdorf, Karlswerk, Lindholz. Juli. Aug. Blkr. gelb. H. 2—4′.

c. Bltr. gestielt, leierförmig-fiederspaltig.

3. L. muralis. *Less.* Mauer-L. — Blattzipfel winkelig; Blüthenstand locker-rispig. ♃. Schattige Wälder überall häufig. Juli. Aug. Prenanthes mur. *L.* Blkr. gelb. H. 1—3′.

## 50. Sonchus. *L.* Saudistel.

a. Blthnstiele und Hauptkelch drüsenhaarig; Stengel einfach, an der Spitze ebensträußig.

1. S. arvensis. *L.* Feld-S. — Wurzel kriechend. ♃. Aecker gemein. Juli. Aug. Blkr. gelb. H. 2—5′.

2. S. palustris. *L.* Sumpf-S. — Wurzelstock ohne Ausläufer. ♃. Sumpfige Wiesen an den Ufern der Gewässer stellenweise. Oranienburg. Blkr. gelb. H. 4—6′.

b. Blthnstiele und Hauptkelch drüsenlos; Stengel ästig, Aeste doldig-ebensträußig.

3. S. oleraceus. *L.* Kohlartige S. — Obere Bltr. stengelumfassend, mit spitzen Oehrchen; Achenen querrunzelig, beiderseits 3riefig. ☉. Bebaute Orte, Aecker, Gemüsegärten u. s. w. sehr häufig. Juni—Oktob. Blkr. schwefelgelb. H. 1—3′.

4. S. asper. *Vill.* Rauhe S. — Obere Bltr. dornig-gezähnt, mit stumpfen Oehrchen; Achenen glatt. ☉. An denselben Orten häufig. Juni—Oktob. Blkr. gesättigt-gelb. H. 1—3′.

## 51. Crepis. *L.* Sperberkraut.

A. Federkelch schneeweiß, biegsam.

a. Stengel blattlos, an der Spitze vielköpfig.

1. C. praemorsa. *Tausch.* Abgebissenes Sp. — Wurzelstock abgebissen, Bltr. grundständig; Blthnstand traubig. ♃. Freie Waldstellen, Berge. Bredower Forst, bei Berlin, Rüdersdorf. Mai. Juni. Hieracium praem. *L.* Blkr. gelb. H. $\frac{1}{4}$—$1\frac{1}{2}$′.

b. Stengel beblättert, an der Spitze ebensträußig.

2. C. biennis. *L.* Zweijähriges Sp. — Bltr. schrotsägig-fiederspaltig, flach, die mittleren mit kurz geöhrt-gezähntem Grunde etwas stengelumfassend; äußere Kelchblättchen abstehend; Achenen 13riefig. ☉. Wiesen, Gartenland, feuchte, schattige Orte nicht häufig. Bornstedt, Bornim, Schönhausen, zwischen Pankow und dem Gesundbrunnen, Cunersdorf, Freienwalde, Oranienburg. Juni—Oktob. Blkr. gelb. H. 2—4'.

3. C. tectorum. *L.* Dach-Sp. — Untere Bltr. lanzettlich, buchtig-gezähnt, mittlere linealisch, pfeilförmig, am Rande umgerollt; äußere Kelchblättchen etwas abstehend; Achenen 10riefig. ☉. Aecker, Mauern, Wege u. s. w. sehr häufig. Mai. Juni. Herbst. Blkr. gelb. Achenen schwarzbraun. H. 1—2'.

4. C. virens. *Vill.* Grünes Sp. — Bltr. kahl, obere linealisch, flach, am Grunde pfeilförmig; äußere Kelchblättchen angedrückt, Achenen 10riefig. ☉. Aecker, Triften, Wege häufig. Juli—Oktob. Blkr. gelb. Achenen grau. H. ½—1'.

B. Federkelch schmutzig-weiß, unten bräunlich, zerbrechlich.

5. C. paludosa. *Mnch.* Sumpf-Sp. — Bltr. kahl, obere eiförmig, herzförmig-stengelumfassend, lang zugespitzt; Kelchblättchen drüsig-behaart. ♃. Nasse Wiesen häufig. Potsdam, Jungfernheide, Thiergarten, Friedrichsfelde, Tegel, Taßdorf, Pevesin, Rhinluch. Juni. Juli. Hieracium palud. *L.* Blkr. gelb. H. 1—2'.

## 52. Hierácium. *Tourn.* Habichtskraut.

A. Stengel blattlos oder unten wenig beblättert.

a. Stengel 1—5köpfig, am Grunde mit Ausläufern; Blkr. gelb.

1. H. Pilosella. *L.* Gemeines H. — Schaft blattlos, 1köpfig; Bltr. borstig-behaart, unterseits grau-filzig. ♃. Trockene Triften, Kieferwälder, Sandboden ganz gemein. Mai—Oktob. Randblumen hellgelb, unterseits röthlich-gestreift. H. 3—12''.

2. H. Auricula. *L.* Aurikel-H. — Stengel blattlos oder 1blättrig, 2—5köpfig; Bltr. bläulich-grün, zungen-

förmig, fast ganz kahl. ♃. Feuchte Wiesen und Triften häufig. Juni—Oktob. Blkr. schwefelgelb. H. 4—12''.

b. Stengel ebensträußig-vielköpfig, 20—100köpfig; Blkr. gelb.

3. H. praealtum. *Vill.* Hohes H. — Stengel einfach, steif, unterhalb 1- oder wenigblättrig; Bltr. graugrün, am Rande und auf den Flächen mit steifen Borsten besetzt; Ebenstrauß dicht, grünflockig; Blthnstiele nach der Blüthezeit steif; Köpfchen fast kahl, grünlich. ♃. Sonnige Anhöhen, Bergwiesen. Rüdersdorfer Kalkberge, Rhinluch. Juni. Juli. H. 1—3'.

4. H. Rothianum. *Wallr.* Roth's H. — Wurzelstock abgebissen, ohne Ausläufer; Stengel unterwärts beblättert; Ebenstrauß locker; Bltr. spatelig-lanzettlich, spitz, unterseits von bleibenden, kleinen, weichen Haaren bestreut und beiderseits mit langen, abstehenden Borsten besetzt; Hauptkelch borstig, drüsenlos und nebst den Blthnstielchen dicht-weichhaarig; ♃. Hügel, Waldblößen. Rüdersdorfer Kalkberge, Freienwalde am hohen Oderufer, Pritzhagen. Juli. Aug. H. setigerum. *Tausch.* H. echioides der Autoren. H. 1—2'.

5. H. collinum. *Gochn.* Hügel-H. — Stengel unterwärts armblättrig, mit langen, weichen Haaren, oberwärts filzig, drüsig und schwarzhaarig; Bltr. länglich und verkehrt-eiförmig, mit langen, weichen, weißen Haaren, aber ohne oder nur unterseits mit spärlichen Sternhaaren; Ebenstrauß gedrungen. ♃. Grasplätze, Wiesen, Waldränder. Steglitz, im Briesefang, Freienwalde, Rhinluch. Juni bis Aug. H. pratense. *Tausch.* H. 1—3'.

B. Stengel oberwärts 1blättrig.

6. H. murorum. *L.* Mauer-H. — Bltr. grasgrün, untere ei-herzförmig; Blthnstiele sternfilzig; Blättchen des Hauptkelchs angedrückt mit grauen Sternhaaren. ♃. Trockene Hügel, Mauern u. s. w. sehr häufig. Juni—Aug. Blkr. gelb. H. 1—2'.

C. Stengel ganz beblättert, mit bleibenden grundständigen Bltrn.

7. H. vulgatum. *Fr.* Gewöhnliches H. — Bltr. grasgrün, unterseits und am Rande rauhhaarig, lanzettlich oder länglich, unterste in den Blattstiel herablaufend;

Blthnstiele und Hauptkelch sternhaarig und zugleich mit schwarzen, drüsentragenden Haaren besetzt. ♃. Wälder, Gebüsche häufig. Berlin und Potsdam an verschiedenen Orten u. s. w. Juni. Juli. H. silvaticum. *Sm.* Blkr. gelb. H. 1—3'. Aendert vielfach ab.

D. Stengel reich beblättert, zur Blüthezeit die grundständigen Bltr. fehlend.

8. H. boreale. *Fr.* Nordisches H. — Stengel starr, oberwärts rispig; Bltr. eiförmig, untere in den kurzen Blattstiel verschmälert, obere eiförmig-lanzettlich, sitzend. ♃. Gebüsche, Waldränder häufig. Berlin und Potsdam an verschiedenen Orten. Aug.—Oktob. H. sabaudum. *L.* Flor. succ. H. silvestre. *Tausch.* Blkr. gelb. H. 2—5'.

9. H. umbellatum. *L.* Doldiges H. — Stengel steif, zuweilen mit dem Grunde liegend, oberwärts ästig; Aeste fast doldig; Bltr. lanzettlich oder linealisch; Blättchen des Hauptkelchs lineal, grün, an der Spitze zurückgekrümmt, die innersten breiter, ganz stumpf. ♃. Wälder, Grabenränder sehr häufig. Juli. Aug. Blkr. gelb. H. 1—4'. Nach Abmähen des Hauptstengels kommen im Herbst oft niedrige, dünne Seitenstengel mit nur einem Köpfchen; außerdem ändert die Pflanze mannigfach ab.

## 75. Fam. Ambrosiaceen. *Lk.* Spitzkletten.

Staubfäden frei oder 1brüderig; Frucht vom erhärteten Fruchtknoten eingeschlossen; Blthn. eingeschlechtig.

### 1. Xanthium. *Tourn.* Spitzklette (XXI. 5).

1. X. strumarium. *L.* Gemeine Sp. — ⊙. Schutt, wüste Plätze häufig. Juli—Oktob. Blthn. grün. H. 1—4'.

# 30. Ordn. Aggregaten. *Bartl.* Gehäuftblüthige.

Blüthen meist in Köpfchen vereinigt; Blumenkrone auf dem Kelchschlunde oder unterweibig, in der Knospe dachig; Staubgefäße 1—5, getrennt, der Blumenkrone angewachsen; Staubbeutel frei; eine Achene, Karyopse oder mehrsamige Kapsel. Fam. 76—79.

## 76. Fam. Valerianeen. *DC.* Baldriane.

Kelch einfach, dem 3fächerigen Fruchtknoten angewachsen; Staubgef. 1—3; Blthn. in Trugdolden.

### 1. Valeriana. *L.* Baldrian (III. 1).

a. Blthn. gleichförmig.

1. V. officinalis. *L.* Gebräuchlicher B. — Bltr. gefiedert, 4—11paarig. ♃. Wälder, Gebüsche, Wiesen häufig. Juni. Juli. Blkr. fleischroth. H. 1—5'. Offic. rad. Valerianae minoris.

b. Blthn. ungleichförmig, auf dem einen Stocke größer, auf dem anderen kleiner.

2. V. dioica. *L.* Kleiner B. — Unterste Bltr. rundlich-eiförmig oder elliptisch, die der nichtblühenden Wurzelköpfe lang-gestielt, eiförmig, spitzlich, mittlere leierförmig-fiederspaltig. ♃. Sumpfige Wiesen häufig. Mai. Juni. Männliche Blthn. weiß, röthlich angelaufen, größer, in ausgebreiteter, weibliche kleiner, rein weiß, in kopfförmiger Doldentraube. H. $\frac{1}{2}$—1'.

### 2. Valeriane'la. *Poll.* Rapünzchen (III. 1).

a. Kelchrand kurz, undeutlich, 1- oder 3zähnig; Blthnknospen bläulichweiß.

1. V. olitoria. *Mnch.* Gemeines R. — Trugdolde klein, etwas kopfförmig; Frucht fast kugelig, mit undeutlich 3zähniger Krone; Stengel kantig; Bltr. gewimpert. ☉. Felder, Hecken u. s. w. häufig. April. Mai. Blkr. bläulich-weiß. H. 4—8''.

2. V. carinata. *Loisl.* Gekieltes R. — Trugdolde ausgebreitet; Frucht eiförmig, kahnförmig-gebogen, undeutlich 1zähnig; Stengel rundlich; Bltr. ganzrandig. ☉. An denselben Orten, aber seltener. April. Mai. Blkr. bläulich-weiß. H. 6''.

b. Kelchrand schief-abgestutzt, gezähnt, hinterer Zahn größer; Blthnknospen röthlich.

3. V. dentata. *Poll.* Gezähntes R. — Früchte ei-kegelförmig, doppelt so breit als der Kelchrand, glatt, schwach-3rippig; Bltr. gezähnt, obere bisweilen fiederspaltig. ☉. Aecker häufig. Juni—Aug. H. bis 1'. V. Morisonii. *DC.*

4. V. Auricula. *DC.* Geöhrtes R. — Früchte aufgetrieben, 3mal breiter als der krautartige, ohrartige Kelchrand, kahl oder weichhaarig, schwach 5rippig. ⨀. Aecker ziemlich häufig. Juni. Juli. H. ½—1'.

## 77. Fam. Dipsaceen. *DC.* Karden.

Kelch doppelt, dem einfächerigen Fruchtknoten angewachsen; Staubgef. 4; Blthn. in spreublättrigen Köpfchen (IV. 1).

### 1. Dipsacus. *Tourn.* Karde.

1. D. silvestris. *Mill.* Wilde K. — Stengel stachelig; Bltr. sitzend; Hüllblättchen bogenförmig-aufsteigend; Spreublättchen länger als die Blthn. ⨀. Unbebaute, steinige Orte. Bornstedt, Bornim, Karlswerk, Neustadt-Ebersw., Freienwalde. Juli. Aug. Blkr. blaß-lila. H. 3—6'.

2. D. pilosus. *L.* Behaarte K. — Stengel stachelig und steifhaarig; Bltr. gestielt, an der Spitze des Blattstiels geöhrt; Hüllblättchen abwärts gerichtet; Spreublättchen so lang als die Blthn. ⨀. Gebüsche, feuchte Wälder. Karlswerk, Freienwalde. Juli. Aug. Blkr. weißlich. H. 2—4'.

### 2. Knautia. *L.* Knautie.

1. K. arvensis. *Coult.* Acker-K. — ♃. Aecker, Waldränder häufig. Juli. Aug. Scabiosa arv. *L.* Blkr. lila, seltener weiß, vierspaltig. H. 1—2'.

### 3. Succisa *M.* und *K.* Abbiß.

1. S. pratensis. *Mnch.* Wiesen-A. — ♃. Feuchte Wiesen, zwischen Gebüsch häufig. Juli—Sept. Scabiosa Succisa. *L.* Blkr. blau. H. 1—3'.

### 4. Scabiosa. *L.* Skabiose.

1. S. Columbaria. *L.* Tauben-S. — Stengel kahl; Grundbltr. leierförmig, wenige unzertheilt; Borsten des inneren Kelchs 3—4mal länger als der Saum des äußeren Kelchs, braunschwarz; Kraut nicht glänzend. ⨀ und ♃. Trockene Wiesen, begraste Hügel häufig. Berlin und Potsdam u. s. w. Juni—Herbst. Blkr. lila, selten weiß. H. 1—2'.

2. S. suavéolens. *Desf.* Wohlriechende S. — Stengel fein-behaart; Grundbltr. sämmtlich ungelappt; Borsten des inneren Kelchs doppelt so lang als der kleingekerbte Saum des äußeren, weißgelb. Kraut glänzend. ♃. Trockene Anhöhen, begraste Waldplätze. Potsdam auf dem Windmühlenberge, beim Drachenhäuschen, Baumgartenbrück, Friedrichsfelde, Pichelswerder, Fuchsberge beim Neuen Krug, Oranienburg, Freienwalde. Juli—Nov. Blkr. blau, wohlriechend. H. bis 1'.

## 78. Fam. Plumbagineen. *Vent.* Bleiwurze.

Kelch einfach, frei; Staubgef. 5; Blkr. mit 5theiligem Saume; Blthn. in Aehren oder Köpfchen.

### 1. Státice. *L.* Grasnelke (V. 5).

1. St. Armeria. *L.* Gemeine G. — ♃. Trockene Grasplätze überall sehr häufig. Mai—Sept. St. elongata. *Hoffm.* Armeria vulg. *Willd.* Blkr. rosenroth. H. $\frac{1}{2}$—1'.

## 79. Fam. Plantagineen. *Vent.* Wegeriche.

Kelch einfach, frei; Staubgef. 4; Blkr. trockenhäutig, mit 4spaltigem Saume; Blthn. in Aehren oder Köpfchen.

### 1. Littorella. *L.* Strandling (XXI. 4).

1. L. lacustris. *L.* Sumpf-St. — ♃. Ueberschwemmter Sandboden, Teichränder u. s. w. Baumgartenbrück, Tempelhof, Lankwitz, Weißensee. Juni. Juli. Männliche Blkr. weißlich, einzeln, gestielt, weibliche in den Blattachseln, weißlich. H. 2—4''.

### 2. Plantágo. *L.* Wegerich (IV. 1).

A. Schaft blattlos; Bltr. grundständig.

1. P. major. *L.* Großer W. — Schaft stielrund; Bltr. gestielt, eiförmig; Aehre linealisch-walzlich; Deckbltr. eiförmig, stumpflich, gekielt, am Rande häutig. ♃. Wege, Grasplätze gemein. Juli—Oktob. Blkr. blaßroth, die langen Staubbeutel meist violett, dann braun. H. $\frac{1}{2}$—1'.

2. P. media. *L.* Mittlerer W. — Schaft stielrund; Bltr. elliptisch, beiderseits kurzhaarig, in einen kurzen,

breiten Stiel zusammengezogen; Aehre länglich-walzlich; Deckbltr. eiförmig, spitzlich, am Rande häutig. ♃. Wiesen, Triften, Wegränder sehr häufig. Mai. Juni. Blkr. weiß, Staubfäden blau, Staubbeutel rosenroth, dann weißlich. Blthn. wohlriechend. Schaft 1½' hoch.

3. P. lanceolata. *L.* Lanzettlicher W. — Schaft gefurcht; Bltr. lanzettlich, am Grunde in einen fast scheidenartigen Blattstiel zusammengezogen, kahl oder kurzhaarig; Aehre eiförmig oder eiförmig-walzlich; Deckbltr. trockenhäutig, kahl. ♃. Wiesen, Triften gemein. April bis Sept. Blkr. bräunlich, Staubfäden weißlich, Staubbeutel weiß, dann bräunlich. H. bis 1½'.

4. P. maritima. *L.* Meerstrands-W. — Schaft stielrund; Bltr. linealisch, fleischig, rinnenförmig; Deckbltr. eiförmig, spitz. ♃. Salzboden selten. Im Selbelang. Juni bis Oktob. H. ½—1'.

B. Stengel beblättert, ästig.

5. P. arenaria. *W. K.* Sand-W. — Bltr. linealisch; vordere Kelchzipfel schief-spatelförmig, sehr stumpf. ⨀. Sandboden ziemlich häufig. Um Berlin, Weißensee, Lichtenberg, Charlottenburg, Spandau, Köpnick. Juli. Aug. H. ½—1'.

## C.

## Blüthenhüllenblüthige Dicotyledoneen.

Mit einfacher Blüthenhülle oder nackt. Ordn. 31—39.

## 31. Ordn. Proteinen. *Bartl.* Proteengewächse.

Blüthen meist zwittrig; Blüthenhülle vollständig, meist beiderseits gefärbt; Frucht 1—vielsamig; eine Steinfrucht, Balgkapsel oder Nüßchen. Fam. 80—82.

### 80. Fam. Thymelaceen. *Juss.* Seideln.

Fruchtknoten frei; Blthnhülle röhrig, gefärbt; Staubgef. meist 8. Meist schöne aber giftige Sträuche.

### 1. Daphne. *L.* Kellerhals (VIII. 1).

1. D. Mezereum. *L.* Gemeiner K. — Kleiner Strauch. Im Gebiete nur in Gärten als Zierpflanze. März. Blthnhülle rosenroth; Früchte erbsengroß, rosenroth. ♄. 2—4'. Giftig. Offic. cortex Mezerei.

## 81. Fam. Santalaceen. *R. Br.* Santelgewächse.

Fruchtknoten der Blthnhülle angewachsen; Blthnhülle 3—5spaltig, innen gefärbt; Staubgef. 4—5.

### 1. Thesium. *L.* Verneinkraut (V. 1).

a. Drei Deckbltr. unter jeder Blüthe.

1. T. intermedium. *Schrad.* Mittleres V. — Wurzelstock ausläufertreibend. ♃. Trockene, grasige Hügel, in Wäldern schmarotzend. Werder, Thiergarten, Rummelsburg, Papenberge, Fuchsberge, Spandau, Rüdersdorf, Baumgartenbrück. Juni. Juli. Th. Linophyllum. *L.* Blthnhülle äußerlich grün, innen weiß, unten glockenförmig, oben ausgebreitet. ♄. ½—1'.

b. Ein einziges Deckblatt unter jeder Blüthe.

2. T. ebracteatum. *Hayn.* Nacktblüthiges V. — Wurzelstock kriechend. ♃. Trockene, begraste Waldplätze schmarotzend. Jungfernheide, Thiergarten, Fuchsberge, Papenberge, Rahnsdorfer Heide, Rüdersdorfer Kalkberge, Fehrbellin. Mai. Juni. Blthnhülle äußerlich grün, innen weiß, ganz glockenförmig. ♄. 6—9''.

## 82. Fam. Elaeagneen. *R. Br.* Oleastern.

Blthnhülle 2—4spaltig, innen gefärbt; Staubgef. 4, im Schlunde der Blthnhülle angewachsen; Fruchtknoten frei; Frucht eine Nuß in der saftig gewordenen Blthnhüllenröhre, Bäume und Sträuche mit silberweißen oder bräunlich-schülfrigen Bltrn.

### 1. Hippophaë. *L.* Sanddorn (XXII. 4).

1. H. rhamnoides. *L.* Weidenblättriger S. — Strauch, bei uns in Anlagen angepflanzt. März—Mai. Blthnhülle rostfarben. ♄. 3—12'.

### 2. Elaeagnus. *L.* Oelweide (IV. 1).

1. E. angustifolia. *L.* Schmalblättrige O. — ♃. Strauch. Aus Süd-Deutschland, bei uns in Anlagen. Mai. Juni. Blthnhülle außen silberweiß-schülferig, wie die Bltr., innen hell-pomeranzengelb.

## 32. Ordn. Fagopyrinen. *Bartl.* Buchweizenartige.

Blüthen meist zwittrig, einzeln; Blüthenhülle vollständig, wenigstens inwendig gefärbt; Frucht 1samig; eine Nuß, Karyopse oder Kapsel. Fam. 83.

## 83. Fam. Polygoneen. *Juss.* Knöteriche.

Mit verwachsenen, eine Tute bildenden Nebenbltrn.

### 1. Rumex. *L.* Ampfer (VI. 3).

A. Blthn. zwittrig oder vielehig; Bltr. am Grunde verschmälert, rund oder herzförmig, aber nicht spießförmig.

a. Innere Zipfel der Fruchthülle alle schwielentragend.

1. Blthnquirle sämmtlich mit Bltrn. gestützt.

1. R. maritimus. *L.* Goldgelber A. — Bltr. linealisch-lanzettlich; innere Zipfel der Fruchthülle rautenförmig, beiderseits mit 2 Zähnen von der Länge des Längendurchmessers des Zipfels. ☉. Am Rande von Seen und Teichen. Potsdam, Nowaweß, Weißensee, Tempelhof, Schöneberg, Jungfernheide am Kanal, Spandau, Fehrbellin u. s. w. Juli. Aug. H. ½—2′. Kraut anfangs grün, später gelb, Fruchttraube goldgelb. Schwielen klein.

2. R. palustris. *Sm.* Grüngelber A. — Innere Zipfel der Fruchthülle eiförmig-länglich, beiderseits mit 2 Zähnen, welche kürzer als die Zipfel sind; sonst w. v. ☉. Teiche, sumpfige Orte, seltener als v. Berlin, Schöneberg, Havel bei Werder. Juli. Aug. H. 1—1½′. Kraut grün, später gelblich, aber nie goldgelb. Schwielen groß.

3. R. conglomeratus. *Murr.* Geknäuelter A. — Untere Bltr. herz- oder eiförmig-länglich, mittlere herz-lanzettförmig; nur die obersten Quirle deckblattlos; innere Zipfel der

Fruchthülle linealisch-länglich, ganzrandig. ♃. Ufer, feuchte Gebüsche sehr häufig. Berlin, Potsdam u. s. w. Juli. Aug. H. 1—3′.

2. Blthnquirle blattlos.

4. R. obtusifolius. *L.* Stumpfblättriger A. — Untere Bltr. herz-eiförmig, innere Zipfel der Fruchthülle eiförmig, 3eckig, am Grunde mit pfriemlichen Zähnen, in eine lange, stumpfe, ganzrandige Spitze endigend. ♃. Wiesen, Ufer, Gebüsche sehr häufig. Juli. Aug. H. 2—3′.

5. R. crispus. *L.* Krauser A. — Bltr. lanzettlich, wellenförmig, kraus; innere Zipfel der Fruchthülle rundlich, fast herzförmig, ganzrandig oder am Grunde gezähnelt. ♃. Wiesen, Aecker, Wege, gemein. Juli. Aug. H. 2—3′.

6. R. Hydrolópathum. *Huds.* Fluß-A. — Bltr. lanzettlich, beiderseits verschmälert, am Rande schwach-wellig, mit oberseits flachem Blattstiele; innere Zipfel der Fruchthülle eiförmig 3eckig. ♃. Ufer, Teiche häufig. Potsdam an der Havel, Berlin hinter der Fasanerie, Charlottenburg, Tegel, Rummelsburg, Friedrichsfelde, Treptow, Spandau, Taßdorf. Juli. Aug. H. bis 6′.

b. Nur einer der inneren Zipfel der Fruchthülle schwielentragend.

7. R. sanguineus. *L.* Hain-A. — Unterste Bltr. herzförmig-länglich, mittlere herz-lanzettförmig, zugespitzt; Aeste gerade, aufrecht-abstehend; Blthnquirle sämmtlich blattlos oder nur die untersten mit einem Blatt gestützt; innere Zipfel der Fruchthülle linealisch-länglich, stumpf, ganzrandig. ♃. Feuchte Wälder und Gebüsche nicht selten. Berlin. Juli. Aug. H. 2—3′. Stengel und Blattadern bisweilen blutroth.

8. R. pratensis. *M.* und *K.* Wiesen-A. — Untere Bltr. herzförmig-länglich, oberste lanzettlich; Blthnquirle genähert, blattlos; innere Zipfel der Fruchthülle ei-, fast herzförmig, stumpf, am Grunde mit zugespitzten oder pfriemlichen Zähnen, ganzrandig, sämmtlich oder nur einer schwielentragend. ♃. Fruchtbare Wiesen. Um Berlin, wahrscheinlich aber viel mehr verbreitet. Juli. Aug. H. 2—4′.

B. Blthn. 2häusig oder vielehig; Bltr. spieß- oder pfeilförmig.

9. Acetosa. *L.* Gemeiner A. — Innere Zipfel der

Fruchthülle am Grunde mit einer herabgezogenen Schuppe versehen, äußere zurückgeschlagen. ♃. Wiesen, Grasplätze ganz gemein. Mai—Aug. H. 1—2'.

10. R. Acetosella. *L.* Kleiner A. — Innere Zipfel der Fruchthülle ohne Schuppe, äußere aufrecht, angedrückt. ♃. Sandfelder, sonnige Hügel ganz gemein. Mai—Aug. H. 3—10''.

## 2. Polýgonum. *L.* Knöterich (VIII. 1).

A. Eine einzige Aehre an der Spitze des einfachen Stengels.

1. P. Bistórta. *L.* Wiesen-K. — Bltr. länglich-eiförmig, wellig mit geflügelten Blattstielen. ♃. Feuchte Wiesen häufig. Berlin und Potsdam an verschiedenen Orten u. s. w. Juni. Juli. Blthnhülle hell-rosenroth. H. 1—3'.

B. Stengel ästig, jeder Ast mit einer Aehre endigend.

a. Aehre dicht, gedrungen, walzenförmig.

2. P. amphibium. *L.* Ortwechselnder K. — Wurzelstock kriechend; Bltr. länglich-lanzettlich; Blthn. 5männig. ♃. Feuchte Orte, Gräben, Teiche häufig. Blthnhülle purpurroth. Stengel 1—3' lang. Aendert ab: a) natans. Obere Bltr. schwimmend, langgestielt, kahl. b) terrestre. Stengel aufrecht, Bltr. kurzgestielt, schmäler, steifhaarig.

3. P. lapathifolium. *L.* Ampferblättriger K. — Bltr. elliptisch, lanzettlich oder eiförmig; Tüten kahl oder etwas wollig, kurz und fein-gewimpert; Blthnstiele und Kelche drüsig-rauh; Blthn. 6männig. ⊙. Feuchte Orte hin und wieder häufig. Potsdam, Berlin u. s. w. Juli—Sept. H. 1—2'. Stengel mit dickknolligen Gelenken, grün oder geröthet. Blthnhülle grünlich oder roth.

4. P. Persicaria. *L.* Gemeiner K. — Bltr. länglich-lanzettlich, kahl; Tuten rauhhaarig, lang-gewimpert; Blthnstiele und Kelche drüsenlos; Blthn. 6männig. ⊙. Wiesen, Aecker u. s. w. sehr häufig. Juli—Sept. Blthnhülle w. v. Die dunkelgrünen Bltr. fast immer mit einem schwärzlichen, halbmondförmigen Fleck. H. 1—2'.

b. Aehren locker, dünn, fadenförmig.

5. P. Hydrópiper. *L.* Wasserpfeffer. — Bltr. lanzettlich;

Tuten fast kahl, kurz-gewimpert; Blthn. 6männig, drüsig-behaart. ⊙. Feuchte Orte, Gräben gemein. Juli bis Sept. Blthn. grün, am Rande purpurroth oder weißlich. H. 1—1½'. Hat einen pfefferartig-beißenden Geschmack.

6. P. minus. *Huds.* Kleiner K. — Bltr. aus abgerundetem Grunde fast gleich-breit, vorne allmählich verschmälert, lanzettlich-linealisch; Tuten angedrückt-behaart, lang-gewimpert; Blthn. 5männig, drüsenlos. ⊙. Feuchte, sumpfige Orte häufig. Juli—Oktob. Blthnhülle purpurroth oder weiß. H. ½—1'.

C. Blthn. blattwinkelständig; Griffel 3, kurz.

7. P. aviculare. *L.* Vogel-K. — Stengel meist niederliegend. ⊙. Wege, Aecker überall ganz gemein. Juli—Oktob. Blthn. grün, am Rande purpurroth oder weiß, einzeln oder zu zweien. Stengel ⅓—1½' lang.

D. Blthn. in den Blattwinkeln büschelig; Griffel 1.

8. P. Convolvulus. *L.* Windenartiger K. — Stengel windend; die 3 inneren Zipfel der Blthnhülle stumpf-gekielt; Nüsse 3kantig, glanzlos. ⊙. Aecker, bebauter Boden gemein. Juli—Oktob. Blthnhülle grün. Stengel ½—3' lang.

9. P. dumetorum. *L.* Hecken-K. — Die 3 äußeren Zipfel der Blthnhülle häutig-geflügelt; Nüsse schwach-glänzend; sonst w. v. ⊙. Zäune, Hecken, Gebüsche ziemlich häufig. Potsdam an der Dampfmahlmühle u. s. w., Schöneberg, Pankow, Stralau, Treptow, Friedrichsfelde u. s. w. Juli—Sept. Blthnhülle grün.

E. Blthn. in rispenförmigen Trauben.

10. P. Fagopyrum. *L.* Buchweizen. — Bltr. herz-pfeilförmig; Nüsse 3kantig, Kanten ganzrandig. ⊙. Aus Asien, in sandigen Gegenden gebaut. Juli. Aug. Blthnhülle rosenroth oder weiß. H. 1—2'.

11. P. tataricum. *L.* Tatarischer K. — Kanten der Nüsse ausgeschweift-gezähnt; sonst w. v. ⊙. Auf Aeckern mit v. ein lästiges Unkraut. Juli—Sept. Blthnhülle grün.

## 33. Ordn. Urticinen. *Bartl.* Nesselgewächse.

Blüthen meist 1geschlechtig, gehäuft; Blüthenhülle fehlend oder sehr klein, grün; Frucht 1samig, eine Nuß, Stein- oder Schlauchfrucht. Fam. 84—85.

## 84. Fam. Urticeen. *Bartl.* Nesseln.

Früchte trocken, nicht fleischig, getrennt.

### 1. Urtica. *Tourn.* Nessel (XXI. 4).

1. U. urens. *L.* Brennende N. — Bltr. eiförmig; Rispe kürzer als der Blattstiel; Blthn. 1häusig. ⨀. Bebauter Boden gemein. Juli—Sept. H. 1—1½'.

2. U. dioica. *L.* Zweihäusige N. — Bltr. herzförmig; Rispe länger als der Blattstiel; Blthn. 2häusig. ♃. Zäune, unbebaute Orte, Gebüsche gemein. Juli—Sept. H. 1—4'.

### 2. Parietaria. Glaskraut (IV. 1).

1. P. erecta. *M.* und *K.* Aufrechtes G. — ♃. Mauern, Zäune zerstreut. Berlin vor dem Potsdamer Thore beim Steueramte und an der Mauer des botanischen Gartens, Falkenberg, Neustadt-Ebersw. Juli—Oktob. P. officinalis. *Willd.* H. 1—3'. Die anfangs einwärts-gekrümmten Staubgef. springen bei schwacher Berührung elastisch hervor.

### 3. Cánnabis. *Tourn.* Hanf (XXII. 5).

1. C. sativa. *L.* Gemeiner H. — ⨀. Aus Indien, bei uns angebaut. Juli. Aug. H. 1—3'. Offic. sem. Cannabis.

### 4. Húmulus. *L.* Hopfen (XXII. 5).

1. H. Lúpulus. *L.* Gemeiner H. — ♃. Hecken und Gebüsche häufig, auch vielfach angebaut. Thiergarten, Aufstall, Schöneberg, Pichelsberge, Tegel, im Brieselang u. s. w. Juli. Aug.

## 85. Fam. Artocarpeen. *Bartl.* Fleischfrüchtler.

Frucht fleischig oder saftig, aus dem Fruchtboden allein oder aus diesem und der Blthnhülle gebildet. Meist tropische, holzige, milchende Pflanzen.

### 1. Morus. *Tourn.* Maulbeere (XXI. 4).

1. M. alba. *L.* Weiße M. — Blthnhülle am Rande

kahl; Narben kahl. Baum. Aus Asien, bei uns angepflanzt. Mai. Frucht weiß. ♄. bis 20'.

2. M. nigra. *L.* Schwarzer M. — Narben nebst dem Rande der Blthhülle rauhhaarig. Baum. Aus Asien, bei uns angepflanzt. Mai. Frucht schwarz. ♄. bis 36'.

## 34. Ordn. Iteoideen. *Bisch.* Weidenartige.

Blüthen 1geschlechtig, 2häusig, in Kätzchen; Blthhülle meist fehlend; Frucht meist eine 2klappige, mehrsamige Kapsel. Fam. 86.

## 86. Fam. Salicinen. *Rich.* Weiden.

Samen mit einem Haarschopfe; Bäume oder Sträuche mit ungetheilten, wechselständigen Bltrn.

### 1. Sálix. *Tourn.* Weide (XXII. 2).

A. Bruchweiden. Kätzchen auf seitlichen, beblätterten Zweigen endständig, Kätzchenschuppen einfarbig, gelbgrün, vor der Fruchtreife abfallend.

1. S. pentandra. *L.* Fünfmännige W. Lorbeer-W. — Nebenbltr. eiförmig, gerade; 5—10männig; Kapselstielchen doppelt so lang als die Drüse. Strauch, selten Baum. Graben- und Sumpfränder. Kuhfort, Thiergarten, Jungfernheide, Grunewald u. s. w. Mai. Juni. Bltr. groß, lorbeerartig. ♄. 4—10'. Offic. cortex Salicis.

2. S. cuspidata. *Schultz.* Zugespitzte W. — Bltr. lang-zugespitzt, am Rande dicht-drüsig-gesägt; Nebenbltr. halb herzförmig, schief; 3—5männig; Kapselstielchen 3—4mal länger als die Drüse. Baum. Sumpfige Wiesen selten. Jungfernheide angepflanzt. Mai. ♄. bis 20'.

3. S. fragilis. *L.* Bruch-W. — Bltr. kahl, mit einwärtsgebogenen Sägezähnen; Nebenbltr. halb herzförmig; 2männig; Kapselstielchen 3—4mal länger als die Drüse. Hoher Baum, mit besonders in den Gelenken sehr zerbrechlichen Zweigen. Ufer, Wege, Dörfer sehr häufig. April. Mai. Offic. cortex Salicis.

4. S. alba. *L.* Weiße W. — Bltr. beiderseits seidenhaarig; Nebenbltr. lanzettlich; 2männig; Kapselstielchen kaum so lang als die kurze Drüse. Hoher Baum.

Wege u. s. w. sehr häufig. April. Mai. Aendert ab: b) vitéllina. *L.* Aestchen dottergelb. ♄. bis 60′.

5. S. babylonica. *L.* Trauer-W. — Bltr. linealisch-lanzettlich, lang-zugespitzt, scharf-gesägt, kahl, meergrün; Nebenbltr. schräg-lanzettlich, zurückgekrümmt; Kapseln sitzend. Baum. Aus dem Orient, in Anlagen und auf Kirchhöfen häufig angepflanzt, aber bloß der weibliche Baum. April. Mai. Zweige lang-herunterhängend.

B. **Mandelweiden.** Kätzchenschuppen bleibend; sonst w. A.

6. S. amygdálina. *L.* Mandelblättrige W. — Blthn. 3männig; Kätzchenschuppen kahl; Kapselstielchen 2—3mal länger als die Drüse. Strauch. Gräben, Flußufer sehr häufig. April. Mai. Aendert ab mit unterseits bläulich-grünen und unterseits grasgrünen Bltrn.

7. S. undulata. *Ehrh.* Wellenblättrige W. — 3männig; Kätzchenschuppen an der Spitze bärtig; sonst wie v. Strauch. Flußufer und Gräben. Treptow, Moabit, Spandau. April. Mai.

8. S. hippophaëfolia. *Thuill.* Seedornblättrige W. — 2männig; Kätzchenschuppen rauhhaarig; Kapselstielchen so lang als die Drüse. Strauch. Berlin an der Spree bei Moabit. April. Mai. Kätzchen klein.

C. **Schimmelweiden.** Kätzchen seitlich, sitzend; Kätzchenschuppen an der Spitze gefärbt; Staubbeutel nach dem Verblühen gelb; innere Rinde gelblich.

9. S. acutifolia. *Willd.* Spitzblättrige W. — Bltr. linealisch-lanzettlich, lang-zugespitzt, nebst den jüngeren Aesten kahl; Nebenbltr. lanzettlich, zugespitzt; Kapsel kahl, sitzend. Strauch. Ufer, im Thiergarten angepflanzt. März. April. Vielleicht Abart der folgenden.

10. S. daphnoides. *Vill.* Kellerhalsblättrige W. — Bltr. länglich-lanzettlich, kahl, die jüngeren nebst den jungen Aestchen zottig; Nebenbltr. halb herzförmig; sonst w. v. Strauch. Sandige Flußufer und angepflanzt. Kreuzberg, Thiergarten, Sanssouci. März. April. Zweige bereift.

D. **Purpurweiden.** Staubbeutel roth, nach dem Verblühen schwarz; sonst w. C.

11. S. purpurea. *L.* Purpur-W. — Staubgef. 1brüderig,

2männig. Strauch mit zähen, purpurrothen und gelblichen Zweigen. Gräben, Bäche, Flußufer. Kuhfort, Sanssouci, Thiergarten, Stralau, Treptow, Jungfernheide, Pichelsberg, Spandau, Köpnick. April. Mai.

E. Korbweiden. Staubbeutel nach dem Verblühen gelb; innere Rinde grünlich; sonst wie C.

12. S. viminalis. *L.* Korbweide. — Bltr. lanzettlich, unterseits seidenhaarig-glänzend; Nebenbltr. lanzettlich-linealisch, kürzer als der Blattstiel; Kapsel ei-lanzettförmig, sitzend, filzig; Griffel lang; Narben fadenförmig, meist ungetheilt; Haare der Schupen kürzer als der Griffel. Strauch. Ufer gemein. März. April. Kätzchenschuppen schwarzbraun mit silberweißen Haaren. ♄. 6—12′.

13. S. mollissima. *Ehrh.* Weichhaarige W. — Bltr. unterseits fein-filzig; Nebenbltr. eiförmig, spitz; Narben 2spaltig, so lang als die Schuppenhaare; sonst w. v. aber seltener. Treptow, Thiergarten hinter der Fasanerie. März. April. Kätzchenschuppen gelblich-rostbraun mit schmutzig-weißen Haaren. ♄. bis 20′.

14. S. acuminata. *Koch.* Zugespitzte W. — Bltr. unterseits seidenhaarig-filzig; Nebenbltr. nieren-halbherzförmig, zugespitzt; Griffel kürzer als die fadenförmige, oft 2theilige Narbe; sonst w. viminalis. Strauch. Feuchte Ufer selten. Berlin am Kreuzberg. März. April. ♄. bis 12′.

F. Saalweiden. Kätzchen seitlich, anfangs sitzend, später gestielt; Kätzchenschuppen an der Spitze gefärbt; Staubbeutel nach dem Verblühen gelb; Kapseln lang gestielt. Hohe Sträuche oder Bäume.

15. S. cinerea. *L.* Graue W. — Bltr. elliptisch oder lanzettlich-verkehrt-eiförmig, flach, wellenförmig-gesägt, grau-grün, oberseits weichhaarig, unterseits filzig-kurzhaarig; Nebenbltr. nierenförmig; Knospen grau; Kapselstielchen 4mal so lang als die Drüse; Griffel sehr kurz; Narben eiförmig, 2spaltig. Hoher Strauch. Feuchte, schattige Orte sehr gemein. März. April.

16. S. holosericea. *Willd.* Seidenhaarige W. — Bltr. lanzettlich, nach der Spitze verschmälert und geschärft-gezähnelt, unterseits filzig; Nebenbltr. halb-eiför-

mig; Kapselstielchen 2—3mal länger als die Drüse. sonst w. v. Strauch. Ufer selten. Bei uns angepflanzt. Treptow; März. April.

17. S. nigricans. *Sm.* und *Fr.* Schwarzwerdende W. — Bltr. wellenförmig-gesägt, unterseits grau, meist mit grüner Spitze, die jüngeren nebst den Zweigen kurz-weichhaarig, zuletzt kahl; Kapseln eiförmig-pfriemlich, Stielchen w. v. Griffel verlängert. Strauch. Feuchte Wiesen, Brüche, selten. Thiergarten, Sanssouci, Neue Garten bei Potsdam. April.

18. S. caprea. *L.* Saal-W. — Bltr. eiförmig oder elliptisch, flach mit zurückgekrümmter Spitze, schwach-wellig-gekerbt, oberseits kahl, unterseits bläulich-grün und filzig; Nebenbltr. nierenförmig; Kapselstielchen 4—6mal länger als die Drüse; Griffel sehr kurz. Baum. Wälder, schattige, feuchte Orte häufig. Potsdam, Berlin u. s. w. März. April.

19. S. aurita. *L.* Geöhrte W. Salbey-W. — Bltr. verkehrt-eiförmig, mit zurückgekrümmter Spitze, wellig-gesägt, runzelig, oberseits weichhaarig, unterseits bläulich-grün, filzig-weichhaarig; Kapselstielchen 3—4mal länger als die Drüse; sonst w. v. Strauch. Wiesen, feuchte Wälder häufig. April. Mai.

20. S. phylicifolia. *L.* Zweifarbige W. — Bltr. eiförmig-elliptisch, fast ganzrandig, unterseits bläulich-grün, zuletzt ganz kahl; Nebenbltr. halbherzförmig, mit schiefer Spitze; Kapselstielchen 2—3mal so lang als die Drüse; Griffel verlängert. Aendert ab mit eiförmig-länglichen, dunkelgrünen Bltrn., so im Thiergarten und bei Treptow. Mai. Juni. S. bicolor. *Ehrh.*

G. Niedrige Sträucher, deren Hauptstamm unter der Erde kriecht; sonst w. F.

21. S. ambigua. *Ehrh.* Zweifelhafte W. — Bltr. elliptisch oder verkehrt-eiförmig, mit zurückgekrümmter Spitze, unterseits runzelig-aderig, angedrückt-zottig, zuletzt kahl; Kapselstielchen 4 und mehrmal länger als die Drüse. Kleiner Strauch. Feuchte Feldränder, Moorwiesen. Um Berlin an einem Graben vor dem Hallischen Thor, an der Panke hinter

dem Gesundbrunnen, zwischen der Jungfernheide und Charlottenburg. April. Mai.

22. S. repens. *L.* Kriechende W. — Bltr. linealisch-lanzettlich oder oval mit zurückgekrümmter Spitze, unterseits seidenhaarig oder grau; Nebenbltr. lanzettlich; Kapselstielchen 2—3mal länger als die Drüse. Kleiner Strauch. Feuchte, sandige Orte häufig. April. ♄. bis 1'.

23. S. rosmarinifolia. *L.* Rosmarinblättrige W. — Bltr. linealisch, am Rande flach, an der Spitze gerade; sonst w. v. Kleiner Strauch. Schwammige Torfsümpfe häufig. Mai. ♄. bis 3'.

## 2. Pópulus. *Tourn.* Pappel (XXII. 7).

A. Staubgef. 8; Kätzchenschuppen gewimpert.

1. P. alba. *L.* Silber-P. — Bltr. rundlich-eiförmig, winkelig-gezähnt oder 5lappig, unterseits schneeweiß-filzig; Schuppen der weiblichen Kätzchen gekerbt, gewimpert. Baum. Feuchte Wälder, Wiesen, Dörfer angepflanzt. März. April. ♄. bis 100'.

2. P. canescens. *Sm.* Graue P. — Bltr. unterseits grau-filzig; sonst w. v. Baum. Wälder, Wege u. s. w. hie und da häufig. März. April. ♄. bis 80'.

3. P. trémula. *L.* Zitter-P. oder Espe. — Bltr. fast kreisrund, gezähnt, zuletzt kahl; Kätzchenschuppen fingerig-eingeschnitten, dicht-zottig-gewimpert. Baum. Wälder, Gebüsche, Wege häufig. März. April. ♄. 50—60'.

B. Staubgef. 10—20; Kätzchenschuppen kahl.

4. P. pyramidalis. *Rozier.* Pyramiden-P. — Bltr. rautenförmig, zugespitzt, gesägt, am Rande kahl; Aeste aufrecht. Baum. Aus dem Orient, bei uns an Wegen u. s. w. oft angepflanzt, aber nur der männliche Baum. März. April. ♄. 70 bis 100'.

5. P. nigra. *L.* Schwarz-P. — Bltr. 3eckig-eiförmig, zugespitzt, gesägt, am Rande kahl; Aeste abstehend. Baum. Wälder, Wege u. s. w. häufig. April. ♄. 50—70'.

6. P. monilifera. *Ait.* Rosenkranz-P. — Bltr. am Rande weichhaarig; sonst w. v. Aus Nord-Amerika, bisweilen an Straßen und in Dörfern angepflanzt. April.

7. P. balsamifera. *L.* Balsam-P. — Bltr. eiförmig, kahl, unterseits weißlich, stark-netzaderig; Aeste abstehend. Baum. Aus Nord-Amerika, hin und wieder angepflanzt. April. Knospen harzig, balsamisch duftend.

## 35. Ordn. Amentaceen. *Bartl.* Kätzchenbäume.

Blüthen meist 1geschlechtig, in Kätzchen; Blüthenhülle fehlend oder unvollständig; Frucht 1samig, eine Nuß, Steinfrucht oder Karyopse. Bilden die Laubwälder der gemäßigten Zone. Fam. 87—90.

### 87. Fam. Ulmaceen. *Mirb.* Ulmen.

Blthn. zwittrig, in Büscheln; meist eine Flügelfrucht.

#### 1. Ulmus. *L.* Ulme, Rüster (V. 2).

1. U. campestris. *L.* Feld-R. — Blthn. fast sitzend; Früchte kahl. Baum. Wälder, Dörfer häufig. März. April. ♄. 30—100′.

2. U. effusa. *Willd.* Langgestielte R. — Blthn. gestielt, hängend; Früchte am Rande zottig-gewimpert. Baum. Wälder, Wege, Dörfer häufig. März. April. ♄. w. v.

### 88. Fam. Juglandeen. *DC.* Wallnüsse.

Blthn. 1häusig, männliche in Kätzchen, weibliche zu 1—3; eine fleischige Steinfrucht. Bäume mit gefiederten Bltrn.

#### 1. Juglans. *L.* Wallnuß (XXI. 5).

1. J. regia. *L.* Gemeine Wallnußbaum. — Baum. Aus Asien, häufig gebaut. Mai. ♄. 40—80′. Offic. folia Juglandis.

### 89. Fam. Cupuliferen. *Rich.* Becher- oder Hüllfrüchtler.

Blthn. 1häusig, männliche in Kätzchen, weibliche einzeln, gehäuft oder in Aehren; Frucht eine Nuß, nach der Blüthezeit von der vergrößerten Hülle am Grunde oder ganz umschlossen.

### 1. Fagus. *Tourn.* Buche (XXI. 5).

1. F. silvatica. *L.* Roth-B. — Baum. Waldungen bildend. April. Mai. ♄. 8—100′.

### 2. Castánea. *Tourn.* Kastanie (XXI. 5).

1. C. vulgaris. *Lmk.* Eßbare K. — Baum. Süd-Europa, bei uns hie und da angepflanzt. Juni. C. vesca. *Gärtn.* ♄. bis 100′.

### 3. Quercus. *L.* Eiche (XXI. 5).

1. Q. pedunculata. *Ehrh.* Stiel- oder Sommer-E. — Bltr. fast sitzend, beiderseits meist ganz kahl; Früchte lang-gestielt. Waldbaum. Etwas früher blühend als die folgende Art. ♄. 100—150′. Offic. cortex et glandes Quercus.

2. Q. sessiliflora. *Sm.* Trauben-, Stein- oder Wintereiche. — Bltr. lang-gestielt, auf der Unterseite anfangs weich-haarig, später mit kurzen, straff-anliegenden Härchen bedeckt; Früchte sitzend. Waldbaum. Mai. ♄. 100—120′. Offic. cortex et glandes Quercus.

### 4. Córylus. *Tourn.* Hasel (XXI. 5).

1. C. Avellána. *L.* Gemeiner Haselstrauch. — Strauch. Wälder, Gebüsch häufig. Februar. März. ♄. 10—20′.

2. C. tubulosa. *Willd.* Lambertsnuß, aus Süd-Deutschland, wird hie und da gezogen.

### 5. Carpínus. *L.* Hain- oder Weißbuche (XXI. 5).

1. C. Bétulus. *L.* Gemeine H. — Baum. Laubwälder, häufig zu Hecken und Lauben benutzt. April. Mai. ♄. 30—40′.

## 90. Fam. Betulaceen. *Bartl.* Ellern oder Birken.

Blthn. 1häufig, männliche und weibliche in Kätzchen; eine Karyopse oder ein Nüßchen, ohne Becherhülle. Bäume der gemäßigten und kalten Zone, die nördlichsten Holzpflanzen.

### 1. Bétula. *Tourn.* Birke (XXI. 5).

A. Bltr. mit ästigen Adern.

1. B. alba. *L.* Mai- oder Weißbirke. — Bltr. rautenförmig-3eckig, lang-zugespitzt, doppelt-gesägt, lang-gestielt, kahl;

Fruchtkätzchen lang-gestielt, hängend; Schuppen lang-gestielt, kaum merklich-gewimpert, 3lappig, Mittellappen kurz-3eckig, Seitenlappen zurückgebogen; Samen elliptisch; Flügel doppelt so breit, als der Samen selbst und bis zur Spitze der Narben hinaufreichend. Baum. Wälder und Wege sehr häufig. H. 30—80′.

2. B. odorata. *Bechst.* Riechbirke. — Bltr. eiförmig, spitz, stumpf-gezähnt, nur am Rande zerstreut behaart und in den Aderwinkeln bärtig; Fruchtkätzchen w. v.; Schuppen rauhhaarig, Seitenlappen abgerundet; Samen länglich-verkehrt-eiförmig, Flügel etwas breiter als der Samen und nur wenig über dessen Spitze hinausreichend; sonst w. v. Strauch und Baum, ersteres in Mooren, letzteres in Wäldern. Grunewald, Steglitz, Papenberge, Taßdorf, Briesenthaler Forst, Neu-Hardenberg, Rhinluch u. s. w. April. Mai.

B. Bltr. unterseits mit engem Adernetze.

3. B. humilis. *Schrk.* Niedrige B. — Bltr. rundlich-eiförmig, spitz-gekerbt; Fruchtkätzchen aufrecht, sehr kurz-gestielt; Samenflügel halb so breit als der Samen. Strauch. Torfbrüche, sumpfige Waldstellen. Grüneberg am Wege nach Zehdenick, Landesbaumschule bei Potsdam. April. Mai. B. fruticosa der Autoren. H. 2—5′.

## 2. Alnus. *Tourn.* Erle, Eller (XXI. 4).

1. A. glutinosa. *Gärtn.* Gemeine E. — Bltr. rundlich, sehr stumpf, kahl, nur unterseits an den Aderwinkeln bärtig. Baum. Feuchte Waldstellen und Brüchen gemein. Februar. März. H. bis 80′.

2. A. incana. *DC.* Grauerle, Nordische E. — Bltr. eiförmig, scharf-doppelt-gesägt, spitz, unterseits grau und weichhaarig oder fast filzig. Baum. Bei Potsdam und Berlin angepflanzt. Febr.—April. H. bis 80′.

3. A. pubescens. *Tausch.* Weichhaarige E. — Bltr. rundlich oder verkehrt-eiförmig, doppelt-gekerbt-gesägt, beiderseits grün, unterseits weichhaarig. Baum. Feuchte Orte. Jungfernheide. 14 Tage später blühend als die beiden v.

## 36. Ordn. Coniferen. *Bartl.* Zapfenbäume oder Nadelhölzer.

Blthn. 1geschlechtig, die männlichen in Kätzchen; Fruchtknoten oberständig, mit einer krugförmigen, an der Spitze mit einem Loche offenen Blüthenhülle (nacktes Ei). Frucht meist ein Zapfen. Bilden die Nadelwaldungen der gemäßigten und kalten Zone. Fam. 91—94.

### 91. Fam. Taxineen. *Rich.* Eiben.

Männliche Blthn. in Kätzchen, weibliche einzeln, mit dachigen Schuppen, welche zuletzt eine Zapfenbeere bilden. Bäume mit Nadelbltrn.

#### 1. Taxus. *Tourn.* Eibe (XXII. 5).

1. T. baccata. *L.* Gemeine E. — Baum. Wälder, im Gebiet nur angepflanzt. März. Aug. Frucht roth.

### 92. Fam. Cupressinen. *Rich.* Cypressen.

Männliche und weibliche Blthn. in Kätzchen, letztere endlich einen Zapfen oder eine falsche Beere bildend. Bäume oder Sträuche mit lineal-pfriemlichen oder schuppenförmigen, dachigen Bltrn.

#### 1. Juniperus. *L.* Wachholder (XXII. 5).

1. J. communis. *L.* Gemeiner W. — Bltr. zu 3, weit abstehend, linealisch-pfriemlich, stechend, immergrün; Beeren kugelig, schwarz, bläulich-bereift. Strauch. Nadelwälder, Heiden häufig. April. Mai. Beeren erst im zweiten Jahre reifend. H. meist 3—4′, erst im hohen Alter baumartig. Offic. baccae Juniperi.

2. J. Sabina. *L.* Sadebaum. — Bltr. 4reihig-dicht-dachziegelig, rautenförmig, spitz; Beeren an gekrümmten Stielen hängend, blau. Strauch. Aus Süd-Deutschland, häufig in Anlagen angepflanzt. April. Mai. H. 5—10′. Offic. herba Sabinae.

Häufig angepflanzt ist noch der Lebensbaum, Thuja occidentalis *L.* aus Nord-Amerika mit wagerechten Aesten und Th. orientalis *L.* aus China, mit senkrechten Aesten.

## 93. Fam. Abietineen. *Rich.* Nadelhölzer, Fichten.

Männliche und weibliche Blthn. in Kätzchen, letztere endlich einen Zapfen bildend. Bäume mit Nadelblättern.

### 1. Pinus. *L.* Fichte, Kiefer und Tanne (XXI. 2).

A. Flügel der Samen abfällig.

1. P. silvestris. *L.* Kiefer, Föhre. — Bltr. zu zweien, lauchgrün, steif; Zapfen auf einem hakigen Stiele, zurückgekrümmt, die reifen kegelförmig. Waldbaum der Nadelholz-Waldungen. Mai. ♄. 60—100′.

2. P. Strobus. *L.* Weymuthskiefer. — Bltr. zu 5, dünn; Zapfen walzlich, länger als die Bltr. Baum. Aus Nord-Amerika, bei uns in Anlagen angepflanzt. Mai. Juni. ♄. bis 60′.

B. Flügel der Samen nicht abfällig.

3. P. Picea. *L.* Edeltanne, Weißtanne. — Bltr. kammförmig, ausgerandet, unterseits mit 2 weißen Linien, einzeln; Zapfen walzlich, aufrecht. Baum. Gebirgswälder von Mittel-Deutschland, bei uns angepflanzt. Mai. Abies pectinata. *DC.* ♄. bis 180′.

4. P. Abies. *L.* Fichte, Roth- oder Schwarztanne. — Bltr. zusammengedrückt, fast 4kantig, stachelspitzig, einzeln; Zapfen walzlich, hängend. Baum. In Anlagen und Wäldern sehr vielfach angepflanzt. Mai. Abies excelsa. *Poir.* ♄. bis 180′.

5. P. Larix. *L.* Lärche. — Bltr. büschelig, abfällig; Zapfen eiförmig, aufrecht. Baum. Aus Süd-Deutschland, bei uns vielfach angepflanzt. April. Mai. ♄. bis 80′.

## 37. Ordn. Aristolochieen. *Bartl.* Osterluzeigewächse.

Blüthen zwittrig, einzeln; Blüthenhülle 3spaltig oder zungenförmig-vorgezogen; eine Beere oder Kapsel. Fam. 94.

## 94. Fam. Asarineen. *R. Br.* Haselwurze.

Beblätterte Pflanzen; Blthnhülle meist gefärbt; Kapsel 3—6fächerig.

### 1. Aristolochia. *Tourn.* Osterluzei (XX. 5).

1. A. Clematitis. *L.* Gemeine O. — ♃. Zäune, Hecken, Obstgärten zerstreut. Pfingstberg bei Potsdam, Klein-Glienicke, um Berlin in Obstgärten, Woltersdorfer Schleuse, Spandau, Linum. Mai. Juni. Blthhülle gelb, 1'' lang. H. 1—2'.

2. A. Sipho. *L'Herit.* Pfeifenstrauch aus Nord-Amerika, wird häufig an Lauben angepflanzt.

### 2. Asarum. *Tourn.* Haselwurz (XI. 1).

1. A. europaeum. *L.* Europäische H. — ♃. Schattige Wälder, besonders unter Haselsträuchern. Sanssouci, Grunewald, Papenberge, Neustadt-Ebersw., Freienwalde. April. Mai. Blthnhülle äußerlich grünlich, in's Purpurbraune übergehend, innen lebhafter purpurbraun, endlich schwarzbraun.

## 38. Ordn. Ceratophyllinen. *Bisch.* Hornblattgewächse.

Blüthen 1geschlechtig; Blthnhülle der weiblichen Blüthe 8 bis 12blättrig, der männlichen fehlend; eine Nuß. Fam. 95.

## 95. Fam. Ceratophylleen. *Gray.* Hornblätter.

Untergetauchte Wasserkräuter mit quirligen, gabelspaltigen Bltrn., den Armleuchtern im Aeußeren ähnlich.

### 1. Ceratophyllum. *L.* Igelkolk (XXI. 5).

a. Bltr. 3mal gabelspaltig, in 5—8 borstenförmige Zipfel getheilt.

1. C. submersum. *L.* Glatter J. — Früchte flügellos, am Grunde ohne Dornen. ♃. Stehende Gewässer, selten. Um Berlin beim Invalidenhause, Falkenhagen im Dorfpfuhl, Bollersdorf desgl. Juli. Aug. Bltr. lebhaft grün.

b. Bltr. gabelspaltig, in 2—4 linealische Zipfel getheilt.

2. C. demersum. *L.* Rauher J. — Früchte flügellos, 3dornig, 2 zurückgekrümmte Dornen am Grunde. ♃. Teiche, Gräben ziemlich häufig. Jungfernheide, Weißensee, Schöneberg, Grunewald, Havel bei Pichelsberg u. s. w. Juli. Aug. Bltr. dunkelgrün.

3. C. platyacanthum. *Cham.* u. *Schldl.* Breitdorniger J. — Früchte 3dornig, beiderseits zwischen den Dornen geflügelt, 2 flache Dornen am Grunde. ♃. Stehende Gewässer selten. Potsdam im Graben vor der Dampfmahlmühle, Thiergarten. Juli Aug. Vielleicht nur Abart der vorigen.

# II. Klasse.

## Monocotyledoneen. *Juss.* Einkeimblättrige oder einsamenlappige Gefäßpflanzen.

Phanerogamische Gefäßpflanzen, welche mit einem oder mit wechselständigen Samenlappen keimen.

### A.

Mit angewachsenem, d. h. mit den übrigen Blüthentheilen verwachsenem und gleichsam überzogenem Fruchtknoten. Ordn. 39—41.

### 39. Ordn. Hydrocharidinen. *Bisch.* Froschbißartige.

Blüthen 2häusig, selten zwittrig; Kelch und Blumenkrone regelmäßig, 3blättrig; Frucht beerig, saftig; Samen ohne Eiweiß. Wasserpflanzen. Fam. 96.

### 96. Fam. Hydrocharideen. *DC.* Froschbißgewächse.

Familienmerkmale die der Ordnung.

#### 1. Stratiótes. *L.* Krebsscheere (XXII. 10).

1. St. aloides. *L.* Aloeblättrige K. — Bltr. schwerdtförmig, stachelig-gesägt. ♃. Stehende Gewässer häufig. In der Havel bei Potsdam wie bei Berlin, z. B. Stralau, Treptow, Weißensee u. s. w. an vielen Orten. Juli. Aug. Blthnhülle weiß.

#### 2. Hydrócharis. *L.* Froschbiß (XXII. 8).

1. H. Morsus ranae. *L.* Gemeiner F. — Bltr. kreisrund, gestielt, schwimmend. ♃. Stehende Gewässer häufig. Berlin, Potsdam u. s. w. Blthnhülle weiß.

# 40. Ordn. Orchidinen. *Bisch.* Orchisgewächse.

Blüthen zwittrig; Blüthenhülle 6gliedrig, gefärbt, ungleich, oft rachig und verdreht, so daß der eigentlich obere und mittlere der 3 Zipfel dadurch die an Größe und Gestalt sehr abweichende Unterlippe (Honiglippe) bildet und die 2 übrigen nebst den 3 äußeren Blättchen den Helm; Staubgefäße 3, mit dem Griffel zu einer, auf dem Fruchtknoten stehenden Säule verwachsen; Pollen in körnige Massen zusammengewachsen, unmittelbar durch einen drüsigen Halter oder durch eine stielartige Verkürzung der Narbe verbunden; eine Kapsel. Fam. 97.

## 97. Fam. Orchideen. *Juss.* Knabenkräuter.

Familienmerkmale die der Ordnung (XX. 1 und 2).

### 1. Orchis. *L.* Knabenkraut.

A. Wurzelknollen ungetheilt; Deckbltr. 1nervig.

a. Lippe 3theilig, der mittlere Zipfel vorne verbreitert, 2spaltig, meist mit einem Zähnchen in der Ausbuchtung der Lappen.

1. O. purpurea. *Huds.* Purpurrothes K. — Lippe pinselförmig-punktirt; Seitenzipfel linealisch, der mittlere vom Grunde an allmählich verbreitet, 2lappig, Lappen breit, ausgebissen-gezähnelt; Deckbltr. vielmal kürzer als der Fruchtknoten. ♃. Moorwiesen ziemlich häufig. Pevesin, Franz. Buchholz, Friedrichsfelde, Rudow, Charlottenburg, Spandau, Heiligensee, Schönwalde u. s. w. Mai. Juni. O. militaris der Autoren. H. ¾—1½′. Helm aschgrau oder hellpurpurroth, Lippe blaß-purpurroth, in der Mitte weißlich mit purpurrothen Punkten.

2. O. tridentata. *Scop.* Dreizähniges K. — Lippe punktirt; Seitenzipfel länglich, der mittlere breit-verkehrteiförmig, alle spitz-gezähnt; Zipfel der Blthnhülle in einen Helm zusammenschließend; Deckbltr. halb so lang als der Fruchtknoten oder länger. ♃. Waldige Berge, selten. Karlswerk zwischen Neustadt-Ebersw. und Hohen-Finow. Mai. O. variegata. *All.* Blthn. hellpurpurroth, Lippe purpurroth-punktirt. H. ½′.

b. Lippe tief-3spaltig, Mittelzipfel länglich.

3. O. corióphora. *L.* Wanzen-K. — Aehre dicht, 2—3″ lang. ♃. Wiesen. Pevesin, Potsdam hinter dem Neuen Palais wie hinter dem Neuen Garten, Rudower Wiesen, Papenberge, Johannisthal, Trebbin, im Brieselang, Linum. Mai. Juni. Helm schmutzig-rothbraun; Lippe in der Mitte hellröthlich, mit dunkelpurpurrothen Punkten, Zipfel grün mit röthlichem Rande. H. bis 1′. Die Blthn. haben einen wanzenartigen Geruch.

c. Lippe 3lappig; Lappen breit, kurz.

4. O. Morio. *L.* Gemeines K. — Zipfel der Blthnhülle stumpf, alle helmartig-zusammenschließend; Aehre kurz, wenig-blumig; Bltr. kurz, schlaff-abstehend. ♃. Wiesen und Triften häufig. Potsdam hinter dem Neuen Palais, Friedrichsfelde, Rudow, Reineckendorf, Tempelhof, Steglitz u. s. w. April. Mai. Blthn. purpurroth, mit grünen, starken Adern auf den Zipfeln der Blthnhülle. Aendert manchmal mit weißer Blüthe ab. H. 6—8″. Offic. radix Salep.

B. Wurzelknollen ungetheilt; Deckbltr. 3—mehrnervig.

5. O. laxiflora. *Lmk.* Lockerblüthiges K. — Bltr. lineallisch-lanzettlich, lang, aufrecht; Aehre sehr verlängert, oft über 6″ lang, lockerblüthig. ♃. Sumpfige Wiesen hie und da häufig, doch nur die Abart palustris. *Jacq.* Mittellappen der Lippe so lang oder ein wenig länger als die Seitenlappen. Zossen häufig, Johannisthal, Rudower Wiesen, Schönwalde, im Brieselang, im Selbelang, Königshorst, Cremmen, Hackenberg. Mai. Juni. Blthnhülle groß, lebhaft-purpurroth. H. 1—2′.

C. Wurzelknollen handförmig; Deckbltr. 3nervig.

6. O. maculata. *L.* Geflecktes K. — Stengel nicht hohl, meist 10blättrig, obere Bltr. verkleinert, deckblattförmig, das oberste von der Aehre weit entfernt. ♃. Sumpfige Wiesen, Wälder häufig. Potsdam, Friedrichsfelde, Reineckendorf, Heinersdorf, Wiesen zwischen Britz, Rudow und Johannisthal u. s. w. Juni. Blthnhülle hell-lila, mit purpurrothen Flecken und Linien, Bltr. meist braun-gefleckt. H. 1—2′.

7. O. latifolia. Breitblättriges K. — Stengel röhrig, 4—6blättrig; Bltr. abstehend, die unteren oval oder länglich, stumpf, die oberen kleiner, lanzettlich, zuge-

spitzt. ♃. Wiesen überall sehr häufig. Mai. Juni. Blthnhülle purpurroth; Bltr. meist braun-gefleckt. H. ¾—1'. Wuchs schlaff.

8. O. incarnata. *L.* Fleischfarbiges K. — Stengel röhrig, 4—6blättrig; Bltr. aufrecht, mit dem Stengel gleichlaufend, verlängert-lanzettlich, nach oben verschmälert, an der Spitze mützenförmig-zusammengezogen, das oberste über den Grund der Aehre hinaufreichend. ♃. Feuchte Wiesen überall häufig. Juni, später als die v. O. angustifolia. *W.* und *Grab.* Blthnhülle fleischfarben. Bltr. meist ungefleckt. H. ¾—1½'. Wuchs kräftig, steif.

### 2. Gymnadenia. *R. Br.* Nacktdrüse.

1. G. conópsea. *R. Br.* Fliegenartige N. — ♃. Torfige Wiesen, kalkige Bergabhänge zerstreut. Potsdam hinter dem Neuen Palais, Friedrichsfelde, Reineckendorf, Franz. Buchholz, Rudow, Johannisthal, Heiligensee, Schönwalde, im Briesefang, Spandau. Juni. Juli. Orch. conops. *L.* Blthnhülle klein, purpurroth in lockeren Aehren. H. 1—2'. Aendert ab: b) densiflora. *Dietrich.* Aehre sehr dicht, pyramidenförmig mit hellen purpurrothen, angenehm duftenden Blthn. und späterer Blüthezeit (Juli. Aug.); so auf den Rudower Wiesen, Franz. Buchholz, Treuenbrietzen.

### 3. Platanthéra. *Rich.* Kukuksblume.

1. P. bifolia. *Rchb.* Zweiblättrige K. — ♃. Wälder, Wiesen häufig. Brauhausberg, Johannisthal, Rudow, Tegel, Papenberge, im Blumenthal u. s. w. Juni. Juli. Blthnhülle weiß. H. 1'. Wohlriechend.

### 4. Herminium. *R. Br.* Ragwurz.

1. H. Monorchis. *R. Br.* Einknollige R. — ♃. Trockene und feuchte Wiesen. Rudower Wiesen, Johannisthal, Bockshagen. Mai. Juni. Ophrys Monorchis. *L.* Blthnhülle klein, grünlichgelb. H. 4—6''.

### 5. Cephalanthéra. *Rich.* Waldvögelein.

1. C. grandiflora. *Babington.* Großblüthiges W. — Bltr. eiförmig oder ei-lanzettlich, zugespitzt; Fruchtknoten kahl; Deckbltr. länger als der Fruchtknoten. ♃. Bergwälder, gern auf Kalk. Bei Köthen auf dem Paschenberg, zwischen Freien-

walde und Falkenberg. Mai. Juni. C. pallens. *Rich.* Blthnhülle gelblich-weiß, groß. H. ¾—1½'.

2. C. ensifolia. *Rich.* Schwerdtblättriges W. — Bltr. lanzettlich, die oberen linealisch-lanzettlich; Fruchtknoten kahl; Deckbltr. vielmal kürzer als der Fruchtknoten. ♃. Schattige Wälder. Im Walde bei Trampe. Mai. Juni. Blthnhülle weiß, mit einem gelben Fleck an der Spitze der Lippe, kleiner als v. H. ¾—1½'.

3. C. rubra. *Rich.* Rothes W. — Bltr. lanzettlich; Fruchtknoten weichhaarig. ♃. Schattige Laubwälder. Brauhausberg, hinter Rummelsburg, Kranichberge, Jungfernheide, Tegeler Heide, Papenberge, im Brieselang, Neustadt-Ebersw., Zerpenschleuse. Juni. Juli. Blthnhülle schön-purpurroth. H. 1—3'.

### 6. Epipáctis. *Rich.* Sumpfwurz.

1. E. latifolia. *Swartz.* Breitblättrige S. — Platte der Lippe herz- oder eiförmig, spitz. Aehre 3—6" lang, mit hängenden Blumen, von denen die unteren mit längeren, die oberen mit kürzeren Deckbltrn. gestützt sind. ♃. Wälder häufig. Brauhausberg, Thiergarten, Jungfernheide u. s. w. Juni — Aug. Die äußeren Blthnhülleneinschnitte grün mit röthlichen Spitzen, die inneren mehr rosenroth. H. ½—2'.

2. E. palustris. *Crntz.* Gemeine S. — Platte der Lippe rundlich-stumpf; Aehre 2—4" lang, mit hängenden Blumen, die alle mit kürzeren Deckbltrn. gestützt und fast einseitswendig sind. ♃. Sumpfige Wiesen häufig. Potsdam hinter dem Neuen Palais, Glindow, Petzow, Jungfernheide, Friedrichsfelde, Grunewald u. s. w. Juni. Juli. Aeußere Blthnhüllenblätter grün, die inneren unten rosenroth, oben weiß, Lippe weiß, roth-gestreift. H. 1—1½'.

### 7. Listéra. *R. Br.* Zweiblatt.

1. L. ovata. *R. Br.* Eiblättriges Z. — ♃. Feuchte Laubwälder häufig. Tornow, Neuer Garten, Thiergarten, Jungfernheide, Grunewald, Friedrichsfelde, an den Papenbergen u. s. w. Mai. Juni. Blthnhülle grünlich-gelb. H. 1—1½'.

### 8. Neóttia. *L.* Vogelnest.

1. N. Nidus avis. *Rich.* Gemeines V. — ♃. Schattige Wälder, auf Baumwurzeln wachsend. Grunewald, Papenberge,

im Briefelang, Erxlebener Forst, im Zotzen, im Blumenthal, Neustadt-Ebersw., Freienwalde. Mai. Juni. Die ganze Pflanze gelb, endlich bräunlich. H. bis 1′.

9. **Goodyéra.** *R. Br.* **Goodyere.**

1. G. repens. *R. Br.* Kriechende G. — ♃. In Nadelwäldern auf Moos. Tegeler Heide, Fürstenwalde, Trampe, Neust.-Ebersw. Juli. Aug. Blthnhülle klein, weiß. H. 6—9″.

10. **Spiranthes.** *Rich.* **Wendelorche.**

1. S. autumnalis. *Rich.* Herbst-W. — ♃. Wiesen. Berlin, Rudow, Treuenbrietzen. Aug.—Oktob. Blthnhülle klein, weißlich. H. bis 8″.

11. **Corallorrhiza.** *Hall.* **Korallenwurz.**

1. C. innata. *R. Br.* Eingewachsene K. — ♃. Waldige Torfmoore, auf den Wurzeln der Kieferstubben. Grunewald. Blthnhülle grünlich-gelb, Lippe weiß, am Schlunde dunkelroth-punktirt. H. 4—9″.

12. **Liparis.** *Rich.* **Glanzkraut.**

1. L. Loeselii. *Rich.* Lösel's G. — ♃. Torfwiesen. Teltow, Grunewald, Rudow, Hackenberg. Juni—Aug. Sturmia Loes. *Rchb.* Malaxis Loes. *L.* Blthnhülle grünlich-gelb. H. 4—8″.

13. **Malaxis.** *Sw.* **Weichkraut.**

1. M. paludosa. *Sw.* Sumpf-W. — ♃. Auf recht nassem Torfboden. Grunewald, bei den Müggelsbergen. Juli. Aug. Blthnhülle grünlich. H. 2—6″.

14. **Cypripédium.** *L.* **Frauenschuh (XX. 2).**

1. C. Calcéolus. *L.* Gemeiner F. — ♃. Schattige Laubwälder. Neustadt-Ebersw. in der Nähe von Spechthausen. Mai. Juni. Blthnhüllbltr. purpurbraun, Lippe gelb. H. 1′.

## 41. Ordn. Ensaten. *Bartl.* Schwertblättrige.

Blüthen zwittrig; Blüthenhülle meist gefärbt, mit 6 zweireihigen Zipfeln; Staubgefäße 3 oder 6; meist eine vielsamige Kapsel mit mittelständigem Samenträger; Blätter oft schwertförmig, am Grunde scheidig. Fam. 98—99.

## 98. Fam. Amaryllideen. *R. Br.* Narcissen.

Staubgef. 6; Blthnhülle 6theilig, gefärbt; Staubkölbchen einwärts gewendet; Blthn. vor dem Aufblühen in Blthuscheiden eingeschlossen. Meist Zwiebelgewächse mit einem Schafte.

### 1. Leucojum. *L.* Knotenblume (VI. 1).

1. L. vernum. *L.* Frühlings-K. — ♃. Schattige Laubwälder, im Gebiet nur in Gärten und manchmal verwildert. März. April. Blthnhülle weiß, Zipfel mit grüner Spitze. H. 4—12″.

### 2. Galanthus. *L.* Schneeglöckchen (VI. 1).

1. G. nivalis. *L.* Gemeines Sch. — ♃. Haine, Gebüsche, im Gebiet nur in Gärten. Februar—April. Blthnhülle weiß, innere Zipfel mit grünem Fleck. H. 3—6″.

## 99. Fam. Irideen. *R. Br.* Schwertlilien.

Staubgef. 3; Blthnhülle 6theilig, gefärbt; Staubkölbchen auswärts aufspringend. Meist Zwiebelgewächse.

### 1. Gladiolus. *Tourn.* Siegwurz (III. 1).

1. G. palustris. *Gaud.* Sumpf-S. — ♃. Wiesen. Um Berlin auf den Wiesen bei Johannisthal im sogenannten süßen Grund. Juni. Juli. G. pratensis. *Dietrich.* Blthnhülle purpurroth mit einem weißen, purpurroth-eingefaßten Streifen auf den 3 unteren Zipfeln der Blthnhülle. H. 1—2′.

2. G. communis. *L.* Gemeine S., der v. sehr ähnlich, wird bei uns häufig in Gärten gezogen.

### 2. Iris. *L.* Schwertlilie (III. 1).

1. I. Pseud-Acorus. *L.* Wasser-Sch. — Bltr. schwertförmig, etwa so lang als der stielrunde, mehrblüthige Stengel; äußere Zipfel der Blthnhülle eiförmig mit breitem Stengel, innere linealisch, schmäler und kürzer als die Zipfel der Narbe. ♃. Gräben, stehende Gewässer häufig. Mai. Juni. Blthnhülle gelb. H. 2—3′.

2. I. sibirica. *L.* Sibirische Sch. — Bltr. kürzer als der stielrunde, röhrige, meist 2blüthige Stengel; äußere Zipfel der Blthnhülle verkehrt-eiförmig, in einen kurzen Nagel verschmälert. ♃. Feuchte Wiesen. Pevesin auf der sogenannten Harten Wiese, Schöneberg, Friedrichsfelde, Johannisthal, Tegel, Papenberge, Brieselang. Juni. Aeußere Zipfel der Blthnhülle hellblau, von violetten Adern netzig, innere violett. Wohlriechend. H. 1—2'.

## B.

Mit freiem, d. h. mit den übrigen Blüthentheilen nicht verwachsenem Fruchtknoten. Ordn. 42—46.

## 42. Ordn. Liliaceen. *Bartl.* Liliengewächse.

Blüthenhülle meist 6gliedrig, gefärbt; Staubgefäße meist 6; Frucht meist 3fächerig, eine Kapsel, selten eine Beere. Blätter einfach, ganzrandig. Fam. 100—102.

## 100. Fam. Smilaceen. *R. Br.* Spargelgewächse.

Blthn. meist zwittrig; Staubkölbchen einwärts gerichtet; Griffel 3, meist verwachsen; Beere saftig, wenig-samig.

### 1. Aspáragus. *L.* Spargel (VI. 1).

1. A. officinalis. *L.* Gemeiner S. — ♃. Wege, Felder, Wiesen u. s. w. häufig; außerdem angebaut. Tornow, Baumgartenbrück, Jungfernheide, Thiergarten, Hasenheide, Tegel u. s. w. Juni. Juli. Blthnhülle grünlich-weiß. H. 2—4'.

### 2. Paris. *L.* Einbeere (VIII. 4).

1. P. quadrifolia. *L.* Vierblättrige E. — ♃. Schattige Wälder, unter Gebüsch häufig. Sanssouci, Tornow, Franz. Buchholz, Luch, Friedrichsfelde, Rummelsburg, Tegel u. s. w. Mai. Blüthe grün. H. ½—1'. Giftig.

### 3. Convallaria. *L.* Maiblume (VI. 1).

A. Blthnhülle walzlich-röhrig, weiß, an der Spitze grün.

1. C. Polygónatum. *L.* Weißwurzelige M. — Stengel

kantig; Blthnstiele 1—2blüthig. ♃. Wälder häufig. Brauhausberg, Thiergarten, Hasenheide, Jungfernheide u. s. w. Mai. Juni. Beere violett. H. 1—1½'.

2. C. multiflora. *L.* Vielblüthige M. — Stengel stielrund; Blthnstiele 3—5blüthig. ♃. Schattige Wälder häufig. Sanssouci, Thiergarten, Schönhausen, Friedrichsfelde, Jungfernheide u. s. w. Mai. Juni. Beere violett. H. 1—2'.

B. Blthnhülle glockig, ganz weiß.

3. C. majalis. *L.* Gemeine M. — Stengel blattlos; Blthn. traubig, überhängend. ♃. Schattige Wälder. Brauhausberg, Thiergarten, Jungfernheide, Brieselang, Tegel, Papenberge, Zotzen, im Blumenthal. Mai. Beere roth. H. 6—9''.

### 4. Majanthemum. *Rth.* Schattenblume (IV. 1).

1. M. bifolium. *L.* Zweiblättrige Sch. — ♃. Schattige Wälder ziemlich häufig. Potsdam, Thiergarten, Jungfernheide u. s. w. Mai. Juni. Blthnhülle weiß. Beere zuletzt roth. H. 3—6''.

## 101. Fam. Colchiaceen. *DC.* Zeitlosen.

Blthn. meist zwittrig; Staubkölbchen meist auswärts gerichtet; Griffel 3, meist getrennt; meist eine 3fächerige Kapsel.

### 1. Cólchicum. *Tourn.* Zeitlose (VI. 3).

1. C. autumnale. *L.* Herbst-Z. — ♃. Feuchte Wiesen. Pevesin am Kanal, Falkenhagen. Blüht vom Aug.—Oktob., Bltr. und Früchte erscheinen aber erst im folgenden Frühjahre. Blthnhülle fleischroth. H. 6''. Giftig. Offic. radix et semen Colchici.

### 2. Tofieldia. *Huds.* Tofieldie (VI. 3).

1. T. calyculata. *Whlnbg.* Sumpf-T. — ♃. Torfwiesen. Rudower Wiesen häufig. Juli. Aug. Blthnhülle gelblich in endständiger, dichter Aehre. H. 4—9''.

## 102. Fam. Asphodeleen. *Bartl.* Affodille.

Blthn. zwittrig; Staubkölbchen einwärts gerichtet; Griffel 1 oder fehlend; eine 3fächerige Kapsel.

## 1. Túlipa. *Tourn.* Tulpe (VI. 1).

1. T. silvestris. *L.* Wald-T. — ♃. Grasige Waldplätze, Weinberge selten. Brandenburg auf dem Marienberge. April. Mai. Blthnhülle gelb, wohlriechend, erst hängend, dann aufrecht. H. 1—1½′.

T. Gesneriana *L.* wird nur in Gärten gezogen.

## 2. Lilium. *L.* Lilie (VI. 1).

1. L. Mártagon. *L.* Türkenbund-L. — ♃. Schattige Wälder, Papenberge, Bredower Forst. Juni. Juli. Blthnhülle blaßbraunroth, mit dunkleren Flecken, Blättchen zurückgerollt. H. 1—3′.

## 3. Anthéricum. *L.* Graslilie (VI. 1).

1. A. Liliago. *L.* Astlose G. — Schaft einfach; Griffel abwärts geneigt; Kapsel eiförmig. ♃. Begraste, trockene Plätze. Baumgartenbrück, Hasenheide, Jungfernheide, Weißensee, Reineckendorf, Hermsdorf u. s. w., Zerpenschleuse. Mai. Juni. Blthnhülle weiß, groß, flach. H. 1—2′.

2. A. ramosum. *L.* Aestige G. — Schaft ästig; Griffel gerade; Kapsel rundlich. ♃. Sonnige, bewaldete Hügel häufig. Brauhausberg, Thiergarten, Hasenheide, Grunewald, Pichelsberg, Rüdersdorf u. s. w. Juni. Juli. Blthnhülle weiß, kleiner als v. H. 1—2′.

## 4. Ornithógalum. *L.* Vogelmilch (VI. 1).

a. Staubfäden lanzettlich, zahnlos.

1. O. umbellatum. *L.* Ebensträußige V. — Blthn. ebensträußig. ♃. Trockene Grasplätze, besonders in Obstgärten. Elsholz, Kreuzberg, Moabit, Monbijou-Garten, Zoologische Garten, Charlottenburger Schloßgarten. April. Mai. Blthnhülle weiß mit grünen Rückenstreifen. H. 4—10″.

b. Staubfäden 3zähnig.

2. O. nutans. *L.* Nickende V. — Blthn. lockertraubig, einseitswendig, hängend. ♃. Gras- und Obstgärten, nur verwildert. Potsdam und Berlin in Gärten verwildert, Blumberg. Mai. Blthnhülle innen weiß, außen grünlich. H. ¾—1½′.

## 5. Gagea. *Salisb.* Goldstern (VI. 1).

A. Wurzeln aus 3 wagerechten, nackten Zwiebeln zusammengesetzt.

1. G. pratensis. *Schult.* Wiesen=G. — Nur 1 oder 2 grundständige Bltr. ♃. Felder, Wiesen und Triften. Um Berlin am Kreuzberg, vor dem Hallischen Thor, Pankow, Schönhausen, Charlottenburg, Tegel u. s. w. April. Mai. G. stenopetala. *Rchb.* Blthnhülle innen gelb, außen grün, mit gelbem Rande, wie bei den folgenden. H. 4—6″.

B. Wurzeln aus 2 aufrechten, von einer gemeinschaftlichen Haut eingeschlossenen Zwiebeln gebildet.

2. G. arvensis. *Schult.* Acker=G. — Grundständige Bltr. zu 2, linealisch, rinnig, stumpf=gekielt; Blthn. zu vielen in einer Doldentraube; Blthnhüllbltr. lanzettlich, spitz. ♃. Felder, Triften, Zäune häufig. Potsdam, Nedlitz, Berlin vor dem Hallischen Thore, Pankow, Schönhausen, Charlottenburg, Tegel u. s. w. H. 4—6″.

3. G. saxatilis. *Koch.* Felsen=G. — Grundständige Bltr. zu 2, fadenförmig; Blthn. meist einzeln; Blthnhüllbltr. länglich=lanzettlich, stumpf; Fruchtknoten länglich=verkehrt=eiförmig. ♃. Sandige, kiesige Oerter. In den Kieswegen am Neuen Palais bei Potsdam, Insel Töplitz, kurz vor Alt=Töplitz auf lichten Stellen im Fichtenwald. März. April. H. 1—3″.

C. Wurzel aus einer festen, aufrechten Zwiebel gebildet.

4. G. lutea. *Schult.* Gelber G. — Grundständiges Blatt einzeln, linealisch=lanzettlich, flach, plötzlich mützenförmig=zugespitzt; Blthnhüllbltr. länglich, stumpf. ♃. Schattige Grasplätze. Potsdam, Sanssouci, Schönhausen. Vogelsdorf, Metzdorfer Berge, Mögliner Forst, Karlswerk. April. Mai. H. ½—1′.

## 6. Allium. *L.* Lauch (VI. 1).

A. Wurzel zwiebelig; Schaft blattlos; Staubfäden einfach.

1. A. ursinum. *L.* Bären=L. — Bltr. lang=gestielt, elliptisch=lanzettlich. ♃. Schattige Laubwälder. In der Fasanerie bei Königshorst häufig. April. Mai. Blthnhülle schneeweiß, stark nach Knoblauch riechend. H. ½—1′.

B. Wagrechter Wurzelstock die Zwiebeln tragend; Schaft zur Zeit des Bltrbüschels und nebst diesem von gemeinschaftlichen Scheiden umgeben; Staubfäden einfach.

2. A. acutangulum. *Schrad.* Scharfkantiger L. — Schaft oberwärts scharfkantig; Bltr. unterseits 5nervig, durch den dickern, hervorragenden Mittelnerven scharfgekielt; Staubfäden so lang als die Blthnhülle. ♃. Feuchte Wiesen. Lindhorst im Langenschen Rhinluch. Juni—Aug. Blthnhülle rosenroth. H. 1'.

3. A. fallax. *Schult.* Trügerischer L. — Bltr. schwach nervig, stiellos; Staubfäden länger als die Blthnhülle. ♃. Waldhügel. Tegel, Kreuzberg, Müggelsberge. Juli. Aug. Blthnhülle rosenroth. H. bis 1'.

C. Wurzel zwiebelig; Stengel unterwärts oder bis zur Mitte beblättert; Staubfäden abwechselnd am Grunde beiderseits mit kurzem, stumpfem Zahne.

4. A. sativum. *L.* Knoblauch. — ♃. Aus Süd-Europa, bei uns als Küchengewächs gebaut. Juli. Aug. Blthnhülle schmutzig-weiß. H. 1—3'. Aendert ab: Ophioscórodon. *Don.* Perlzwiebel. Zwiebelchen rundlich-eiförmig.

D. Staubfäden abwechselnd 3fach-haarspitzig, die mittlere Haarspitze den Staubbeutel tragend, die seitlichen fadenförmig; sonst w. C.

5. A. Porrum. *L.* Porree. — Bltr. flach; Dolde kapseltragend, kugelig. ⊙ und ♃. Aus Süd-Europa, jetzt zum Küchengebrauch allgemein gebaut. Juni. Juli. Blthn. hell purpurroth. H. 1—2'.

6. A. vineale. *L.* Weinbergs-L. — Bltr. stielrund, oberseits schmal-rinnig, inwendig hohl; Dolde zwiebeltragend. ♃. Sandige Felder häufig. Potsdam, Tempelhof, Weißensee, Charlottenburg, Spandau, Cremmen u. s. w. Juni. Juli. Blthn. purpurroth. H. 1—1½'. Köpfchen klein, oft bloß zwiebeltragend.

E. Staubfäden einfach; Blthnscheide 2klappig, die eine Klappe lang-geschnäbelt; sonst w. C.

7. A. oleraceum. *L.* Gemüse-L. — Bltr. linealisch, rinnig, unterseits vielriefig; Dolde zwiebeltragend; Staubfäden

etwa so lang als die stumpfen Blthnhüllbltr. ♃. Gebüsche, Aecker, Waldränder. Tegel. Juni. Juli. Blthnhülle grünlich-weiß oder röthlich. ♄. 1—2'.

8. A. carinatum. *L.* Gekielter L. — Bltr. linealisch, unterseits mit 3—5 hervortretenden Riefen; Dolde zwiebel- oder kapseltragend; Staubfäden zuletzt doppelt so lang als die länglich-verkehrt-eiförmigen Blthnhüllbltr. ♃. Gebüsche. Pevesin. Juli. Blthnhülle rosenroth, getrocknet violett. ♄. 1—2'.

F. Wurzel zwiebelig; Bltr. röhrig; Blthnscheide kurz, 2klappig.

9. A. Schoenóprasum. *L.* Schnittlauch. — Bltr. linealisch, gleichförmig-stielrund; Blthnhüllbltr. länger als die zahnlosen Staubfäden. ♃. Mittel-Deutschland, bei uns zum Küchengebrauche gezogen. Juni. Juli. Blthnhülle hell-purpurroth. ♄. ½—1'.

10. A. Ascalónicum. *L.* Schalotte. — Stengel stielrund; Bltr. pfriemlich, gleichförmig-stielrund; Blthnhülle kürzer als die abwechselnd am Grunde kurz-1zähnigen Staubfäden. ♃. Aus Klein-Asien, zum Küchengebrauche gezogen. Juni. Juli. Blthnhülle bläulich. ♄. 6—9''.

11. A. Cepa. *L.* Zwiebel. — Stengel unterhalb der Mitte bauchig-aufgeblasen; Bltr. stielrund, bauchig; Staubfäden w. v. ♃. Aus dem Orient, überall zum Küchengebrauche gebaut. Juni. Juli. Blthnhülle weißlich.

12. A. fistulosum. *L.* Winterzwiebel. — Staubfäden zahnlos; sonst w. v. ♃. Gebaut. Blthnhülle weißlich. ♄. 1—1½'.

## 43. Ordn. Aroideen. *Bartl.* Aronartige Pflanzen.

Blüthen in Aehren oder Kolben, oft 1häusig; Blüthenhülle aus Schuppen oder Borsten bestehend oder fehlend; Staubfäden 3—6 oder mehr; Beere, Steinfrucht, Karyopse, selten eine Kapsel. Fam. 103—105.

### 103. Fam. Typhaceen. *DC.* Rohrkolben.

Blthn. in walzigen oder kugeligen Aehren, 1häusig; Blthnhülle borstig, schuppig oder fehlend; Staubgef. 3; Fruchtknoten 1fächerig; Fruchtgehäuse trocken; Bltr. lineal, ganzrandig.

### 1. Typha. *Tourn.* Rohrkolbe (XXI. 3).

1. T. latifolia. *L.* Breitblättrige R. — Bltr. breit-linealisch; weibliche Aehre unmittelbar unter der männlichen stehend. ♃. Stehende Gewässer überall häufig. Juli. Aug. H. 3—6′.

2. T. angustifolia. *L.* Schmalblättrige R. — Bltr. schmal-linealisch; weibliche Aehre von der männlichen um 1—1½″ entfernt. ♃. Wie v. aber seltener. Zossen häufig, Grunewald, Jungfernheide, Treptow.

### 2. Sparganium. *Tourn.* Igelskolbe (XXI. 3).

1. S. ramosum. *Huds.* Aestige J. — Aestiger Blthnstand; Bltr. am Grunde 3kantig, an den Seiten vertieft; Narben linealisch; Früchtchen lang-geschnäbelt. ♃. Gräben, Teiche sehr häufig. Juli. Aug. H. bis 2′.

2. S. simplex. *Huds.* Einfache J. — Einfacher, traubiger Blthnstand, Bltr. am Grunde 3kantig, an den Seiten flach; Narben linealisch; Früchtchen lang-geschnäbelt. ♃. Wie v.

3. S. minimum. *Fr.* Kleinste J. — Einfacher Blthnstand, meist nur eine männliche Aehre an der Spitze; Bltr. niederliegend oder schwimmend; Narben länglich, schief; Früchtchen sitzend, eiförmig, stumpf, mit sehr kurzem Schnäbelchen. ♃. Teiche, Sümpfe zerstreut. Werder, Grunewald, Jungfernheide, Weißensee, Tempelhof, Rudower Wiesen, Taßdorf, Machenow u. s. w. Juli. Aug.

## 104. Fam. Orontiaceen. *Bartl.* Kalmusartige.

Blthn. in Kolben und zwittrig; Blthnhülle meist 6blättrig; Staubgef. 4—7; Fruchtknoten 3fächerig; Kapsel oder Beere.

### 1. Ácorus. *L.* Kalmus (VI. 1).

1. A. Cálamus. *L.* Gemeiner K. — ♃. Sumpfige Orte, Gräben, Teichränder häufig. Potsdam, Tempelhof, Weißensee, Treptow, Jungfernheide u. s. w. Juni. Juli. H. 3—4′. Offic. rad. Calami.

## 105. Fam. Callaceen. *Bartl.* Callapflanzen.

### 1. Calla. *L.* Schlangenkraut (XXI. 1).

1. C. palustris. *L.* Sumpf-Sch. — ♃. Sumpfige Orte häufig. Potsdam, an den Ravensbergen, Grunewald, Wilmersdorf, Tegel, Köpnick u. s. w. Mai. Juni. Blthnscheide innen weiß, außen grün. H. ½—1½′. Giftig.

## 44. Ordn. Helobien. *Bartl.* Sumpflilien.

Blüthen 1häusig oder zwittrig; Blüthenhülle mehr oder weniger gefärbt oder fehlend; Staubgefäße 1—12 und mehr; Frucht trocken; Same ohne Eiweiß. Fam. 106—110.

## 106. Fam. Butomeen. *Rich.* Wasserliesche oder Blumenbinsen.

Blthnhülle 6blättrig; Früchtchen hülsenförmig, vielsamig, aufspringend.

### 1. Bútomus. *Tourn.* Blumenbinse (IX. 3).

1. B. umbellatus. *L.* Doldenblüthige B. — ♃. Gräben, Sümpfe, Teiche häufig. Juni—Aug. Blthnhülle rosenroth. H. 4′.

## 107. Fam. Alismaceen. *Rich.* Froschlöffel.

Kelch und Blkr. deutlich, 3blättrig; Früchtchen 1—2samig, nicht aufspringend; Keim hakig-eingeknickt.

### 1. Alisma. *L.* Froschlöffel (VI. 5).

A. Schaft blattlos; Bltr. grundständig.

1. A. Plantago. *L.* Gemeiner F. — Bltr. herzförmig, eiförmig oder lanzettlich; F r ü ch t ch e n  s t u m p f l i ch  o h n e  S t a ch e l s p i t z e,  e i n e  3 k a n t i g e  F r u ch t  b i l d e n d. ♃. Gräben, stehende Gewässer gemein, Abarten seltener. Juli. Aug. Blthnhülle weiß oder röthlich. H. ½—3′. Aendert ab: b) lanceolatum. *With.* Bltr. lanzettlich, nach dem Grunde verschmälert, nur 1″ breit. c) graminifolium. *Ehrh.* Bltr. grasartig, schwimmend, so bei Steglitz.

2. A. parnassifolium. *L.* Herzblattblättriger F. — Bltr. tief-herzförmig; Früchtchen einwärts stachelspitzig, vielrillig. ♃. Am Rande von Teichen und Seen. Hinter Tempelhof im zweiten See, Grunewald. Juli. Aug. Blthnhülle weiß. H. bis 1'.

B. Stengel mit schwimmenden, länglich-eiförmigen Bltrn. besetzt.

3. A. natans. *L.* Schwimmender F. — Früchtchen zugespitzt-geschnäbelt. ♃. Stehende Gewässer ziemlich häufig. Tempelhof, Wilmersdorf, Jungfernheide, Grunewald, Taßdorf u. s. w. Juni—Aug. Blthnhülle weiß.

### 2. Sagittaria. *L.* Pfeilkraut (XXI. 5).

1. S. sagittaefolia. *L.* Gemeines Pf. — ♃. Stehende Gewässer, Flußufer häufig. Juni. Juli. Blthnhülle weiß, am Nagel purpurroth. H. 1—4'.

## 108. Fam. Juncagineen. *Rich.* Binsenartige.

Wie v., aber Blthnhülle 6blättrig, grün; Keim gerade.

### 1. Scheuchzéria. *L.* Scheuchzerie (VI. 3).

1. S. palustris. *L.* Sumpf-S. — ♃. Torfsümpfe. Grunewald, Jungfernheide, Tegel, Papenberge, Taßdorf. Juni. Juli. Blthnhülle grünlich. H. 4—8''.

### 2. Triglóchin. *L.* Dreizack (VI. 3).

1. T. maritimum. *L.* Meerstrands-D. — Früchte eiförmig, unter der Narbe eingeschnürt, in 6 Kapseln zerfallend. ♃. Sumpfige, besonders salzhaltige Wiesen. Potsdam, Nowaweß, Pevesin, Rudower Wiesen, Friedrichsfelde, Charlottenburg, Treptow, Stralau, Taßdorf, im Selbelang, Kremmen, im Rhinluch. Juni. Juli. Blthnhülle grünlich. H. $\frac{1}{2}$—1$\frac{1}{2}$'.

2. T. palustre. *L.* Sumpf-D. — Früchte linealisch, nach dem Grunde verschmälert, in 3 Kapseln zerfallend; sonst w. v. ♃. Sumpfige Wiesen häufig. Potsdam und Berlin an vielen Orten. Juni. Juli.

## 109. Fam. Najadeen. *A. Rich.* Najaden.

Blthn. eingeschlechtig oder zwittrig; Blthnhülle 4theilig oder fehlend; Frucht 1samig. Pflanzen mit untergetauchten oder schwimmenden Bltrn.

### 1. Potamogéton. *L.* Laichkraut (IV. 4).

A. Verschiedenblättrige. Bltr. wechselständig, obere von den untergetauchten verschieden.

a. Blthnständige Bltr. lederartig und schwimmend.

1. P. natans. *L.* Schwimmendes L. — Bltr. sämmtlich lang-gestielt, die jüngeren untergetauchten schmäler, lanzettlich oder länglich, die schwimmenden lederartig, rundlich oder länglich-elliptisch, am Grunde schwach-herzförmig, Früchte am Rande stumpf. ♃. Stehende und fließende Gewässer überall häufig. Juli. Aug.

2. P. fluitans. *L.* Fluthendes L. — Schwimmende Bltr. am Grunde spitz oder abgerundet; Früchte mit ziemlich spitzem Rande; sonst w. v. ♃. Fließende Gewässer, in der Spree und Havel häufig. Juli. Aug.

b. Blthnständige Bltr. den stengelständigen ähnlich, nur die späteren schwimmend und lederartig oder häutig, oder auch ganz fehlend.

3. P. rufescens. *Schrad.* Röthliches L. — Stengel einfach; untergetauchte Bltr. sitzend, am Rande glatt, schwimmende lederartig, in den kurzen Stiel verschmälert; Früchte linsenförmig-zusammengedrückt, mit spitzem Rande. ♃. Stehende Gewässer. In Gräben vor der Jungfernheide, Wilmersdorf, Charlottenburg. Juli. Aug. Bltr. in's Rothe schimmernd, getrocknet braunroth.

4. P. gramineus. *L.* Grasartiges L. — Stengel sehr ästig; untergetauchte Bltr. sitzend, am Rande rauh, schwimmende lanzettlich oder eiförmig, lang-gestielt, lederartig; Früchte am Rande stumpf. ♃. Fließende und stehende Gewässer häufig. Juli. Aug. Veränderlich.

5. P. nitens. *Web.* Glänzendes L. — Stengel sehr ästig; untergetauchte Bltr. am Grunde abgerundet, halbstengelumfassend, am Rande etwas rauh, schwimmende

lederartig; Früchte am Rande gekielt. ♃. Stehende Gewässer. Jungfernheide, Tegel. Juni. Aug.

B. Gleichblättrige. Bltr. wechselständig, alle untergetaucht, häutig, lanzettlich oder breiter und rundlich.

6. P. lucens. *L.* Spiegelndes L. — ♃. Bltr. gestielt, oval, stachelspitzig, am Rande fein-gesägt-rauh; Früchte schwach-gekielt. ♃. Flüsse und große stehende Gewässer häufig. Spree und Havel, Tegeler See, Müggelsee, Grunewald in der Krummen Lanke. Juli. Aug.

7. P. praelongus. *Wulf.* Gestrecktes L. — Bltr. aus eiförmigem, stengelumfassendem Grunde verlängert-länglich, ohne Stachelspitze, an der Spitze mützenförmig zusammengezogen; Früchte auf dem Rücken flügelig-gekielt. ♃. Spree und Havel, Tegeler See, Grunewald. Juli. Aug.

8. P. perfoliatus. *L.* Durchwachsenes L. — Bltr. aus herzförmigem, stengelumfassendem Grunde eiförmig oder ei-lanzettlich, am Rande etwas rauh; Früchte am Rande stumpf. ♃. Flüsse und größere Seen. Spree und Havel, Tegeler See, Grunewald, Rhinluch, Finow-Kanal bei Zerpenschleuse. Juli. Aug.

9. P. crispus. *L.* Krauses L. — Bltr. sitzend, linealisch-länglich, wellig-kraus; Früchte geschnäbelt. ♃. Fließende und stehende Gewässer überall häufig. Juni—Aug.

C. Grasblättrige. Bltr. grasartig, schmal-linealisch, alle gleich gestaltet, untergetaucht, häutig, sitzend, wechselständig.

10. P. compressus. *L.* Flachstengeliges L. — Stengel geflügelt-plattgedrückt; Bltr. stumpf, kurz-stachelspitzig, vielnervig, mit 3—5 stärkeren Nerven; Aehren 10—15blüthig. ♃. Stehende Gewässer zerstreut. In der Spree bei Bellevue, Tegeler See, Grunewald, Havel bei Werder und Pichelsberg, Rhinluch. Juli. Aug.

11. P. acutifolius. *Lk.* Spitzblättriges L. — Bltr. haarspitzig; Aehren 4—6blüthig; sonst w. v. ♃. Fließende und stehende Gewässer hin und wieder. Elsholz, Spree bei Berlin, Tegeler See, Grunewald, Müggelsee, Juli. Aug.

12. P. obtusifolius. *M.* und *K.* Stumpfblättriges L. — Stengel zusammengedrückt, mit rundlichen Kanten; Bltr. stumpf,

kurz-stachelspitzig, 3—5nervig; Blthnstiele so lang als die 6—8blüthige, ununterbrochene Aehre. ♃. Gräben, Landseen u. s. w. häufig. Potsdam, Berlin bei Weißensee, Grunewald, Tegeler See u. s. w. Juli. Aug.

13. P. pusillus. *L.* Kleines L. — Bltr. ziemlich spitz, 3—5-nervig; Blthnstiele 2—3mal länger als die 4—8blüthige, oft unterbrochene Aehre. ♃. Stehende Gewässer zerstreut. Havel bei Klein-Glienicke, bei der Pirschheide und Pichelswerder, Spandau, Weißensee, Tempelhof, Wilmersdorf. Juli. Aug.

14. P. trichoides. *Cham.* und *Schldl.* Haarartiges L. — Bltr. 1nervig, aderlos, borstenförmig. ♃. Gräben und Flüsse, selten. Tempelhof, vor der Jungfernheide, Spandau. Juni. Juli.

D. Scheidenblättrige. Bltr. am Grunde scheidig, Scheide an die Nebenbltr. angewachsen; sonst w. C.

15. P. pectinatus. *L.* Fadenblättriges L. — Stengel fadenförmig; Bltr. spitz, 1nervig, queradrig, am Grunde mit einer ½—1" langen häutigen Blattscheide, welche sich später in ein zerschlitztes Züngelchen umwandelt. ♃. Flüsse und Seen ziemlich häufig. Havel, Tegeler See, Rhinluch u. s. w. Juli. Aug.

2. **Zannichellia.** *Mich.* **Zannichellie** (XXI. 1).

1. Z. palustris. *L.* Kurzgestielte Z. — ♃. An Seen und Gräben. Tempelhof, Heiligensee. Juli—Sept.

3. **Najas.** *L.* **Nixkraut** (XXI. 1).

1. N. major. *Rth.* Großes N. — Blattscheiden ganzrandig; Blthn. 2häusig. ⊙. Im Grunde der Seen. Krumme Lanke und Schlachtensee im Grunewald, Kalksee, Caputer See. Aug. Sept.

2. N. minor. *All.* Kleines N. — Blattscheiden feinwimperig-gezähnelt; Blthn. 1häusig. ⊙. Wie v. Tegeler See, im Grunewald in der Krummen Lanke, Hundekehle, Schlachtensee. H. 2—4".

## 110. Fam. Lemnaceen. *DC.* Wasserlinsen.

Kleine, einhäusige, schwimmende Pflanzen, deren Stamm und Bltr. verschmolzen unterseits in's Wasser kleine Würzelchen treiben, deren Enden mit einer Art Haube bedeckt sind. Sie überziehen oft unsere stehenden Gewässer, bewahren das Wasser vor Fäulniß und reinigen die Luft.

### 1. Lemna. *L.* Wasserlinse (II. 1).

1. L. trisulca. *L.* Dreifurchige W. — Jedes blattförmige, lanzettliche Stengelglied zuletzt gestielt, kreuzweise stehend, unterseits mit einer einzigen Wurzelfaser. ♃. Stehende Gewässer. Mai.

2. L. polyrrhiza. *L.* Vielwurzelige W. — Jedes rundlich-verkehrt-eiförmige Stengelglied mit büschelförmigen Wurzelfasern. ♃. Wie v.

3. L. minor. *L.* Kleine W. — Jedes verkehrt-eiförmige, beiderseits flache Stengelglied mit einer einzigen Wurzelfaser. ♃. Wie v. sehr gemein.

4. L. gibba. *L.* Buckelige W. — Stengelglieder unterseits buckelig-gewölbt; sonst w. v. ♃. Häufig.

5. L. arrhiza. *L.* Wurzellose W. — Stengelglieder unterseits kugelig-gewölbt, ohne Wurzelfaser. ♃. Selten. Berlin im Matthieuschen Garten.

## 45. Ordn. Juncinen. *Bartl.* Simsenlilien.

Blthnhülle meist 6blättrig, alle Blüthenhüllenblätter häutig oder wenigstens am Rande trockenhäutig, spelzenartig; Staubgefäße meist 6; Kapsel vielsamig, 3klappig. Fam. 111.

## 111. Fam. Juncaceen. *Bartl.* Simsen, Binsen.

Blthnhülle trockenhäutig mit 6 balgartigen Bltrn.; Staubgef. 6 oder 3; Blthn. meist zwittrig, in Ebensträußen.

### 1. Juncus. *L.* Binse (VI. 1).

A. Nichtblühende Halme pfriemlich und wie die blüthentragenden blatt- und knotenlos, am Grunde von blattlosen Scheiden umhüllt; Samen ohne Anhängsel; Spirre endständig, aber scheinbar seitenständig, indem das untere Hüllblatt aufrecht steht und als Fortsetzung des Stengels erscheint.

1. J. conglomeratus. *L.* Geknäuelte B. — Halm feingerillt, mit ununterbrochenem Marke gefüllt; Spirre doppelt-zusammen-

gesetzt, gedrungen; Blthnhüllblättchen lanzettlich, sehr spitz; Griffel sehr kurz; Kapsel verkehrt-eiförmig, gestutzt, mit dem auf einem erhabenen Buckel sitzenden Griffelgrunde endigend. ♃. Feuchte, sumpfige Orte überall sehr gemein. Mai. Juni. Scheiden gelbbraun. H. 1—2'. Halm und Bltr. sehr zähe.

2. J. effusus. *L.* Flatterige B. — Kapsel eingedrückt-gestutzt, mit dem kurzen, in einem Grübchen sitzenden Griffelgrunde endigend; Spirre sehr ästig, allseitig ausgebreitet; sonst w. v. ♃. Wie v. Juni. Juli. H. 1—2'. Halm und Bltr. leicht zerreißbar.

3. J. glaucus. *Ehrh.* Meergrüne B. — Halm tief-gerillt, mit fächerig-unterbrochenem Marke; Griffel deutlich; Kapsel länglich-elliptisch, stumpf, stachelspitzig; sonst w. cong. ♃. Feuchter, sandiger Boden, Grabenränder u. s. w. häufig. Berlin hinter dem Invalidenhause, vor dem Anhaltischen Thor nach dem Kreuzberg, Rixdorf, Weißensee, Tempelhof u. s. w., Rüdersdorf, im Selbelang, Cremmen. Juni—Aug. Scheiden schwarz-purpurroth. Halme meergrün. H. 1—2'.

4. J. filiformis. *L.* Fadenförmige B. — Halm fadenförmig, überhängend, glatt; Spirre meist 7blüthig. ♃. Nasse Wiesen. Potsdam auf den Nuthe-Wiesen, Berlin auf der Wiese vor dem Hallischen Thor bei der Hasenheide, Charlottenburg, Köpnick. Juni. Juli. Halm blaßgrün, bis 1' hoch.

B. Nichtblühende Halme fehlend, statt dieser nichtblühende Bltrbüschel; Blthn. in einem einzigen oder mehreren in eine rispige Spirre geordneten endständigen Köpfchen; Same ohne Anhängsel.

a. Halm blattlos; grundständige Bltr. borstlich.

5. J. capitatus. *Weigel.* Kopfblüthige B. — Köpfchen endständig, einzeln oder ein zweites und drittes gestieltes; Blthnhüllbltr. ei-lanzettlich, haarspitzig, länger als die eiförmige, stumpfe Kapsel. ♃. Sandige, nasse Felder ziemlich häufig. Tempelhof, Schöneberg, Weißensee, Pankow, Grunewald, Spandau u. s. w. Juni—Aug. H. 2—4''.

b. Halm mit 2—3 rundlichen, außen deutlich querwandigen Bltrn.; Staubgef. 6.

6. J. articulatus. *L.* Gegliederte B. — Spirre endstän-

dig, doppelt-zusammengesetzt, abstehend oder ausgesperrt; Blthnhüllbltr. gleich lang, gerade, kurz-stachelspitzig, äußere spitz, innere stumpf, kürzer als die Kapsel. ♃. Feuchte Wiesen, schlammige Ufer sehr häufig. Juli. Aug. J. lamprocarpus. *Ehrh.* H. 1—2′.

7. J. silvaticus. *Reichard.* Wald-B. — Blthnhüllbltr. zugespitzt-begrannt, innere länger, an der Spitze zurückgebogen; sonst w. v. ♃. Feuchte, sumpfige Wiesen häufig. Juli. Aug. J. acutiflorus. *Ehrh.*

8. J. obtusiflorus. *Ehrh.* Stumpfblüthige B. — Blthnhüllbltr. gleich lang, abgerundet-stumpf, fast silberweiß, so lang als die Kapsel; sonst w. art. ♃. Sumpfige Torfwiesen. Potsdam, Badestelle nicht weit vom Templin, Taßdorf, Rhinluch. Juli. Aug. H. $1\frac{1}{2}$—3′.

9. J. alpinus. *Vill.* Schwarzbraune B. — Spirre zusammengesetzt, aufrecht; Blthnhüllbltr. gleich lang, abgerundet-stumpf, kürzer als die Kapsel, die äußeren unter der Spitze kurz-stachelspitzig. ♃. Feuchte, sumpfige Wiesen sehr häufig. Juli. Aug. J. fusco-ater. *Schreb.* Blthnhülle rostbraun. H. bis 1′.

c. Halm fadenförmig, mit fast borstlichen, oberseits schmal-rinnigen Bltrn.

10. J. supinus. *Mnch.* Sumpf-B. — Spirre endständig, mit verlängerten, meist einfachen Zweigen; Blthnhüllbltr. lanzettlich, kürzer als die Kapsel, äußere spitz, innere stumpf. ♃. Sumpfgräben, torfige Wiesen häufig. Juli. Aug. Aendert ab: b) uliginosus. *Rth.* Halme niederliegend, wurzelnd, so im Schlamm. c) fluitans. *Lmk.* Halme verlängert, fluthend, so im Wasser.

C. Blthn. einzeln, entfernt oder ebensträußig und eine endständige Rispe bildend; Same ohne Anhängsel; sonst w. B.

a. Halm blattlos, am Grunde mit Blattscheiden umgeben.

11. J. squarrosus. *L.* Scharrige B. — Bltr. linealisch, rinnig, abstehend. ♃. Feuchte, torfige Orte häufig. Jungfernheide, Charlottenburg, Rudow, Grunewald u. s. w. Juli. Aug. H. bis 1′.

b. Halm beblättert.

12. J. compressus. *Jacq.* Zusammengedrückte B. — Halm in der Mitte mit einem linealischen, rinnigen Blatte; Spirre endständig, zusammengesetzt, Aeste aufrecht; Aestchen ebensträußig; Blthnhüllbltr. eiförmig-länglich, sehr stumpf, fast um die Hälfte kürzer als die fast kugelige Kapsel; Griffel halb so lang als der Fruchtknoten. ♃. Feuchte Wiesen, sumpfige Ufer überall häufig. Juli. Aug. H. ½—1'. Blthnhüllbltr. gelbbraun, auf dem Rücken mit breitem, grünem Streifen, breit-weißlich-berandet; Narben hell fleischroth.

13. J. Gerardi. *Loisl.* Gerard's B. — Blthnhüllbltr. fast so lang als die länglich-ovale, etwas 3seitige Kapsel; Griffel so lang als der Fruchtknoten; sonst w. v. ♃. Salzhaltige Triften. Treuenbrietzen. Juli. Aug. J. bottnicus. *Whlnbg.* Blthnhüllbltr. kastanienbraun, auf dem Rücken grün, schmal-weißlich-berandet; Narben dunkelroth. H. ½—1'.

14. J. Tenageia. *Ehrh.* Sand-B. — Halm mit 1—2 borstlichen, am Grunde rinnigen Bltrn.; Aeste der Spirre verlängert, 2spaltig, abstehend; Blthn. einzeln, entfernt; Blthnhüllbltr. so lang, als die rundliche, sehr stumpfe Kapsel. ☉. Sandige, feuchte Orte. Weißensee, Tempelhof. Juni—Aug. H. 3—8''.

15. J. bufonius. *L.* Kröten-B. — Halm beblättert; Blthnhüllbltr. bemerklich länger als die längliche, stumpfe Kapsel; sonst w. v. ☉. Feuchte Orte überall sehr gemein. Juli. Aug. H. 2—9''.

## 2. Luzula. *DC.* Hainsimse (VI. 1).

A. Spirre ebensträußig, meist einfach.

1. L. pilosa. *Willd.* Behaarte H. — Unterste Bltr. lanzettlich; Aeste meist 3blüthig, aufrecht, die oberen nach dem Verblühen zurückgebrochen; Blthn. einzeln. ♃. Trockene Wälder überall sehr häufig. April. Mai. H. ½—1'.

B. Spirre mehrfach-zusammengesetzt.

2. L. albida. *DC.* Weißliche H. — Bltr. am Rande behaart. ♃. Schattige Wälder. Thiergarten, Park von Franz. Buchholz. Juni. Juli. Blthn. weißlich oder röthlich. H. 1—2'.

C. Aehren eiförmig oder länglich.

3. L. campestris. *DC.* Gemeine H. — B:tr. am Rande behaart, zuletzt kahl; Aehren doldig. ♃. Trockene Triften und Wälder überall sehr häufig. März—Mai. H. 4—10″. Aehren nickend; Staubbeutel meist 4—6mal länger als der Staubfaden. Aendert ab: b) multiflora. *Lej.* Blthnstiele aufrecht, Staubfäden so lang als die Staubbeutel; so bei Tempelhof, Thiergarten, Jungfernheide, Grunewald, Papenberge, Pritzhagen, Freienwalde, im Brieselang.

## 46. Ordn. Glumaceen. *Bartl.* Spelz- oder Balgblüthige.

Blüthen balgartig (aus einem Kelchbalge und Blumenbalge bestehend), sehr unvollkommen (Borsten, Schuppen oder Fäden); Staubgefäße meist 3; Fruchtknoten nur mit 1 Samen, einsamige Schließfrucht; Blüthen in 1 bis vielblüthigen Aehren oder Rispen. Fam. 112—113.

### 112. Fam. Cyperaceen. *DC.* Seggen oder Halbgräser.

Blthn. in Aehren oder Spirren; Blthn. von einem, selten von 2 Deckbltrn. (Schuppe, Spelze, Balg) gestützt, welche einen meist 1klappigen Balg darstellen; Blthnhülle fehlend oder in 3—6 und mehr Borsten oder Fäden aufgelöst; Staubgef. 3; Staubkölbchen ungetheilt, angeheftet, aufrecht; Griffel 1, mit 2—3 Narben; Nuß 3kantig, oder zusammengedrückt, nackt oder von der Blthnhülle umgeben; Same der Fruchthülle nicht angewachsen; Keim meist im Eiweiß eingeschlossen. Halm nie hohl, wie bei den Gräsern, sondern mit weißem, zelligem Mark gefüllt.

#### 1. Cypérus. *L.* Cypergras (III. 1).

1. C. flavescens. *L.* Gelbliches C. — Wurzel faserig; Spirre zusammengesetzt; Köpfchen rundlich; Aehrchen lanzettlich, flachzusammengedrückt; Narben 2; Nüßchen rundlich-eiförmig. ☉. Feuchte Orte. Stolpe, Grunewald, Treptow, Jungfernheide, Weißensee, Tempelhof, Elsholz u. s. w. Juli. Aug. Bälge gelblich, mit grünem Rückenstreifen. H. 2—6″.

2. C. fuscus. *L.* Schwarzbraunes C. — Narben 3; Nüßchen elliptisch; sonst w. v. ⊙. Wie v. Potsdam beim Neuen Palais, Jungfernheide, Weißensee, Treptow, Tegel. Juli. Aug. Bälge schwarzbraun, mit grünem Rückenstreifen. H. 4—9″.

## 2. Schoenus. *L.* Kopfriet (III. 1).

1. S. nigricans. *L.* Schwärzliches K. — Köpfchen aus 5—10 Aehrchen zusammengesetzt, endständig. ♃. Torfwiesen. Taßdorf. Mai. Juni. Aehrchen schwarzbraun. H. ½—1½′.

## 3. Cladium. *P. Br.* Schneide (III. 1).

1. C. Mariscus. *R. Br.* Deutsche Sch. — ♃. Auf Torfboden im Wasser. Schlachtensee, Taßdorf. Juli. Aug. Aehrchen rostfarben. H. 4—6′.

## 4. Rhynchóspora. *Vahl.* Moorsimse (III. 1).

1. R. alba. *Vahl.* Weiße M. — Wurzel faserig; Aehrchen weiß, fast ebensträußig-geknäuelt; Büschel so lang wie die Hülle. ♃. Torfwiesen. Grunewald, Taßdorf, Teufelssee an den Müggelsbergen. Juli. Aug. H. ½—1′.

2. R. fusca. *R.* und *Schult.* Braune M. — Wurzelstock kriechend; Aehrchen braun, kopfförmig-geknäuelt; Büschel vielmal kürzer als die Hülle. ♃. Torfwiesen. Am Wansee. Juni. Juli. H. ½′.

## 5. Heleócharis. *R. Br.* Riet (III. 1).

1. H. palustris. *R. Br.* Sumpf-R. — Aehrchen endständig, länglich-linealisch; Bälge ziemlich spitz, der unterste nicht über die folgenden hinausragend, das Aehrchen halbumfassend; Narben 2; Nuß glatt. ♃. Sümpfe, Gräben gemein. Juni—Aug. H. ½—1½′.

2. H. uniglumis. *Lk.* Einbälgiger R. — Aehrchen eiförmig-länglich; der unterste Balg das Aehrchen ganz umfassend; sonst w. v. ♃. Wie v. H. ½′.

3. H. acicularis. *R. Br.* Nadelförmiges R. — Halm dünn, borstenförmig; Aehrchen eiförmig; Narben 3; Nuß fein-vielrippig. ♃. Sumpfige Orte. Jungfernheide, Grunewald, Weißensee, Tempelhof, Tegel u. s. w. Juni—Aug. H. 1—4″.

## 6. Scirpus. *L.* Simse (III. 1).

A. Aehrchen endständig, einzeln am Ende des Halms oder der Halmäste, aber die Aeste nicht rispig.

1. S. pauciflorus. *Lightf.* Armblüthige S. — Halm am Grunde mit blattlosen Scheiden; Narben 3; unterster Balg das gleichlange Aehrchen umfassend. ♃. Sumpfige, torfige Wiesen. Jungfernheide, Teltow, Tegel vor der Mühle, Rüdersdorf. Juni. Juli. H. 2—6″.

B. Spirre trug-seitenständig, indem das größere Hüllblatt sich aufrichtet und eine Fortsetzung des Stengels darstellt; Aehrchen 2 oder mehr, büschelig-gehäuft.

a. Bälge stumpf, stachelspitzig.

2. S. setaceus. *L.* Borstenförmige S. — Halm fadenförmig; Aehrchen einzeln, zu zweien oder dreien; Hüllblatt vielmal kürzer als der Halm; Narben 3; Nuß längsrippig. ⊙. Sumpfige Orte, feuchter Sand. Sanssouci, Schöneberg, Tempelhof, Weißensee, Jungfernheide, Grunewald, Pichelswerder, Köpnick u. s. w. Juli. Aug. H. 1—4″.

3. S. supinus. *L.* Liegende S. — Halm stielrund; Aehrchen büschelig-gehäuft; Hüllblatt fast so lang als der Halm; Nuß querrunzelig; sonst w. v. ⊙. Am nassen Rande der Teiche und Landseen. Tempelhof, Steglitz, Weißensee. Juli. Aug. Halm 4—6″ lang, die mittlere aufrecht, die seitlichen ausgebreitet.

b. Bälge ausgerandet, mit einer Stachelspitze in der Bucht.

4. S. lacustris. *L.* See-S. — Halm stielrund, grasgrün; Bälge glatt; Narben 3. ♃. Stehende und fließende Gewässer gemein. Juni. Juli. H. 4—8′.

5. S. Tabernaemontani. *Gmel.* Tabernämontan's S. — Halm meergrün; Bälge punktirt-rauh; Narben 2. ♃. Teich- und See-Ränder u. s. w. Sebdin, Pevesin, Uetz, Jungfernheide, Weißensee, Tempelhof, Papenberge, im Selbelang, Taßdorf, Havelländisches Luch u. s. w. Juni. Juli. H. 3—5′.

C. Spirre trug-seitenständig; Köpfchen kugelig, dicht-zusammengeballt.

6. S. Holoschoenus. *L.* Knopfgrasartige S. — Bltr. halb stielrund, rinnig; Bälge abgestutzt, stachelspitzig. ♃. Bu-

schige, niedrige Triften. Potsdam bei der Ueberfahrtsstelle nach Werder sehr häufig, Baumgartenbrück. Juli. Aug. ♃. bis 3'.

D. Spirre endständig, zusammengesetzt, von seitlichen, flachen Hüllblättern umgeben.

7. S. maritimus. *L.* Meerstrands-S. — Halm 3kantig, beblättert; Bälge stachelspitzig und 2spaltig; Narben 3. ♃. Flußufer, Gräben, feuchte Wiesen. Entenfang bei Potsdam, hinter dem Neuen Palais, an der Spree zwischen Charlottenburg und Spandau, Tegel, Pichelsdorf, im Brieselang, Selbelang, Zossen. Juli—Aug. ♃. 1—3'.

8. S. silvaticus. *L.* Wald-S. — Spirre ebensträußig, mehrfach zusammengesetzt; Aehrchen eiförmig, gestielt und sitzend; Bälge stumpf, fein stachelspitzig; sonst w. v. ♃. Feuchte Gräben, unter Gebüsch u. s. w. Kohlhasenbrück, Elsholz, Berlin vor dem Frankfurter Thor, Friedrichsfelde, Papenberge, Grunewald u. s. w. Juni. Juli. ♃. 1—2'.

E. Aehrchen in eine endständige Aehre geordnet, 2reihig, genähert, einzeln.

9. S. compressus. *Pers.* Zusammengedrückte S. — Halm undeutlich-3seitig; Aehrchen 6—8blüthig; Borsten rückwärts-stachelig. ♃. Sumpfige Wiesen und Triften häufig. Jungfernheide, Grunewald, Wilmersdorf, Friedrichsfelde, Heiligensee u. s. w. Juli—Aug. Halm 4—10'' lang.

10. S. rufus. *Schrad.* Braune S. — Halm stielrund; Aehrchen 2—5blüthig; Borsten aufrecht-weichhaarig oder fehlend. ♃. Torfboden und schlammige, salzhaltige Wiesen. Im Selbelang, im Havelländischen Luch zwischen Mangelshorst und dem Lindholze. Juni. Juli. ♃. 4—9''.

### 7. Eriophorum. *L.* Wollgras (III. 1).

1. E. vaginatum. *L.* Scheidenförmiges W. — Bltr. am Rande rauh; Aehrchen einzeln, länglich-eiförmig. ♃. Torfmoore. Jungfernheide, Grunewald, Tegeler Heide, Spandauer Heide u. s. w. April. Mai. ♃. ½—1½' wie bei den folg.

2. E. polystachium. *L.* Spec. plant. Schmalblättriges W. — Bltr. linealisch-rinnig, an der Spitze 3kantig; Aehrchen mehre; Blthnstiele glatt. ♃. Sumpfige, torfige Wiesen häufig. Jungfernheide, Grunewald, Tegel u. s. w. April. Mai. E. angustifolium. *Rth.*

3. E. latifolium. *Hoppe.* Breitblättriges W. — Bltr. flach, an der Spitze 3kantig; Aehrchen sehr viele; Blthnstiele rauh. ♃. Wie v. Jungfernheide, Grunewald u. s. w. April. Mai.

4. E. gracile. *Koch.* Schlankes W. — Bltr. 3kantig; Aehrchen mehre; Blthnstiele filzig-rauh. ♃. Wie v. aber weit seltener. Jungfernheide, Grunewald, Taßdorf. Mai. Juni.

### 8. Carex. *Mich.* Segge (XXI. 1).

A. Ein einzelnes, endständiges Aehrchen.

a. Narben 2; Aehrchen 2häusig.

1. C. dioica. *L.* Zweihänsige S. — Wurzelstock ausläufertreibend; Bltr. und Halme kahl; Früchte ziemlich aufrecht. ♃. Sumpfige Torfwiesen. Jungfernheide, Grunewald, Friedrichsfelde, Rudow, Tegel, Taßdorf. April. Mai. H. 3—6″.

2. C. Davalliana. *Sm.* Daval's S. — Wurzel faserig; Bltr. am Rande nebst den Halmen rauh; Früchte meist zurückgekrümmt-abstehend. ♃. Wie v. Auf einer Wiese vor dem Grunewald. H. bis 1′.

b. Narben 2; Aehrchen mannweibig, oberwärts männlich.

3. C. pulicaris. *L.* Flohsamige S. — Früchte entfernt, länglich, zurückgebogen, beiderseits verschmälert; Deckschuppen abfällig. ♃. Sumpfige Wiesen. Thiergarten ehemals. Mai. Juni. H. 6″.

B. Aehrchen mannweibig, in einer mit einem Deckblatte gestützten Aehre stehend.

a. Narben 2; Aehrchen oberwärts meist männlich.

1. Wurzel lange Ausläufer treibend.

4. C. chordorrhiza. *Ehrh.* Fadenwurzelige S. — Halm glatt; Früchte mit einem am Rande glatten, an der Spitze trockenhäutigen, kurz-2zähnigen Schnabel; Aehrchen in ein eiförmiges Köpfchen gehäuft. ♃. Torfsümpfe selten. Jungfernheide. Mai. Juni. H. ½′.

5. C. disticha. *Huds.* Zweizeilige S. — Halm an den Kanten rauh; Aehre doppelt-zusammengesetzt, länglich oder unterwärts unterbrochen, oberste und unterste Aehrchen weiblich, mittlere männlich; Früchte schmalrandig, 9—11nervig. ♃. Feuchte Wiesen häufig. Mai. Juni. H. 1′.

6. C. arenaria. *L.* Sand-S. — Obere Aehrchen männlich, untere weiblich, mittlere an der Spitze männlich; Früchte von der Mitte an breitflügelig, 7—9nervig. ♃. Trockener Sandboden gemein. Mai. Juni. H. $\frac{1}{2}$—1′.

2. Wurzel dicht-rasig, ohne Ausläufer.

7. C. vulpina. *L.* Fuchsbraune S. — Halm an den Kanten sehr rauh; Aehre doppelt-zusammengesetzt, eiförmig-länglich; Früchte sperrig-abstehend, 6—7nervig; Deckschuppen stachelspitzig, kürzer als die Frucht. ♃. Nasse Wiesen u. s. w. gemein. Mai. Juni. H. 1—2′.

8. C. muricata. *L.* Sperrfrüchtige S. — Halm nur oberwärts rauh; Aehre zusammengesetzt; Früchte sperrig, nervenlos oder undeutlich nervig; sonst w. v. ♃. Wie v. gemein. Mai. Juni. H. 1—1$\frac{1}{2}$′.

9. C. teretiuscula. *Good.* Rundliche S. — Wurzelstock schief, ein wenig kriechend; Halm oben 3kantig, mit schwachgewölbten Flächen; Früchte höckerig-gewölbt, glänzend, auf dem Rücken und am Grunde schwach gestreift mit 2zähnigem Schnabel; Deckschuppen so lang als die Frucht. ♃. Sumpfige, torfige Wiesen. Jungfernheide, Grunewald, Friedrichsfelde, Spandauer Heide u. s. w. Mai. Juni. H. $\frac{3}{4}$—1$\frac{1}{2}$′.

10. C. paniculata. *L.* Rispige S. — Wurzel faserig, dicht rasig; Halm sehr rauh, mit ebenen Flächen, Aehren rispig; sonst w. v. ♃. Wie v. Grunewald, Pichelswerder, Heiligensee, Falkenhagen, Köpnick. H. 1—3′. Deckschuppen breit, silberweiß berandet, glänzend.

11. C. paradoxa. *Willd.* Abweichende S. — Früchte ringsum stark gestreift; sonst w. v. ♃. Wie v. Jungfernheide, Grunewald, Franz. Buchholz, Rudow, Spandau, Köpnick u. s. w. Deckschuppen schmal-weiß-berandet oder ganz unberandet. H. 1—2′.

b. Narben 2; Aehrchen am Grunde männlich, in einfacher Aehre wechselständig.

1. Wurzelstock weit kriechend.

12. C. Schreberi. *Schrank.* Schreber's S. — Aehrchen dunkelbraun, meist 5, gedrungen, gerade; Früchte aufrecht, so lang als die Deckschuppen, am Rande fein-gesägt,

wimperig. ♃. Sandige Orte häufig. Hasenheide, Jungfernheide, Grunewald, Pichelsberge, Fuchsberge, Spandau, Potsdam. April. Mai. H. meist ½'.

2. Wurzelstock dicht-rasig, ohne Ausläufer oder wenig kriechend.

13. C. remota. *L.* Entferntährige S. — Halm schlank, schwach, bogenförmig-überhängend; Aehre sehr lang; die 3—7 unteren Aehrchen entfernt, mit einem über den Halm hinausragenden Deckblatte gestützt; Früchte aufrecht, flach-zusammengedrückt mit 2zähnigem Schnabel, länger als die Deckschuppen. ♃. Feuchte, sandige Orte. Cunersdorf, Jungfernheide, Thiergarten, Tegel, Papenberge, Brieselang, Freienwalde, im Zotzen. Mai. Juni. H. 1—1½'.

14. C. stellulata. *Good.* Sternförmige S. — Aehrchen meist zu 4, ziemlich entfernt, länger als das Deckblatt; Früchte sperrig-abstehend, flach-gewölbt, mit 2zähnigem, rauhem Schnabel, fein-gestreift. ♃. Sumpfige, torfige Wiesen häufig. Jungfernheide, Grunewald u. s. w. Mai. Juni. H. ½—1'.

15. C. leporina. *L.* Hasenpfoten-S. — Aehrchen meist 6, genähert, dick-rundlich-elliptisch; Früchte aufrecht, flügelig-berandet mit 2zähnigem Schnabel. ♃. Feuchte Wiesen, sumpfige Orte sehr häufig. Potsdam und Berlin an verschiedenen Stellen. Juni. Juli. Deckbltr. grau-braun. H. ½—1'.

16. C. elongata. *L.* Verlängerte S. — Aehrchen genähert, länglich; Früchte abstehend, lanzettlich mit fast ungetheiltem Schnabel. ♃. Sumpfige Stellen häufig. Thiergarten, Jungfernheide, Grunewald, Franz. Buchholz, Köpnick, Spandau u. s. w. Mai. Juni. H. 1—2'.

17, C. canescens. *L.* Weißgraue S. — Aehrchen 5—6, eiförmig-länglich, etwas entfernt; Früchte eiförmig mit kurzem schwach-ausgerandetem Schnabel. ♃. Sumpfige Waldstellen häufig. Jungfernheide, Grunewald u. s. w. Mai. Juni. Deckschuppen meist weißlich mit grünen Nerven. H. bis 1'.

C. Endständige Aehre männlich, seitenständige weiblich; selten die endständige an der Spitze weiblich oder der männlichen mehr als eine.

a. Narben 2; Früchte schnabellos oder sehr kurz-geschnäbelt, kahl.

18. C. stricta. *Good.* Steife S. — Blattscheiden sämmtlich netzig-gespalten; Früchte flach, etwa 6nervig. ♃.

Schwammige Torfsümpfe überall sehr häufig. Mai. Juni. H. 1½—2'.

19. C. vulgaris. *Fr.* Gemeine S. — Blattscheiden nicht netzig-gespalten; unteres Deckblatt kürzer als der Halm; Früchte vorn flach, auf dem Rücken etwas gewölbt. ♃. Gräben, feuchte Wiesen gemein. April—Juni. C. caespitosa der Autoren. H. ¼—1'. Aendert sehr ab.

20. C. acuta. *L.* Spitzkantige S. — Blattscheiden nicht netzig-gespalten; unteres Deckblatt länger als der Halm; weibliche Aehren während der Blüthezeit aufrecht, bei der Reife nickend; Früchte deutlich gestreift, flach. ♃. Gräben, Teichränder u. s. w. gemein. Mai. Reife Früchte bald abfallend. H. 2—3'.

b. Narben 3; endständige Aehre männlich oder mannweibig, nämlich die unteren Blthn. männlich.

I. Früchte schnabellos oder kurz-geschnäbelt.

1. Deckbltr. nicht scheidig oder sehr kurz-scheidig; Früchte kahl.

21. C. Buxbaumii. *Whlnbg.* Buxbaum's S. — Endständige Aehre mannweibig, unterwärts männlich, weibliche meist 3, die unterste kurz-gestielt; Früchte elliptisch, 3kantig, stumpf. ♃. Sumpfige Wiesen selten. Berlin zwischen der Fasanerie und Wilmersdorf, Johannisthal, im Brieselang, Rudower Wiesen. April. Mai. H. 1'.

22. C. limosa. *L.* Schlamm-S. — Wurzelstock ausläufertreibend; männliche Aehre einzeln, weibliche 1—2, genähert, hangend, lang- und dünn-gestielt; Früchte rundlich-eiförmig, stumpf, linsenförmig-zusammengedrückt, vielnervig. ♃. Schwammige Torfsümpfe. Jungfernheide, Grunewald, Tempelhof, Taßdorf. Mai. Juni. H. 1'.

23. C. supina. *Whlnbg.* Niedrige S. — Wurzelstock kriechend; männliche Aehre einzeln; weibliche 1—2, genähert, rundlich, sitzend; Früchte kugelig-elliptisch, stumpf-3kantig, glänzend. ♃. Sonnige, kurz begraste Hügel. Sanssouci, Baumgartenbrück, Pichelsberg, Pichelswerder, Römerschanze. April. Mai. H. 3—6''.

2. Früchte weichhaarig; sonst wie 1.

24. C. pilulifera. *L.* Pillentragende S. — Wurzel faserig;

Halme zur Fruchtzeit zurückgekrümmt; männliche Aehre einzeln, weibliche meist 3, rundlich, sitzend; unteres Deckblatt blattartig, aufrecht-abstehend; Früchte kugelig-verkehrt-eiförmig, 3seitig. ♃. Trockene Waldplätze ziemlich häufig. Thiergarten, Jungfernheide, Grunewald u. s. w. April. Mai. Halm 1' lang.

25. C. tomentosa. *L.* Filzfrüchtige S. — Wurzelstock ausläufertreibend; Halm steif-aufrecht; weibliche Aehren 1—2, walzlich; unteres Deckblatt meist wagerecht-abstehend; sonst w. v. ♃. Feuchte Wiesen selten. Grunewald. Mai. Juni. H. 1'.

26. C. montana. *L.* Berg-S. — Wurzel faserig, gedrungen-rasig; männliche Aehre einzeln, weibliche 1—2, genähert, eiförmig; Deckbltr. häutig, stengelumfassend, stachelspitzig; Deckschuppen stumpf, stachelspitzig. ♃. Trockene, waldige Gegenden. Grunewald, Falkenhagener Heide, Fuchsberge, Spandau. April. Mai. C. collina. *Willd.* Deckschuppen schwarzbraun. H. 4—9''.

27. C. ericetorum. *Pollich.* Heide-S. — Wurzelstock ausläufertreibend; Deckschuppen verkehrt-eiförmig, kurz-gewimpert, sehr stumpf, mit einem an der Spitze verschwindenden Nerven; sonst w. v. ♃. Trockener Sandboden, Heiden überall sehr häufig. April. Mai. C. ciliata. *Willd.* Deckschuppen weißlich-berandet. H. 4—9''.

28. C. praecox. *Jacq.* Frühzeitige S. — Wurzelstock ausläufertreibend; Deckbltr. nur am Rande häutig; Deckschuppen durch den auslaufenden Nerv stachelspitzig; sonst w. mont. ♃. Trockene, waldige Grasplätze häufig. Templin, Jungfernheide, Tempelhof, Grunewald u. s. w. März. April. H. 3—12''.

3. Deckbltr. scheidenförmig; Früchte weichhaarig.

29. C. humilis. *Leyss.* Niedrige S. — Bltr. länger als der Halm; männliche Aehre einzeln, weibliche 2—3, entfernt, meist 2—3blüthig; Blthnstiele von einem häutigen, blattlosen Deckblatte eingeschlossen. ♃. Trockene, grasige Waldhügel, gern auf Kalk. Pritzhagen. März. April. H. 2—4''.

30. C. digitata. *L.* Gefingerte S. — Aehren linealisch, fast wie gefingert stehend; Blthnstiele von einem häutigen, schief-abgestutzten Deckblatt eingeschlossen; Früchte so lang als die aus-

geranbeten, gezähnelten Deckschuppen. ♃. Schattige Wälder, Sanssouci, Grunewald, Charlottenburg, Rüdersdorf, Freienwalde. April. Mai. H. 3—6″.

4. Deckbltr. scheidenförmig, blattartig; Früchte kahl.

31. C. panicea. *L.* Hirsenartige S. — Halm am Grunde beblättert; männliche Aehre einzeln nebst den meist 2 weiblichen immer aufrecht; Früchte fast kugelig-eiförmig. ♃. Feuchte Wiesen überall sehr häufig. Mai. Juni. H. 1′.

32. C. glauca. *Scop.* Meergrüne S. — Männliche Aehren meist 3, weibliche 2—3, entfernt, gedrungenblüthig, langgestielt, zuletzt hängend; Früchte elliptisch, stumpf, ein wenig rauh, nervenlos. ♃. Feuchte, schattige Orte. Thiergarten, Jungfernheide, Schönhausen, Rixdorf, Rudow, Spandau, Rhinluch. April. Mai. H. 1—1½′.

33. C. maxima. *Scop.* Größte S. — Männliche Aehre einzeln, nebst den weiblichen gekrümmt, zuletzt hängend, weibliche meist 4, gedrungenblüthig, gestielt; Früchte elliptisch, 3kantig mit kurzem, 3seitigem Schnabel. ♃. Flußufer wie sumpfige, schattige Orte. Stralau, Spandau. Juni. H. bis 4′.

34. C. pallescens. *L.* Blasse S. — Bltr. und untere Scheiden behaart; männliche Aehre einzeln, weibliche 2—3, nickend, gedrungenblüthig, gestielt; Früchte elliptisch-länglich, schnabellos. ♃. Feuchte, schattige Orte. Thiergarten, Jungfernheide, Treptow, Rixdorf, Grunewald, Pichelswerder, Spandau, Brieselang. Mai. Juni. H. 1′.

II. Früchte mit gerandetem, 2zähnigem Schnabel und geraden Zähnen; eine endständige, männliche Aehre.

35. C. flava. *L.* Gelbe S. — Wurzel faserig; weibliche Aehren 2—3, rundlich-eiförmig, obere fast sitzend, unterste meist eingeschlossen-gestielt; Deckbltr. blattartig, kurz-scheidig, zuletzt weit abstehend oder zurückgebrochen; Früchte aufgeblasen mit gekrümmtem Schnabel. ♃. Feuchte, torfige Wiesen überall sehr häufig. Mai. Juni. H. ½—1′.

36. E. Oederi. *Ehrh.* Oeder's S. — Früchte klein, mit geradem Schnabel; sonst w. v. ♃. Wie v. aber selten. Jungfernheide, Franz. Buchholz, Brieselang, Taßdorf, Rhinluch. Mai. Juni. H. meist 2—6″.

37. C. distans. *L.* Entferntährige S. — Wurzel ohne Ausläufer; Bltr. meergrün; weibliche Aehren meist 3, aufrecht, die unterste weit entfernt, hervortretend-gestielt; Deckbltr. lang-scheidenförmig, die untersten blattartig, länger als die Aehre. ♃. Feuchte, etwas schattige Wiesen. Jungfernheide, Rummelsburg, Rudow, Papenberge, Döberitz. Mai. Juni. H. 1—2'. Innere Seite der Fruchtschnäbel-Zähne mit kleinen Zähnen besetzt, bei den folgenden nicht.

38. C. Hornschuchiana. *Hoppe.* Hornschuch's S. — Wurzel kurz, ausläufertreibend; Bltr. sattgrün; Deckbltr. die männliche Aehre kaum erreichend oder nur wenig überragend; Früchte rundlich, abstehend; sonst w. v. ♃. Sumpfige Wiesen selten. Im Brieselang. Mai. Juni. H. 1'.

39. C. fulva. *Good.* Braungelbe S. — Gelblich-grün; Halm rauh; weibliche Aehren 2—3, aufrecht; Deckbltr. die männliche Aehre erreichend oder überragend; Früchte eiförmig, aufgeblasen, bei verkümmerter Nuß meist ganz hohl. ♃. Sumpfige Wiesen. Franz. Buchholz, Rudow, Brieselang. Mai. Juni. Nach *Garcke* Bastard von Hornschuch. und flava. H. $1\frac{1}{2}$—2'.

40. C. silvatica. *Huds.* Wald-S. — Weibliche Aehren 4, lang-gestielt, hängend; Früchte elliptisch, 3seitig, ganz glatt, mit linealischem 2spaltigem Schnabel. ♃. Schattige, feuchte Laubwälder. Tegel, Papenberge, Brieselang, im Zotzen, Freienwalde. Juni. H. 1—2'.

III. Früchte mit gerandetem, 2spitzigem Schnabel und abstehenden Spitzen; männliche Aehren meist mehre.

1. Deckbltr. blattartig, nicht oder kurz-scheidenförmig; Früchte kahl.

41. C. Pseudo-Cyperus. *L.* Cypergrasähnliche S. — Halm scharf-kantig; männliche Aehre einzeln, weibliche 4—6, lang-gestielt, hängend, gedrungen-blüthig; Früchte ei-lanzettlich; Deckschuppen linealisch-pfriemlich, rauh. ♃. Am Rande der Gewässer und Gräben häufig. Thiergarten, Grunewald, Wilmersdorf, Rixdorf, Britz, Rudow, Rummelsburg, Spandau u. s. w. Juni. H. 1—2'.

42. C. ampullacea. *Good.* Flaschen-S. — Halm stumpfkantig, glatt; männliche Aehren 1—3, weibliche 2—3, aufrecht; Früchte sehr weit abstehend, fast kugelig, aufgeblasen, auf

dem Rücken meist 7nervig. ♃. Sumpfige Orte häufig. Potsdam, Thiergarten, Jungfernheide, Grunewald, Spandau u. s. w. Mai. Juni. H. 2'. Bltr. meergrün.

43. C. vesicaria. *L.* Blasen-S. — Halm scharfkantig, Früchte schief-abstehend, ei-kegelförmig, sonst w. v. ♃. Wie v. häufig. Thiergarten, Jungfernheide, Grunewald, Treptow u. s. w. Mai. Juni. H. 2'. Bltr. grasgrün.

44. C. riparia. *Curt.* Ufer-S. — Halm scharfkantig, rauh; Männliche Aehren 3—5, weibliche 3—4; walzlich, aufrecht, gedrungen, sitzend oder gestielt; Deckschuppen alle haarspitzig; Früchte ei-kegelförmig, am Rande abgerundet, beiderseits gewölbt. ♃. Gräben, Ufer häufig. Thiergarten, Jungfernheide, Treptow u. s. w. Mai. Juni. H. 2—4'.

45. C. paludosa. *Good.* Sumpf-S. — Männliche Aehren 2—3, untere Deckschuppen stumpf, weibliche 2—3, Deckschuppen zugespitzt; Früchte eiförmig-zusammengedrückt; sonst w. v. ♃. Feuchte Orte, Ufer häufig. Potsdam, Rummelsburg, Treptow, Jungfernheide u. s. w. Mai. H. 1½—3'.

2. Früchte kurzhaarig; sonst wie 1.

46. C. filiformis. *L.* Fadenförmige S. — Bltr. rinnig, kaum breiter als der stumpfkantige Halm. ♃. Stehende Gewässer, tiefe Sümpfe, Moorboden. Jungfernheide, Grunewald, Tempelhof, Spandauer Heide, Teufelssee an den Müggelsbergen. Mai. Juni. H. 2—3'.

3. Deckbltr. lang-scheidenförmig; Früchte kurzhaarig.

47. C. hirta. *L.* Kurzhaarige S. — Halm glatt; Bltr. und Scheiden behaart. ♃. Sandige, feuchte Orte häufig. Mai. Juni. H. ½—2'.

## 113. Fam. Gramineen. *Juss.* Gräser.

Blthn. in Aehren oder Rispen; Blüthe von 2 gegenständigen Scheidchen gestützt (Balg, Kelchbalg), welche einen meist 2klappigen Balg darstellen und nur 2 (selten 1) fast gegenständige Scheidchen, Spelzen einschließen und Bälglein heißen. Innerhalb der Spelzen sind entweder unmittelbar die Geschlechtsorgane, nämlich meist 3 Staubfäden mit aufliegendem, drehbarem Staubkölbchen und 2 Griffeln, seltener 1 Griffel mit 2 Narben, oder erst noch 2 gegenständige, sehr kleine schuppige Scheibchen, Saftblättchen, eine innere Blthnhülle andeutend; Karyopse von den scheidigen Deckbltrn. umhüllt und frei, oder mit denselben verwachsen; Fruchthülle dem Samen angewachsen; Keim außerhalb des Eiweißes. (III. 2), mit Ausnahme von Zea Mays (XXI. 3), Anthoxantum odor. (II. 1) und Nardus stricta (III. 1).

1. Gruppe. Kolben- oder Zapfengräser.

### 1. Zea. *L.* Mais (XXI. 3).

1. Z. Mays. *L.* Gemeiner M. — ☉. Aus Süd-Amerika, bei uns angebaut. Juni. Juli. H. 3—8′.

2. Gruppe. Rispengräser. Aehrchen meist gestielt, in eine Rispe oder in mehrere gipfelständige Aehren zusammengestellt.

### 2. Panicum. *L.* Hirse.

A. Aehrchen in einfache, fast fingerige Aehren geordnet, zu 2, das eine länger gestielt.

1. P. sanguinale. *L.* Blut-H. — Bltr. und Scheiden ziemlich behaart; Aehren meist zu 5, fingerig, aufrecht-abstehend, schwarz-violett oder blutfarben; Spelze der geschlechtslosen Blüthe kahl, am Rande weichhaarig, auf dem äußersten Seitennerven ohne Wimpern. ☉. Sandige Aecker, Wege häufig. Juli—Sept. Halm 1—1½′.

2. P. ciliare. *Retz.* Gewimperte H. — Spelze auf dem äußersten Seitennerven steifhaarig-gewimpert; sonst w. v. ☉. Sandfelder, selten. Hasenheide, Groß-Bähnitz. Juli bis Sept.

3. P. filiforme. *Garcke.* Fadenförmige H. — Bltr. und Scheiden kahl; Aehren meist zu 3; Aehrchen elliptisch, weichhaarig, auf den Nerven kahl. ☉. Sonnige Felder, im Gartenlande häufig. Juli—Herbst. P. glabrum. *Gaud.* H. ½—1′.

B. Aehrchen rispig, Rispe aus einseitigen, zusammengesetzten Aehren gebildet; Klappen begrannt.

4. P. Crus galli. *L.* Hühner-H. — ☉. Aecker, Schutt, Wege häufig. Juli. Aug. H. 1—3′.

C. Aehrchen rispig; Rispe ausgebreitet oder geknäuelt; Klappen stachelspitzig.

5. P. miliaceum. *L.* Gemeine H. — Rispe weit schweifig, überhängend. ⊙. Aus Asien, bei uns gebaut. Juli. Aug. H. 1½—3′.

### 3. Setária. *P. B.* Fennich.

1. S. verticillata. *P. B.* Quirlblüthiger F. — Rispe ährenförmig, gedrungen, am Grunde oft unterbrochen; Hüllen durch rückwärtsgekrümmte Zähnchen rauh, Spelzen der zwitterigen Blthn. ziemlich glatt. ⊙. Bebaute Orte. Werder, Cunersdorf, Spandau, Freienwalde, Fehrbellin. Juli. Aug. Pan. vert. *L.* H. 1¼′.

2. S. viridis. *P. B.* Grüner F. — Hüllen durch vorwärts-gerichtete Zähnchen rauh; Spelzen der zwittrigen Blthn. ziemlich glatt. ⊙. Bebaute Orte häufig. Juli. Aug. Pan. vir. *L.* Hülle grün. H. ½—2′.

3. S. glauca. *P. B.* Gelbhaariger F. — Spelzen der zwittrigen Blthn. quer-runzelig; sonst w. v. ⊙. Sandfelder häufig. Juli. Aug. Hülle rostbraungelb.

### 4. Phálaris. *L.* Glanzgras.

1. P. arundinacea. *L.* Rohrartiges G. — ♃. Ufer, Teichränder häufig. Juni. Juli. H. 3—6′. Eine Abart ist P. picta. *L.* Bandgras mit grün- und weiß-gestreiften Bltrn., in Gärten gezogen.

### 5. Hieróchloa. *Gmel.* Mariengras.

1. H. odorata. *Whlnbg.* Wohlriechendes M. — ♃. Wiesen. Tornow, Berlin am Kanal zwischen dem Cottbusser und Schlesischen Thor, Hennigsdorf, Pichelswerder, Treptow, Papenberge, Köpnick, Tegel. Mai. Juni. H. 1—1½′.

### 6. Anthoxánthum. *L.* Ruchgras (II. 2).

1. A. odoratum. *L.* Gemeines R. — ♃. Wälder, Wiesen gemein. Mai. Juni. H. 1—1½′.

### 7. Alopecúrus. *L.* Fuchsschwanz.

A. Halm aufrecht.

1. A. pratensis. *L.* Wiesen-F. — Klappen spitz, unterhalb der Mitte zusammengewachsen, zottig-gewimpert;

Wurzelstock schief, kurz- oder weit-umherkriechend. ♃. Wiesen gemein. Mai. Juni. Aehrchen nach der Blüthezeit blaß oder schwärzlich. H. 2—3'.

B. Halm aufstrebend.

2. A. geniculatus. *L.* Geknieter F. — Halm aus liegendem Grunde aufstrebend; Aehrchen eiförmig-länglich; Klappen stumpf, gewimpert, nur am Grunde zusammengewachsen; Spelze unter der Mitte begrannt. ⊙. Gräben, Sümpfe, feuchte Wiesen gemein. Mai—Aug. Staubbeutel gelblich-weiß, nach der Blüthe braun. Granne fast doppelt so lang als ihre Spelze. Halm bis 1' lang.

3. A. fulvus. *Sm.* Rothgelber F. — Aehrchen elliptisch; Spelze aus der Mitte begrannt; sonst w. v. ⊙. Wie v. gemein. Staubbeutel rothgelb; Granne kaum länger als der Balg.

## 8. Phleum. *L.* Lische.

1. P. arenarium. *L.* Sand-L. — Wurzel mehrhalmig; unfruchtbare Bltrbüschel fehlend; Klappen lanzettlich, kurz-begrannt. ⊙. Sandfelder. Fehrbellin. Juni. Juli. H. 3—6''.

2. P. Boehmeri. *Wibel.* Böhmer's L. — Wurzel einen Rasen von fruchtbaren Halmen und unfruchtbaren Bltrbüscheln treibend; Klappen linealisch-länglich, schief-abgestutzt, zugespitzt-stachelspitzig. ♃. Trockene Grashügel u. s. w. nicht selten. Brauhausberg, Hasenheide, Tempelhof, Steglitz, Fuchsberge, Stralau, Treptow, Spandau, Baumgartenbrück. Juni. Juli. H. 1—1½'.

3. P. pratense. *L.* Wiesen-L. — Klappen länglich, quer-abgestutzt, plötzlich zugespitzt-begrannt. ♃. Wiesen häufig. Juni. Juli. H. 1—3'.

## 9. Cýnodon. *Rich.* Hundszahn.

1. C. Dáctylon. *Pers.* Gefingerter H. — ⊙. Sandige Flußufer, selten. An der Havel bei Baumgartenbrück und Werder. Juli. Aug. H. 1—1½'.

## 10. Leersia. *Solander.* Leersie.

1. L. oryzoides. *Sw.* Reisartige L. — ♃. Ufer der Gewässer. Charlottenburg, Tegel, Rummelsburg. Aug. Sept.

H. 3—5′. Rispe bleibt oft in den Blattscheiden versteckt, sich nur in warmen Sommern vollständig entwickelnd.

### 11. Agrostis. *L.* Straußgras.

A. Bltr. alle flach; obere Spelze vorhanden.

1. A. vulgaris. *With.* Gemeines St. — Blatthäutchen sehr kurz, abgestutzt; Rispe während der Blüthe mit gespreizten Aesten, nachher nicht ganz zusammengezogen. ♃. Wiesen, Grasplätze gemein. Juni. Juli. H. 1—1½′.

2. A. alba. *L.* Weißliches St. — Blatthäutchen lang; Rispe während der Blüthe mit offenen Aesten, nachher zusammengezogen. ♃. Wiesen, Triften häufig. Juni. Juli. H. 1—1½′.

B. Untere Bltr. zusammengefaltet-borstlich; obere Spelze fehlend oder sehr klein.

3. A. canina. *L.* Hunds-St. — ♃. Wiesen, Wälder sehr häufig. Juni—Aug. H. 1—2′.

### 12. Apéra. *Adans.* Windhalm.

1. A. Spica venti. *P. B.* Gemeiner W. — ⊙. Unter der Saat überall sehr gemein und ein lästiges Unkraut. Juni. Juli. H. 1—3′.

### 13. Calamagróstis. *Adans.* Schilf.

A. Ansatz zur zweiten Blüthe fehlend.

1. C. lanceolata. *Rth.* Lanzettliches Sch. — Rispe abstehend; Granne endständig, gerade, aus einer sehr kurzen Ausrandung hervortretend und kaum länger als diese. ♃. Waldige, feuchte Gegenden unter Gebüschen. Thiergarten, Jungfernheide, Grunewald, Treptow, Stralau u. s. w. Juli. Aug. H. 2—4′.

2. C. epigeios. *Roth.* Land-Sch. — Rispe steif, abstehend, geknäuelt-lappig; Granne aus der Mitte des Rückens hervortretend, gerade. ♃. Trockene sonnige Stellen, in Wäldern, an Ufern sehr häufig. Juli. Aug. H. 3—5′.

B. Stielartiger Ansatz zur zweiten Blüthe vorhanden.

3. C. neglecta. *Fl. Wett.* Vernachläßigtes Sch. — Rispe schmal, abstehend; Granne gerade. ♃. Feuchte Wiesen. Werder, Jungfernheide, Grunewald, Spandauer Heide, Köpnicker Heide. Juli. Aug. C. stricta. *Nutt.* H. 2—3′.

4. C. arundinacea. *Rth.* Gemeines Sch. — Rispe abstehend; Granne rückenständig, gekniet. ♃. Schattige, feuchte Waldstellen. Thiergarten, Jungfernheide, Papenberge, Neust.-Eberšw, Freienwalde. Juli. Aug. C. silvatica. *DC.* ♄. 2—4′.

**14. Ammóphila.** *Host.* **Sandhalm.**

1. A. arenaria. *Lk.* Gemeiner S. — ♃. Sandfelder. Ruhleben, Ribbeck, Dretz, Cremmen. Juli. Aug. ♄. bis 3′.

**15. Mílium.** *L.* **Flattergras.**

1. M. effusum. *L.* Gemeines F. — ♃. Schattige Wälder und Gebüsche häufig. Berlin und Potsdam an vielen Orten. Mai—Juli. ♄. 2—3′.

**16. Stipa.** *L.* **Pfriemengras.**

1. S. pennata. *L.* Federartiges Pf. — Granne oft fußlang, gekniet, federig. ♃. Trockene, sandige, begraste Hügel. Glienicke, Fuchsberge, Sandkrug bei Hermsdorf, Bamberge, zwischen Spandau und Falkenhagen, Groß-Machenow, Oranienburg, Bernau, Freienwalde u. s. w. Mai. Juni. ♄. 2′.

2. S. capillata. *L.* Haarförmiges Pf. — Grannen 5—6″ lang, fadenförmig, nicht federig. ♃. Trockene, grasige Hügel. Drachenhaus bei Potsdam, Baumgartenbrück, Sandkrug bei Hermsdorf, Cunersdorf, Köthen, Freienwalde, Rüdersdorf, Karlswerk, Hohen-Finow. Juni. Juli. ♄. 2—3′.

**17. Phragmites.** *Trin.* **Rohr.**

1. Ph. communis. *Trin.* Gemeines R. — ♃. Ufer, stehende Gewässer gemein. Aug. Sept. Arundo Phragmites. *L.* Rispe rothbraun ♄. bis 8′.

**18. Koeleria.** *Pers.* **Kölerie.**

1. K. cristata. *Pers.* Kammförmige K. — Bltr. mehr oder weniger weichhaarig, untere gewimpert, grasgrün; untere Spelze zugespitzt. ♃. Trockene Grasplätze überall häufig. Mai—Juli. ♄. 1′. Aendert ab: b) glauca. *DC.* Bltr. bläulich-grün, kahl; untere Spelzen stumpflich, so wie crist., aber seltener.

**19. Aira.** *L.* **Schmele.**

1. A. caespitosa. *L.* Rasenförmige Sch. — Bltr. flach,

oberseits sehr rauh; Blatthäutchen spitz und nachher gespalten; äußere Kelchspelzen 1nervig, innere 3nervig. ♃. Wiesen, Wälder gemein. Juni. Juli. H. bis 4'.

2. A. flexuosa. *L.* Geschlängelte Sch. — Bltr. sehr schmal, fast borstlich, stielrund-fadenförmig; Blatthäutchen meist kurz, abgestutzt; Kelchspelzen 1nervig. ♃. Trockene Wiesen und Wälder sehr häufig. Juni—Aug. H. 1—2'.

## 20. Corynéphorus. *P. B.* Silbergras.

1. C. canescens. *P. B.* Graues S. — ♃. Sandige Felder überall sehr gemein. Juli. Aug. Rispe silberfarbig-grau. H. bis 1'.

## 21. Holcus. *L.* Honiggras.

1. H. lanatus. *L.* Wolliges H. — Wurzel faserig; Bltr. beiderseits weichhaarig; Granne der männlichen Blüthe im Balge eingeschlossen oder etwas hervortretend, zuletzt hakenförmig-zurückgebogen. ♃. Wiesen, Wälder gemein. Juni—Aug. H. 1—1½'.

1. H. mollis. *L.* Weiches H. — Wurzelstock weit kriechend; obere Bltr. und Blattscheiden kahl; Granne der männlichen Blüthe gekrümmt, über den Balg weit hinausragend. ♃. Wie v. aber weit seltener. Tornow, Jungfernheide, Papenberge, Schöneberg, Friedrichsfelde, Tegel, Johannisthal. Juli. Aug. H. 1½—3'.

## 22. Arrhenatherum. *P. B.* Wiesenhafer.

1. A. elatius. *M.* u. *Koch.* Hoher W. — ♃. Wiesen, Triften, schattige Grasplätze sehr häufig. Potsdam und Berlin an vielen Orten. Juni. Juli. Avena elatior. *L.* H. 2—4'.

## 23. Avena. *L.* Hafer.

A. Aehrchen wenigstens nach der Blüthe hängend; Klappen 5—9nervig; Fruchtknoten behaart.

1. A. sativa. *L.* Gemeiner H. — Rispe gleichmäßig-ausgebreitet; Bälge meist 2blüthig; obere Klappe 9nervig; Blthn. kahl, an der Spitze 2spaltig und gezähnelt; Achse kahl, am Grunde der untersten Blüthe kurz-büschelig-behaart. ☉. Wahrscheinlich aus Süd-Amerika, bei uns gebaut. Juli. Aug.

2. A. orientalis. *Schreb.* Türkischer H. — Rispe einseitswendig, zusammengezogen; sonst w. v. ⊙. Gebaut und verwildert, oft unter der v. Juli. Aug.

3. A. strigosa. *Schreb.* Rauh- oder Sand-H. — Rispe fast einseitswendig; obere Klappe 7—9nervig; Blthn. auf dem Rücken mit geknieter Granne, an der Spitze 2spaltig mit begrannten Zipfeln und geraden Grannen; sonst w. sat. ⊙. Gebaut und verwildert. Juli. Aug.

4. A. nuda. *L.* Nackter H. — Rispe etwas einseitswendig; Bälge meist 3blüthig; obere Klappen 7—9nervig; Blthn. über den Balg hervorragend, kahl, vom Grunde bis zur Spitze stark-nervig, an der Spitze haarspitzig-2spaltig, die obere grannenlos; Achse kahl. ⊙. Hin und wieder gebaut. Juli. Aug.

5. A. fatua. *L.* Flug- oder Wind-H. — Rispe gleichmäßig-ausgebreitet; Bälge meist 3blüthig; obere Klappen 9nervig; Blthn. an der Spitze gezähnt-2spaltig, auf dem Rücken begrannt, vom Grunde bis zur Mitte borstig-behaart; Achse rauhhaarig. ⊙. Häufig unter der Saat. Juli. Aug.

B. Aehrchen immer aufrecht; Klappen 1—3nervig; Fruchtknoten behaart.

6. A. pubescens. *L.* Weichhaariger H. — Bltr. linealisch, flach, auf beiden Seiten nebst den unteren Scheiden zottig; Aehrchen 2—3blüthig; untere Blüthe in der Mitte des Rückens begrannt, nach der Spitze zu silberig-trockenhäutig. ♃. Wiesen, Triften, Wälder häufig. Brauhausberg, Tornow, Jungfernheide, Hasenheide u. s. w. Mai. Juni. H. 1—3′.

7. A. pratensis. *L.* Wiesen-H. — Bltr. linealisch, oberseits sehr rauh, nebst den stielrunden Blattscheiden kahl; Aehrchen 4—5blüthig, auf dem Rücken in der Mitte begrannt. ♃. Trockene Wiesen, Grasplätze. Baumgartenbrück, Rollberge, Rehberge, Fuchsberge. Juni. Juli. H. 1—2′.

C. Aehrchen immer aufrecht; Granne aus der Mitte der Blüthe oder oberhalb der Mitte hervortretend; Klappen 1—3nervig; Fruchtknoten kahl.

8. A. flavescens. *L.* Gelblicher H. — Rispe gleichmäßig-ausgebreitet; längere Aeste 5—8 Aehrchen tragend; Aehrchen 3blüthig; Achse behaart. ♃. Trockene Wiesen, Trif-

ten, Grasplätze häufig. Berlin und Potsdam an vielen Stellen. Juni. Juli. H. 1—2'.

D. Aehrchen immer aufrecht; Granne unterhalb der Mitte der Blüthe hervortretend; Klappen 1—3nervig; Fruchtknoten kahl; Bltr. zusammengerollt-borstlich.

9. A. caryophyllea. *Web.* Nelkenblättriger H. — Rispe abstehend, 3gabelig; Aehrchen 2blüthig. ☉. Sandige, unfruchtbare Orte. Nedlitz, Weißensee. Juni. Juli. H. 2—6". Ganze Pflanze rosa.

10. A. praecox. *P. B.* Frühzeitiger H. — Rispe länglich, ährenförmig-gedrungen. ☉. Sandige, unfruchtbare Orte. Elsholz, Jungfernheide, Fuchsberge, Grunewald, Friedrichshagen. April. Mai. H. 1—4". Ganze Pflanze gelbgrün.

## 24. Triodia. *R. Br.* Dreizahn.

1. T. decumbens. *P. B.* Liegender D. — ♃. Wälder, Grasplätze u. s. w. häufig. Brauhausberg, Thiergarten, Jungfernheide u. s. w. Juni. Juli. Halm 1' lang.

## 25. Mélica. *L.* Perlgras.

1. M. nutans. *L.* Nickendes P. — Aehrchen hängend, in lockerer, einseitswendiger Traube, mit 2 vollkommenen Blthn. ♃. Schattige Wälder. Sanssouci, Thiergarten, Tegel, Papenberge, Brieselang u. s. w. Mai. Juni. H. 1'.

2. M. uniflora. *Retz.* Einblüthiges P. — Rispe schlaff, einseitswendig; Aehrchen aufrecht, mit einer vollkommenen Blüthe. ♃. Schattige Wälder, selten. Sanssouci, im Brieselang, Papenberge, Oranienburg. Mai. Juni. H. 1'.

## 26. Briza. *L.* Zittergras.

1. B. media. *L.* Gemeines Z. — ♃. Wiesen, Triften gemein. H. 1—1½'.

## 27. Poa. *L.* Rispengras.

A. Aehrchen gestielt, zerstreut in einer Rispe; Blthn. frei oder mit wolligen Haaren zusammenhängend; Wurzel faserig, lange Ausläufer fehlend.

a. Rispenäste einzeln oder zu zweien; Blthn. außer der Wolle, durch welche sie zuweilen verbunden sind, kahl.

1. P. annua. *L.* Einjähriges R. — Rispe meist ein-

seitswendig, abstehend. ☉. Ueberall gemein. Blüht fast das ganze Jahr. Halm 2—10'' lang.

b. Blthn. auf dem Rückennerven und beiderseits auf dem Randnerven mit einer dicht-seidenhaarigen Linie besetzt; sonst w. a.

2. P. bulbosa. *L.* Zwiebeliges R. — Halm am Grunde zwiebelförmig-verdickt; Rispe aufrecht-abstehend. ♃. Grasige Orte. Aendert ab: b) vivipara. Aehrchen in blattartige Knospen auswachsend, so im Thiergarten, Moabit, Jungfernheide, Hasenheide, Friedrichsfelde, Pichelswerder, Schönhausen, Brauhausberg u. s. w. Mai. Juni. H. 1'.

c. Untere Rispenäste zu 5; Blthn. schwach-5nervig, mit einer seidenhaarigen Linie auf dem Rückennerven und beiderseits auf dem Randnerven.

3. P. nemoralis. *L.* Hain-R. — Blatthäutchen sehr kurz, fast fehlend. ♃. Wälder, schattige Orte häufig. Juni. Juli. H. 1—3'. Sehr veränderlich.

4. P. serótina. *Ehrh.* Spätes R. — Blatthäutchen länglich, spitz. ♃. Feuchte Wiesen und Triften häufig. Juni. Juli. P. fertilis. *Host.* H. 1—2'.

d. Untere Rispenäste zu 5; Blthn. mit 5 starken Nerven, kahl oder unterwärts auf dem Rücken mit wolligen Haaren besetzt, aber ohne behaarte Randlinie.

5. P. trivialis. *L.* Gemeines R. — Halm und Blattscheiden rauh; Blatthäutchen der oberen Scheiden vorgezogen, länglich, spitz. ♃. Wiesen, feuchte Waldstellen überall häufig. Juni. Juli. H. 1—3'.

B. Wurzelstock mit langen Ausläufern weit umherkriechend; sonst w. A.

6. P. pratensis. *L.* Wiesen-R. — Blthn. auf dem Rücken und am Rande dicht-weichhaarig, durch eine lange Wolle verbunden, 5nervig, Nerven hervortretend. ♃. Wiesen, Grasplätze gemein. H. ½—3'. Mai. Juni. Aendert ab: a) latifolia. *Koch.* Untere Bltr. kürzer und breiter, bläulich-grün, so auf Sandboden. b) angustifolia. *L.* Untere Bltr. zusammengerollt.

7. P. compressa. *L.* Zusammengedrücktes R. — Halme zweischneidig-zusammengedrückt. ♃. Thon- und Lehmboden, auf Mauern. Neue Garten bei Potsdam, in Berlin, in

Spandau, Kreuzberg, Rollberge, Charlottenburg, Rüdersdorf u. s. w. Juni. Juli. H. ½—1½'.

### 28. Glycéria. *R. Br.* Schwaden.

A. Aehrchen 4—11blüthig.

1. G. altissima. *Garcke.* Hohe Sch. — Rispe gleichmäßig ausgebreitet, weitschweifig, sehr ästig, meist braun; Aehrchen 5—9blüthig; Blthn. stumpf, mit 7 hervortretenden Nerven. ♃. Gräben, Flüsse, Seen überall sehr gemein. Juli. Aug. G. spectabilis. *M.* u. *K.* Halm 4—6' hoch, dick, rohrartig.

2. G. fluitans. *R. Br.* Fluthende Sch. — Rispe einseitswendig, grün; Aeste während der Blüthezeit rechtwinkelig-abstehend, untere meist zu 2; Aehrchen 7—11blüthig, an die Aeste angedrückt; Blthn. lanzettlich-länglich. ♃. Sümpfe, Gräben, Teiche, überall sehr häufig. Juni—Sept. H. 1—3'.

3. G. distans. *Whlnbg.* Abstehende Sch. — Wurzel faserig; untere Aeste meist zu 5, fruchttragende herabgeschlagen; Aehrchen 4—6blüthig; Blthn. eiförmig-länglich. ♃. Gräben, Düngerhaufen, besonders auf Salzboden. In Berlin vom Köpnicker Felde nach dem Schlesischen und Stralauer Thore zu, vor dem Stralauer, Frankfurter und Hallischen Thor, Uetz, im Selbelang. Mai—Sept. H. ½—1'.

B. Aehrchen meist 2blüthig.

4. G. aquatica. *Presl.* Wasser-Sch. — Wurzelstock mit kriechenden Ausläufern; Blthn. länglich, mit 3 hervortretenden Nerven. ♃. Quellen, Bäche, nasse Wiesen, feuchter Schlamm u. s. w. Spree, Havel, Schafgraben, Quellen bei Freienwalde. Juli. Aug. Catabrosa aq. *P. B.* Aehrchen meist violett angelaufen. H. 1—2'.

### 29. Molinia. *Mnch.* Molinie.

1. M. coerulea. *Mnch.* Blaue M. — ♃. Wiesen und Wälder überall häufig. Aug. Sept. H. ½—5'.

### 30. Dáctylis. *L.* Knaulgras.

1. D. glomerata. *L.* Gemeines K. — ♃. Wiesen, Wälder, Gräben ganz gemein. Juni. Juli. H. 1—4'.

## 31. Cynosúrus. *L.* Kammgras.

1. C. cristatus. *L.* Gemeines K. — ♃. Wiesen, Triften gemein. Juni. Juli. H. 1—2′.

## 32. Festúca. *L.* Schwingel.

A. Rispenästchen dick oder nach oben stark-verdickt; Blthn. lanzettlich-pfriemlich, lang-begrannt.

1. F. myuros. *Ehrh.* Mäuseschwanz-Sch. — ⊙. Sandfelder, selten. Schöneberg, Schönhausen, Tempelhof. Mai. Juni. Das Gras blaßgrün, bald strohgelb werdend. Halm 3—8″ lang.

B. Rispenästchen dünn, oberwärts nur schwach-verdickt; Blthn. lanzettlich, kurz-begrannt oder grannenlos; Blatthäutchen 2öhrig.

2. F. ovina. *L.* Schaf-Sch. — Wurzel faserig; Bltr. alle zusammengefaltet-borstlich; obere Spelze länglich-lanzettlich, an der Spitze 2zähnig. ♃. Trockene Grasplätze, Wiesen, Wälder überall häufig. Mai. Juni. H. 1—2′. Aendert ab: a) vulgaris. *Koch.* Bltr. grasgrün, sehr dünn, etwas rauh; Aehrchen klein, grannenlos oder kurz-begrannt. b) duriuscula. *L.* Bltr. steif oder zurückgekrümmt, grasgrün oder bläulich-grün, meist dicker, sehr rauh, Halm höher; Aehrchen größer. c) glauca. *Schrad.* Bltr. bläulich-grün, steif; sonst w. b.

3. F. duriuscula. *L.* Syst. nat. Stärkerer Sch. — Untere Bltr. zusammengefaltet-borstlich, halmständige flach; sonst w. v. ♃. Wälder. Zwischen Spandau und den Papenbergen, Köpnicker Heide, Lankwitz, Brieselang. Mai. Juni. F. heterophylla. *Haenke.* H. 2—3′.

4. F. rubra. *L.* Rother Sch. — Wurzelstock ausläufertreibend und lockere Rasen bildend; untere Bltr. zusammengefaltet-borstlich, halmständige flach; sonst w. ovina. ♃. Wiesen, Triften, sandige Felder häufig. Mai. Juni. H. 1—2′. Aehrchen oft roth angelaufen.

C. Blatthäutchen nicht 2öhrig: sonst wie B.

5. F. gigantea. *Vill.* Riesen-Sch. — Bltr. breit-linealisch, flach, kahl; Rispe weit-abstehend; Aeste an der Spitze schlaff-überhängend; Blthn. unter der Spitze begrannt; Grannen schlängelig, doppelt so lang als die Spelze; Fruchtknoten kahl. ♃. Feuchte Waldgegenden hin und wieder häufig. Sans-

souci, Thiergarten, Friedrichsfelde, Papenberge, Brieselang. Juni. Juli. Bromus gigant. *L.* H. 2—5'.

6. F. borealis. *M.* u. *Koch.* Nördlicher Sch. — Wurzelstock kriechend; Bltr. lanzettlich-linealisch, am Rande rauh; Rispe ausgebreitet, überhängend; untere Spelze 5nervig, am Grunde von einem Haarbüschel umgeben; Fruchtknoten oben behaart. ♃. Flußufer und Gräben. Berlin und Potsdam an der Spree und Havel. Juni. Juli. Donax bor. *Trin.* H. 4—5'.

7. F. arundinacea. *Schreb.* Rohrartiger Sch. — Bltr. flach-lanzettlich; Rispe w. v.; Aeste rauh, zu zweien, verzweigt, 5—15 Aehrchen tragend; Aehrchen 4—5blüthig. ♃. Wiesen, Wälder, an Gräben überall häufig. Juni. Juli. H. 2—5'.

8. F. elatior. *L.* Hoher Sch. — Bltr. flach, linealisch-lanzettlich; Rispe einseitswendig, zusammengezogen, während der Blüthe abstehend; Aeste rauh, meist zu zweien, wovon der eine sehr kurz und meist 1 Aehrchen, der zweite traubig und 3—4 Aehrchen trägt; Aehrchen 6—10blüthig. ♃. Wiesen gemein. Juni. Juli. H. 1—3'.

### 33. Brachypodium. *P. B.* Zwenke.

1. B. silvaticum. *R.* u. *Schult.* Wald-Z. — Wurzel faserig; Bltr. schlaff; Aehre 2zeilig, überhängend; Grannen der oberen Blüthe länger als die Spelze. ♃. Schattige Wälder. Sanssouci, Thiergarten, Tegel, Brieselang, Königshorst, Hohen-Finow u. s. w. Juli. Aug. H. 2—3'.

2. B. pinnatum. *P. B.* Gefiederte Z. — Wurzelstock kriechend; Bltr. steif; Aehre 2zeilig, meist aufrecht; Grannen der Aehrchen kürzer als die Spelze. ♃. Sonnige, begraste Hügel, Gebüsche. Brauhausberg, Tegel, Papenberge, Falkenhagen, Rüdersdorf, Karlswerk am Pfingstberge. Juni. Juli. H. 3—4'.

### 34. Bromus. *L.* Trespe.

A. Aehrchen nach der Spitze schmäler; untere Klappe 3—5nervig, obere 5—vielnervig; obere Spelze am Rande steif-gewimpert.

1. B. secalinus. *L.* Roggen-T. — Blattscheiden kahl; Rispe abstehend, nach der Blüthe überhängend; fruchttragende Blthn. am Rande zusammengezogen, stielrund, sich nicht deckend; untere Spelze 7nervig, abgerundet, so lang

als die obere. ⊙. Unter der Saat und auf Feldern sehr gemein. Juni—Aug. H. 1—3'.

2. B. racemosus. *L.* Traubenförmige T. — Untere Blattscheiden behaart; Rispe abstehend, aufrecht, oder etwas überhängend, nach dem Verblühen zusammengezogen; fruchttragende Blthn. am Rande sich dachziegelig-deckend, breit-elliptisch; untere Spelze 7nervig, am Rande abgerundet, länger als die obere. ⊙. Wiesen und grasige Waldplätze. Tornow, Thiergarten, zwischen der Fasanerie und Schöneberg, Steglitz. Mai. Juni. H. 1—1½'.

3. B. commutatus. *Schrad.* Verwechselte T. — Rispe zuletzt überhängend; untere Spelze am Rande oberhalb der Mitte stumpfwinkelig-hervortretend; sonst w. v. ⊙. Unter der Saat. Friedrichsfelde, Steglitz, Köpnick. Mai. Juni. H. 1—3'.

4. B. mollis. *L.* Weichhaarige T. — Bltr. und Aehrchen weichhaarig; untere Spelze am Rande oberhalb der Mitte stumpfwinkelig-hervortretend; sonst w. racem. ⊙. Trockene Wiesen, Felder, Wege überall gemein. Mai. Juni. H. ½—1½'.

5. B. arvensis. *L.* Acker-T. — Bltr. und Blattscheiden behaart; Blthn. elliptisch-lanzettlich; untere Spelze oberhalb der Mitte stumpfwinkelig-hervortretend, die obere etwa so lang als die untere; sonst w. racem. ⊙. Aecker, Zäune u. s. w. häufig. Juni. Juli. H. 1'.

B. Untere Klappe 1-, obere 3nervig; obere Spelze am Rande sehr kurz-weichhaarig-gewimpert.

6. B. asper. *Murr.* Rauhhaarige T. — Untere Blattscheiden nebst den Bltrn. kurz-steifhaarig, obere meist kahl; Rispe ästig, schlaff-überhängend. ♃. Waldige Orte. Freienwalde. Juni. Juli. H. 2—4'.

7. B. erectus. *Huds.* Aufrechte T. — Untere Bltr. sehr schmal, am Rande gewimpert; Rispe gleichmäßig-ausgebreitet, aufrecht. ♃. Grasplätze in Wäldern. Neue Garten bei Potsdam, Thiergarten. Juni. Juli. H. 1—2'.

8. B. inermis. *Leyss.* Grannenlose T. — Bltr. und Blattscheiden kahl; untere Spelze grannenlos oder kurz-begrannt; sonst w. v. ♃. Wald- und Wiesenränder ziemlich häufig. Sans-

souci, Neue Garten, Thiergarten, Weißensee, Tempelhof, Cremmen, Spandau u. s. w. Juni. Juli. H. ½—3′.

C. Aehrchen nach der Spitze hin breiter; untere Klappe 1-, obere 3nervig; obere Spelzen borstig-gewimpert.

9. B. stérilis. *L.* Taube T. — Halm ganz kahl; Rispenäste verlängert, an der Spitze überhängend; Granne länger als die Spelze. ⊙. Wege, Zäune, Wälder u. s. w. häufig. Mai—Aug. Lange schön grün bleibend. H. ½—2′.

10. B. tectorum. *L.* Dach-T. — Halm oberwärts meist weichhaarig; Rispe hängend, fast einseitswendig; Granne so lang als die Spelze. ⊙. Wege, Zäune, Mauern, Schutthaufen sehr gemein. Mai—Aug. Das Gras bald ausblühend und gelb werdend. H. 1′.

3. Gruppe. Aehrengräser. Aehrchen stiellos, in die Ausschnitte der Spindel eingesenkt, eine gipfelständige Aehre bildend.

## 35. Triticum. *L.* Weizen.

A. Aehrchen mehr oder weniger bauchig-gedunsen; Klappen eiförmig oder länglich.

a. Spindel zähe; Frucht frei abfallend.

1. T. vulgare. *Vill.* Gemeiner W. — Aehre 4seitig, dachziegelig; Aehrchen meist 4blüthig; Klappen bauchig, eiförmig, abgestutzt, stachelspitzig, unter der Spitze zusammengedrückt, auf dem Rücken abgerundet-gewölbt. ⊙ und ⊙. Aus der Gegend zwischen Euphrat und Tigris, gebaut. Juni. Juli. Aendert ab: a) aestivum. *L.* Sommerweizen. Aehre begrannt; b) hibernum. *L.* Winterweizen. Aehre grannenlos.

2. T. turgidum. *L.* Englischer W. — Klappen fast flügelförmig-gekielt; sonst w. v. ⊙ und ⊙. Gebaut. Juni. Juli. Aendert ab w. v. und außerdem mit zusammengesetzter Aehre.

3. T. durum. *Desf.* Bart-W. — Klappen bauchig, länglich, 3mal länger als breit, breit-stachelspitzig, mit fast flügelförmigem Kiele; sonst w. vulg. ⊙ und ⊙. Selten gebaut. Juni. Juli.

4. T. polonicum. *L.* Polnischer W. — Aehre unregelmäßig-4seitig oder zusammengedrückt; Aehrchen meist 3blüthig; Klappen etwas bauchig, länglich-lanzettlich,

papierartig-krautig, deutlich-vielnervig. ⊙ und ⊙. Hin und wieder gebaut. Juni. Juli.

b. Spindel zerbrechlich; Frucht von den Spelzen fest umschlossen.

5. T. Spelta. *L.* Dinkel. — Aehre fast gleichseitig-4eckig; Klappen breit-eiförmig, abgestutzt, 2zähnig, der vordere Zahn schwach. ⊙. Häufig gebaut. Juni. Juli.

B. Aehrchen nicht bauchig-gedunsen; Klappen lanzettlich oder linealisch-länglich, an der Spitze nicht auswärtsgebogen; Blattnerven oberseits mit einfacher Reihe sehr kleiner Stacheln oder Borstchen besetzt und dadurch rauh.

6. T. repens. *L.* Quecke. — Wurzelstock kriechend; Bltr. oberseits rauh; Klappen 5nervig; Blthn. grannenlos oder begrannt. ♃. Wege, Zäune, Ackerränder, Felder überall sehr gemein. Juni. Juli. H. 2—4′. Offic. rad. graminis.

7. T. caninum. *Schreb.* Hunds-W. — Wurzel faserig; Bltr. beiderseits rauh; Klappen 4—7nervig; Blthn. langbegrannt. ♃. Wälder, Zäune selten. Im Brieselang, Friedrichsfelde. Juni. Juli. H. 3—5′.

## 36. Secále. *L.* Roggen.

1. S. cereále. *L.* Gemeiner R. — ⊙ und ⊙. Ueberall gebaut. Mai. Juni.

## 37. Elymus. *L.* Sandhafer.

1. E. arenarius. *L.* Sand-H. — ♃. Im Flugsande, im Gebiete größtentheils zur Befestigung des Sandes angebaut. Nowaweß, Wedding und Pulvermühlen bei Berlin u. s. w. Juli. Aug. H. 3—4′.

## 38. Hórdeum. *L.* Gerste.

A. Blthn. alle zwittrig oder die seitenständigen männlich und diese stets grannenlos.

1. H. vulgare. *L.* Gemeine G. — Aehrchen alle zwittrig, fruchttragende 6reihig-geordnet, 2 Reihen auf beiden Seiten mehr hervorspringend. ⊙ und ⊙. Gebaut. Juni. Juli.

2. H. hexastichon. *L.* Sechszeilige G. — Aehrchen gleichförmig-6zeilig-geordnet; sonst w. v. ⊙ und ⊙. Wie v.

3. H. distichum. *L.* Zweizeilige G. — Mittleres Aehrchen zwittrig, eiförmig, aufrecht-begrannt, seitenständige männlich, grannenlos. ⊙. Gebaut. Juni. Juli.

4. H. zeócriton. *L.* Bart-G. — Mittleres Aehrchen mit fächerförmig-abstehenden Grannen; sonst w. v. ⊙. Gebaut. Juli.

B. Seitliche Blthn. männlich oder geschlechtslos, alle begrannt.

5. H. murinum. *L.* Mäuse-G. — ⊙. Wege, Zäune, Schutthaufen u. s. w. überall sehr gemein. Juli. Aug. H. ½—1′.

## 39. Lólium. *L.* Lolch.

A. Wurzelstock blühende Halme und nichtblühende Bltrbüschel treibend.

1. L. perenne. *L.* Ausdauernder L. — Klappe viel kürzer als das Aehrchen; Blthn. grannenlos oder kurz-stachelspitzig. ♃. Wiesen, Triften, Ackerränder u. s. w. sehr gemein. Juni—Oktob. H. 1—3′.

B. Wurzelstock nur blühende Halme hervorbringend.

2. L. temulentum. *L.* Taumel-L. — Klappen länger als das Aehrchen; Blthn. kürzer- oder länger-begrannt. ⊙. Unter der Saat überall häufig. Juni. Juli. H. 2—3′. Das einzig bekannte betäubend wirkende Gras. Aendert ab: L. arvense. *Wither.* mit glatten Halmen und Blattscheiden wie sehr kurzen Grannen.

3. L. linicola. *Sonder.* Leinliebender L. — Klappen fast so lang oder etwas kürzer als das Aehrchen; sonst w. v. ⊙. Unter Lein. Heiligensee bei Tegel, zwischen Marquardt und Uetz, Baumgartenbrück. Juni. Juli. H. 1—2′.

## 40. Nardus. *L.* Borstengras.

1. N. stricta. *L.* Steifes B. — Sandige unfruchtbare Stellen häufig. Mai. Juni. H. ½—1′.

# II.

# Kryptogamische Gefäßpflanzen.

Gewächse mit Zellgewebe, mit Gefäßen und undeutlich entwickelten Fortpflanzungsorganen.

## III. Klasse.

Gefäß = Acotyledoneen. *Juss.* Gefäß=Nacktkeimer.

Kryptogamische Gefäßpflanzen, welche ohne Samenlappen keimen. Ordn. 47—48.

### 47. Ordn. Goniocaulen. *Bisch.* Gliederfarn.

Blattlose Pflanzen mit gegliederten Stengeln und quirligen Aesten. Statt der Blätter an den Gelenken tutenförmige, gezähnte oder gespaltene Scheiden. Fam. 114.

### 114. Fam. Equisetaceen. *DC.* Schafthalme.

Stengel inwendig hohl mit einer aus quirlständigen Schildern zusammengesetzten, kolbenförmigen Endähre; Fruchtschläuche (Sporenbehälter) unterseits der Schildchen.

#### 1. Equisetum. *L.* Schaft= oder Schachtelhalm.

A. Fruchttragende und unfruchtbare Stengel verschieden gestaltet.

1. E. arvense. *L.* Acker=Sch. — Fruchttragende Stengel einfach, strohfarben, mit walzenförmigen, aufgeblasenen, trockenhäutigen, entfernten Scheiden, unfruchtbare später erscheinend, ästig, 4kantig, etwas rauh. ♃. Sand= und Lehmäcker gemein. März. April, die unfruchtbaren im Sommer. H. $\frac{1}{2}$—1′.

2. E. silvaticum. *L.* Wald=Sch. — Fruchttragende Stengel anfangs astlos, später ästig, mit den unfrucht=

baren gleichzeitig, mit vielen doppelt-ästigen, 4kantigen Quirlästen; Aestchen 3eckig; Scheiden mit 4—6 breiten, ungleichen spitzen Zähnen. ♃. Feuchte, schattige Waldplätze ziemlich häufig. Thiergarten, Papenberge, Reineckendorf, Tegel u. s. w. Mai. Juni. H. 1—2'.

3. E. pratense. *Ehrh.* Hain-Sch. — Fruchttragende Stengel mit vielen einfach-ästigen, 3kantigen Quirlästen; Scheiden schlaff, mit 10—12 pfriemlichen, am Rande weißhäutigen Zähnchen; sonst w. v. ♃. Feuchte Waldstellen selten. Freienwalde, Charlottenburger Schloßgarten, im Brieselang. Mai. Juni. E. umbrosum. *Meyer.* H. ½—1'.

B. Fruchttragende und unfruchtbare Stengel gleichförmig.

a. Stengel 1jährig, ziemlich weich, graugrün; Aehren stumpf.

4. E. palustre. *L.* Sumpf-Sch. — Stengel einfach ästig, gefurcht, etwas rauh; Scheiden schlaff, meist mit 6 lanzettlichen, spitzen Zähnen. ♃. Sumpfige Wiesen, Gräben häufig. Mai. Juni. H. 1—1½'.

5. E. limosum. *L.* Schlamm-Sch. — Stengel einfach, selten etwas quirlästig, glatt; Scheiden aufrecht, meist mit 20 pfriemlichen Zähnen. ♃. Sümpfe, Teiche häufig. Mai. Juni. H. bis 2½'.

b. Stengel mehrjährig, gewöhnlich erst im zweiten Jahre fruchttragend, hart, rauh, graugrün oder bräunlich; Aehren zugespitzt.

6. E. hiemale. *L.* Winter-Sch. — Stengel meist ganz einfach, 14—20rippig; Scheiden flach-gerippt. ♃. Feuchte, schattige Waldplätze nicht häufig. Potsdam am Havelufer, Tornow, Moorlanke, Kreuzberg, Jungfernheide, Rudow, Papenberge, Baumgartenbrück u. s. w. Juli. Aug. H. 1½—4'.

7. E. variegatum. *Schleich.* Bunter Sch. — Stengel einfach, 6—8rippig; Scheidenrippen gewölbt mit eingedrückter Rückenlinie. ♃. Sandige Orte, sehr selten. Im Rhinluch. Juli. Aug. H. bis 3'.

## 48. Ordn. Filicinen. *Bisch.* Farnartige.

Stamm (Stengel und Wurzelstock) nicht gegliedert, mit deutlichen Blättern. Fam. 115—118.

## 115. Fam. Rhizocarpen. *Batsch.* Wasserfarn.

Früchte am Grunde der Bltr., 1- oder vielsporig, zu 2 oder mehreren in einem oder in verschiedenen Fruchtbehältern. Sumpf- oder Wasserkräuter.

### 1. Pilularia. *L.* Pillenkraut.

1. P. globulifera. *L.* Kugelfrüchtiges P. — Bltr. binsenartig, borstlich, aufrecht. ♃. Sümpfe, Teiche selten. Tempelhof. Aug. Sept.

### 2. Salvinia. *Micheli.* Salvinie.

1. S. natans. *Hoffm.* Schwimmende S. — Schwimmend; Bltr. elliptisch, stumpf, zu zweien, oberseits sternförmig-behaart; Fruchtbehälter geknäuelt. ♃. Flüsse, Seen, Teiche. Havel bei Tornow, hinter der Pfaueninsel und bei Pichelswerder, um Berlin in der Spree zwischen Flößholz hinter dem Oberbaum, Charlottenburg hinter dem Schloßgarten, Jungfernheide im Plötzensee. Juni—Aug.

## 116. Fam. Lycopodiaceen. *Rchb.* Bärlappe.

Früchte einzeln in den Blattwinkeln zerstreut oder in Endähren. Immergrüne kriechende Stengel mit gedrängten oder dachigen Bltrn.

### 1. Lycopodium. *L.* Bärlapp.

A. Früchte einzeln, blattwinkelständig.

1. L. Selago. *L.* Tannen-B. — Stengel aufrecht, ästig; Bltr. 8zeilig. ♃. Schattige Wälder an Baumstämmen. Grunewald, Wilmersdorf. Juni. Aug. H. 2—6″.

B. Früchte in dicht-dachziegeligen Aehren endständig.

a. Aehren sitzend, einzeln.

2. L. annótinum. *L.* Sprossender B. — Stengel kriechend, vieläſtig. Bltr. 5reihig, entfernt-scharf-gesägt; Deckbltr. herz-eiförmig. ♃. Schattige, niedrige Waldstellen nicht häufig. Schlachtensee, Grunewald, Tegel, Jungfernheide, Wilmersdorf, Köpnicker Heide, im Blumenthal. Juli. Aug.

3. L. inundatum. *L.* Sumpf-B. — Stengel kurz, wurzelnd; Bltr. 5reihig, ganzrandig; Deckbltr. linealisch-pfriemlich, den Bltrn. gleichgestaltet. ♃. Torfsümpfe. Jungfernheide, am Gesundbrunnen, Grunewald, Zehlendorf, im Brieselang. Juli. Aug. H. 2—4″.

b. Aehren gestielt, je 2—6 auf einem Stiel stehend.

4. L. clavatum. *L.* Keulenförmiger B. — Stengel kriechend, mit kurzen, aufsteigenden Aesten; Bltr. dicht gedrängt, mit feinem, langem Borstenhaar endigend; Aehren zu zweien. ♃. Trockene Nadelwälder ziemlich häufig. Grunewald, Jungfernheide, Köpnicker Heide, Weißensee, Rudow u. s. w. Juli. Aug. Stengel 2—3′ lang. Offic. herb. et sem. Lycopodii.

5. L. complanatum. *L.* Flacher B. — Stengel aus kriechendem Grunde in mehrere aufsteigende, gleich hohe zweischneidige Aeste getheilt; äußere Bltr. lanzettlich, innere kleiner, pfriemlich; Aehrchen 2—6, an der Spitze schopfig. ♃. In Nadelwäldern ziemlich häufig. Jungfernheide, Tegel, Grunewald, Kranichberge, Köpnicker Heide, Sandkrug, Potsdam. Juli. Aug.

## 117. Fam. Ophioglosseen. *R. Br.* Aehrenfarn.

Früchte in einer gipfelständigen, deckblattlosen Aehre.

### 1. Ophioglóssum. *L.* Natterzunge.

1. O. vulgatum. *L.* Gemeine N. — Stengel 1blättrig; Laub eiförmig. ♃. Feuchte Wiesen und begraste Waldplätze. Um Berlin auf den Wiesen vor dem Hallischen Thor nach Schöneberg hin, Wiesen vor Rudow, Tegel, Friedrichsfelde, Treptow, Jungfernheide, Papenberge, Franz. Buchholz. Juni. Juli. H. 2—10″.

### 2. Botrýchium. *Sw.* Mondraute.

1. B. Lunaria. *Sw.* Gemeine M. — Schaft 1blättrig; Laub gefiedert, untere Fieder halbmondförmig, obere keilförmig. ♃. Trockene begraste Hügel. Potsdam an der Chaussee nach Baumgartenbrück, Jungfernheide, Tegel, Fuchsberge, Rollberge, Rummelsburg, Grunewald, Spandau, Döberitz. Juni. Juli. H. 3—9″.

2. B. rutaceum. *Willd.* Mutterkrautblättrige M. — Fieder eiförmig oder länglich, fiederspaltig-gelappt; sonst w. v.

♃. Trockene Wiesen und Triften. Fuchsberge, Chausseehaus vor Tegel, Granatenberge. Mai. Juni.

## 118. Fam. Filices. *L.* Farnkräuter.

Früchte auf der Rückseite oder am Rande des Wedels auf verschiedene Weise gruppirt. Die jungen Bltr. immer spiralförmig-aufgerollt; Stamm bei unseren Arten unter der Erde.

### 1. Osmúnda. *L.* Rispenfarn.

1. O. regalis. *L.* Königsfarn. — Früchte in endständiger traubiger Rispe. ♃. Feuchte Waldstellen. Jungfernheide, Tegel, Papenberge, Grunewald, im Brieselang beim Finkenkrug. Juni. Juli. H. 2—3′.

### 2. Polypodium. *L.* Tüpfelfarn.

1. P. vulgare. *L.* Gemeiner T. — Laub fiederspaltig; Fruchthäufchen in einer einfachen Reihe auf beiden Seiten der Mittelrippe. ♃. Wälder, Bergabhänge, Hohlwege, an Baumstämmen überall häufig. Brauhausberg, Sanssouci, Grunewald, Jungfernheide u. s. w. Früchte reifen im Winter. Wedel 4—8″ hoch.

2. P. Phegópteris. *L.* Buchen-T. — Laub gefiedert mit fiederspaltigen Fiedern; Fruchthäufchen fast randständig. ♃. Feuchte, schattige Wälder. Tegel, Freienwalde. Juni—Aug. H. ½—1′.

3. P. Dryópteris. *L.* Eichen-T. — Laub 3fach-zusammengesetzt; Fruchthäufchen randständig, stets getrennt; Wurzelstock schwarz. ♃. Feuchte, schattige Wälder. Klein-Glienicke, Pichelsberg, Grunewald, Tegel, im Blumenthal, Freienwalde, Taßdorf, Neustadt-Ebersw. Juni—Aug. H. ½—1′.

### 3. Aspidium. *R. Br.* Schildfarn.

1. A. lobatum. *Sw.* Gelappter Sch. — ♃. Waldige Bergabhänge. Pichelsberg, Pritzhagen in der Haselkehle. Juli. Aug. H. 1—2′.

### 4. Polýstichum. *Rth.* Punktfarn.

A. Laub gefiedert, mit fiederspaltigen Fiedern.

a. Fiederchen ganzrandig oder etwas ausgeschweift.

1. P. Thelypteris. ***Rth.*** Sumpf-P. — Wurzelstock kriechend;

Laub drüsenlos, das fruchttragende am Rande zurückgerollt; Fiederchen fast 3eckig; Fruchthäufchen randständig, später zusammenfließend. ♃. Sumpfige Waldwiesen, an Gräben u. s. w. häufig. Um Berlin, Tegel, Jungfernheide u. s. w. Juli. Aug. Polyp. Thelypt. *L.* H. 1—2′.

2. P. Oreopteris. *DC.* Berg-P. — Wurzelstock rasenförmig; Laub unterseits harzig-drüsig, am Rande etwas zurückgerollt; Fruchthäufchen ganz randständig. ♃. Schattige feuchte Waldstellen selten. Grunewald, Jungfernheide, Rehberge, Tegel. Juli. Aug. Aspid. Oreopt. *Sw.* H. 1—2½′.

b. Fiederchen fiederspaltig.

3. P. Filix mas. *Rth.* Wurmfarn. — Laub im Umrisse elliptisch-länglich, mit lang-vorgezogener Endspitze, Fiedern lanzettlich, zugespitzt, gedrängt; Stiel und Spindel spreublättrig. ♃. Schattiger etwas feuchter Waldboden häufig. Polyp. F. m. *L.* Aspid. F. m. *Sw.* Aug. Sept. H. 2—3′. Offic. rad. Filicis.

4. P. cristatum. *Rth.* Kammförmiger T. — Laub im Umrisse verlängert-lanzettlich; Fiedern ei-lanzettförmig, stumpflich, entfernt; Stiel nur am Grunde sparsam mit Spreublättchen besetzt, Spindel kahl. ♃. Wälder auf feuchtem Torfboden. Grunewald, Jungfernheide, Papenberge, Köpnicker Heide zwischen Neuenkrug und Johannisthal, Teufelssee an den Müggelsbergen. Juli. Aug. Polyp. crist. *L.* Aspid. crist. *Sw.* H. 1—1½′.

B. Laub doppelt-gefiedert.

5. P. spinulosum. *DC.* Dorniger T. — Fiederchen scharf-dornig-gesägt. ♃. Feuchte, waldige Orte überall häufig. Juli. Aug. Aspid. spin. *Sw.* H. 1—1½′.

### 5. Cystopteris. *Bernh.* Blasenfarn.

1. C. fragilis. *Bernh.* Zerbrechlicher B. — Laub länglich, doppelt-gefiedert, Fiederchen fiederförmig-eingeschnitten, Zipfel gekerbt-gezähnt, am Grunde keilförmig-verschmälert; Spindel geflügelt, kahl. ♃. Hohlwege und trockene Gräben. Schönhausen, Pichelsberg, Freienwalde. Juli. Aug. Aspid. frag. *Sw.* Laub 4—10″ lang.

## 6. Asplenium. *L.* Streifenfarn.

a. Laub einfach-gefiedert.

1. A. Trichómanes. *L.* Brauner St. — Stiel glänzend schwarzbraun, hornartig. ♃. An alten Mauern und in trockenen Gräben. An der Mauer des Gießhauses in Berlin, an der des Schloßgartens von Charlottenburg, Jungfernheide, Woltersdorf, Freienwalde. Juli. Aug. H. 2—6″.

b. Laub 2- bis 3fach-gefiedert.

2. A. Filix femina. *Bernh.* Weiblicher St. — Laub im Umrisse elliptisch-länglich, aus der Mitte nach Grund und Spitze verschmälert; Fruchthäufchen gedrängter oder entfernter von einander, aber nie zusammenfließend. ♃. Schattige, feuchte Laubwälder sehr häufig. Juli. Aug. H. 2—4′.

3. A. Ruta muraria. *L.* Mauer-St. — Laub im Umrisse 3eckig-eiförmig; Fruchthäufchen bedecken später die ganze Unterfläche der Fiederchen und stehen noch über den Rand hervor. ♃. Alte Mauern nicht selten. Sanssouci, am Gießhause in Berlin, an der Schloßgartenmauer von Charlottenburg, Mauer von Spandau u. s. w. Juli—Sept. H. 1—4″.

## 7. Blechnum. *L.* Rippenfarn.

1. B. Spicant. *Rth.* Gemeiner R. — ♃. Schattige, feuchte Waldstellen. Tegeler Heide, Jungfernheide, Grunewald. Juli bis Sept. Lomaria Sp. *Desv.* H. 1—1½′.

## 8. Pteris. *L.* Saumfarn.

1. P. aquilina. *L.* Adler-S. — Laub 3fach-gefiedert; der am Grunde schwarzbraune Stiel zeigt beim Durchschnitt 2 hellere Halbkreise, einem Doppel-Adler ähnlich. ♃. Wälder und Heiden überall sehr häufig. Juli—Sept. H. 2—4′.

# Register.

## Druckfehler.

pag. 17 lies R. corylifolius für corycifolius.
pag. 24 lies Evonymus für Eronymus.
pag. 80 lies C. sanguinea für sanuignea.

Flußniederungen, Wiesen u. Torfgründe. Raseneisenstein. Süßwasserkalk.

Maaßstab 1 : 500000.

ünen. Nordischer Lehm u. Sand. Braunkohlen-Formation. Trias-Formation.

Deutsche Meilen.

FSC
www.fsc.org
MIX
Papier | Fördert
gute Waldnutzung
FSC® C083411

Kolibri 360 GmbH
Ferdinand-Jühlke-Straße 7
99095 Erfurt, Deutschland
produktsicherheit@kolibri360.de